شهادة (CCST) للشبكات
دليل عربى للإمتحان

ترجمة و إعداد

خالد عبدالفتاح يوسف

شهادة (CCST) للشبكات
دليل عربى للإمتحان

ترجمة و إعداد

خالد عبدالفتاح يوسف

الناشر

خالد عبدالقتاح يوسف

البريد الإلكترونى: khaledyssf3@gmail.com

حقوق الطبع

حقوق الطبع محفوظة للمؤلف.

المرجع الأصلى

CCST® Cisco Certified Support Technician Study Guide.
Networking Exam, Todd Lammle & Donald Robb, 2024.
Copyright © 2024 by John Wiley & Sons, Inc.
All rights reserved
Published by John Wiley & Sons, Inc., Hoboken, New Jersey.
Published simultaneously in Canada and the United Kingdom

إهداء

إلى الأساتذة و القادة الذين أثروا فى توجيه حياتى العلمية و العملية.
إلى الزملاء و الأصدقاء الذين كانوا خير دعم و تأييد فى الطريق.
إلى أبنائى تسنيم و ضحى و أحمد.
إلى حفيدى آدم.
الذين أرى فيهم خير ثمرة كفاح وهبها الله لى.
دمتم جميعا لى أملا و حلما فى مستقبل أفضل.
إلى روح زوجتى الراحلة سماح لها الرحمة فى نعيم الله.

جدول المحتويات

مقدمة

مرحبًا بك في عالم الشبكات المشوق ومسارك نحو الحصول على شهادة سيسكو.

إذا كنت قد اخترت هذا الكتاب لأنك تريد تحسين نفسك وحياتك من خلال وظيفة أفضل وأكثر إرضاءً وأمانًا، فقد أحسنت الاختيار!

سواء كنت تسعى إلى دخول قطاع تكنولوجيا المعلومات المزدهر والديناميكي أو تسعى إلى تعزيز مجموعة مهاراتك والارتقاء بمكانتك فيه فإن الحصول على شهادة سيسكو يمكن أن يزيد من فرصك في تحقيق أهدافك.

هذا الكتاب بداية رائعة.

تعد شهادات سيسكو أدوات قوية للنجاح تعمل أيضًا على تحسين فهمك لكل ما يتعلق بالشبكات.

مع تقدمك في قراءة هذا الكتاب، ستكتسب فهمًا قويًا وأساسيًا للشبكات يتجاوز أجهزة سيسكو.

عندما تنتهي من قراءة هذا الكتاب ستكون مستعدًا للخطوة التالية نحو الحصول على شهادة سيسكو.

من خلال البدء في رحلتك نحو الحصول على شهادة سيسكو فأنت تعلن بفخر أنك تريد أن تصبح خبيرًا لا مثيل له في الشبكات وهو الهدف الذي سيساعدك هذا الكتاب على البدء في تحقيقه.

تهانينا مقدمًا على اتخاذ الخطوة الأولى نحو مستقبلك الرائع!

شهادات CCST من Cisco

قامت شركة Cisco بإنشاء برنامج جديد للشهادة التمهيدية قبل شهادة CCNA يسمى Cisco Certified Support Technician (CCST).

هناك اختباران/شهادتان: الشبكات والأمن السيبراني.

Cisco Certified Support Technician (CCST) Networking.

Cisco Certified Support Technician (CCST) Cybersecurity.

هذا الكتاب عن:

شهادة (CCST) للشبكات

تثبت مهارات الفرد ومعرفته بمفاهيم وموضوعات الشبكات الأساسية.

تثبت الشهادة المعرفة والمهارات الأساسية اللازمة لإظهار كيفية عمل الشبكات بما في ذلك الأجهزة والوسائط والبروتوكولات التي تمكن اتصالات الشبكة كما تهتم بالقدرة على استكشاف الأخطاء و تحليلها.

شهادة الشبكات أيضًا خطوة أولى نحو العمل على تحقيق شهادة CCNA.

الفصل الأول: أساسيات الشبكات

أبسط نموذج للشبكة

الشكل رقم (1) يبين أبسط شبكة محلية LAN مكونة من جهازي كمبيوترمتصلين باستخدام موزع hub و هذه الشبكة البسيطة تعتبر مجال اتصال أو بث واحد و مجال تصادم واحد.

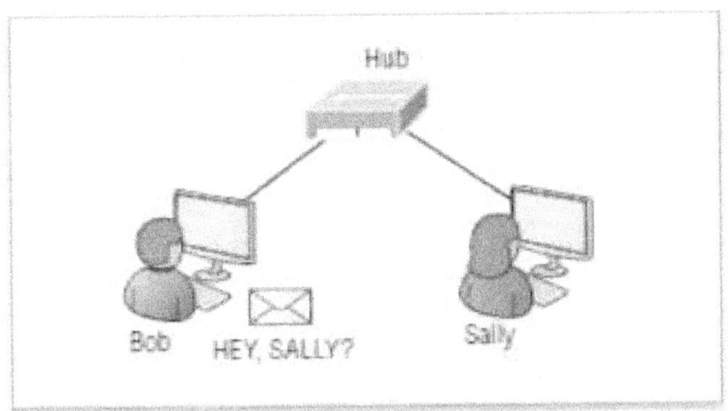

الشكل رقم (1) شبكة محلية بسيطة.

CCST Support Technician, Networking Exam, Todd Lammle.2024.

الشكل رقم (2) يبين شبكة تم تقسيمها باستخدام مبدل switch مما يجعل كل جزء من الشبكة يتصل بالمبدل مجال تصادم منفصل خاص به.

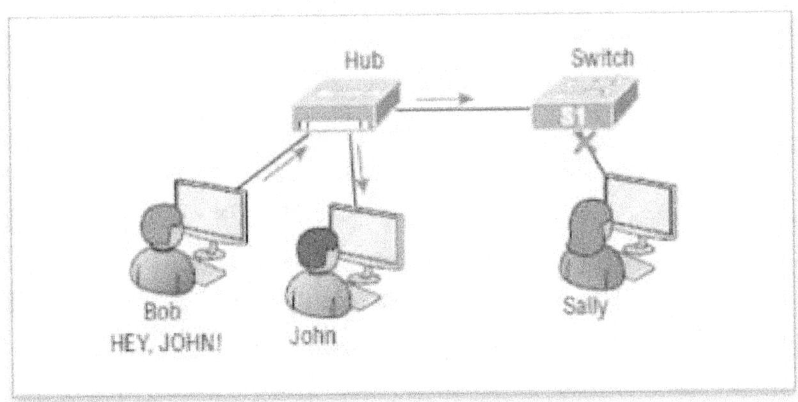

الشكل رقم (2) تقسيم الشبكة بواسطة المبدل.

CCST Support Technician, Networking Exam, Todd Lammle.2024.

هذه الشبكة عبارة عن نطاق بث واحد لأن الموزع المستخدم قام فقط بتوسيع نطاق التصادم الواحد إلى منفذ التبديل.

والنتيجة هي أن جون فقط تلقى البيانات من بوب ولكن لم تتلقها سالي.

أسباب تؤدى إلى الإزدحام

- عدد كبير جدًا من المضيفين في مجال تصادم أو بث.
- عواصف البث سيأتى شرحها لاحقا.
- حركة مرور multicast متعددة البث كثيرة جدًا
- عرض نطاق ترددي منخفض Low bandwidth
- إضافة موزع للاتصال بالشبكة
- مجموعة من عمليات البث عبر بروتوكول ARP

لاحظ أن المبدل أصبح الجهاز الرئيسى لأن الموزع hub لا يقسم الشبكة بل يربط فقط أجزاء الشبكة.

أجهزة الشبكة

الموزع HUB

- أحد أجهزة الشبكة يقوم بعمل اكثر من وظيفة في نفس الوقت يقوم بربط مجموعة من الأجهزة في نطاق بث واحد و شبكة واحدة يتم ربط كل جهاز في منفذ من منافذ الموزع .
- يعمل جهاز الهاب في الطبقة الأولى Physical Layer ويفهم فقط الإشارة الكهربائية.
- عندما يقوم أحد الأجهزة بإرسال بيانات إلى أجهزة أخرى على نفس الموزع يقوم الموزع بنقلها إلى جميع المنافذ المتصله به مما يؤدى إلى اختناق في الشبكة وعند وصول البيانات للجهاز المطلوب سيتم حذفها عن باقي الأجهزة.

الموجه \ الراوتر Router

- توفر أجهزة التوجيه اتصالات بخدمات شبكة المنطقة الواسعة (WAN) عبر واجهة تسلسلية لاتصالات WAN تسمى واجهة V.35 المادية على جهاز توجيه Cisco (لاحظ أن واجهة V.35 التسلسلية هي واجهة قديمة ولكن لا يزال بإمكانك العثور على بعضها قيد الاستخدام.)
- مع بدء نمو الشبكة تحتاج إلى إضافة المزيد من التحكم في حركة المرور وعوامل الأمان الأساسي.
- يتحقق ذلك فى الشكل (3) بإضافة جهاز التوجيه router.
- أنشأ جهاز التوجيه نطاقين للبث و كل مضيف متصل بنطاق تصادم خاص به بفضل المبدل لذلك لن تستقبل سالي رسائل من بوب إلا إذا قام بإرسال رزمة بعنوان وجهة IP الخاص بها.

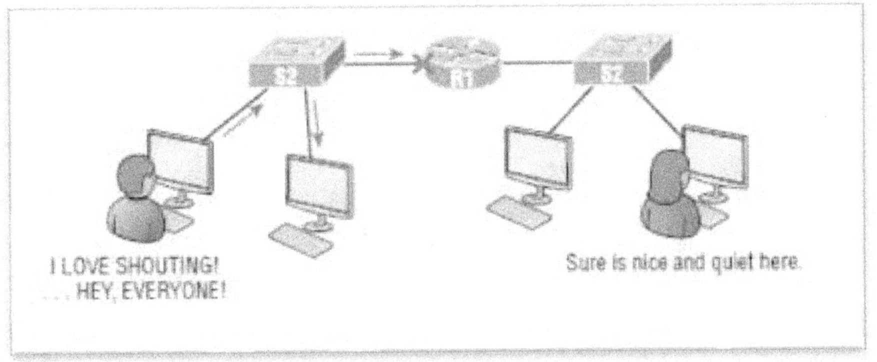

الشكل رقم (3) توسيع الشبكة بإضافة الموجه.

.CCST Support Technician, Networking Exam, Todd Lammle.2024

الموجه و تقسيم نطاق البث.

- عندما يرسل مضيف أو خادم بثًا على الشبكة يمكن لكل جهاز على الشبكة قراءة ومعالجة هذا البث ما لم يكن لديك جهاز توجيه.
- عندما تتلقى واجهة جهاز التوجيه هذا البث يمكنها أن تستجيب ببساطة أوتتجاهل البث دون إعادة توجيهه إلى شبكات أخرى.
- أجهزة التوجيه معروفة بتقسيم نطاقات البث بشكل افتراضي وتقسيم نطاقات التصادم أيضًا.

هناك ميزتان لاستخدام أجهزة التوجيه في الشبكة:

- لا تقوم بإعادة توجيه البث بشكل افتراضي.
- يمكنها تصفية الشبكة بناءً على معلومات (طبقة الشبكة) مثل عنوان IP.

هناك أربع طرق يعمل بها جهاز التوجيه في الشبكة:

- تبديل الرزم **Packet**
- تصفية الرزم
- اتصالات الشبكة الداخلية
- اختيار التوجيه

وظيفة الموجه

- تعتبر أجهزة التوجيه أجهزة الطبقة 3 لذلك تستخدم العنونة المنطقية وتوفر قدرة مهمة تسمى تبديل الرزم packet switching.
- تقوم أجهزة التوجيه بتصفية الرزم عبر قوائم الوصول
- تقوم أجهزة التوجيه بتوصيل شبكتين أو أكثر معًا واستخدام العنونة المنطقية (IP أوIPv6) لنحصل على شبكة إنترنت.

- تستخدم أجهزة التوجيه جدول توجيه وهو عبارة عن خريطة للشبكة الإنترنت لإجراء أفضل اختيارات للمسارات لإيصال البيانات إلى وجهتها الصحيحة وإعادة توجيه الرزم بشكل صحيح إلى الشبكات البعيدة.

المبدل Switch

- تعتبر المبدلات أجهزة الطبقة 2 ولا تستخدم لإنشاء شبكات إنترنت لأنها لا تقسم نطاقات البث بشكل افتراضي و لكن يتم استخدامها لإضافة وظائف إلى شبكة LAN.
- الغرض الرئيسي من المبدلات هو جعل شبكة LAN تعمل بشكل أفضل لتحسين أدائها وتوفير المزيد من النطاق الترددي لمستخدمي شبكة LAN.
- لا تقوم المبدلات بإعادة توجيه الرزم إلى شبكات أخرى مثل أجهزة التوجيه.
- تقوم المبدلات "بتبديل" الإطارات من منفذ إلى آخر داخل الشبكة.
- يمثل كل منفذ على المبدل مجال تصادم خاص به مما يسمح لحركة مرور الشبكة بالتدفق بسلاسة أكبر.

التصادم

- مجال التصادم هو مصطلح إيثرنت يستخدم لوصف سيناريو الشبكة حيث يرسل جهاز واحد رزمة على جزء من الشبكة ويضطر كل جهاز آخر على نفس الجزء إلى الانتباه بغض النظر عما يحدث.
- إذا حاول جهاز أخر الإرسال في نفس الوقت فسيحدث تصادم مما يتطلب من كلا الجهازين إعادة الإرسال واحدًا تلو الآخر.
- يحدث هذا كثيرًا في بيئة الموزع حيث يكون كل مضيف متصل بموزع يمثل مجال تصادم ومجال بث.

ملاحظة

المبدلات تنشئ مجالات تصادم منفصلة داخل مجال بث واحد.
أجهزة التوجيه توفر مجال بث منفصل لكل واجهة.

الجسر bridging

- استخدم هذا المصطلح قبل استخدام الموجهات و المبدلات التى تقوم بوظيفته و لم يعد موجودا حاليا تقسيم مجالات التصادم على الشبكة.
- الجسور محددة المداخل من 4 إلى 16 أما المبدلات فتقوم بدور الجسور و عدد المداخل قد يصل إلى مئات لكنها لا تحسن الأداء.
- الجسر يصل الموزع hub بالموجه router.

شبكة الجسر و الموزع و المبدلات

- تُستخدم الجسور والمبدلات لتقسيم الشبكات ولكنها لا تعمل على عزل رزم البث العام broadcast أو رزم البث المتعدد multicast.
- عندما تتشارك جميع الأجهزة فى جميع الإتصالات و يكون العدد كبير سيكون نصيب كل مستخدم من عرض النطاق bandwidth ضئيلا.
- زمن استجابة الشبكة سيكون بطيئا مما يسبب مشكلات و اعتراضات.
- من المهم أن نحافظ على أن تكون مجالات البث broadcast domains صغيرة فى غالبة الشبكات الحالية.

ملاحظات على الشكل رقم (4)

نلاحظ فى هذا الشكل ما يلى:

- يحدد الموجه عدد مجالات البث و نظرا لأن الموجه فى الشكل له ثلاث واجهات فإن عدد مجالات البث يساوى 3.
- شبكة الموزعات فى أسفل الشكل تمثل مجال تصادم واحد.
- شبكة الجسر فى أعلى الشكل تمثل 3 مجالات تصادم.
- شبكة المبدلات يسار الشكل تمثل 5 مجالات تصادم.

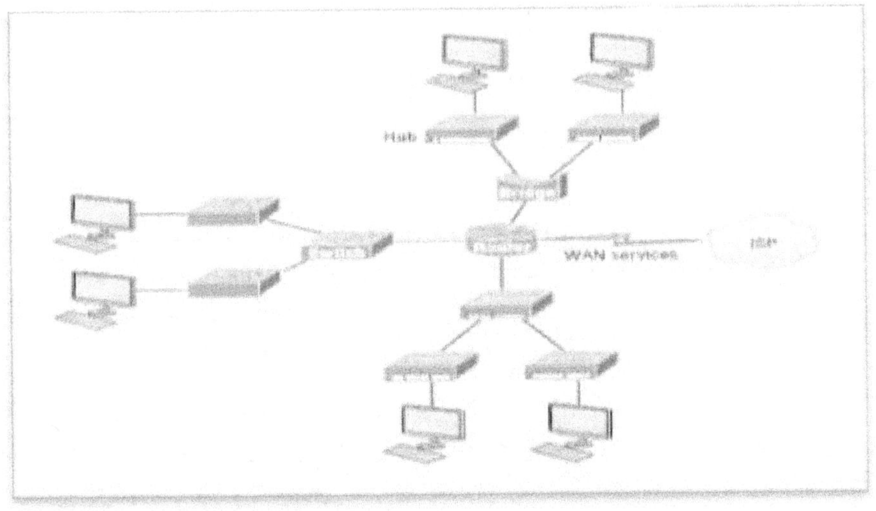

الشكل رقم (4) أجهزة الشبكة و مجالات التصادم.
CCST Support Technician, Networking Exam, Todd Lammle.2024.

شبكة الموجه والمبدلات

عندما نستخدم المبدلات كما فى الشكل (5) يتغير الوضع كثيرا. المبدلات فى مركز الشبكة و الموجه يربط الشبكات المنطقية.

تصميم الشبكة الإفتراضية

- أفضل تصميم للشبكة هو تصميم يتم تكوينه بشكل مثالي لتلبية متطلبات

5

العمل الخاصة بالشركة أو العميل المحدد الذي تخدمه.

- عادةً ما يكون التصميم يشتمل على مبدلات تعمل في انسجام مع أجهزة التوجيه الموضوعة بشكل استراتيجي في الشبكة.
- يتم تصميم ما يسمى بالشبكات المحلية الإفتراضية virtual LANs التى تنشأ تقسيم مجالات البث broadcast domains منطقيا فى الطبقة الثانية من البروتوكول.
- شبكة المبدلات تظل فى حاجة إلى وجود جهاز التوجيه router لتوفير الربط بين ال VLANs الشبكات الإفتراضية .

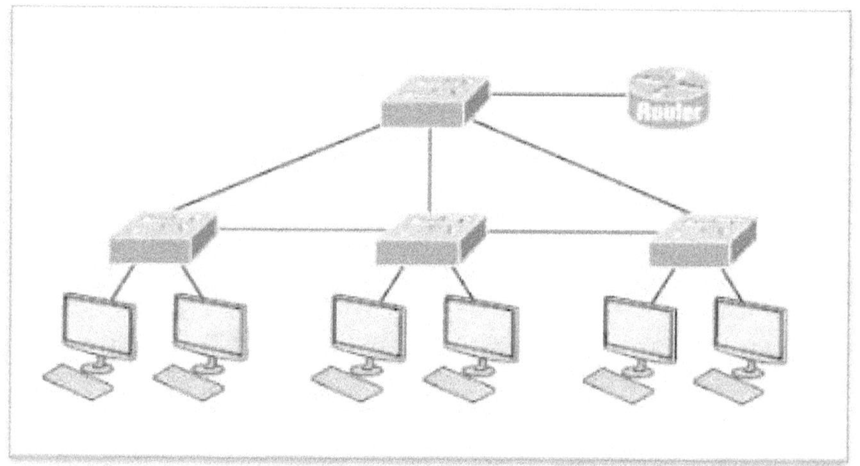

الشكل رقم (5) نموذج الشبكة باستخدام المبدلات.
CCST Support Technician, Networking Exam, Todd Lammle.2024.

ملاحظة على الشكل رقم (5)

- كل مدخل من مداخل المبدل يمثل مجال تصادم.
- كل اتصال بين المبدلات يمثل مجال تصادم.
- كل شبكة محلية إفتراضية تمثل مجال بث عام و يقابل ذلك مجال تصادم.
- الشبكة الإفتراضية غير موضحة فى الشكل.

ملخص موضوع البث و التصادم

- التصادمات تحدث ما بين رزم البيانات في شبكة الإيثرنت عندما يقوم أكثر من جهاز على نفس الشبكة المحلية بإرسال رزم من البيانات في نفس الوقت فينتج اختناق في الشبكة.
- يحدث الاختناق عند إستخدام موزع Hub أو مكرر الإشارة Repetar في الشبكة المحلية LAN و يتم حل هذه المشكلة بأستخدام المبدل Switch أو الموجه Router حيث يقومان بتقسيم مجال التصادم.

- الموجه يقوم بكسر مجال التصادم و يقوم بتقسيم مجال البث ايضاً.
- كل واجهة في الموجه أو المبدل تعتبر مجال بث مباشر Broadcast و في نفس الوقت تعتبر Collision Domain مجال تصادم.

مكونات أجهزة الشبكة المادية

الشكل رقم (6) يبين عدد من أجهزة الشبكة التي سنجدها في كل شبكة.

أجهزة WLAN

الشبكة اللاسلكية تربط هذه الأجهزة لاسلكيا مثل أجهزة الكمبيوتر والطابعات والأجهزة اللوحية بالشبكة.

نظرًا لأن كل جهاز تقريبًا يتم تصنيعه اليوم يحتوي على بطاقة واجهة شبكة لاسلكية (NIC) فأنت تحتاج إلى تكوين نقطة وصول أساسية (AP) للاتصال بشبكة سلكية تقليدية.

نقاط الوصول Access points (APs)

- تسمح هذه الأجهزة للأجهزة اللاسلكية بالاتصال بشبكة سلكية وتمديد نطاق تصادم من مبدل وعادةً ما تكون في نطاق البث الخاص بها أو ما سنشير إليه بشبكة LAN الإفتراضية (VLAN).
- نقطة الوصول عبارة عن جهاز مستقل بسيط يتم إدارته بواسطة وحدات تحكم لاسلكية إما داخل المنزل أو عبر الإنترنت.

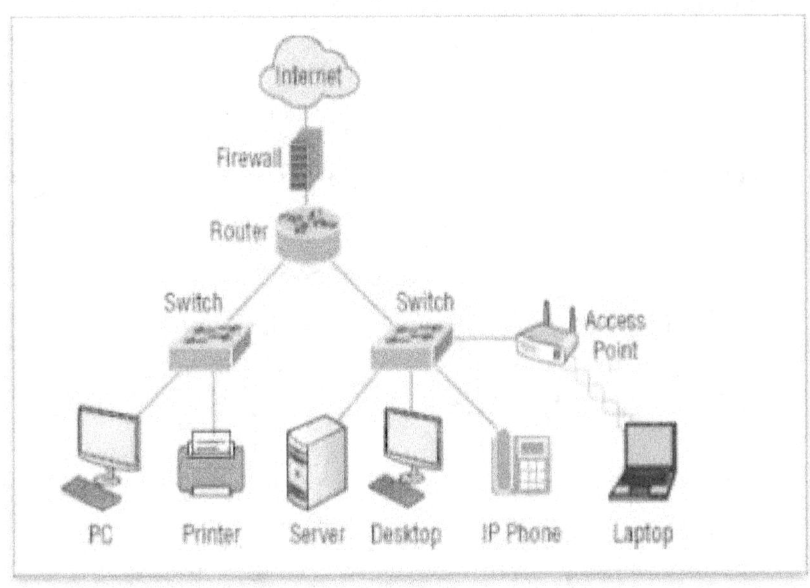

الشكل رقم (6) أجهزة الشبكة المادية.
CCST Support Technician, Networking Exam, Todd Lammle.2024.

وحدات تحكم شبكة WLAN controllers

- هذه الأجهزة يستخدمها مسؤولو الشبكة أو مراكز عمليات الشبكة لإدارة نقاط الوصول بكميات متوسطة إلى كبيرة إلى كبيرة للغاية.
- تتولى وحدة تحكم شبكة WLAN تلقائيًا تكوين نقاط الوصول اللاسلكية وكانت تُستخدم عادةً فقط في أنظمة المؤسسات الأكبر حجمًا.
- بعد استحواذ شركة Cisco على أنظمة Meraki يمكنك بسهولة إدارة شبكة لاسلكية صغيرة إلى متوسطة الحجم عبر السحابة باستخدام نظام وحدة تحكم الويب سهل التكوين.

جدران الحماية Firewalls

- عبارة عن أنظمة أمان للشبكة تراقب وتتحكم في حركة مرور الشبكة الواردة والصادرة بناءً على قواعد أمان محددة مسبقًا وتكون عادةً جزءًا من نظام حماية من التطفل (IPS).
- تنشئ جدران الحماية Cisco Adaptive Security Appliance (ASA) حاجزًا بين شبكة داخلية موثوقة وآمنة والإنترنت.
- أدى استحواذ شركة Cisco الجديد على Sourcefire إلى وضعها في صدارة السوق من خلال جدران الحماية من الجيل التالي (NGFWs) وأنظمة IPS من الجيل التالي (NGIPS)، والتي تطلق عليها Cisco الآن اسم Secure Firewall لما كان يُعرف سابقًا باسم Firepower.
- يعمل جدار الحماية الآمن من Cisco (المعروف أيضًا باسم Firepower) على أجهزة إدارة مخصصة وأجهزة ASA وأجهزة توجيه ISR من Cisco و على منتجات Meraki.

نماذج الشبكات المترابطة Internetworking Models

- في وقت مبكر من تطور الشبكات تم تطوير نموذج مكون من سبع طبقات لتصنيف طبقات الاتصالات الشبكية.
- هذا النموذج يُسمى OSI (الربط البيني للأنظمة المفتوحة) تم تطويره لأول مرة من قبل المنظمة الدولية للمعايير والتي تسمى أيضًا ISO.
- المنظمة الدولية للمعايير اسمها المختصر ISO مشتق من كلمة يونانية تعني المساواة.
- لا يزال مهندسو الشبكات وفنيو الأجهزة والمبرمجون ومسؤولو الشبكات يستخدمون طبقات نموذج OSI للتواصل حول تقنيات الشبكات.
- في هذه الدورة ستتعلم كيفية استخدام نموذج OSI لمساعدتك في فهم بروتوكولات الشبكات واستكشاف مشكلات الشبكة وإصلاحها.

OSI الربط البينى للأنظمة المفتوحة

- OSI تعني Open Systems Interconnection (الربط البينى الأنظمة للمفتوحة) أو النموذج المرجعى لإتصالات الأنظمة المفتوحة.
- تم إنشاؤه كإطار عمل ونموذج مرجعي لشرح كيفية عمل تقنيات الشبكات المختلفة معًا وتفاعلها.
- كل طبقة لها وظائف محددة تكون مسؤولة عنها.
- تعمل جميع الطبقات معًا بالترتيب الصحيح لنقل البيانات حول الشبكة.

طريقة حفظ الطبقات السبع لنموذج OSI.

- **طريقة سهلة من أعلى إلى أسفل**
- All People Seem To Need Data Processing
- يبدو أن جميع الأشخاص يحتاجون إلى معالجة البيانات.
- (التطبيق، العرض التقديمي، الجلسة، النقل، الشبكة، ربط البيانات، المعالجة المادية).

طريقة سهلة من أسفل إلى أعلى

- Please Do Not Throw Sausage Pizza Away
- يرجى عدم رمي بيتزا السجق.
- (المعالجة المادية، ربط البيانات، الشبكة، النقل، الجلسة، العرض التقديمي، التطبيق).

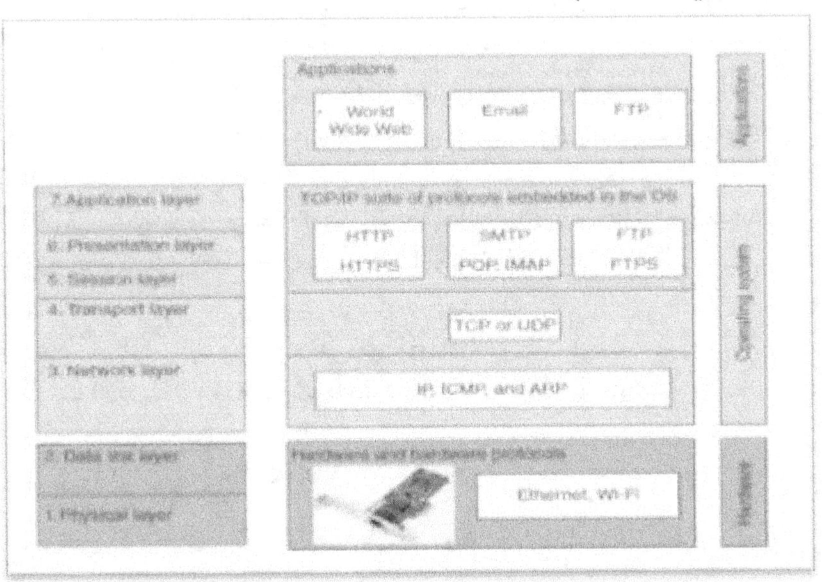

الشكل رقم (7) كيف يتم ربط البرامج والبروتوكولات والأجهزة بنموذج OSI.
Network+ Guide to Networks, Jill West, 2022.

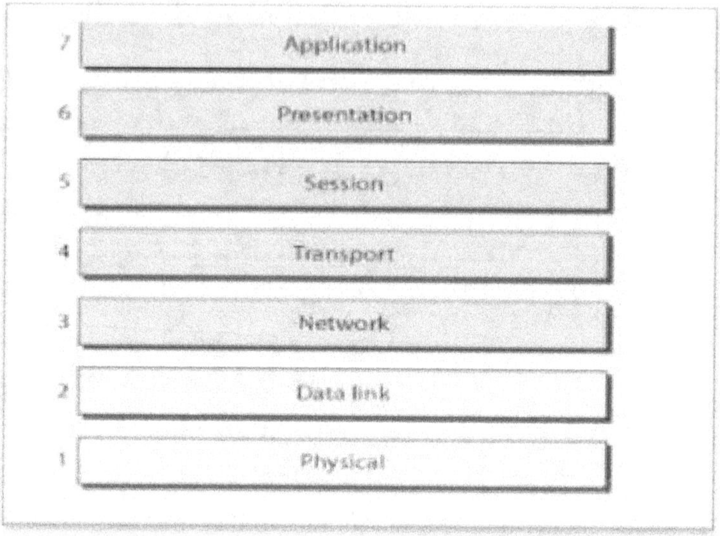

الشكل رقم (8) الطبقات السبع للنموذج المرجعي OSI.
Network+ Guide to Networks, Jill West, 2022.

معنى نموذج الطبقات

- يعتبر النموذج المرجعي في الأساس مخططًا تصوريا لكيفية حدوث الاتصالات.
- يتناول النموذج جميع العمليات المطلوبة للاتصال الفعال ويقسم هذه العمليات إلى مجموعات منطقية تسمى الطبقات.
- عندما يتم تصميم نظام اتصالات بهذه الطريقة يُعرف ذلك بالمعمارية الطبقية و يشار إلى النموذج بالمصطلح **layered architecture**.
- تمكن مطورو البرمجيات من استخدام نموذج مرجعي لفهم عمليات الاتصال بالكمبيوتر ومعرفة ما يجب إنجازه على أي طبقة وكيفية ذلك.
- تطوير بروتوكول لطبقة معينة يعني التركيز فقط على وظائف تلك الطبقة المحددة و لكل طبقة بروتوكول خاص بها.
- المصطلح الفني لهذه الفكرة هو **binding** أى الترابط.
- عمليات الاتصال المتعلقة ببعضها البعض مرتبطة **bound** أو مجمعة معًا في طبقة معينة.

مزايا استخدام نموذج OSI

نموذج OSI ليس نموذجًا ماديًا فهو مجموعة مفاهيم شاملة سلسلة من الإرشادات يستخدمها مطورو التطبيقات لإنشاء وتنفيذ التطبيقات ومعايير الشبكات والأجهزة ومخططات الشبكات التي تعمل على الشبكة.

- يقسم نموذج OSI عمليات الاتصال بالشبكة إلى مكونات أصغر وأبسط وبالتالي يساعد في تطوير المكونات وتصميمها واستكشاف الأخطاء وإصلاحها.
- يسمح بتطوير متعدد الموردين من خلال توحيد مكونات الشبكة.
- يشجع توحيد الصناعة من خلال تحديد الوظائف المحددة التي تحدث في كل طبقة من النموذج.
- يسمح لأنواع مختلفة من أجهزة وبرامج الشبكة بالتواصل.
- يمنع التغييرات التى تحدث في طبقة واحدة من التأثير على الطبقات الأخرى مما يسهل التطوير ويجعل برمجة التطبيقات أسهل بكثير.

أهم وظائف مواصفات OSI أنه موحد في نقل البيانات بين أنظمة التشغيل المختلفة UNIX/Linux أو Windows أو macOS.

الطبقات السبعة

- طبقة التطبيق (الطبقة 7)
- طبقة العرض (الطبقة 6)
- طبقة الجلسة (الطبقة 5)
- طبقة النقل (الطبقة 4)
- طبقة الشبكة (الطبقة 3)
- طبقة ربط البيانات (الطبقة 2)
- الطبقة المادية (الطبقة 1)

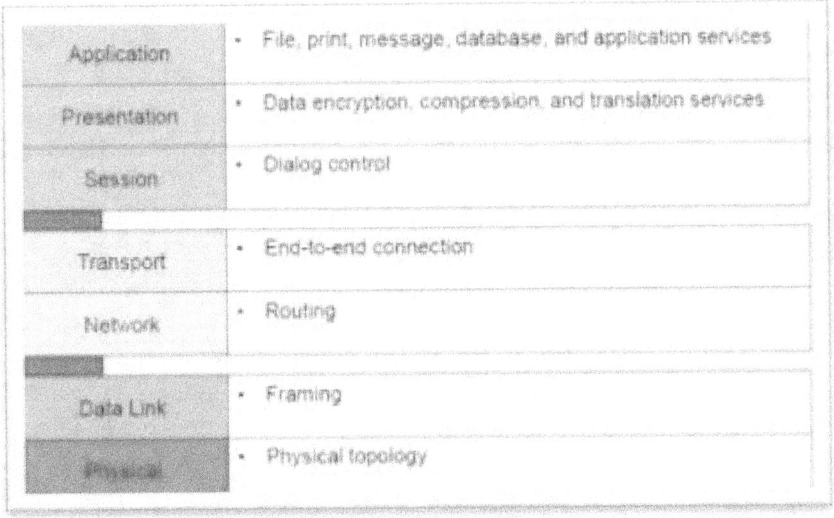

الشكل رقم (9) الطبقات السبعة و وظائفها.

CCST Support Technician, Networking Exam, Todd Lammle.2024.

يلخص الشكل (9) وظائف كل طبقة من طبقات نموذج OSI.
سوف نتناول ما يحدث في كل طبقة بالتفصيل.

- تنقسم طبقات OSI السبع إلى مجموعتين.
- تحدد الطبقات الثلاث العليا قواعد كيفية تواصل التطبيقات العاملة داخل أجهزة المضيف مع بعضها البعض وكذلك مع المستخدمين النهائيين.
- تحدد الطبقات الأربع السفلية كيفية نقل البيانات الفعلية من طرف إلى طرف.
- يوضح الشكل (10) الطبقات الثلاث العليا ووظائفها.
- يوضح الشكل (11) الطبقات الأربع السفلية ووظائفها.

الطبقات العليا

من الواضح أن المستخدمين الفعليين يتفاعلون مع الكمبيوتر في طبقة التطبيق.
الطبقات العليا مسؤولة عن التطبيقات التي تتواصل بين المضيفين.
تذكر أن أيًا من الطبقات العليا لا "تعرف" أي شيء عن الشبكات أو عناوين الشبكة,هذه مسؤولية الطبقات الأربع السفلية.

الطبقات السفلية

الطبقات الأربع السفلية تحدد كيفية نقل البيانات عبر الوسائط المادية والمبدلات وأجهزة التوجيه.
تحدد هذه الطبقات أيضًا كيفية إعادة بناء تدفق البيانات من المضيف المرسل إلى تطبيق المضيف الوجهة.

Application	• Provides a user interface
Presentation	• Presents data • Handles processing such as encryption
Session	• Keeps different applications' data separate

الشكل رقم (10) الطبقات العليا.
CCST Support Technician, Networking Exam, Todd Lammle.2024.

Transport	• Provides reliable or unreliable delivery • Performs error correction before retransmit
Network	• Provides logical addressing which routers use for path determination
Data Link	• Combines packets into bytes and bytes into frames • Provides access to media using MAC address • Performs error detection not correction
Physical	• Moves bits between devices • Specifies voltage, wire speed, and pin-out of cables

الشكل رقم (11) الطبقات السفلية.

CCST Support Technician, Networking Exam, Todd Lammle.2024.

The Application Layer طبقة التطبيق

- تحدد المكان الذي يتواصل فيه المستخدمون أو يتفاعلون فعليًا مع الكمبيوتر.
- يتواصل المستخدمون مع network stack رزمة بروتوكولات الشبكة من خلال عمليات التطبيق أو الواجهات interfaces أو واجهات برمجة التطبيقات (APIs) التي تربط التطبيق المستخدم بنظام التشغيل الخاص بالكمبيوتر operating system.
- تختار طبقة التطبيق وتحدد مدى توفر الشركاء المتصلين إلى جانب الموارد اللازمة لإجراء الاتصالات المطلوبة.
- تنسق بين التطبيقات الشريكة وتشكل إجماعًا بشأن الإجراءات الخاصة بالتحكم في سلامة البيانات واستعادة الأخطاء.
- تدخل طبقة التطبيق حيز التنفيذ فقط عندما يكون من الواضح أن الوصول إلى الشبكة سيكون مطلوبًا قريبًا.
- طبقة التطبيق تعمل كواجهة بين برنامج التطبيق الذي لا يشكل جزءًا من البنية الطبقية والطبقة التالية من خلال توفير طرق للتطبيق لإرسال المعلومات إلى الأسفل عبر رزمة البروتوكول.
- لا توجد المتصفحات داخل طبقة التطبيق فهي تتفاعل مع بروتوكولات طبقة التطبيق عندما تحتاج إلى التعامل مع موارد بعيدة.
- تتحمل طبقة التطبيق مسؤولية تحديد وإثبات توفر شريك الاتصال المقصود وتحديد ما إذا كانت الموارد الكافية للاتصال المطلوب موجودة.
- هذه المهام مهمة لأن تطبيقات الكمبيوتر تتطلب أحيانًا أكثر من مجرد موارد سطح المكتب.
- غالبًا ما توحد مكونات الاتصال من أكثر من تطبيق شبكة.
- من الأمثلة الرئيسية نقل الملفات والبريد الإلكتروني بالإضافة إلى تمكين

13

الوصول عن بُعد وأنشطة إدارة الشبكة وعمليات الخادم والعميل مثل الطباعة وتحديد موقع المعلومات.

- توفر العديد من تطبيقات الشبكة خدمات الاتصال عبر شبكات المؤسسة ولكن بالنسبة للشبكات الحالية والمستقبلية تتطور الحاجة بسرعة للوصول إلى ما هو أبعد من حدود الشبكات المادية الحالية.

ملاحظة هامة

- من المهم أن تتذكر أن طبقة التطبيق تعمل كواجهة بين برامج التطبيق.
- على سبيل المثال لا يوجد برنامج Microsoft Word في طبقة التطبيق بل يتفاعل مع بروتوكولات طبقة التطبيق.
- لاحقًا في الفصل السادس "مقدمة إلى بروتوكول الإنترنت" سنعرف كل شيء عن البرامج أو العمليات الرئيسية التي توجد في طبقة التطبيق مثل SFTP وTFTP.

طبقة العرض The Presentation Layer

- تستمد طبقة العرض اسمها من الغرض منها: فهي تقدم البيانات إلى طبقة التطبيق وهي مسؤولة عن ترجمة البيانات وتنسيق التعليمات البرمجية.
- تتمثل إحدى تقنيات نقل البيانات الناجحة في تكييف البيانات إلى تنسيق قياسي قبل النقل.
- يتم تكوين أجهزة الكمبيوتر لتلقي هذه البيانات ذات التنسيق العام ثم تبديلها إلى تنسيقها الأصلي للقراءة على سبيل المثال من EBCDIC إلى ASCII أو من Unicode إلى ASCII على سبيل المثال لا الحصر.
- تضمن طبقة العرض من خلال توفير خدمات الترجمة إمكانية قراءة البيانات المنقولة من طبقة التطبيق في نظام ما وفهمها بواسطة طبقة التطبيق في نظام آخر.
- تحتوي OSI على معايير بروتوكول تحدد كيفية تنسيق البيانات القياسية.
- ترتبط بهذه الطبقة مهام مثل:
  - ضغط البيانات data compression
  - وفك ضغطها decompression
  - وتشفيرها encryption
  - وفك تشفيرها decryption
- بعض معايير طبقة العرض متضمنة في عمليات الوسائط المتعددة.
- البروتوكولات التي تعمل في طبقة العرض Presentation layer

JPEG , MPEG , ASCII , EBCDIC , HTML , AFP , PAD,NDR , RDP , PAD , AVI .

طبقة الجلسة The Session Layer

- طبقة الجلسة مسؤولة عن إعداد وإدارة ثم إلغاء الجلسات بين كيانات طبقة العرض.
- توفر هذه الطبقة أيضًا التحكم في الحوار بين الأجهزة أو العقد.
- تنسق الاتصالات بين الأنظمة وتعمل على تنظيم اتصالاتها من خلال تقديم ثلاثة أوضاع مختلفة:
  - اتجاه واحد (البسيط) (simplex)
  - كلا الاتجاهين ولكن اتجاه واحد فقط في كل مرة (نصف مزدوج) (half-duplex).
  - وثنائي الاتجاه (مزدوج كامل) (full-duplex).
- تحافظ طبقة الجلسة بشكل أساسي على فصل بيانات التطبيق عن بيانات التطبيقات الأخرى.
- تسمح طبقة الجلسة بجلسات متعددة لمتصفح الويب على سطح المكتب في نفس الوقت.
- البروتوكولات التي تعمل في الطبقة المسؤولة عن جلسة العمل Session layer :

SAP, RTP, NFS, SQL, RPC, NETBIOS NAM, NCP, SOCKETS, SMB, NETBEUI, 9P.

طبقة النقل The Transport Layer

- تقسم طبقة النقل البيانات وتعيد تجميعها في مجرى بيانات.
- تتولى الخدمات الموجودة في طبقة النقل التعامل مع البيانات من تطبيقات الطبقة العليا وتوحدها في مجرى البيانات نفسه.
- توفر خدمات نقل البيانات من البداية إلى النهاية ويمكنها إنشاء اتصال منطقي بين المضيف المرسل والمضيف الوجهة على الشبكة.
- توفر طبقة النقل الآليات اللازمة لإرسال تطبيقات الطبقة العليا وإنشاء اتصالات افتراضية وتفكيك الدوائر الافتراضية.
- تخفي أيضًا العديد من التفاصيل المتنوعة لأي معلومات تعتمد على الشبكة من الطبقات العليا مما يسهل نقل البيانات.
- بروتوكول التحكم في الإرسال (TCP) وبروتوكول بيانات المستخدم (UDP) يعملان في طبقة النقل.
- البروتوكول TCP خدمة موثوقة reliable service بينما UDP ليس كذلك لأنه لا يهتم بتوصيل البيانات بشكل كامل بل ينقل مره واحدة ولا يتأكد من البيانات هل تم استلامه بشكل كامل أو لا لهذا السبب ترى الصوت

أو الصورة يوجد فيها ضعف و تقطيع.

- يمنح هذان البروتوكولان مطوري التطبيقات المزيد من الخيارات لأن لديهم حرية الخيار بينهما عندما يعملون مع بروتوكولات TCP/IP.
- يمكن أن تكون طبقة النقل غير مهيأة الإتصال connectionless أو مهيأة الاتصال connection-oriented ولكن من المهم بشكل خاص أن نفهم حقًا الجزء موجه الاتصال من طبقة النقل,لذلك سنتحدث في الفقرة القادمة عن بروتوكول طبقة النقل مهيأ الاتصال connection-oriented أو(الموثوقة) (reliable).

ملحوظة هامة

مصطلح الشبكات الموثوقة reliable networking يتعلق بطبقة النقل يعني أنه سيتم استخدام التأكيدات acknowledgments والتسلسل sequencing والتحكم في التدفق flow control.

تعتمد الشبكات الموثوقة على توظيف جلسة اتصال مهيأة الاتصال connection-oriented بين الأنظمة تضمن تحقيق ما يلي:

- يتم تأكيد الأجزاء التي تم تسليمها للمرسل عند استلامها.
- يتم إعادة إرسال أي أجزاء لم يتم تأكيدها.
- يتم ترتيب الأجزاء مرة أخرى وفقًا لترتيبها الصحيح عند وصولها إلى وجهتها.
- يتم الحفاظ على تدفق بيانات قابل للإدارة لتجنب الازدحام والحمل الزائد وفقدان البيانات.

الارسال مهيأ الاتصال Connection-Oriented

قبل أن يبدأ المضيف المرسل في إرسال القطع عبر نموذج OSI الطبقي تتصل عملية TCP الخاصة بالمرسل بعملية TCP الخاصة بالوجهة لإنشاء اتصال. يُعرف الإنشاء الناتج باسم الدائرة الافتراضية virtual circuit. يسمى هذا النوع من الاتصال Connection-Oriented الاتصال المهيأ. أثناء هذه المصافحة الأولية initial handshake تتفق عمليتا TCP أيضًا على كمية المعلومات التي سيتم إرسالها في أي اتجاه قبل أن يرسل TCP الخاص بالمستقبل المعني إشارة تأكيد acknowledgment. مع الاتفاق على كل شيء مسبقًا يتم تمهيد الطريق لحدوث اتصال موثوق. يوضح الشكل (12) جلسة reliable موثوقة نموذجية تجري بين أنظمة الإرسال والاستقبال. يبدأ كل من برامج التطبيقات الخاصة بالمضيفين بإخطار أنظمة التشغيل الفردية الخاصة بهما بأن الاتصال على وشك البدء.

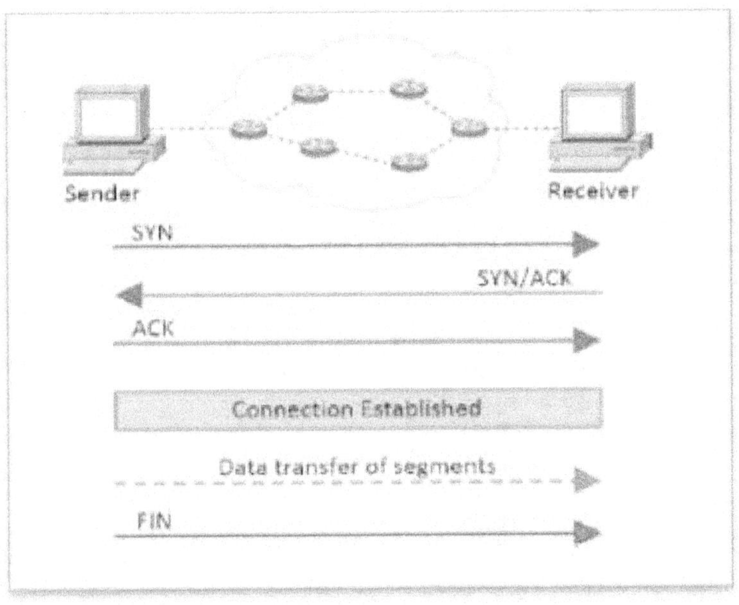

الشكل رقم (12) يبين جلسة اتصال reliable موثوقة.
CCST Support Technician, Networking Exam, Todd Lammle.2024.

جلسة إتصال موثوقة reliable data transport

- يتواصل نظاما التشغيل عن طريق إرسال رسائل عبر الشبكة تؤكد الموافقة على النقل وأن كلا الجانبين جاهزان لحدوثه.
- بعد حدوث كل هذا التزامن المطلوب يتم إنشاء اتصال بالكامل ويبدأ نقل البيانات.
- يُطلق على إعداد الدائرة الافتراضية هذا اسم overhead التكلفة غير المباشرة.
- أثناء نقل المعلومات بين المضيفين يتحقق الجهازان بشكل دوري من بعضهما البعض ويتواصلان من خلال برنامج البروتوكول الخاص بهما للتأكد من أن كل شيء يسير على ما يرام وأن البيانات يتم استلامها بشكل صحيح.

ملخص الخطوات

تبدأ جلسة الاتصال الموجهة أو المصافحة ثلاثية الاتجاهات TCP الموضحة في الشكل (12) كما يلى:

1. القطعة الأولى segment من "اتفاق الاتصال" هى synchronization طلب التزامن.

2. القطع التالية تؤكد الطلب acknowledge وتنشئ معاملات الاتصال أوالقواعد بين المضيفين.

تطلب هذه القطع تزامن تسلسل المستقبل بحيث يتم تكوين اتصال ثنائي الاتجاه bidirectional connection.

3. القطعة الأخيرة إشعار تأكيد بإعلام المضيف الوجهة بقبول اتفاق الاتصال وإنشاء الاتصال ويمكن الآن بدء نقل البيانات.

ملاحظة هامة

تناولت الكثير من التفاصيل حول إعداد هذا الاتصال وقد فعلت ذلك حتى يكون لديك صورة واضحة حقًا لكيفية عمله.

يمكنك الإشارة إلى هذه العملية بالكامل باسم "المصافحة ثلاثية الاتجاهات لـ TCP" التي ذكرتها بالفعل والمعروفة بالاختصارات التالية:

- SYN التزامن.
- SYN/ACK التزامن-التأكيد.
- ACK التأكيد.

التحكم في تدفق البيانات Flow Control

يتم ضمان سلامة البيانات Data integrity في طبقة النقل من خلال الحفاظ على التحكم في عملية نقل البيانات بطريقتين:

- التحكم في تدفق البيانات flow control
- تصحيح الاخطاء Error correction

تتم عملية نقل البيانات بتقطيع الداتا ثم ترقيمها Sequencing ثم الإرسال و التأكد Acknowledgments من الطرف الآخر بإستلام البيانات بشكل صحيح لإرسال باقي الداتا .

التدفق Flow Control يسمح للمستخدمين بطلب reliable data transport نقل بيانات موثوق بين الأنظمة.

يوفر التحكم في التدفق وسيلة للمستقبل للتحكم في كمية البيانات المرسلة بواسطة المرسل.

يمنع المستقبل أى مضيف مرسل على جانب من الاتصال من تجاوز سعة المخازن المؤقتة buffers في المضيف المستقبل وهو الحدث الذي يمكن أن يؤدي إلى فقدان البيانات.

يستخدم نقل البيانات الموثوق جلسة اتصالات موثوقة بين الأنظمة.

تضمن البروتوكولات المعنية تحقيق ما يلي:

1. يتم إشعار تأكيد قبول القطع المسلمة segments للمرسل عند استلامها.
2. يتم إعادة إرسال أي قطع غير مؤكدة \معترف بها.
3. يتم إعادة ترتيب القطع مرة أخرى في ترتيبها الصحيح عند وصولها إلى وجهتها.

4. يتم الحفاظ على تدفق بيانات لتجنب الازدحام والحمل الزائد وفقدان البيانات.

حالة الإزدحام Congestion

- ماذا يحدث عندما يستقبل الجهاز طوفانًا من datagrams مخططات البيانات بسرعة كبيرة بحيث لا يتمكن من معالجتها؟
- يقوم بتخزينها في قسم ذاكرة يسمى buffer المخزن المؤقت.
- تكتيك التخزين المؤقت هذا لا يمكنه حل المشكلة إلا إذا كان مخطط البيانات جزءًا من burst إرسال رشقى (عرض نطاق عالى خلال فترة قصيرة).
- إذا لم يحدث ذلك واستمر تدفق البيانات فسوف تستنفد ذاكرة الجهاز في النهاية وسوف تتجاوز قدرته على الاستيعاب و يتفاعل الجهاز بالتخلص من أي بيانات إضافية.
- يبدو هذا سيئًا للغاية لولا وظيفة طبقة النقل و هى التحكم في تدفق بيانات الشبكة التي تعمل بشكل جيد بالفعل.

التحكم فى الإزدحام

- بدلاً من التخلص من الموارد والسماح بفقدان البيانات يمكن لطبقة النقل إصدار مؤشر "غير جاهز" أو "توقف" إلى المرسل أو مصدر التدفق كما هو موضح في الشكل (13).
- تعمل هذه الالية مثل إشارة المرور فترسل إشارة إلى الجهاز المرسل بالتوقف عن إرسال حركة البيانات إلى نظيره المثقل بالبيانات.
- بعد أن يقوم جهاز الاستقبال بمعالجة البيانات الوفيرة في مخزن الذاكرة (مخزن البيانات المؤقت) فإنه يرسل مؤشر "جاهزية" ‘‘ready'' للنقل.
- عندما يستقبل الجهاز الذي ينتظر إرسال بقية البيانات الخاصة به مؤشر "البدء" go فإنه يستأنف إرساله.
- أثناء نقل البيانات الأساسي والموثوق والموجه الاتصال يتم تسليم مخططات البيانات datagrams إلى المضيف المتلقي بنفس التسلسل الذي يتم إرسالها به بالضبط.
- لذلك إذا فقدت أي أجزاء بيانات أو تكررت أو تعرضت للتلف أثناء النقل يتم إرسال إشعار بالفشل.
- يتم تصحيح هذا الخطأ من خلال التأكد من أن المضيف المتلقي يقر بأنه قد استلم كل جزء من البيانات وبالترتيب الصحيح.

تعتبر الخدمة مهيأة الاتصال إذا كانت تتمتع بالخصائص التالية:

- تم إعداد دائرة افتراضية (مثل المصافحة ثلاثية الاتجاهات).
- تستخدم التسلسل sequencing.
- تستخدم التأكيدات acknowledgments .
- تستخدم التحكم في التدفق flow control.

19

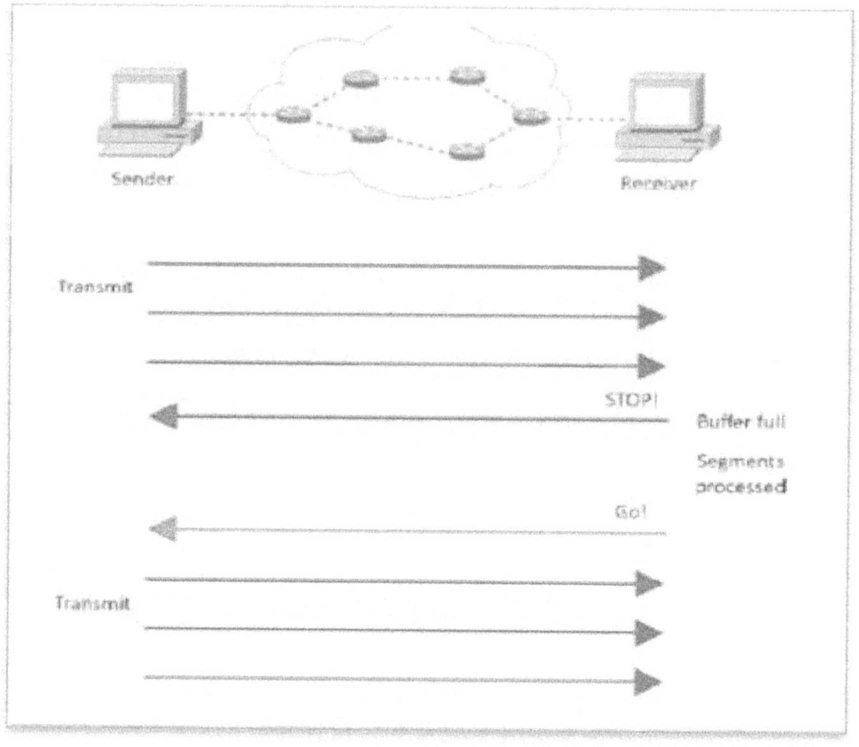

الشكل رقم (13) التحكم فى التدفق.

CCST Support Technician, Networking Exam, Todd Lammle.2024.

استخدام النوافذ للتحكم فى إرسال البيانات Windowing

تعريف

تُستخدم النوافذ للتحكم في كمية أجزاء البيانات المتبقية وغير المؤكدة. يتم تمثيل كمية قطع البيانات (مقاسة بالبايتات) التي يُسمح للآلة المرسلة بإرسالها دون تلقي إشعار بالاستلام بما يسمى النافذة.

سبب الإستخدام

- من المفترض تتم عملية نقل البيانات من الناحية المثالية بسرعة وكفاءة.
- لكن ستكون العملية بطيئة إذا اضطرت الآلة المرسلة إلى الانتظار للحصول على إشعار بالاستلام بعد إرسال كل قطعة.
- نظرًا لتوفر الوقت بعد أن يرسل المرسل قطعة البيانات وقبل أن ينتهي من معالجة الإشعارات الواردة من الآلة المستقبلة يستخدم المرسل فترة التوقف كفرصة لإرسال المزيد من البيانات.

20

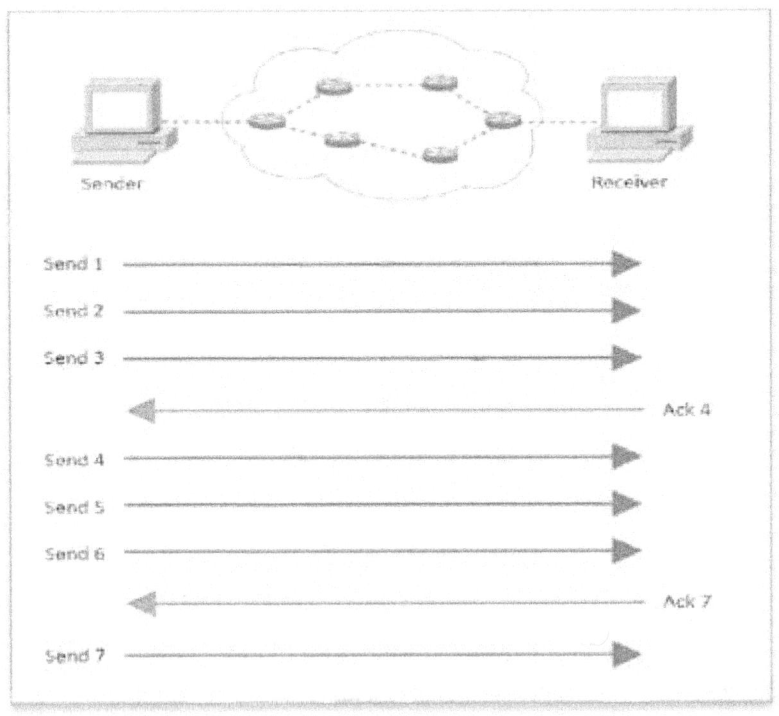

الشكل رقم (14) استخدام أسلوب النافذة فى الإرسال.

CCST Support Technician, Networking Exam, Todd Lammle.2024.

طريقة تنفيذ النوافذ

- حجم النافذة يتحكم في مقدار المعلومات التي يتم نقلها من طرف إلى آخر.
- بعض البروتوكولات تقيس المعلومات من خلال ملاحظة عدد الرزم. بروتوكول TCP/IP يقيسها من خلال حساب عدد البايتات.

يوضح الشكل (15) في هذا المثال المبسّط تكون أجهزة الإرسال والاستقبال عبارة عن محطات عمل.

- جهاز الاستقبال مضبوط على 1
- جهاز الإرسال مضبوط على 3
- عندما تقوم بتكوين حجم نافذة على 1 تنتظر آلة الإرسال تأكيدا لكل جزء بيانات ترسله قبل إرسال جزء آخر.
- إذا قمت بتكوين حجم نافذة على 3 يُسمح لآلة الإرسال بإرسال ثلاثة أجزاء بيانات قبل تلقي تأكيد.
- يحدد حجم النافذة عدد البايتات التي يمكن إرسالها في المرة الواحدة.

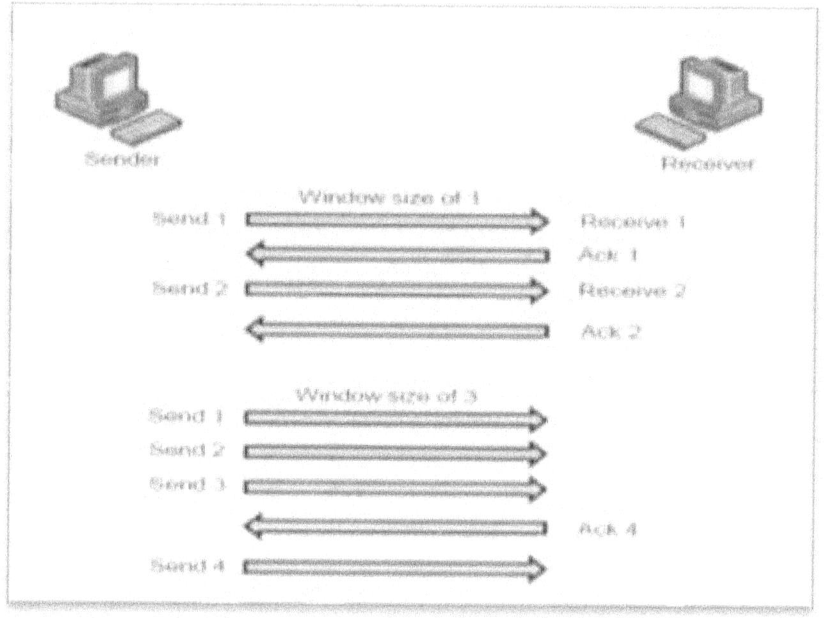

الشكل رقم (15) حجم نافذة الإستقبال 1 و الإرسال 3.

CCST Support Technician, Networking Exam, Todd Lammle.2024.

ملاحظة

إذا فشل المضيف المستقبل في استقبال جميع الأجزاء التي يجب أن يقرها فيمكن للمضيف تحسين جلسة الاتصال عن طريق تقليل حجم النافذة.

التأكيدات Acknowledgments

تسليم البيانات الموثوقة Reliable data delivery يضمن سلامة تدفق البيانات المرسل من جهاز إلى آخر من خلال ربط بيانات يعمل بكامل طاقته ويضمن عدم تكرار البيانات أو فقدها.

التأكيد الإيجابي مع إعادة الإرسال

Positive Acknowledgment with Retransmission

يتحقق تسليم البيانات الموثوق من خلال ما يسمى بالتأكيد الإيجابى مع إعادة الإرسال كما يلى:

- هي تقنية تتطلب من الجهاز المستقبل التواصل مع مصدر الإرسال عن طريق إرسال رسالة تأكيد acknowledgment مرة أخرى إلى المرسل عندما يتلقى البيانات.
- يوثق المرسل كل قطعة يرسلها وينتظر التأكيد قبل إرسال القطعة التالية.
- عندما يرسل قطعة segment يبدأ الجهاز المرسل timer عداد زمنى ويعيد الإرسال إذا انتهى العداد الزمنى قبل وصول تأكيد المستقبل.

مثال التأكيد الإيجابي مع إعادة الإرسال

- في الشكل (16) ترسل الآلة المرسلة القطع 1 و 2 و 3.
- تؤكد العقدة المستقبلة استلامها لها من خلال طلب القطعة 4.
- عندما تتلقى التأكيد ترسل العقدة المرسلة المقاطع 4 و 5 و 6.
- إذا لم تصل القطعة 5 إلى الوجهة تقر العقدة المستقبلة بهذا الحدث مع طلب إعادة إرسال القطعة.
- تعيد الآلة المرسلة إرسال المقطع المفقود وتنتظر التأكيد الذي يجب أن تتلقاه من أجل الانتقال إلى إرسال المقطع 7.

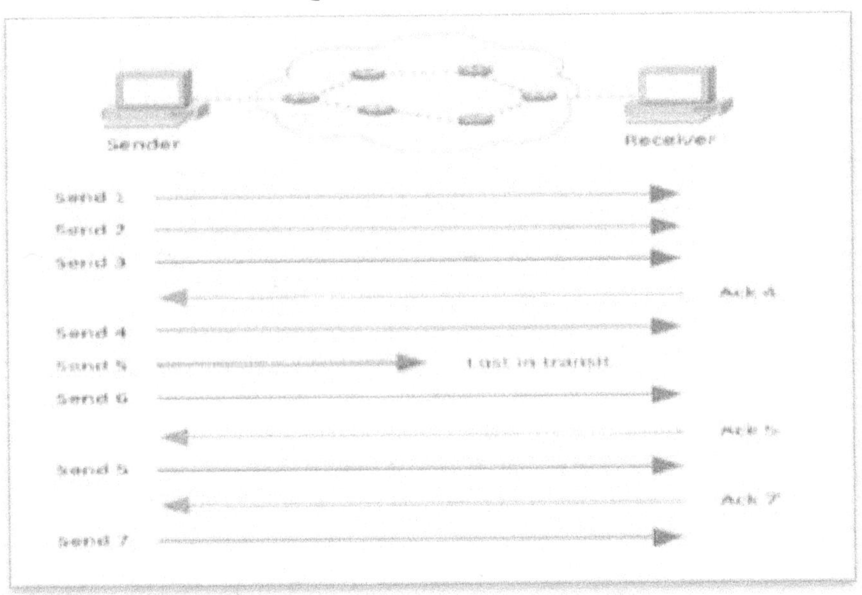

الشكل رقم (16) التسليم الموثوق به فى طبقة النقل.

CCST Support Technician, Networking Exam, Todd Lammle.2024.

ملاحظة

لا تحتاج طبقة النقل إلى استخدام خدمة موجهة الاتصال.

هذا الاختيار متروك لمطور التطبيق.

من الآمن أن نقول إنه إذا كنت موجه الاتصال أي أنك قمت بإنشاء دائرة افتراضية فأنت تستخدم بروتوكول TCP.

عدم إعداد دائرة افتراضية يعنى بروتوكول UDP وهو اتصال (غير آمن).

طبقة الشبكة The Network Layer

- تدير طبقة الشبكة عنونة الأجهزة المنطقية addressing وتتبع موقع الأجهزة على الشبكة وتحدد أفضل طريقة لنقل البيانات.

- هذا يعني أن طبقة الشبكة يجب أن تنقل حركة المرور بين الأجهزة غير المتصلة محليًا.
- أجهزة التوجيه Routers هي أجهزة الطبقة 3 محددة في طبقة الشبكة وتوفر خدمات التوجيه داخل شبكة الإنترنت.

يحدث الأمر على هذا النحو:

- عند استلام رزمة packet على واجهة جهاز التوجيه يتم التحقق من عنوان IP الوجهة destination.
- إذا لم تكن الرزمة موجهة إلى جهاز التوجيه المعين يبحث الموجه router عن عنوان شبكة الوجهة في جدول التوجيه.
- بمجرد اختيار الموجه واجهة الخروج يتم إرسال الرزمة إلى تلك الواجهة interface لتأطيرها framed وإرسالها على الشبكة المحلية.
- إذا لم يتمكن جهاز التوجيه من العثور على إدخال لشبكة وجهة الرزمة في جدول التوجيه routing table يتخلى جهاز التوجيه عن الرزمة.

يتم استخدام نوعين من الرزم packets في طبقة الشبكة:

رزم البيانات Data Packets

- تُستخدم لنقل بيانات المستخدم عبر شبكة الإنترنت.
- البروتوكولات المستخدمة لدعم حركة البيانات تسمى بروتوكولات التوجيه.
- هناك مثالان على البروتوكولات الموجهة وهما بروتوكول الإنترنت (IP) وبروتوكول الإنترنت الإصدار 6 (IPv6)
- يتم تناول كل ما يتعلق بموضوعات بروتكول الإنترنت في الفصل 7 تحت عنوان "عنونة IP".

رزم تحديث التوجيه Route-Update Packets

- تُستخدم لتحديث أجهزة التوجيه المجاورة حول الشبكات المتصلة بجميع أجهزة التوجيه ضمن الشبكة.
- تسمى البروتوكولات التي ترسل رزم تحديث التوجيه بروتوكولات التوجيه.
- من بين البروتوكولات الشائعة بروتوكول معلومات التوجيه (RIP) وRIPv2 وبروتوكول توجيه المنفذ الداخلي المحسن (EIGRP) وبروتوكول أقصر توجيه مفتوح أولاً (OSPF).
- تُستخدم رزم تحديث التوجيه للمساعدة في إنشاء جداول التوجيه والحفاظ عليها على كل جهاز توجيه.

يوضح الشكل رقم (17) جدول التوجيه.

محتويات جدول التوجيه

يتضمن جدول التوجيه الذي يستخدمه جهاز التوجيه المعلومات التالية:

عناوين الشبكة Network Addresses

- عناوين الشبكة تكون خاصة ببروتوكول معين.
- يجب أن يحتفظ جهاز التوجيه بجدول توجيه لكل بروتوكول توجيه.
- كل بروتوكول توجيه يتتبع شبكة تتضمن مخططات عنونة مختلفة مثل IP وIPv6.

الواجهة Interface

هذه هي واجهة الخروج التي ستتخذها الرزمة عند توجيهها إلى شبكة معينة.

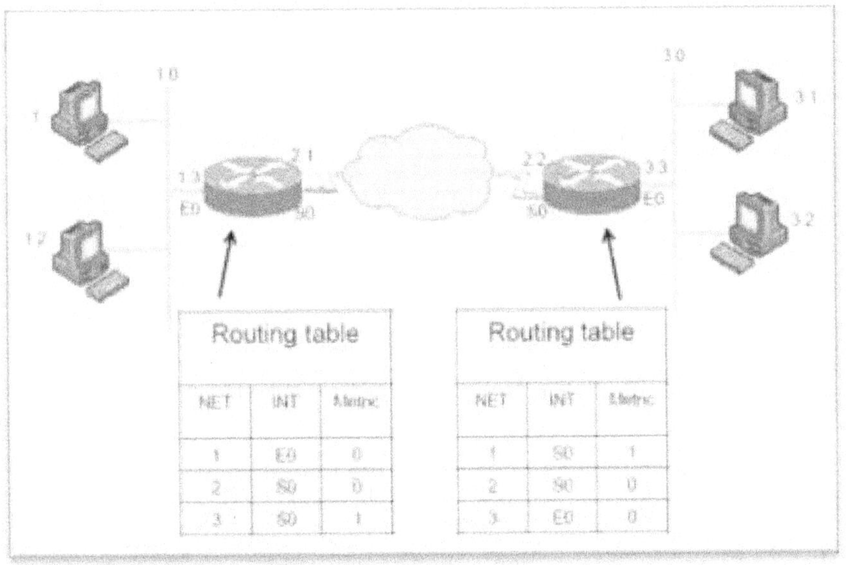

الشكل رقم (17) جدول التوجيه.

.CCST Support Technician, Networking Exam, Todd Lammle.2024

المقياس Metric

- هذه القيمة تساوي المسافة إلى الشبكة البعيدة.
- تستخدم بروتوكولات التوجيه المختلفة طرقًا مختلفة لحساب هذه المسافة.
- بعض بروتوكولات التوجيه وبالتحديد RIP تستخدم hop count أى عدد القفزات الذى يمثل عدد أجهزة التوجيه التي تمر بها الرزمة في طريقها إلى شبكة بعيدة.
- تستخدم بروتوكولات التوجيه الأخرى bandwidth عرض النطاق الترددي وتأخير الخط delay of the line ، وأحيانا tick count ما يُعرف بعدد النقرات الذي يساوي 18/1 من الثانية لاتخاذ قرار التوجيه.

25

عمل أجهزة التوجيه Routers

- تقوم أجهزة التوجيه بتقسيم نطاقات البث broadcast domains مما يعني أنه افتراضيًا لا يتم إعادة توجيه forward عمليات البث عبر جهاز توجيه.
- وهذا أمر جيد لأنه يقلل من حركة المرور على الشبكة.
- تقوم أجهزة التوجيه أيضًا بتقسيم مجالات التصادم collision domains و هذه الخاصية يمكن إنجازها باستخدام مبدلات switches الطبقة 2 (طبقة ربط البيانات) أيضًا.

يوضح الشكل (18) كيفية عمل جهاز التوجيه داخل شبكة إنترنت.

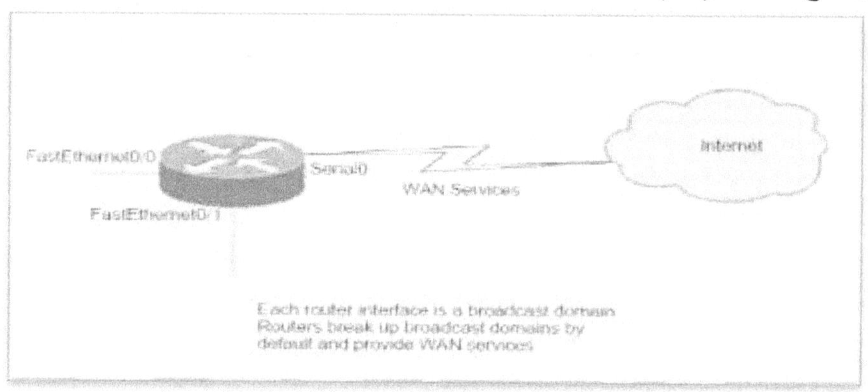

الشكل رقم (18) استخدام الموجه فى الطبقة الثالثة.
CCST Support Technician, Networking Exam, Todd Lammle.2024.

ملاحظة

أجهزة التوجيه routers تقسم مجالات البث broadcast domains.
أجهزة التبديل switches تقسم مجالات التصادم collision domains.
نظرًا لأن كل واجهة في جهاز التوجيه تمثل شبكة منفصلة فيجب تعيين أرقام تعريف شبكة فريدة لها.

يجب أن يستخدم كل مضيف متصل بجهاز التوجيه نفس رقم الشبكة.

النقاط الرئيسية حول أجهزة التوجيه

- لن تقوم أجهزة التوجيه بإعادة توجيه forward أي رزم بث.
- تستخدم أجهزة التوجيه العنوان المنطقي logical address في ترويسة طبقة الشبكة header لتحديد جهاز التوجيه التالي لإعادة توجيه الرزمة.
- يمكن لأجهزة التوجيه استخدام قوائم الوصول التي أنشأها مسؤول إدارة الشبكة administrator للتحكم في الأمان فيما يتعلق بأنواع الرزم المسموح لها بالدخول أو الخروج من واجهة.
- يمكن لأجهزة التوجيه توفير وظائف bridging ربط الطبقة 2 إذا لزم الأمر ويمكنها التوجيه في نفس الوقت عبر نفس الواجهة.

- توفر أجهزة الطبقة 3 (أجهزة التوجيه في هذه الحالة) اتصالات بين شبكات LAN الافتراضية (VLANs).
- يمكن لأجهزة التوجيه توفير جودة الخدمة (QoS) لأنواع معينة من حركة مرور الشبكة traffic.

طبقة ربط البيانات The Data Link Layer

توفر طبقة ربط البيانات النقل المادي للبيانات وتتولى مهام إصدار إشارات الأخطاء وطوبولوجيا الشبكة والتحكم في التدفق.

هذا يعني أن طبقة ربط البيانات تضمن تسليم الرسائل إلى الجهاز المناسب على شبكة LAN باستخدام عناوين hardware الأجهزة (MAC) وتترجم الرسائل القادمة من طبقة الشبكة إلى بتات bits لكي تنقلها إلى الطبقة المادية تمهيدا لإرسالها.

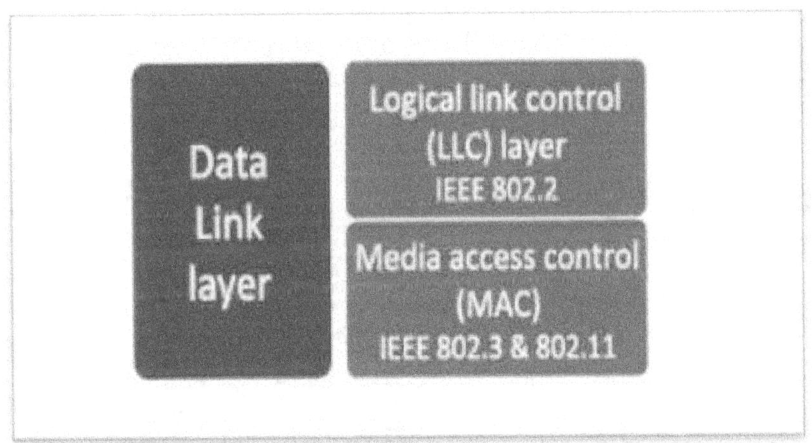

الشكل رقم (19) طبقة ربط البيانات.
.CCST Support Technician, Networking Exam, Todd Lammle.2024

طبقة ربط البيانات تنسق format الرسالة إلى أجزاء كل منها يسمى إطار بيانات data frame وتضيف ترويسة مخصصة header تحتوي على عناوين هاردوير أجهزة الوجهة destination والمصدرsource .

تشكل هذه المعلومات المضافة نوعًا من الكبسولة capsule التي تحيط بالرسالة الأصلية.

عمل أجهزة التوجيه فى هذه الطبقة

- أجهزة التوجيه لا تهتم بمكان وجود مضيف معين بل معنية فقط بمكان وجود الشبكات وأفضل طريقة للوصول إليها بما في ذلك الشبكات البعيدة.
- طبقة ربط البيانات مسؤولة عن التعريف المميز لكل جهاز موجود على شبكة محلية.

27

عمل طبقة ربط البيانات

- تستخدم طبقة ربط البيانات عنونة الأجهزة hardware addressing وخاصة عناوين MAC حتى يتمكن المضيف من إرسال رزم إلى كل مضيف منفرد على شبكة محلية ونقل الرزم بين أجهزة التوجيه.

- في كل مرة يتم فيها إرسال رزمة packet بين أجهزة التوجيه يتم تأطيرها framed بمعلومات التحكم في طبقة ربط البيانات.

- إلا أنه يتم تجريد هذه المعلومات stripped off عند جهاز التوجيه المستقبل ولا تبقى سوى الرزمة الأصلية سليمة تمامًا.

- يستمر تأطير الرزمة لكل قفزة hop حتى يتم تسليم الرزمة أخيرًا إلى المضيف المستقبل الصحيح.

- من المهم أن نفهم أن الرزمة نفسها لا يتم تغييرها أبدًا على طول الطريق فهي مكبسلة محاطة فقط encapsulated بمعلومات التحكم المطلوبة لتمريرها بشكل صحيح إلى أنواع الوسائط المختلفة.

يوضح الشكل (19) طبقة ربط البيانات مع مواصفات Ethernet ومعهد مهندسي الكهرباء والإلكترونيات (IEEE).

ملاحظات على الشكل (19)

لاحظ أن معيار IEEE 802.2 لا يُستخدم فقط بالتزامن مع معايير IEEE الأخرى لكنه يضيف أيضًا الوظائفية إلى تلك المعايير.

تحتوي طبقة ربط بيانات Ethernet IEEE على طبقتين فرعيتين:

التحكم في وصول الوسائط (MAC)

- يحدد كيفية وضع الرزم على الوسائط.

- الوصول إلى الوسائط المتنازع عليها هو وصول "من يأتي أولاً يخدم أولاً" حيث يتقاسم الجميع نفس النطاق الترددي.

- يتم تعريف العنونة المادية هنا وكذلك الطوبولوجيات المنطقية.

- ما هى الطوبولوجيا المنطقية؟

- إنها توجيه الإشارة عبر الطوبولوجيا المادية.

- في هذه الطبقة الفرعية يمكن أيضًا استخدام انضباط الخط وإخطار حدوث الخطأ (وليس التصحيح) والتسليم المنظم للإطارات والتحكم الاختياري في التدفق.

التحكم في الربط المنطقي (LLC)

- المسؤول عن تحديد بروتوكولات طبقة الشبكة ثم تغليفها.

- تحدد ترويسة LLC header طبقة ربط البيانات بما يجب فعله بالرزمة بمجرد استلام إطار.

- تعمل هذه الطريقة على النحو التالي:

- يستقبل المضيف إطارًا ويبحث في ترويسة LLC لمعرفة وجهة الرزمة على سبيل المثال بروتوكول IP في طبقة الشبكة.
- يمكن لـ LLC أيضًا توفير التحكم في التدفق وتسلسل بتات التحكم.

ملاحظة هامة

فى عملية ترميز البيانات بمعلومات التحكم في كل طبقة من نموذج OSI يتم تسمية البيانات بشيء يسمى وحدة بيانات البروتوكول (PDU).
في طبقة النقل تسمى وحدة بيانات البروتوكول سيجمنت segment و في طبقة الشبكة تسمى packetرزمة و في ربط البيانات تسمى frame إطار وفي الطبقة المادية تسمى bits بتات.

المبدلات والجسور switches and bridges

تعمل على طبقة ربط البيانات باستخدام عناوين الأجهزة (MAC).
يعتبر التبديل في الطبقة 2 بمثابة جسر يعتمد على الأجهزة لأنه يستخدم أجهزة متخصصة تسمى الدائرة المتكاملة الخاصة بالتطبيق (ASIC).
يمكن للدوائر المتكاملة الخاصة بالتطبيق أن تعمل بسرعات تصل إلى جيجابت عالية مع معدلات زمن انتقال latency منخفضة للغاية.
زمن الانتقال latencyهو الوقت المقاس من لحظة دخول الإطار إلى المنفذ إلى لحظة خروجه منه.

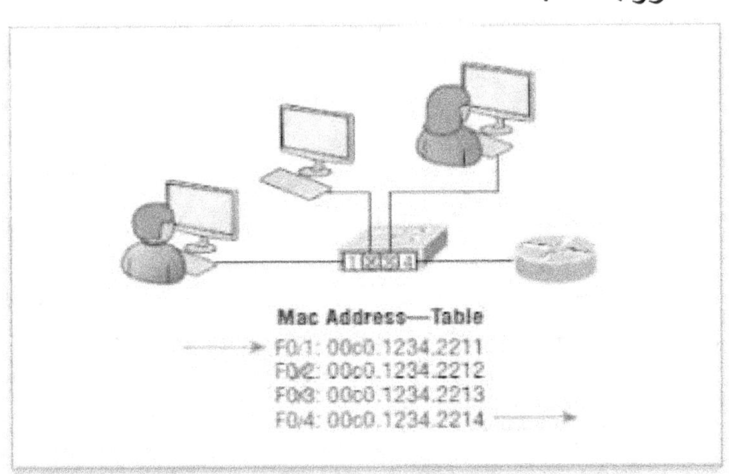

الشكل رقم (20) يوضح استخدام المبدل فى الشبكة.
CCST Support Technician, Networking Exam, Todd Lammle.2024.

تقرأ الجسور والمبدلات كل إطار أثناء مروره عبر الشبكة.
ثم يضع جهاز الطبقة 2 عنوان الجهاز المصدر في filter table جدول مرشح ويتتبع المنفذ الذي تم استقبال الإطار عليه.

هذه المعلومات (المسجلة في جدول مرشح الجسر أو المبدل) هي ما يساعد الجهاز في تحديد موقع جهاز الإرسال المحدد.

يوضح الشكل (20) مبدل في شبكة إنترنت وكيف يرسل جون رزما عبر الإنترنت ولا تستقبل سالي إطاراته لأنها في نطاق تصادم مختلف.

ينتقل إطار الوجهة مباشرة إلى جهاز توجيه المنفذ الافتراضي ولا ترى سالي حركة مرور جون مما يريحها كثيرًا.

الأجهزة و بياناتها فى الشبكة

- أجهزة الطبقة 3 (مثل أجهزة التوجيه) تحتاج تحديد مواقع شبكات معينة.
- أجهزة الطبقة 2 (المبدلات والجسور) تحتاج تحديد مواقع أجهزة معينة.
- الشبكات بالنسبة لأجهزة التوجيه مثل الأجهزة الفردية لأجهزة التبديل والجسور.
- جداول التوجيه "ترسم خريطة" للشبكة الداخلية لأجهزة التوجيه.
- جداول التصفية "ترسم خريطة" لأجهزة التبديل والجسور.
- بعد بناء جدول التصفية على جهاز الطبقة 2 يتم توجيه الإطارات فقط إلى القطاع الذي يوجد فيه عنوان الأجهزة الوجهة.
- إذا كان جهاز الوجهة موجودًا على نفس القطاع الذي يوجد به الإطار فإن جهاز الطبقة 2 سيمنع الإطار من الذهاب إلى أي قطاعات أخرى.
- إذا كانت الوجهة موجودة على قطاع مختلف فيمكن إرسال الإطار إلى هذا القطاع فقط وهذا ما يسمى بالجسر الشفاف transparent bridging.

الطبقة المادية

- الطبقة المادية تقوم بأمرين مهمين: ترسل البتات وتستقبل البتات.
- تأتي البتات ثنائية بقيم 1 أو 0 فقط وهي شفرة مورس بقيم رقمية.
- تتواصل الطبقة المادية بشكل مباشر مع الأنواع المختلفة من وسائط الاتصال.
- هناك حاجة إلى بروتوكولات محددة لكل نوع من الوسائط لوصف أنماط البتات المناسبة التي يجب استخدامها وكيفية تشفير البيانات في إشارات الوسائط والصفات المختلفة لواجهة ربط الوسائط المادية.
- تحدد الطبقة المادية المتطلبات الكهربائية والميكانيكية والإجرائية والوظيفية لتنشيط وصيانة وإلغاء تنشيط رابط مادي بين الأنظمة الطرفية.
- هذه الطبقة هي أيضًا المكان الذي تحدد فيه الواجهة بين معدات الطرفية للبيانات (DTE) ومعدات الاتصال بالبيانات (DCE).
- عادةً يكون جهاز DCE لدى العميل و يكون جهاز DTE هو الجهاز المرفق.

- يتم الوصول إلى الخدمات المتاحة لجهاز DTE عبر جهاز DCE وهو مودم أو وحدة خدمة قناة/وحدة خدمة بيانات (CSU/DSU).
- يتم تحديد موصلات الطبقة المادية والطوبولوجيات المادية المختلفة بالمعايير مما يسمح للأنظمة المختلفة بالتواصل.
- تحدد الطبقة المادية تخطيط وسائط النقل أو ما يُعرف بالطوبولوجيا المادية التى تصف الطريقة التي يتم بها وضع الكابلات ماديًا.

الموزع في الطبقة المادية

- الموزع هو في الواقع مكرر متعدد المنافذ.
- يستقبل المكرر إشارة رقمية ويعيد تضخيم أو إعادة توليد تلك الإشارة ثم يعيد توجيه الإشارة إلى المنفذ الآخر دون النظر إلى أي بيانات.
- يقوم الموزع بنفس الشيء عبر جميع المنافذ النشطة:
  - أي إشارة رقمية يتم استقبالها من جزء على منفذ الموزع يتم إعادة توليدها أو إعادة تضخيمها وإرسالها إلى جميع المنافذ الأخرى على الموزع.
  - هذا يعني أن جميع الأجهزة المتصلة بالموزع موجودة في نفس مجال التصادم وكذلك في نفس مجال البث.

يوضح الشكل (21) موزع في شبكة وكيف عندما يقوم أحد المضيفين بالإرسال يجب على جميع المضيفين الآخرين التوقف والاستماع.

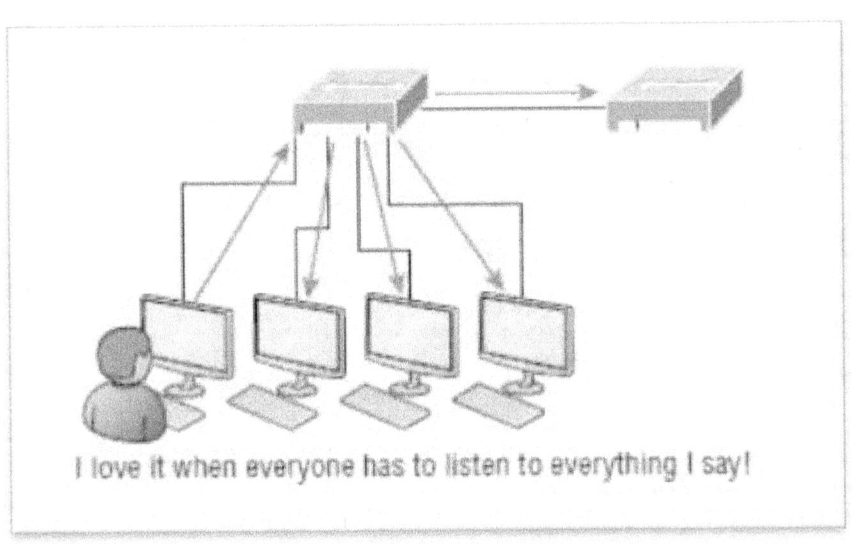

الشكل (21) دور الموزع في شبكة.
CCST Support Technician, Networking Exam, Todd Lammle.2024.

لا تقوم الموزعات مثل المكررات بفحص أي حركة مرور أثناء دخولها أو قبل إرسالها إلى الأجزاء الأخرى من الوسائط المادية.
فى الشبكة النجمية المادية يكون الموزع جهازًا مركزيًا وتمتد الكابلات في جميع الاتجاهات منه وهي نوع الطوبولوجيا التي ينشئها الموزع.
يمكن استخدام الموزعات والمكررات لتوسيع المنطقة التي يغطيها جزء واحد من شبكة LAN ولكنني لا أوصي حقًا بالاستعانة بهذا التكوين!

الطوبولوجيات في الطبقة المادية

كل نوع من أنواع الشبكات له طوبولوجيا مادية ومنطقية.

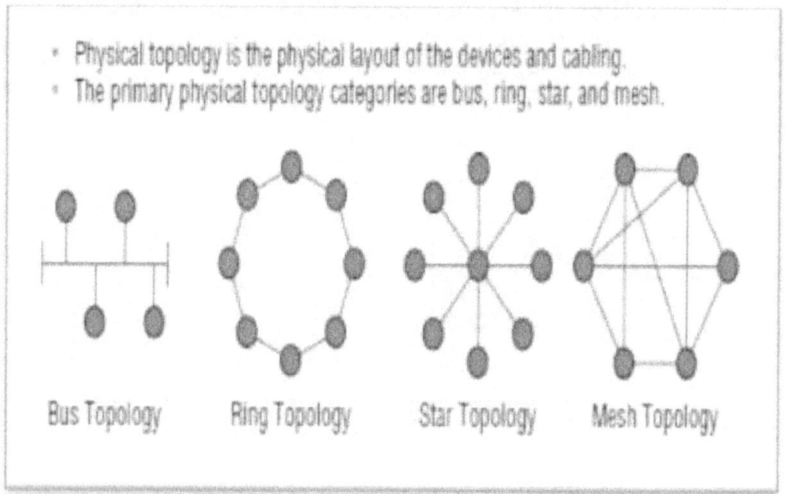

الشكل رقم (22) الأنواع الأربعة للطوبولوجيات.
CCST Support Technician, Networking Exam, Todd Lammle.2024.
تشير الطوبولوجيا المادية للشبكة إلى التصميم المادي للأجهزة و في الغالب إلى الكابلات وتخطيط الكابلات.
تحدد الطوبولوجيا المنطقية التوجيه المنطقي الذي ستنتقل عليه الإشارة فى الطوبولوجيا المادية.
يوضح الشكل (22) الأنواع الأربعة للطوبولوجيات.
فيما يلي أنواع الطوبولوجيا على الرغم من أن الشبكة الأكثر شيوعًا والوحيدة التي نستخدمها اليوم هي النجمة المادية وتقنية الناقل المنطقية التي تعتبر طوبولوجيا هجينة.

شبكة الخط الناقل Bus Topology

يتم توصيل كل محطة عمل بكابل واحد مما يعني أن كل مضيف متصل مباشرة بكل محطة عمل أخرى في الشبكة.

لا تشتمل على وحدة تحكم و يتم نقل البيانات عبر الكابل الرئيسي الذي يسمى Backbone و لابد من وضع نهاية طرفية للكابل تسمىTerminator.

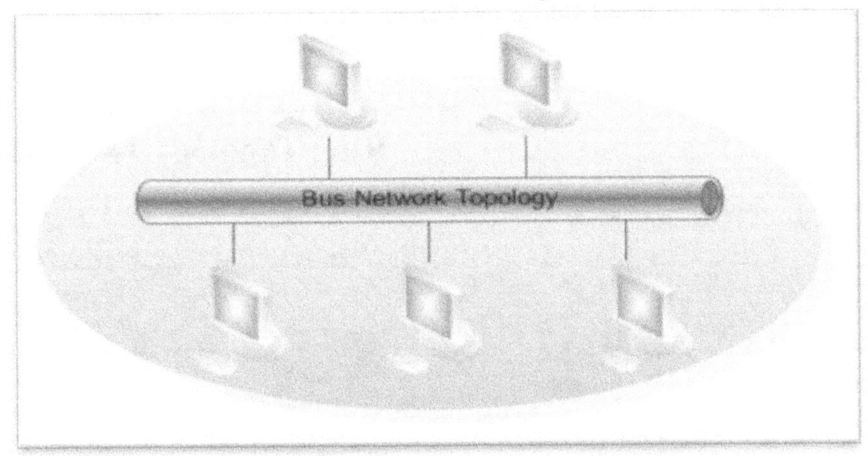

الشكل رقم (23) طوبولوجيا شبكة الخط الناقل.
Computer Networks (R15A0513) Lecture Notes, 2020.

مزايا طوبولوجيا الخط

- تعمل بشكل جيد عندما تكون الشبكة صغيرة.
- تعتبر أسهل طريقة لتوصيل أجهزة الكمبيوتر أو الأجهزة الطرفية بطريقة خطية.
- تتطلب طول كابل أقل من طوبولوجيا النجمة.

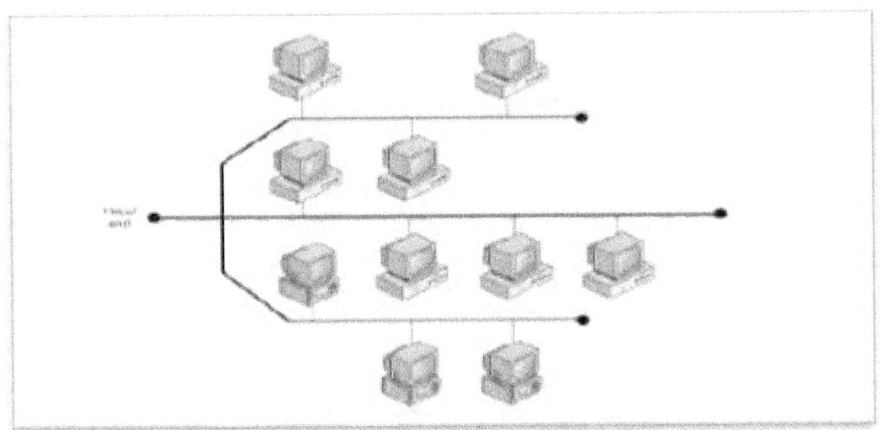

الشكل رقم (24) الخط الناقل الموزع.
Computer Networks (R15A0513) Lecture Notes, 2020.

عيوب طوبولوجيا الخط الناقل

- قد يكون من الصعب تحديد المشكلات إذا انخفضت الشبكة بأكملها.

- قد يكون من الصعب استكشاف مشكلات الجهاز الفردية.
- طوبولوجيا الخط الناقل ليست مناسبة للشبكات الكبيرة.
- تتطلب استخدام نهايات الكابل Terminators لطرفي الكابل الرئيسي.
- الأجهزة إضافية تبطئ الشبكة.
- إذا تضرر الكبال الرئيسي تفشل الشبكة.

شبكة الحلقة Ring Topology

في طوبولوجيا الحلقة يتم توصيل أجهزة الكمبيوتر معًا بطريقة يتم فيها توصيل الجهاز الأخير بالأول لتشكيل حلقة.

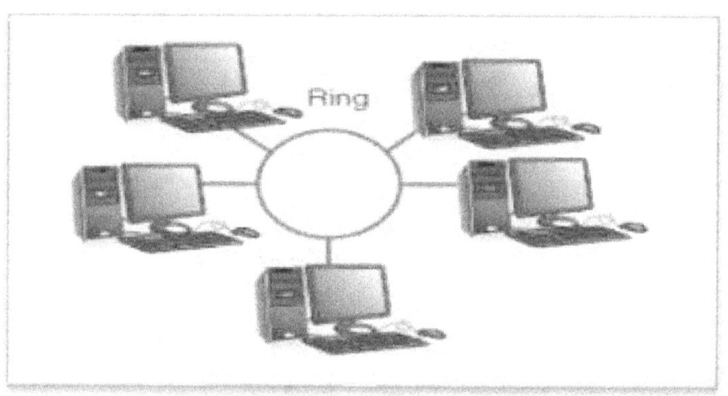

الشكل رقم (25) طبولوجيا الحلقة.
Network+ Guide to Networks, Jill West, 2022.

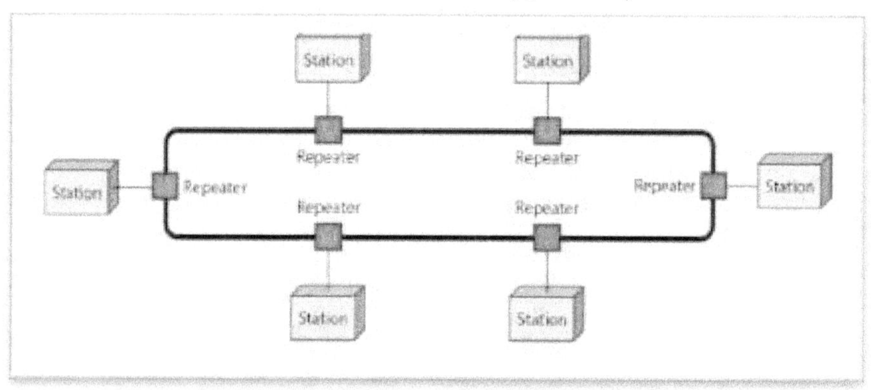

الشكل رقم (26) طوبولوجيا شبكة الحلقة.
Computer Networks (R15A0513) Lecture Notes, 2020.

سمات طوبولوجيا الحلقة

- عدم الحاجة لخادم الشبكة للتحكم في اتصال الشبكة بين كل محطة.
- يمكن أن تنقل البيانات بين محطات العمل بسرعات عالية.
- يمكن إضافة محطات عمل إضافية دون التأثير على أداء الشبكة.

- فى هذه الشبكة يتم إنشاء مسار بيانات دائري في شكل حلقة.
- تنتقل رزم البيانات من جهاز إلى آخر حتى تصل إلى وجهتها.
- تسمح معظم طوبولوجيا الحلقة الرزم بمرور البيانات في اتجاه واحد و تسمى شبكة حلقة أحادية الاتجاه.
- تسمح للبيانات بالتحرك في أحد الاتجاهين و تسمى ثنائية الاتجاه.
- يمكن استخدام طبولوجيا الحلقة في الشبكات المحلية (LAN) أو الشبكات الواسعة (WAN).

عيوب طوبولوجيا الحلقة

- العيب الرئيسي لطوبولوجيا الحلقة هو أنه في حالة كسر أي اتصال فردي في الحلقة تتأثر الشبكة بأكملها.
- يجب أن تمر جميع البيانات التي يتم نقلها عبر الشبكة عبر كل عناصر الشبكة مما قد يجعلها أبطأ من طوبولوجيا النجمة.
- ستتأثر الشبكة بأكملها إذا أغلقت محطة عمل واحدة.
- تعد الأجهزة اللازمة لتوصيل كل محطة عمل بالشبكة أغلى من بطاقات Ethernet والموزع و المفاتيح.

شبكة النجمة Star Topology

تتصل كل عقدة node بجهاز شبكة مركزي مثل الموزع hub أو المبدل switch ولا تتصل الأجهزة ببعضها مباشرة.

يعمل جهاز الشبكة المركزي كخادم وتعمل الأجهزة الطرفية كعملاء.

إذا أراد أحد الأجهزة إرسال بيانات إلى جهاز آخر فإنه يرسل البيانات إلى الموزع و منه إلى الجهاز المتصل الآخر.

تعتمد الشبكة بالكامل على الموزع لذا إذا لم تعمل الشبكة بالكامل فقد تكون هناك مشكلة في المحور.

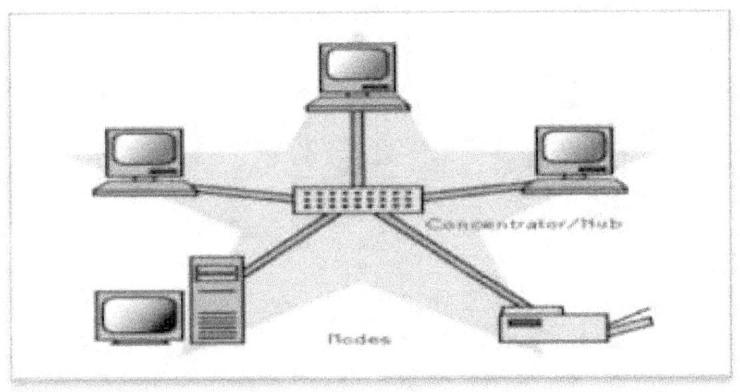

الشكل رقم (27) طوبولوجيا النجمة.
Computer Networks (R15A0513) Lecture Notes, 2020.

مزايا طوبولوجيا النجمة

- يستخدم كابل متحد المحور coaxial cable أو كابل شبكة RJ-45 لتوصيل أجهزة الكمبيوتر ببعضها.
- جودة الإتصال تعتمد على نوع بطاقة الشبكة في كل كمبيوتر.
- إدارة مركزية للشبكة باستخدام الموزع المركزي أو المبدل.
- سهولة إضافة كمبيوتر آخر إلى الشبكة.
- إذا فشل أحد أجهزة الشبكة يستمر باقي الشبكة في العمل.
- تستخدم طوبولوجيا النجمة في الشبكات المحلية (LANs) وغالبًا ما تستخدم الشبكات عالية السرعة طوبولوجيا النجمة مع محور مركزي.

عيوب طوبولوجيا النجمة

- تكون تكلفة تنفيذها أعلى خاصة عند استخدام مبدل أو جهاز توجيه أو موزع كجهاز شبكة مركزي.
- تحدد مواصفات الموزع طبيعة الأداء وعدد العقد التي يمكن للشبكة التعامل معها.
- في حالة فشل الكمبيوتر المركزي أو الموزع أو المبدل يتم إيقاف تشغيل الشبكة بالكامل ويتم فصل جميع أجهزة الكمبيوتر عن الشبكة.

الشبكة المتداخلة Mesh Topology

هذه الشبكة تسمى أيضا المعقدة لإنها تحتوي على أكثر من كابل في كل جهاز أى مجموعة من الكوابل موصلة بجميع الإجهزة.

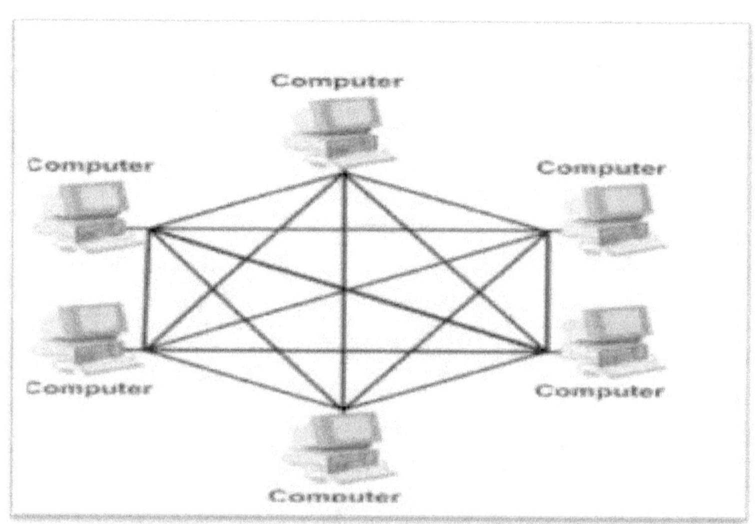

الشكل رقم (28) طوبولوجى الشبكة المتداخلة.

Computer Networks (R15A0513) Lecture Notes, 2020.

مزايا طوبولوجيا الشبكة المتداخلة

- يتم توصيل كل جهاز شبكة بجميع ماحوله باتصال ببعضها البعض فتزيد الروابط العديدة من الموثوقية.
- يتم إجراء الاتصال المادي عادةً باستخدام الألياف أو الأسلاك المجدولة.
- هذه الطريقة مكلفة جداً جداً ولا يوجد لها تطبيقات كثيرة عمليا.
- يمكنها التعامل مع كميات كبيرة من حركة المرور لأن أجهزة متعددة يمكنها نقل البيانات في وقت واحد.
- لا يؤدي فشل أحد الأجهزة إلى انقطاع في الشبكة أو نقل البيانات.
- لا يؤدي إضافة أجهزة إلى تعطيل نقل البيانات بين الأجهزة الأخرى.

عيوب طوبولوجيا الشبكة المتداخلة

- تكلفة التنفيذ أعلى من الطوبولوجيات الأخرى.
- بناء وصيانة الطوبولوجيا أمر صعب ويستغرق وقتًا طويلاً.
- احتمالية وجود اتصالات زائدة عن الحاجة مرتفعة مما يزيد من التكاليف المرتفعة وإمكانية انخفاض الكفاءة.

الشبكة الهجينة

تستخدم تخطيطًا يجمع بين نوعين من الشبكات نجميًا ماديًا (تأتي الكابلات من جميع الاتجاهات) وتنتقل الإشارة من طرف إلى طرف مثل توجيه الناقل. تستخدم الشبكات الهجينة مزيجًا من الطوبولوجيات السابقة.

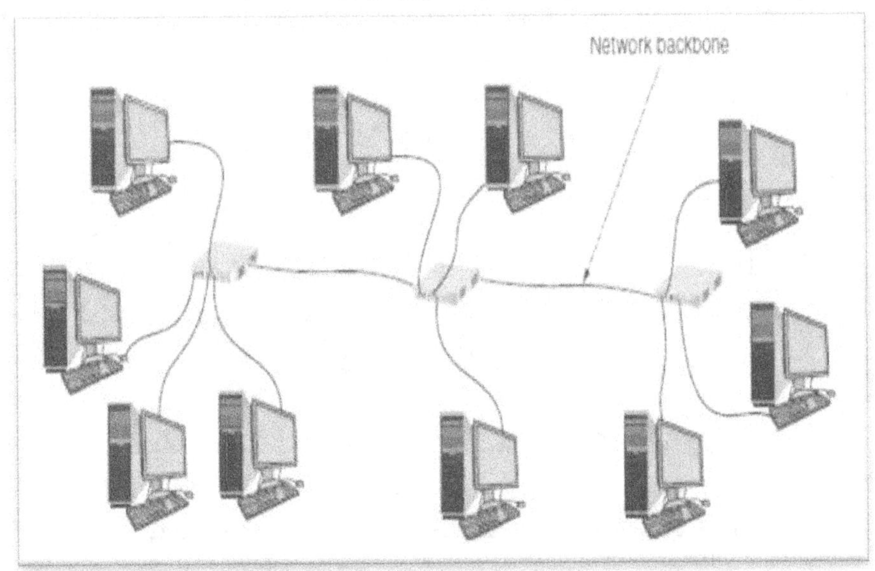

الشكل رقم (29) شبكة طوبولوجيا مختلطة تستخدم المبدلات السويتشات فقط.
Network+ Guide to Networks, Jill West, 2022.

من الأمثلة الشائعة للشبكة المختلطة:
شبكة الحلقة النجمية وشبكة الناقل النجمية.
مزايا الطبولوجيا المختلطة
يمكن توسيعها بسهولة وتوفر المزيد من المسارات لنقل البيانات.
عيوب الطبولوجيا المختلطة
تتطلب المزيد من الكابلات وعزل الأعطال أمر صعب.

ملخص الفصل

- لقد بدأت بمناقشة الشبكات الأساسية البسيطة والاختلافات بين مجالات التصادم والبث.

- ثم ناقشت نموذج OSI النموذج المكون من سبع طبقات المستخدم لمساعدة مطوري التطبيقات على تصميم التطبيقات التي يمكن تشغيلها على أي نوع من الأنظمة أو الشبكات.

- كل طبقة لها وظائفها الخاصة ومسؤولياتها المختارة داخل النموذج لضمان حدوث اتصالات قوية وفعالة بالفعل.

- لقد قدمت لك تفاصيل كاملة عن كل طبقة وناقشت كيف تنظر شركة Cisco إلى مواصفات نموذج OSI.

- تحدد كل طبقة في نموذج OSI أنواعًا مختلفة من الأجهزة وقد وصفت الأجهزة المختلفة المستخدمة في كل طبقة.

- تذكر أن الموزعات هي أجهزة طبقة مادية وتكرر الإشارة الرقمية إلى جميع القطاعات باستثناء القطاع الذي تم استقبالها منه.

- تقوم المبدلات بتقسيم الشبكة باستخدام عناوين الأجهزة وتقسيم مجالات التصادم.

- تقوم أجهزة التوجيه بتقسيم نطاقات البث بالإضافة إلى نطاقات التصادم واستخدام العناوين المنطقية لإرسال الرزم عبر شبكة الإنترنت.

أساسيات الإمتحان

- حدد الأسباب المحتملة لازدحام حركة مرور شبكة LAN.

- إن وجود عدد كبير جدًا من المضيفين في مجال البث، وعواصف البث والبث المتعدد والنطاق الترددي المنخفض كلها أسباب محتملة لازدحام حركة مرور شبكة LAN.

- صف الفرق بين مجال التصادم ومجال البث.

- مجال التصادم هو مصطلح إيثرنت يستخدم لوصف مجموعة من الأجهزة

في الشبكة حيث يرسل جهاز معين رزمة على جزء من الشبكة مما يجبر كل جهاز آخر على نفس الجزء على الانتباه إليها.

- في مجال البث تستمع مجموعة من جميع الأجهزة على الشبكة إلى جميع عمليات البث المرسلة على جميع الأجزاء.
- الفرق بين عنوان MAC وعنوان IP ووصف كيفية ومتى يتم استخدام كل نوع من أنواع العناوين في الشبكة.
- عنوان MAC هو رقم سداسي عشري يحدد الاتصال المادي للمضيف.
- عناوين MAC تعمل على الطبقة 2 من نموذج OSI.
- عناوين IP يمكن التعبير عنها بتنسيق ثنائي أو عشري هي معرّفات منطقية موجودة على الطبقة 3 من نموذج OSI.
- تحدد المضيفات الموجودة على نفس القطاع المادي مواقع بعضها البعض باستخدام عناوين MAC بينما تُستخدم عناوين IP عندما توجد على قطاعات أو شبكات فرعية مختلفة من شبكة LAN.
- افهم الفرق بين الموزع والجسر والمبدل والموجه.
- ينشئ الموزع مجال تصادم واحد ومجال بث واحد.
- يقسم الجسر مجالات التصادم ولكنه ينشئ مجال بث كبير.
- تستخدم عناوين الأجهزة لتصفية الشبكة.
- المبدلات في الواقع مجرد جسور متعددة المنافذ مع المزيد من الذكاء فهي تقسم مجالات التصادم ولكنها تنشئ مجال بث كبير افتراضيًا.
- تستخدم الجسور والمبدلات عناوين الأجهزة لتصفية الشبكة.
- تقسم أجهزة التوجيه مجالات البث (ومجالات التصادم) وتستخدم العناوين المنطقية لتصفية الشبكة.
- حدد وظائف ومزايا أجهزة التوجيه.
- تقوم أجهزة التوجيه بتبديل الرزم والتصفية واختيار التوجيه كما تسهل اتصالات الشبكة.
- إحدى مزايا أجهزة التوجيه هي أنها تقلل من حركة البث.
- فرق بين خدمات الشبكة الموجهة للاتصال وغير الموجهة ووصف كيفية التعامل مع كل منها أثناء اتصالات الشبكة.
- تستخدم الخدمات الموجهة للاتصال التأكيدات والتحكم في التدفق لإنشاء جلسة موثوقة.
- يتم استخدام المزيد من النفقات الغير مباشرة مقارنة بخدمة الشبكة غير الموجهة.
- تُستخدم الخدمات غير المتصلة لإرسال البيانات دون تأكيدات أو تحكم في التدفق ويعتبر هذا غير موثوق.

- قم بتعريف طبقات OSI، وفهم وظيفة كل منها، ووصف كيفية تعيين الأجهزة وبروتوكولات الشبكات لكل طبقة.
- يجب أن تتذكر الطبقات السبع لنموذج OSI والوظيفة التي توفرها كل طبقة. طبقات التطبيق والعرض والجلسة هي طبقات عليا وهي مسؤولة عن الاتصال من واجهة المستخدم إلى التطبيق.
- توفر طبقة النقل التقطيع والتسلسل والدوائر الافتراضية.
- توفر طبقة الشبكة عنونة الشبكة المنطقية والتوجيه من خلال شبكة إنترنت.
- توفر طبقة ربط البيانات تأطير البيانات ووضعها على وسيط الشبكة.
- الطبقة المادية مسؤولة عن أخذ 1 و0 وتشفيرهما في إشارة رقمية للنقل على جزء الشبكة.

أسئلة مراجعة الفصل

تم تصميم الأسئلة التالية لاختبار فهمك لمواد هذا الفصل.
لمزيد من المعلومات حول كيفية الحصول على أسئلة إضافية يرجى زيارة
www.lammle.com/ccst .
يمكنك العثور على إجابات هذه الأسئلة في الملحق "إجابات أسئلة المراجعة".

1. فيما يتعلق بنموذج OSI أي مما يلي هو البيان الصحيح حول وحدات توزيع الطاقة؟

أ. يحتوي المقطع على عناوين IP.

ب. تحتوي الرزمة على عناوين IP.

ج. يحتوي المقطع على عناوين MAC.

د. تحتوي الرزمة على عناوين MAC.

2. أنت مسؤول Cisco لشركتك.

يتم افتتاح فرع جديد وتقوم بتحديد الأجهزة اللازمة لدعم الشبكة.

سيكون هناك مجموعتان من أجهزة الكمبيوتر، كل منها منظم حسب القسم.

سيتم تخصيص عناوين IP تتراوح من 192.168.1.2 إلى 192.168.1.50 لأجهزة كمبيوتر مجموعة المبيعات.

سيتم تخصيص عناوين IP تتراوح من 10.0.0.2 إلى 10.0.0.50 لمجموعة المحاسبة.

ما نوع الجهاز الذي يجب عليك اختياره لتوصيل مجموعتي الكمبيوتر حتى يمكن إجراء اتصال البيانات؟

أ. الموزع

ب. المبدل

ج. الموجه

د. الجسر

3. الطريقة الأكثر فعالية للتخفيف من الازدحام على شبكة LAN هي
______.

أ. ترقية بطاقات الشبكة

ب. تغيير الكابلات إلى CAT 6

ج. استبدال الموزعات بمبدلات

د. ترقية وحدات المعالجة المركزية في أجهزة التوجيه

4. ما هي وظيفة وحدة التحكم في شبكة WLAN؟

أ. مراقبة والتحكم في حركة مرور الشبكة الواردة والصادرة

ب. التعامل تلقائيًا مع تكوين نقاط الوصول اللاسلكية

ج. السماح للأجهزة اللاسلكية بالاتصال بشبكة سلكية

د. توصيل الشبكات واختيار أفضل التوجيهات بين الشبكات بذكاء

5. ما هي وظيفة جدار الحماية؟

أ. التعامل تلقائيًا مع تكوين نقاط الوصول اللاسلكية

ب. السماح للأجهزة اللاسلكية بالاتصال بشبكة سلكية

ج. لمراقبة حركة المرور الواردة والصادرة على الشبكة والتحكم فيها

د. لتوصيل الشبكات واختيار أفضل التوجيهات بين الشبكات بذكاء

6. أي طبقة في نموذج مرجع OSI مسؤولة عن تحديد توافر
برنامج الاستقبال والتحقق لمعرفة ما إذا كانت الموارد متوفرة بما يكفي لهذا
الاتصال؟

أ. النقل

ب. الشبكة

ج. العرض

د. التطبيق

7. أي مما يلي يصف بشكل صحيح الخطوات في عملية تغليف بيانات OSI؟
(اختر اثنين.)

أ. تقسم طبقة النقل دفق البيانات إلى أجزاء وقد تضيف معلومات الموثوقية
والتحكم في التدفق.

ب. تضيف طبقة رابط البيانات عناوين المصدر والوجهة المادية وحقل تسلسل
فحص الإطار (FCS) إلى الجزء.

ج. يتم إنشاء الرزم عندما تقوم طبقة الشبكة بتغليف إطار بعناوين المضيف
المصدر والوجهة ومعلومات التحكم المتعلقة بالبروتوكول.

د. يتم إنشاء الرزم عندما تضيف طبقة الشبكة عناوين الطبقة 3 ومعلومات
التحكم إلى جزء.

هـ. تترجم طبقة العرض البتات إلى فولتات لنقلها عبر الرابط المادي.

8. أي من الطبقات التالية من نموذج OSI تم تقسيمها لاحقًا إلى طبقتين؟

أ. العرض

ب. النقل

ج. ربط البيانات

د. المادية

9. ما هي وظيفة نقطة الوصول (AP)؟

أ. مراقبة والتحكم في حركة المرور الواردة والصادرة للشبكة

ب. التعامل تلقائيًا مع تكوين نقطة الوصول اللاسلكية

ج. السماح للأجهزة اللاسلكية بالاتصال بشبكة سلكية

د. توصيل الشبكات واختيار أفضل التوجيهات بين الشبكات بذكاء

10. يعد _________ مثالاً لجهاز يعمل فقط في الطبقة المادية.

أ. الموزع

ب. المبدل

ج. الموجه

د. الجسر

الفصل الثاني: مقدمة إلى TCP/IP

مقدمة:

تم تصميم وتنفيذ مجموعة بروتوكول التحكم في الإرسال/بروتوكول الإنترنت (TCP/IP) بواسطة وزارة الدفاع (DoD) لضمان والحفاظ على سلامة البيانات والاتصالات في حالة وقوع حرب كارثية.

شبكة TCP/IP آمنة وموثوقة ومرنة إذا تم تصميمها وتنفيذها بشكل صحيح.

سنبدأ باستكشاف إصدار وزارة الدفاع من بروتوكول TCP/IP ثم نقارن هذا الإصدار وبروتوكولاته بنموذج مرجع OSI.

بمجرد فهمك للبروتوكولات والعمليات المستخدمة على المستويات المختلفة لنموذج وزارة الدفاع سنتخذ الخطوة المنطقية التالية من خلال التعمق في عالم عناوين IP والفئات المختلفة لعناوين IP المستخدمة في الشبكات اليوم.

مقدمة عن بروتوكول TCP/IP

يعتبر بروتوكول TCP/IP جوهر كل ما يتعلق بالشبكات.

لذا يجب التأكد من أنك تتقنه بشكل شامل وعملي.

نبدأ بخلفية كاملة عن بروتوكول TCP/IP بما في ذلك بدايته.

ثم ننتقل إلى وصف الأهداف الفنية المهمة كما حددها مهندسوه الأصليون.

ثم كيفية مقارنة بروتوكول TCP/IP بنموذج OSI النظري.

نموذج TCP/IP ونموذج DoD

يعد نموذج DoD في الأساس نسخة مختصرة من نموذج OSI يتألف من أربع طبقات بدلاً من سبع:

- طبقة العملية/التطبيق
- طبقة المضيف إلى المضيف أو طبقة النقل
- طبقة الإنترنت
- طبقة الوصول إلى الشبكة أو طبقة الربط

يقدم الشكل (1) مقارنة بين نموذج DoD ونموذج OSI المرجعي.

النموذجان متشابهان من حيث المفهوم ولكن لكل منهما عدد مختلف من الطبقات بأسماء مختلفة.

تستخدم شركة Cisco في بعض الأحيان أسماء مختلفة لنفس الطبقة مثل "المضيف إلى المضيف" و"النقل" لوصف الطبقة الموجودة أعلى طبقة الإنترنت بالإضافة إلى "الوصول إلى الشبكة" و"الربط" لوصف الطبقة السفلية.

43

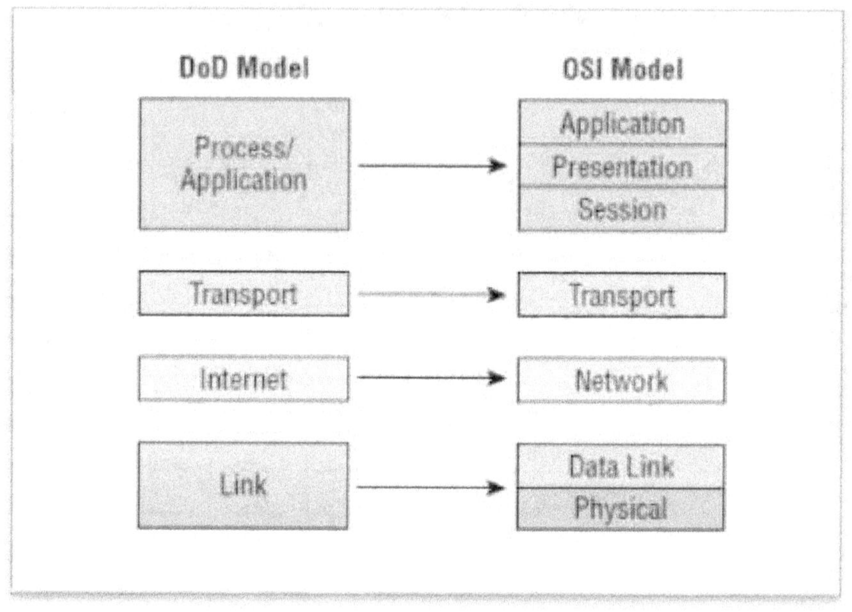

الشكل رقم (1) نموذج DoD ونموذج OSI المرجعي.
CCST Support Technician, Networking Exam, Todd Lammle.2024.

تتحد مجموعة كبيرة من البروتوكولات في طبقة العملية/التطبيق في نموذج وزارة الدفاع.

تدمج هذه العمليات الأنشطة والواجبات المختلفة التي تغطي تركيز الطبقات الثلاث العليا المقابلة لـ OSI (التطبيق والعرض والجلسة).

سنركز على بعض التطبيقات الأكثر أهمية الموجودة في أهداف CCST.

تحدد طبقة العملية/التطبيق البروتوكولات الخاصة باتصالات التطبيقات من عقدة إلى عقدة وتتحكم في مواصفات واجهة المستخدم.

تتوازي طبقة المضيف إلى المضيف أو طبقة النقل مع وظائف طبقة النقل في OSI حيث تحدد البروتوكولات لإعداد مستوى خدمة الإرسال للتطبيقات.

طبقة النقل تعالج قضايا مثل إنشاء اتصالات موثوقة من البداية إلى النهاية وضمان تسليم البيانات بدون أخطاء.

تتعامل مع تسلسل الرزم وتحافظ على سلامة البيانات.

تتوافق طبقة الإنترنت مع طبقة الشبكة في نموذج OSI حيث تحدد البروتوكولات المتعلقة بالنقل المنطقي للرزم عبر الشبكة بأكملها.

تعتني بمعالجة المضيفين من خلال منحهم عنوان IP (بروتوكول الإنترنت) وتتولى توجيه الرزم بين شبكات متعددة.

في الجزء السفلي من نموذج DoD تنفذ طبقة الوصول إلى الشبكة أو طبقة

الربط تبادل البيانات بين المضيف والشبكة.

تشرف طبقة الوصول إلى الشبكة باعتبارها معادلة لطبقتي ربط البيانات والطبقات المادية في نموذج OSI على معالجة الأجهزة وتحدد البروتوكولات الخاصة بالنقل المادي للبيانات.

السبب وراء انتشار بروتوكول TCP/IP هو أنه لم تكن هناك مواصفات محددة للطبقة المادية وبالتالي يمكن تشغيله على أي شبكة مادية موجودة أو مستقبلية! إن نموذجي DoD و OSI متشابهان في التصميم والمفهوم ولديهما وظائف مماثلة في طبقات مماثلة.

فى الشكل (2) مجموعة بروتوكولات TCP/IP وكيفية ربط بروتوكولاتها بطبقات نموذج DoD.

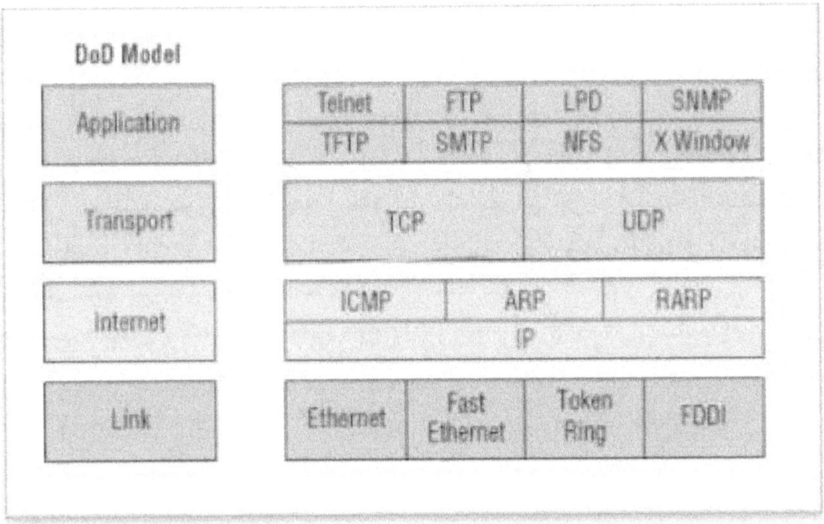

DoD Model

Application	Telnet	FTP	LPD	SNMP
	TFTP	SMTP	NFS	X Window
Transport	TCP		UDP	
Internet	ICMP	ARP		RARP
	IP			
Link	Ethernet	Fast Ethernet	Token Ring	FDDI

الشكل رقم (2) بروتوكولات TCP/IP و طبقات نموذج DoD.
CCST Support Technician, Networking Exam, Todd Lammle.2024.

بروتوكولات طبقة العملية/التطبيق

سنركز على التطبيقات والخدمات المختلفة المستخدمة عادةً في شبكات IP ورغم وجود العديد من البروتوكولات فسوف أركز على البروتوكولات الأكثر صلة بأهداف CCST.

فيما يلي قائمة بالبروتوكولات والتطبيقات التي سأغطيها في هذا القسم:

- Telnet
- SSH
- FTP
- SFTP

TFTP ■

SNMP ■

HTTP ■

HTTPS ■

NTP ■

DNS ■

DHCP/BootP ■

APPIPA ■

بروتوكول Telnet

- كان Telnet أحد أول معايير الإنترنت وقد تم تطويره في عام 1969 وهو عبارة عن بروتوكولات متغيرة تخصصه هو محاكاة الطرفيات.
- يسمح للمستخدم على جهاز بعيد يسمى عميل Telnet بالوصول إلى موارد خادم Telnet من خلال واجهة سطر الأوامر CLI.
- يحقق Telnet ذلك من خلال سحب أمر سريع على خادم Telnet وجعل جهاز العميل يبدو وكأنه جهاز طرفي متصل مباشرة بالشبكة المحلية.
- من العيوب أنه لا تتوفر تقنيات تشفير داخل بروتوكول Telnet لذا يجب إرسال كل شيء بنص واضح بما في ذلك كلمات المرور.
- يوضح الشكل (3) مثالاً لعميل Telnet يحاول الاتصال بخادم Telnet.

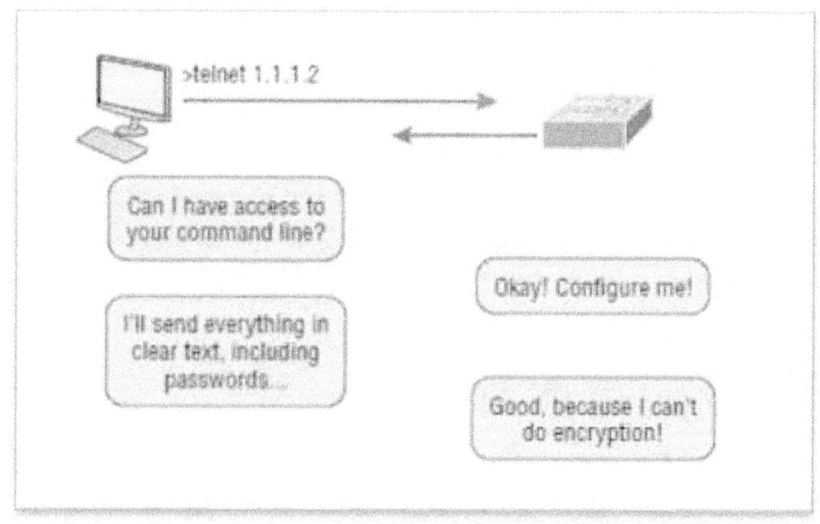

الشكل رقم (3) مثال لعميل Telnet يحاول الاتصال بخادم Telnet.
CCST Support Technician, Networking Exam, Todd Lammle.2024.

المحطات الطرفية يمكنها تنفيذ إجراءات محددة مثل عرض القوائم التي تمنح

المستخدمين الفرصة لاختيار خيارات الوصول إلى التطبيقات على الخادم.

يبدأ المستخدمون جلسة Telnet بتشغيل برنامج عميل Telnet ثم تسجيل الدخول إلى خادم Telnet.

يستخدم Telnet اتصال بيانات 8 بت وموجهًا للبايتات عبر TCP مما يجعله شاملاً للغاية.

لا يزال قيد الاستخدام حتى اليوم لأنه بسيط للغاية وسهل الاستخدام مع تكلفة تشغيل منخفضة للغاية ولكن نظرًا لإرسال كل شيء بنص واضح لا يُنصح باستخدامه في الإنتاج.

بروتوكول Secure Shell

يقوم بروتوكول (SSH) Secure Shell بإعداد جلسة آمنة تشبه بروتوكول Telnet عبر اتصال TCP/IP القياسي ويتم استخدامه للقيام بمهام مثل تسجيل الدخول إلى الأنظمة وتشغيل البرامج على الأنظمة البعيدة ونقل الملفات من نظام إلى آخر.

يقوم بكل ذلك مع الحفاظ على اتصال مشفر.

يوضح الشكل (4) عميل SSH يحاول الاتصال بخادم SSH.

يجب على العميل إرسال البيانات مشفرة!

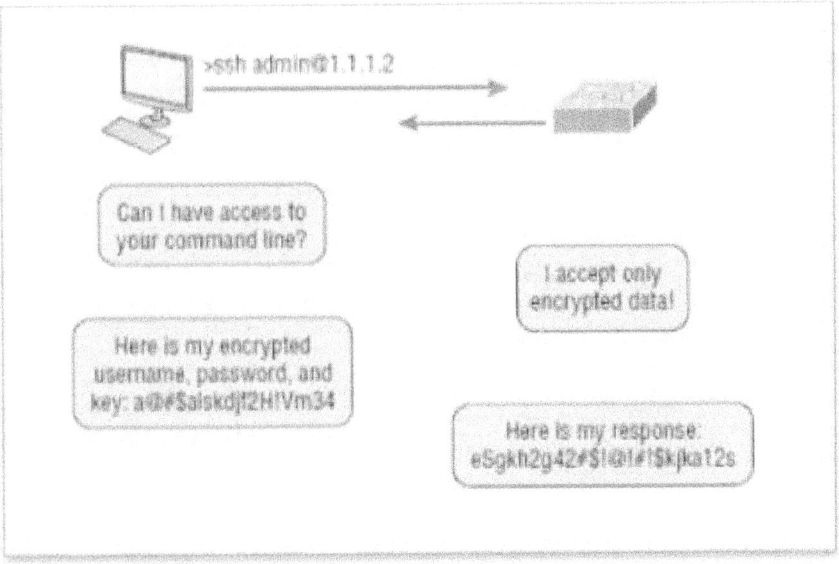

الشكل رقم (4) مثال لعميل Secure Shell يتصل بالخادم.
CCST Support Technician, Networking Exam, Todd Lammle.2024.

يمكن أن تعتبر SSH بروتوكول الجيل الجديد الذي يتم استخدامه الآن بدلاً من الأوامر القديمة غير المستخدمة كثيرًا لـ (rsh) remote shell و remote login (rlogin) وحتى Telnet.

File Transfer Protocol بروتوكول نقل الملفات

- يسمح بروتوكول نقل الملفات (FTP) بنقل الملفات ويمكنه إنجاز ذلك بين أي جهازين يستخدمانه.
- FTP ليس مجرد بروتوكول بل هو أيضًا برنامج.
- تستخدمه التطبيقات باعتباره بروتوكول.
- يستخدمه المستخدمون لأداء مهام الملفات يدويًا.
- يسمح بالوصول إلى كل من مجلد الدلائل directories والملفات ويمكنه إنجاز أنواع معينة من عمليات الدلائل مثل الانتقال إلى دلائل مختلفة كما فى الشكل (5).
- عملية الوصول إلى المضيف من خلال بروتوكول FTP ليست سوى الخطوة الأولى.
- بعد ذلك يخضع المستخدمون لتسجيل دخول و مصادقة تأمينية بكلمات مرور وأسماء مستخدمين يتم تنفيذها بواسطة مسؤولي النظام لتقييد الوصول.
- يمكن التغلب على هذا إلى حد ما من خلال تبني اسم مستخدم مجهول ولكنك ستكون مقيدًا فيما ستتمكن من الوصول إليه.
- عند استخدامه من قبل المستخدمين يدويًا كبرنامج تقتصر وظائف بروتوكول FTP على سرد الدلائل وعرضها وكتابة محتويات الملفات ونسخ الملفات بين المضيفين.
- لا يمكنه تنفيذ الملفات البعيدة كبرامج.

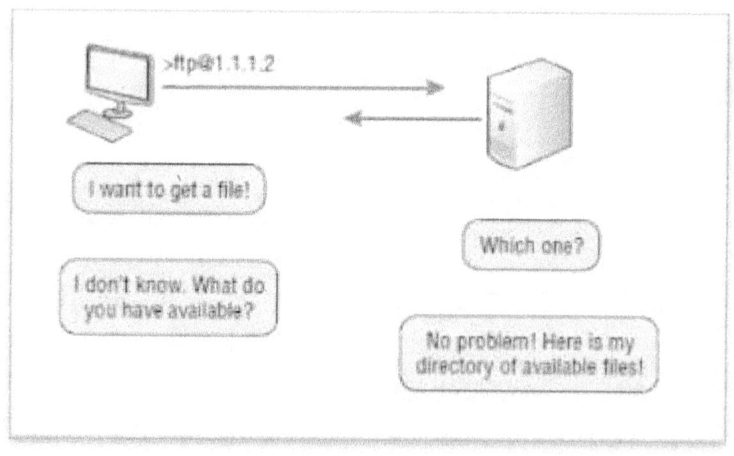

الشكل رقم (5) بروتوكول نقل الملفات.
CCST Support Technician, Networking Exam, Todd Lammle.2024.

بروتوكول نقل الملفات الآمن Secure File Transfer Protocol (SFTP)

يستخدم بروتوكول نقل الملفات الآمن (SFTP) عندما تحتاج إلى نقل الملفات عبر اتصال مشفر.

يستخدم جلسة SSH التي تقوم بتشفير الاتصال ويستخدم SSH المنفذ 22 وبالتالى المنفذ 22 لـ SFTP.

بصرف النظر عن الجزء الآمن يستخدم هذا البروتوكول مثل بروتوكول FTP لنقل الملفات بين أجهزة الكمبيوتر على شبكة IP مثل الإنترنت.

بروتوكول نقل الملفات البسيط Trivial File Transfer Protocol (TFTP)

- يعد بروتوكول نقل الملفات البسيط (TFTP) الإصدار الأساسي المختصر من بروتوكول FTP ولكنه البروتوكول المفضل إذا كنت تعرف بالضبط ما تريده وأين تجده لأنه سريع وسهل الاستخدام للغاية!

- بروتوكول TFTP لا يوفر الكثير من الوظائف التي يوفرها بروتوكول FTP لأنه لا يتمتع بقدرات تصفح الدليل مما يعني أنه يمكنه فقط إرسال واستقبال الملفات كما فى الشكل (6).

- يستخدم بكثافة لإدارة أنظمة الملفات على أجهزة Cisco.

- هذا البروتوكول الصغير المدمج يبخل في قسم البيانات حيث يرسل كل بيانات أصغر كثيرًا من تلك التي يرسلها بروتوكول FTP.

- لا يتضمن مصادقة دخول مثل بروتوكول FTP وبالتالي فهو أقل أمانًا ولا تدعمه سوى مواقع قليلة بسبب المخاطر الأمنية الكامنة فيه.

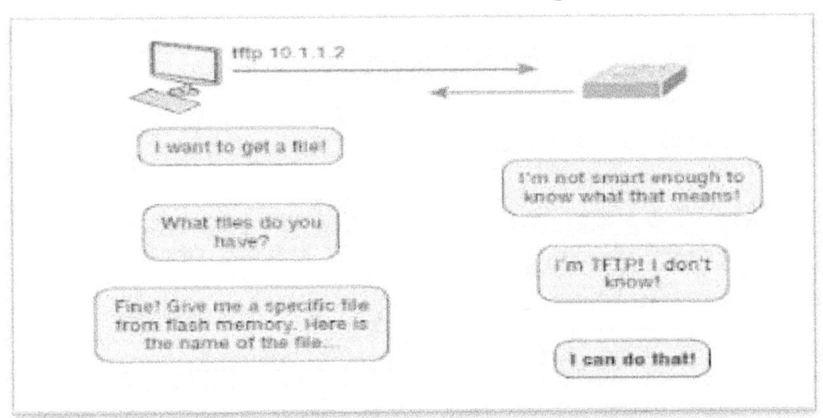

الشكل رقم (6) بروتوكول نقل الملفات البسيط.

.CCST Support Technician, Networking Exam, Todd Lammle.2024

بروتوكول إدارة الشبكة البسيط (SNMP)

- يقوم بروتوكول إدارة الشبكة البسيط (SNMP) بجمع ومعالجة معلومات الشبكة القيمة كما هو موضح في الشكل(7).

- يجمع البيانات عن طريق استطلاع الأجهزة الموجودة على الشبكة من محطة إدارة الشبكة network management station (NMS) على فترات زمنية ثابتة أو عشوائية ويطلب منها الإفصاح عن معلومات معينة أو حتى يطلب معلومات معينة من الجهاز.

- يمكن لأجهزة الشبكة إبلاغ محطة إدارة الشبكة بالمشكلات فور حدوثها حتى يتم تنبيه مسؤول الشبكة.

- عندما يكون كل شيء على ما يرام يتلقى بروتوكول إدارة الشبكة البسيط ما يسمى بالخط الأساسي baseline وهو تقرير يحدد السمات التشغيلية للشبكة السليمة.

- يمكن لهذا البروتوكول أيضًا أن يعمل بمثابة watchdog فرد حراسة على الشبكة فيقوم بإخطار المديرين بسرعة بأي تحول مفاجئ للأحداث.

- تسمى أفراد حراسة الشبكة بالوكلاء أو العملاء agents وعندما تحدث انحرافات يرسل الوكلاء تنبيهًا يسمى الفخ trap إلى محطة الإدارة.

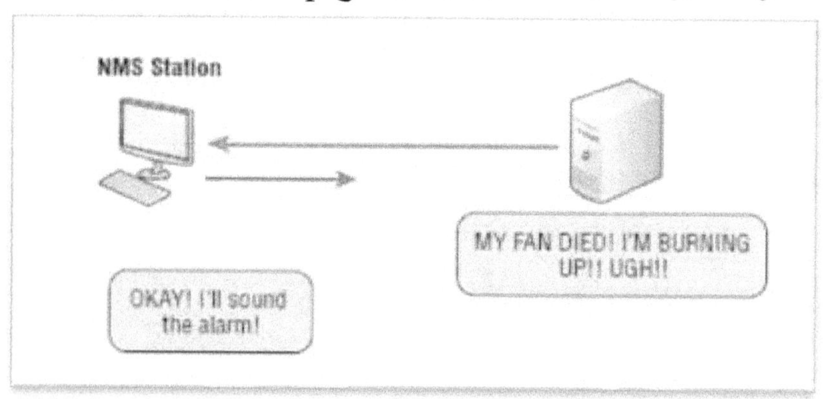

الشكل رقم (7) بروتوكول إدارة الشبكة البسيط.
CCST Support Technician, Networking Exam, Todd Lammle.2024.

- قدم الإصدار الثاني من البروتوكول SNMPv2 تحسينات في الأداء و أفضل الإضافات يسمى GETBULK لكنه لم يلق رواجًا كبيرًا في عالم الشبكات.

- أصبح الإصدار الثالث SNMPv3 الآن هو المعيار السائد الآن.

- يستخدم الإصدار الثالث كلًا من TCP وUDP ويضيف المزيد من الأمان وسلامة الرسائل والمصادقة والتشفير.

50

بروتوكول نقل النص المتشعب (HTTP)

- تعتمد كل مواقع الويب الجذابة التي تتألف من مزيج من الرسومات والنصوص والروابط والإعلانات وما إلى ذلك على بروتوكول نقل النص المتشعب (HTTP) لجعل كل ذلك ممكنًا (الشكل8).
- يُستخدم هذا البروتوكول لإدارة الاتصالات بين متصفحات الويب وخوادم الويب ويفتح المورد الصحيح عند النقر على رابط أينما وجد هذا المورد بالفعل.
- لكي يتمكن المتصفح من عرض صفحة ويب يجب أن يجد الخادم الصحيح الذي يحتوي على صفحة الويب الصحيحة بالإضافة إلى التفاصيل الدقيقة التي تحدد المعلومات المطلوبة.
- يجب بعد ذلك إرسال هذه المعلومات مرة أخرى إلى المتصفح.

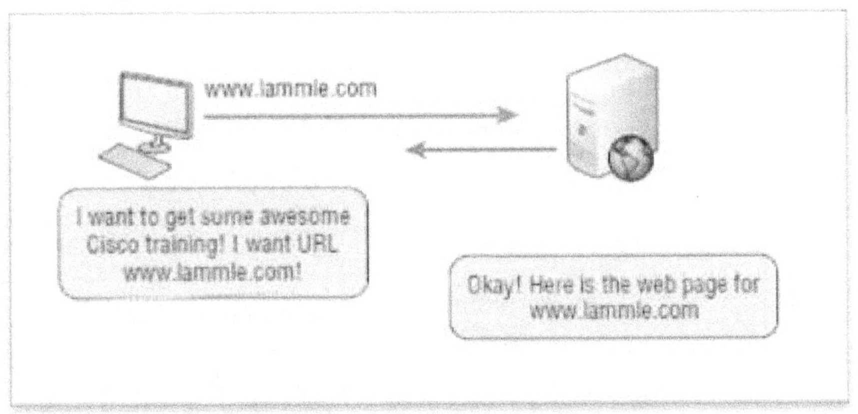

الشكل رقم (8) بروتوكول نقل النص المتشعب.
CCST Support Technician, Networking Exam, Todd Lammle.2024.

بروتوكول نقل النص التشعبي الآمن (HTTPS)

- هو بروتوكول يستخدم طبقة مآخذ التوصيل الآمنة (SSL) وفي بعض الأحيان يُشار إليه باسم SHTTP أوS-HTTP وهما بروتوكولان مختلفان بعض الشيء و نظرًا لأن Microsoft تدعم HTTPS فقد أصبح المعيار الفعلي لتأمين اتصالات الويب.
- يعتبر إصدار آمن من HTTP يزودك بمجموعة كاملة من أدوات الأمان للحفاظ على المعاملات بين متصفح الويب والخادم آمنة.
- هو بروتكول يحتاجه متصفحك لملء النماذج وتسجيل الدخول والمصادقة وتشفير رسالة HTTPعندما تقوم بمهام عبر الإنترنت مثل إجراء حجز أو الوصول إلى البنك أو شراء شيء ما.

51

بروتوكول وقت الشبكة (NTP)

- هذا البروتوكول المفيد يستخدم لمزامنة الساعات على أجهزة الكمبيوتر لدينا مع مصدر وقت قياسي واحد (عادةً ساعة ذرية).
- يعمل بروتوكول وقت الشبكة (NTP) عن طريق مزامنة الأجهزة لضمان موافقة جميع أجهزة الكمبيوتر على شبكة معينة على الوقت كما فى الشكل رقم (9).
- بروتوكول وقت الشبكة (NTP) يعمل بشكل أساسي على منع سيناريو "العودة إلى المستقبل بدون تعطيل الشبكة وهو أمر مهم للغاية بالفعل!

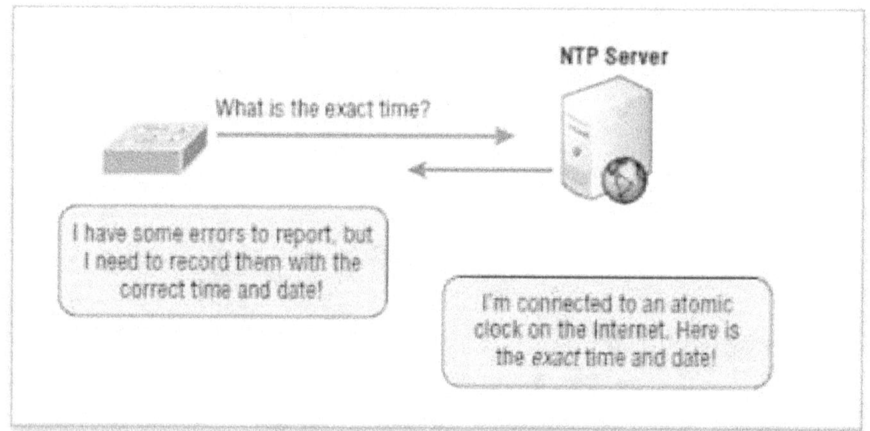

الشكل رقم (9) بروتوكول وقت الشبكة.
CCST Support Technician, Networking Exam, Todd Lammle.2024.

خدمة اسم المجال (DNS)

- تقوم خدمة اسم المجال Domain Name Service (DNS) بترجمة أسماء المضيفين و أسماء الإنترنت إلى عناوين IP.
- لايستخدم DNS مباشرة ما عليك إلا كتابة عنوان IP لأي جهاز تريد الاتصال به والعثور على عنوان IP ل URL باستخدام برنامج Ping.
- عنوان IP هو الذى يحدد المضيفين على الشبكة لكن DNS يسهل العملية.
- يسمح لك DNS باستخدام اسم المجال لتحديد عنوان IP و يمكنك تغيير عنوان IP بقدر ما تريد.
- لتفسير عنوان DNS من مضيف ستكتب عادةً عنوان URL فى متصفحك المفضل فيسلم البيانات إلى واجهة طبقة التطبيق ليتم نقلها على الشبكة.
- يبحث التطبيق عن عنوان DNS ويرسل طلب UDP إلى خادم DNS الخاص بك لتحديد الاسم المطلوب كما فى الشكل (10).

- إذا لم يكن خادم DNS يعرف إجابة الاستعلام فسيقوم بإعادة توجيه طلب TCP إلى خادم DNS الجذرى الخاص به.
- بمجرد حل الاستعلام يتم إرسال الإجابة مرة أخرى إلى المضيف الأصلي مما يعني أن المضيف يمكنه الآن طلب المعلومات من خادم الويب الصحيح.
- من الأشياء المهمة التي يجب ذكرها عن DNS هو أنه إذا كان بإمكانك إرسال أمر ping إلى جهاز باستخدام عنوان IP و لا يمكنك استخدام FQDN الخاص به فقد تعانى نوع من فشل تهيئة DNS.

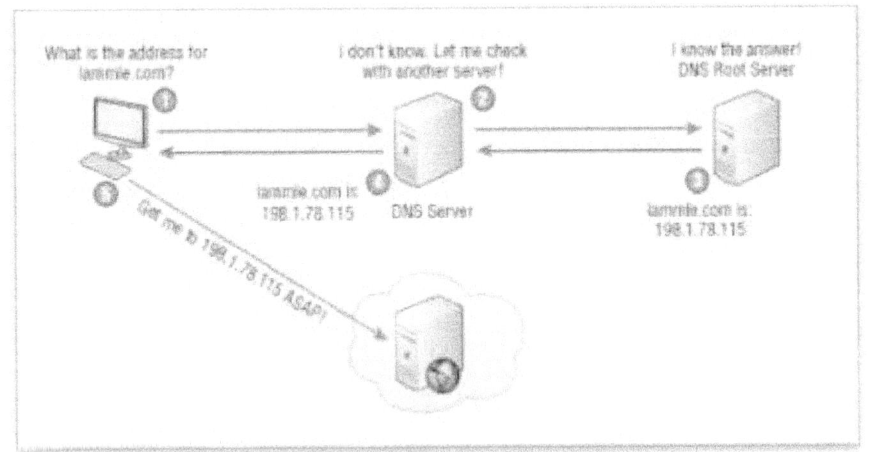

الشكل رقم (10) خدمة اسم المجال.

CCST Support Technician, Networking Exam, Todd Lammle.2024.

ملاحظة

- اسم النطاق المؤهل بالكامل Fully Qualified Domain Name أو إختصارا FQDN هو الاسم الكامل لجهاز كمبيوتر معين أو مضيف معين على شبكة الإنترنت يحدد كل مراحل النطاق بما في ذلك مجال المستوى الأعلى وهو تابع لنطاق الجذر الرئيسي (Root).
- على سبيل المثال www.somedomain.edu هو اسم نطاق مؤهل بالكامل على شبكة الإنترنت و ان www هو المضيف ولكن يوجد الملايين من www و ملايين من edu على الشبكة لكن somedomain. هو اسم النطاق (Domain Name) وهو فريد لايوجد اسم نطاق آخر مطابق له على الشبكة ويعتبرهو نطاق المستوى الأعلى.

بروتوكول تكوين المضيف الديناميكي/بروتوكول Bootstrap

يقوم بروتوكول تكوين المضيف الديناميكي (DHCP) بتعيين عناوين IP

للمضيفين hosts.

- يتيح إدارة أسهل و يعمل بشكل جيد في بيئات جميع الشبكات من الصغيرة إلى الكبيرة جدًا.
- يمكن استخدام العديد من أنواع الأجهزة كخادم DHCP بما في ذلك جهاز توجيه Cisco router.
- يختلف DHCP عن BootP في أن BootP يخصص عنوان IP للمضيف ولكن يجب إدخال عنوان الجهاز الخاص بالمضيف يدويًا في جدول BootP.
- يمكنك التعامل مع DHCP باعتباره BootP ديناميكي.
- تذكر أن BootP يستخدم أيضا لإرسال نظام تشغيل يمكن للمضيف الإقلاع منه ولا يمكن لـ DHCP القيام بذلك.
- يمكن لخادم DHCP تقديم الكثير من المعلومات للمضيف عندما يطلب المضيف عنوان IP من خادم DHCP.

قائمة بأكثر أنواع المعلومات شيوعًا التي يمكن أن يوفرها خادم DHCP:

- عنوان IP
- قناع الشبكة الفرعية
- اسم المجال
- المنفذ الافتراضي (أجهزة التوجيه)
- عنوان خادم DNS

ملحوظة

- بروتوكول Bootstrap (BOOTP) هو بروتوكول شبكات كمبيوتر يستخدم في شبكات بروتوكول الإنترنت لتعيين عنوان IP تلقائيًا لأجهزة الشبكة من خادم التكوين.
- تم استبدال بعض أجزاء BOOTP بشكل فعال ببروتوكول تكوين المضيف الديناميكي (DHCP) الذي يضيف ميزة الإيجارات يتم استخدام أجزاء من BOOTP لتوفير الخدمة لبروتوكول DHCP.
- توفر بعض خوادم DHCP وظيفة BOOTP القديمة.

استخدام DHCP

العميل الذي يرسل رسالة اكتشاف DHCP من أجل تلقي عنوان IP يرسل بث عام في كل من الطبقة 2 والطبقة 3.

- تكون رسالة البث في الطبقة 2 كلها حروف Fs بنظام سداسي عشري و تبدو على هذا النحو: ff:ff:ff:ff:ff:ff كعنوان MAC الوجهة.
- تكون رسالة البث في الطبقة 3 (255.255.255.255) مما يعني

جميع الشبكات وجميع المضيفين.

- يعتبر DHCP من النوع connectionless ما يعنى أنه يستخدم بروتوكول بيانات المستخدم (UDP) في طبقة النقل المعروفة أيضًا باسم طبقة المضيف إلى المضيف.

بمعنى إنه لا يقوم ببناء الاتصال ما بين المرسل و المستقبل مثل بروتوكول ال TCP بل إنه يرسل رسالة لعنوان المستقبل بشكل مباشر بدون بناء جلسة عمل ما بين الأجهزة و التي تسمى بعملية ال Three Way handshake.

بروتوكول ال TCP يعتمد على طريقة Connection-Oriented بمعنى إنه يقوم ببناء اتصال ما بين المرسل و المستقبل قبل عملية الإرسال و يقوم ببناء عملية اتصال كاملة و مباشرة ما بين المرسل و المستقبل.

مثال

لقطة من محلل الشبكة يوضح رسائل البث في الطبقة 2 والطبقة 3:

```
Ethernet II, Src: 0.0.0.0 (00:0b:db:99:d3:5e),Dst: Broadcast(ff:ff:ff:ff:ff:ff)
Internet Protocol, Src: 0.0.0.0 (0.0.0.0),Dst: 255.255.255.255(255.255.255.255)
```

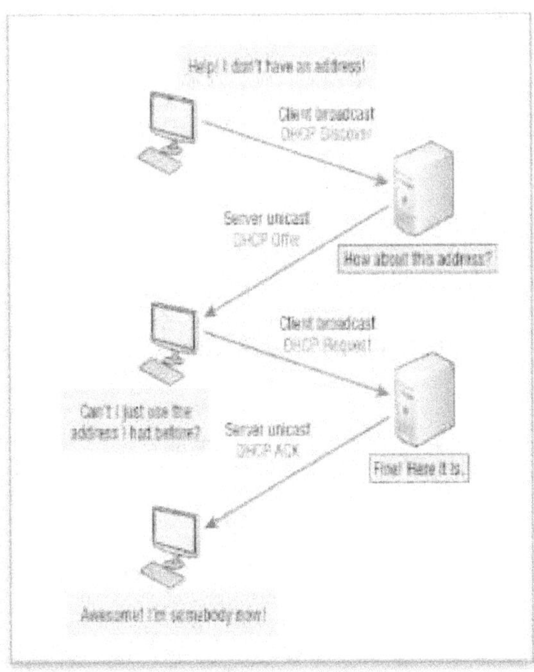

الشكل رقم (11) عملية العلاقة بين العميل والخادم باستخدام اتصال DHCP.
CCST Support Technician, Networking Exam, Todd Lammle.2024.

خطوات العلاقة بين العميل و خادم DHCP

يوضح الشكل (11) عملية العلاقة بين العميل والخادم باستخدام اتصال DHCP.

هذه هي العملية المكونة من أربع خطوات التي يتبعها العميل لتلقي عنوان IP من خادم DHCP:

1. يبث عميل DHCP رسالة DHCP Discover بحثًا عن خادم DHCP (المنفذ 67).
2. يرسل خادم DHCP الذي تلقى رسالة DHCP Discover رسالة DHCP Offer أحادية البث من الطبقة 2 إلى المضيف.
3. يبث العميل بعد ذلك إلى الخادم رسالة DHCP Request التي تطلب عنوان IP المعروض وربما معلومات أخرى.
4. ينهي الخادم عملية التبادل برسالة DHCP Acknowledgment أحادية البث.

تعارضات DHCP

- يحدث تعارض عنوان DHCP عندما يستخدم مضيفان نفس عنوان IP.
- تفاصيل مناقشة هذه المشكلة فى الفصل 3 "التقسيم السهل للشبكات الفرعية".
- أثناء تخصيص عنوان IP يتحقق خادم DHCP من وجود تعارضات باستخدام برنامج Ping لاختبار توفر العنوان قبل تعيينه من the pool المجموعة.
- إذا لم يرد أي مضيف فإن خادم DHCP يفترض أن عنوان IP لم يتم تخصيصه بالفعل.
- هذا يساعد الخادم على معرفة أنه يوفر عنوانًا جيدًا ولكن ماذا عن المضيف؟ لتوفير حماية إضافية ضد مشكلة تعارض IP الرهيبة يمكن للمضيف البث لعنوانه الخاص!
- يستخدم المضيف ما يسمى بـ ARP المجاني للمساعدة في تجنب عنوان مكرر محتمل.
- يرسل عميل DHCP بث ARP على شبكة LAN أو VLAN المحلية باستخدام عنوانه المخصص حديثًا لحل التعارضات قبل حدوثها.
- إذا تم اكتشاف تعارض في عنوان IP فسيتم إزالة العنوان من مجموعة العناوين DHCP pool (scope).
- من المهم حقًا أن تتذكر أن العنوان لن يتم تعيينه إلى مضيف حتى يقوم المسؤول بحل التعارض يدويًا!

التعيين التلقائي لعناوين IP الخاصة Automatic Private IP Addressing

- ماذا يحدث إذا كان لديك عدد قليل من المضيفين متصلين ببعضهم البعض باستخدام مبدل أو موزع ولم يكن لديك خادم DHCP؟
- يمكنك إضافة معلومات IP يدويًا والمعروفة باسم التعيين الثابت لعناوين IP أو static IP addressing.
- لكن أنظمة التشغيل Windows الأحدث توفر ميزة تسمى التعيين التلقائي لعناوين IP الخاصة (APIPA) Automatic Private IP Addressing (APIPA).
- باستخدام APIPA يمكن للعملاء تكوين عنوان IP وقناع الشبكة الفرعية ذاتيا تلقائيًا self-configure و هى معلومات IP الأساسية التي يستخدمها المضيفون للتواصل ـ عندما لا يكون خادم DHCP متاحًا.
- يتراوح نطاق عنوان IP لـ APIPA من 169.254.0.1 إلى 169.254.255.254.
- يقوم العميل أيضًا بتكوين ذاتى self-configure باستخدام قناع الشبكة الفرعية الافتراضي من الفئة B وهو 255.255.0.0.
- عندما يكون فى الشبكة خادم DHCP قيد التشغيل ويُظهر المضيف أنه يستخدم هذه العناوين IP هذا فذلك يعني أن عميل DHCP لدى المضيف لا يعمل أو أن الخادم معطل أو لا يمكن الوصول إليه بسبب بعض مشكلات الشبكة.

ملاحظة

إذا رأيت عنوان IP يبدأ بالأوكتاتين octets الأوليين من **169.254.x.x** فهذا يعني إما أنه ليس لديك خادم DHCP يعمل على الشبكة الفرعية أو أن لديك مشكلة في الاتصال بالشبكة.

بروتوكولات المضيف إلى المضيف أو طبقة النقل

- الغرض الرئيسي من طبقة المضيف إلى المضيف هو حماية تطبيقات الطبقة العليا من تعقيدات الشبكة.

فيما يلي سأقدم لك البروتوكولين المستخدمين في هذه الطبقة:

- بروتوكول التحكم في الإرسال (TCP)
- بروتوكول بيانات المستخدم (UDP)

تذكر أننا نعتبر نفسنا فى الطبقة الرابعة ويمكن للطبقة الرابعة استخدام التأكيدات والتسلسل والتحكم في التدفق.

بروتوكول التحكم في الإرسال (TCP)

عمل بروتوكول TCP

- يأخذ بروتوكول التحكم في الإرسال (TCP) كتلًا كبيرة من المعلومات من أحد التطبيقات ويقسمها إلى أجزاء segments.
- يقوم بترقيم كل جزء وترتيبه بحيث يمكن لبروتوكولات التحكم في الإرسال الخاصة بالوجهة إعادة ترتيب الأجزاء إلى الترتيب الذي قصده التطبيق.
- بعد إرسال هذه الأجزاء على المضيف المرسل ينتظر بروتوكول التحكم في الإرسال تأكيدا من جلسة TCP virtual circuit session الدائرة الافتراضية لبروتوكول التحكم في الإرسال الخاصة بالطرف المستقبل ويعيد إرسال أي أجزاء لم يتم تأكيدها.
- قبل أن يبدأ المضيف المرسل في إرسال الأجزاء عبر النموذج يتصل بروتوكول التحكم في الإرسال الخاص بالمرسل بمجموعة بروتوكولات التحكم في الإرسال الخاصة بالوجهة لإنشاء اتصال.
- ينشئ هذا دائرة افتراضية virtual circuit ويُعرف هذا النوع من الاتصالات باسم الاتصالات الموجهة connection-oriented.
- أثناء هذه المصافحة الأولية تتفق طبقتا بروتوكول التحكم في الإرسال أيضًا على مقدار المعلومات التي سيتم إرسالها قبل أن يرسل بروتوكول التحكم في الإرسال الخاص بالمستقبل تأكيدا.
- مع الاتفاق على كل شيء مسبقًا يتم تمهيد الطريق لحدوث اتصال موثوق.

سمات بروتكول TCP

- بروتوكول TCP هو بروتوكول اتصال مزدوج الاتجاه وموثوق ودقيق ولكن وضع كل هذه الشروط والأحكام بالإضافة إلى التحقق من الأخطاء ليس بالمهمة السهلة.
- بروتوكول TCP معقد للغاية وبالتالي ليس من المستغرب أن يكون مكلفًا من حيث النفقات العامة للشبكة.
- نظرًا لأن شبكات اليوم أكثر موثوقية بكثير من شبكات الماضي فإن هذه الموثوقية الإضافية غالبًا ما تكون غير ضرورية.
- يستخدم معظم المبرمجين بروتوكول TCP لأنه يزيل الكثير من عبء البرمجة ولكن بالنسبة لتطبيقات الفيديو في الوقت الفعلي وعمليات VoIP غالبًا ما يكون بروتوكول بيانات المستخدم (UDP) أفضل لأنه يؤدي إلى نفقات عامة أقل.

تنسيق بيانات TCP **TCP Segment Format**

نظرًا لأن الطبقات العليا ترسل دفق البيانات إلى بروتوكولات طبقات النقل فسوف أستخدم الشكل (12) لتوضيح كيفية تقسيم TCP لتدفق البيانات وإعداده لطبقة الإنترنت.

عندما تتلقى طبقة الإنترنت دفق البيانات تقوم بتوجيه segments الشرائح فى شكل رزم packets عبر شبكة إنترنت.

يتم تسليم الشرائح إلى بروتوكول طبقة (المضيف إلى المضيف) الخاص بالمضيف المستقبل الذي يعيد بناء دفق البيانات لتطبيقات أو بروتوكولات الطبقة العليا.

16-bit source port	16-bit destination port		
32-bit sequence number			
32-bit acknowledgment number			
4-bit header length	Reserved	Flags	16-bit window size
16-bit TCP checksum		16-bit urgent pointer	
Options			
Data			

الشكل (12) ترويسة بروتوكول TCP.
.CCST Support Technician, Networking Exam, Todd Lammle.2024

يوضح الشكل (12) تنسيق ترويسة TCP ويوضح الحقول المختلفة داخل ترويسة هيدر TCP.

يبلغ طول ترويسة TCP 20 بايت أو ما يصل إلى 24 بايت مع الخيارات.

حقول ترويسة TCP

Source Port منفذ المصدر

رقم منفذ تطبيق المضيف مرسل البيانات والذي سأتحدث عنه بمزيد من التفصيل لاحقًا في هذا الفصل.

Destination Port منفذ الوجهة

رقم منفذ التطبيق المطلوب على المضيف الوجهة.

الرقم التسلسلى

رقم يستخدمه TCP لإعادة البيانات إلى الترتيب الصحيح أو إعادة إرسال

البيانات المفقودة أو التالفة أثناء عملية تسمى التسلسل sequencing.

Acknowledgment Number رقم التأكيد

ثمانية بتات TCP المتوقعة بعد ذلك ويدل على رقم الثمانية التي يقوم مرسل هذا الطرد بانتظار وصولها وجميع الثمانيات التي سبقتها قد وصلت (كون نوع إشارات التأكيد التي يستخدمها التي سي بي إيجابية).

Header Length طول الترويسة\الهيدر

عدد الكلمات المكونة من 32 بت في هيدر TCP والتي تشير إلى مكان بدء البيانات.

هيدر TCP (بما في ذلك الخيارات) هو عدد صحيح مكون من 32 بت في الطول.

Window حجم النافذة

رقم يحدد به مرسل هذا الطرد الطرف الآخر بعدد الثمانيات التي ينوى مرسل هذا الطرد أن يقبلها ابتداءً من رقم التأكيد الذي يوجد في هذا الطرد (تحدد حجم النافذة المتزحلقة عند مرسل هذا الطرد).

Reserved محجوز

يتم ضبطه دائمًا على الصفر.

Code Bits/Flags بتات/أعلام التعليمات البرمجية

يتحكم في الوظائف المستخدمة لإعداد وإنهاء جلسة.

1) ع1 (URG): بت واحد يدل على أن البيانات التي توجد في هذا الطرد مستعجلة يقرأ المستقبل الرقم الذي يوجد في حقل «بيانات مستعجلة» وإذا كان يحوي هذا البت القيمة صفر فهذا يدل على أن البيانات ليست مستعجلة وبالتالي لا يقوم المستقبل بقراءة الرقم الموجود في الحقل.

2) ع2 (ACK): بت واحد يدل على أن البيانات الموجودة في هذا الطرد تحتاج إلى تأكيد من قبل مستقبلها.

3) ع3 (PSH): يدل هذا الحقل في حالة وضعه على القيمة 1 على أن البيانات التي توجد في هذا الطرد يجب أن يتم رفعها إلى الطبقات العليا بأسرع ما يمكن.

4) ع4 (RST): إذا كان على القيمة 1 يدل على أنه يجب إعادة تأسيس الاتصال (Reset the connection).

5) ع5 (SYN): يحوي القيمة 1 عند فتح الرابطة ليساعد بعملية التزامن بين المرسل والمستقبل.

6) ع6 (FIN): يدل على إغلاق الرابطة بشكل نظامي بين المرسل والمستقبل.

المجموع الإمتحاني Checksum

- التحقق الدوري من التكرار (CRC) يستخدم لأن TCP لا يثق في الطبقات السفلية ويتحقق من كل شيء فيتحقق CRC من الترويسة وحقول البيانات.
- هو مجموع قيم البتات في الرزمة وترويسة التي سي بي ويستخدم من أجل كشف الأخطاء حيث يقوم المرسل بجمع هذه البتات وتخزين نتيجة الجمع في هذا الحقل
- يقوم أيضاً المستقبل عند استقبال الطرد بعملية الجمع نفسها لنفس العدد من البتات ويقارن بين القيمتين وفي حال الاختلاف يكتشف وجود خطأ في الطرد المنقول ليطلب من المرسل بعدها أن يعيد إرساله إليه.

بيانات عاجلة

- حقل صالح فقط إذا تم تعيين مؤشر عاجل في بتات التعليمات البرمجية.
- إذا كان الأمر كذلك فإن هذه القيمة تشير إلى الإزاحة من رقم التسلسل الحالي بالثمانيات حيث يبدأ جزء البيانات غير العاجلة.
- لا يقوم المستقبل بقراءة هذا الحقل إلا إذا كان العلم ع1 (URG) فعالاً (أي على القيمة 1) ويدل على رقم آخر ثمانية في المعطيات المستعجلة مما يسمح للتطبيق بمعرفة حجم البيانات المستعجلة القادمة (أي يحوي على عدد الثمانيات المستعجلة).

الخيارات

قد تكون 0 مما يعني أنه لا يجب أن تكون هناك خيارات أو مضاعف لـ 32 بت. ومع ذلك إذا تم استخدام أي خيارات لا تتسبب في أن يصبح مجموع حقل الخيار مضاعفًا لـ 32 بتًا فيجب استخدام الحشو بـ 0 للتأكد من أن البيانات تبدأ عند حدود 32 بتًا.
تُعرف هذه الحدود بالكلمات.

البيانات

تنتقل إلى بروتوكول TCP في طبقة النقل والتي تتضمن رؤوس الطبقة العليا.
لقطة (1) ترويسة TCP المنسوخة من محلل الشبكة

اللقطة التالية من محلل الشبكة.
هل لاحظت أن كل ما تحدثنا عنه سابقًا موجود في اللقطة؟
يمكنك أن ترى من عدد الحقول في العنوان أن بروتوكول TCP يبالغ فى الإنفاق على التفاصيل.
هذا هو السبب الذي قد يجعل مطوري التطبيقات يختارون الكفاءة على الموثوقية لتوفير النفقات العامة ويختارون بروتوكول UDP بدلاً من ذلك كما

يتم تعريفه في طبقة النقل كبديل لبروتوكول TCP.

```
TCP -Transport
Control Protocol
Source Port: 5973
Destination Port: 23
Sequence Number: 1456389907
Ack Number: 1242056456
Offset: 5
Reserved: %000000
Code: %011000
Ack is valid
Push Request
Window: 61320
Checksum: 0x61a6
Urgent Pointer: 0
No TCP Options
TCP Data Area:
vL.5.+.5.+.5.+.5 76 4c 19 35 11 2b 19 35 11 2b 19 35 11
2b 19 35 +. 11 2b 19
Frame Check Sequence: 0x0d00000f
Page 50
UDP -User
Datagram Protocol
Source Port: 1085
Destination Port: 5136
Length: 41
Checksum: 0x7a3c
UDP Data Area:
..Z......00 01 5a 96 00 01 00 00 00 00 00 11 0000 00
...C..2._C._C 2e 03 00 43 02 1e 32 0a 00 0a 00 80 43 00
80
Frame Check Sequence: 0x00000000
```

بروتوكول بيانات المستخدم UDP

- يعد بروتوكول بيانات المستخدم (UDP) في الأساس نموذجًا اقتصاديًا مصغرًا لبروتوكول TCP.

- لهذا السبب يُشار إلى بروتوكول UDP أحيانًا باسم بروتوكول رقيق.
- لا يشغل البروتوكول الرقيق مساحة كبيرة و لا يتطلب نطاقًا تردديًا كبيرًا على الشبكة.
- لا يوفر بروتوكول UDP كل الميزات والخصائص التي يوفرها بروتوكول TCP ولكنه يؤدي وظيفة رائعة في نقل المعلومات التي لا تتطلب تسليمًا موثوقًا به باستخدام موارد شبكة أقل كثيرًا.
- لا يقوم UDP بترتيب المقاطع ولا يهتم بالترتيب الذي تصل به المقاطع إلى الوجهة.
- يقوم UDP فقط بإرسال المقاطع ثم ينساها.
- لا يتابع الأمر ولا يتحقق منها ولا يسمح حتى بتأكيد وصولها بأمان.
- لهذا يشار إليه على أنه بروتوكول غير موثوق.
- هذا لا يعني أن UDP غير فعال فقط أنه لا يتعامل مع مشكلات الموثوقية على الإطلاق.
- لا ينشئ UDP دائرة افتراضية ولا يتصل بالوجهة قبل تسليم المعلومات إليها ولهذا يُعتبر أيضًا بروتوكولًا بدون اتصال.
- نظرًا لأن UDP يفترض أن التطبيق سيستخدم طريقة موثوقية خاصة به فإنه لا يستخدم أيًا منها بنفسه.
- و هذا يقدم لمطور التطبيق خيارًا عند تشغيل رزمة بروتوكولات الإنترنت: TCP للموثوقية أو UDP لنقل أسرع.
- من المهم معرفة كيفية عمل هذه العملية لأنه إذا وصلت المقاطع خارج الترتيب وهو أمر شائع في شبكات IP فسيتم ببساطة تمريرها إلى الطبقة التالية بأي ترتيب تم استلامها به.
- يمكن أن يؤدي هذا إلى بعض البيانات المشوهة بشكل خطير!
- يقوم بروتوكول TCP بتسلسل المقاطع بحيث يتم تجميعها مرة أخرى بالترتيب الصحيح تمامًا وهو أمر لا يستطيع بروتوكول UDP القيام به.

تنسيق ترويسة UDP

- يوضح الشكل (13) بوضوح التكلفة المنخفضة بشكل ملحوظ لـ UDP مقارنة بمتطلبات TCP الجائعة.
- انظر إلى الشكل بعناية هل يمكنك أن ترى أن UDP لا يستخدم النوافذ أو يوفر تأكيدات في ترويسة UDP؟

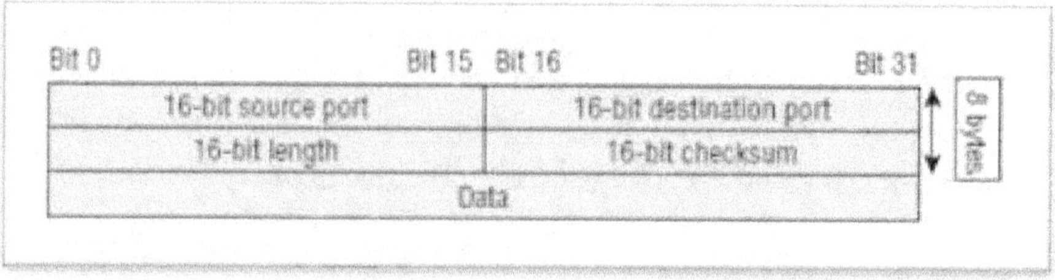

Bit 0	Bit 15	Bit 16	Bit 31	
16-bit source port		16-bit destination port		8 bytes
16-bit length		16-bit checksum		
Data				

الشكل (12) ترويسة بروتوكول UDP.
CCST Support Technician, Networking Exam, Todd Lammle.2024.

من المهم فهم ماهية كل حقل في شريحة UDP.

عنوان منفذ المصدر

رقم منفذ التطبيق على المضيف الذي يرسل البيانات.

عنوان منفذ الوجهة

رقم منفذ التطبيق المطلوب على المضيف الوجهة.

طول الهيدر

هذا هو طول ترويسة UDP وبيانات UDP.
المجموع الإمتحاني المجموع الإمتحاني لكل من ترويسة UDP وحقول بيانات UDP.

البيانات

بيانات الطبقة العليا.

ملاحظة هامة

لا يثق UDP مثل TCP في الطبقات السفلى ويدير CRC الخاص به.
تذكر أن المجموع الإمتحاني هو الحقل الذي يحتوي على CRC ولهذا السبب يمكنك رؤية معلومات المجموع الإمتحاني.

CRC تدقيق الفائض الدوار Cyclic Redundancy Check

- يستخدم عند إرسال ملف من مرسل إلى مستقبل وهو يساعد على التدقيق بأن جميع البيانات التي أرسلت من المرسل هي نفسها ما إلى المستقبل بدون نقصان أو خطأ أي جزء منها.
- يمكن أيضًا تصحيح الأخطاء المكتشفة في المستقبل بحيث يُسترجع الكود الأصلي.

لقطة (2) ترويسة UDP المنسوخة من محلل الشبكة

توضح اللقطة التالية مقطع UDP تم التقاطه من محلل الشبكة:
لاحظ التكلفة المنخفضة! حاول العثور على رقم التسلسل ورقم التأكيد وحجم

النافذة في مقطع UDP.
لن تتمكن من ذلك لأنها ببساطة غير موجودة.
لاحظ عدم المبالغة فى التفاصيل مقارنة بترويسة TCP.

```
Page 52
TCP -Transport
Control Protocol
Source Port: 5973
Destination Port: 23
Sequence Number: 1456389907
Ack Number: 1242056456
Offset: 5
Reserved: %000000
Code: %011000
Ack is valid
Push Request
Window: 61320
Checksum: 0x61a6
Urgent Pointer: 0
No TCP Options
TCP Data Area:
vL.5.+.5.+.5.+.5 76 4c 19 35 11 2b 19 35 11 2b 19 35 11
2b 19 35 +. 11 2b 19
Frame Check Sequence: 0x0d00000f
```

المفاهيم الأساسية لبروتوكولات المضيف إلى المضيف

بما أنك شاهدت الآن كلاً من البروتوكول الموجه للاتصال (TCP)
والبروتوكول غير الموجه للاتصال (UDP) أثناء العمل فقد حان الوقت
المناسب لتلخيص الاثنين هنا.
يسلط الجدول (1) الضوء على بعض المفاهيم الأساسية حول هذين
البروتوكولين لتتمكن من حفظها.

TCP	UDP
Sequenced	Unsequenced
Reliable	Unreliable
Connection-oriented	Connectionless
Virtual circuit	Low overhead
Acknowledgments	No acknowledgment
Windowing flow control	No windowing or flow control of any type

الجدول (1) مقارنة بين بروتوكول (TCP) و بروتوكول UDP.
CCST Support Technician, Networking Exam, Todd Lammle.2024.

كيفية عمل بروتوكول التحكم في الإرسال.

المحادثة التليفونية و البروتوكول

- يعرف معظمنا أنه قبل التحدث إلى شخص ما على الهاتف يجب عليك أولاً إنشاء اتصال مع هذا الشخص الآخر بغض النظر عن مكانه.
- هذا يشبه إنشاء دائرة افتراضية باستخدام بروتوكول التحكم في الإرسال.
- إذا كنت تقدم لشخص ما معلومات مهمة أثناء محادثتك فقد تقول أشياء مثل "هل تعلم؟" أو "هل فهمت ذلك؟".
- إن قول أشياء مثل هذه يشبه إلى حد كبير التأكيد فى بروتوكول التحكم في الإرسال فهومصمم للحصول على التحقق منك.
- من وقت لآخر وخاصة على الهواتف المحمولة يسأل الناس "هل ما زلت هناك؟"
- وينهي الناس محادثاتهم بـ "وداعًا" من نوع ما مما يضع نهاية للمكالمة الهاتفية والتي يمكنك التفكير فيها على أنها هدم للدائرة الافتراضية التي تم إنشاؤها لجلسة الاتصال الخاصة بك.

معنى البروتوكول

- يقوم بروتوكول التحكم في الإرسال TCP بهذه الوظائف.
- لكن استخدام بروتوكول UDP يشبه إرسال بطاقة تلغرافية فلست بحاجة إلى الاتصال بالطرف الآخر أولاً ما عليك سوى كتابة رسالتك وعنوان البطاقة البريدية وإرسالها.
- وهذا يعتبر التوجيه غير المرتبط بالاتصال في بروتوكول UDP.

- نظرًا لأن الرسالة الموجودة على البطاقة البريدية ربما لا تكون مسألة حياة أو موت فلن تحتاج إلى تأكيد باستلامها.
- على نحو مماثل لا يتضمن بروتوكول UDP تأكيدات و تأكيدات.

مقارنة بين بروتوكول TCP وبروتوكول UDP

الشكل (14) يتضمن بروتوكول TCP وبروتوكول UDP والتطبيقات المرتبطة بكل بروتوكول و أرقام المنافذ:

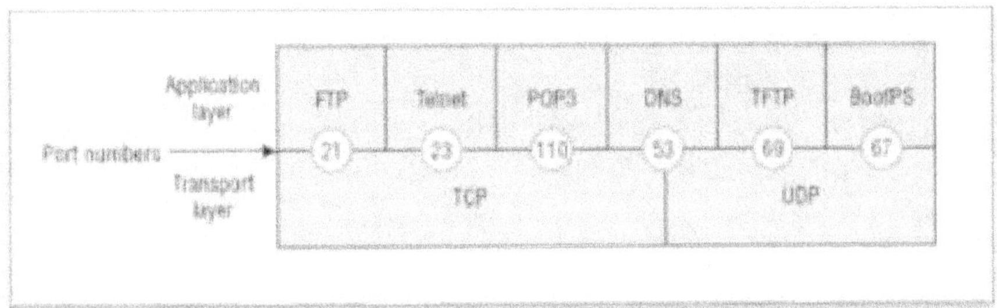

الشكل (14) مقارنة بين بروتوكول TCP وبروتوكول UDP.
CCST Support Technician, Networking Exam, Todd Lammle.2024.

يوضح الشكل (14) كيفية استخدام كل من TCP وUDP لأرقام المنافذ. وسأتناول فيما يلي أرقام المنافذ المختلفة التي يمكن استخدامها:
- تعتبر الأرقام الأقل من 1024 أرقام منافذ معروفة ومحددة في RFC 3232.
- تستخدم الطبقات العليا الأرقام 1024 وما فوق لإعداد الجلسات مع مضيفين آخرين وتستخدمها TCP وUDP كعناوين مصدر ووجهة في المقطع.

أرقام المنافذ Port Numbers

- يستخدم بروتوكولي TCP وUDP أرقام المنافذ للتواصل مع الطبقات العليا لأن هذه الأرقام هي التي تتعقب المحادثات المختلفة التي تعبر الشبكة في نفس الوقت.
- يتم تعيين أرقام المنافذ المصدرية ديناميكيًا بواسطة المضيف المصدر وستكون أرقام بدءًا من 1024.
- يتم تعريف رقم المنفذ 1023 وما دونه في RFC 3232.
- الدوائر الافتراضية التي لا تستخدم تطبيقًا برقم منفذ معروف يخصص لها أرقام منافذ بشكل عشوائي من نطاق محدد بدلاً من ذلك.
- تحدد أرقام المنافذ التطبيق أو العملية المصدر والوجهة في ترويسة TCP.

يوضح الشكل (14) كيفية استخدام كل من TCP وUDP لأرقام المنافذ. وسأتناول فيما يلي أرقام المنافذ المختلفة التي يمكن استخدامها:
- تعتبر الأرقام الأقل من 1024 أرقام منافذ معروفة ومحددة في RFC 3232.

■ تستخدم الطبقات العليا الأرقام 1024 وما فوق لإعداد الجلسات مع مضيفين آخرين وتستخدمها TCP وUDP كعناوين مصدر ووجهة في المقطع.

جلسة TCP: منفذالمصدر

دعنا نلقي نظرة على لقطة (3) من محلل الشبكة تظهر جلسة TCP:

```
TCP - Transport
Control Protocol
Source Port: 5973
Destination Port: 23
Sequence Number: 1456389907
Ack Number: 1242056456
Offset: 5
Reserved: %000000
Code: %011000
Ack is valid
Push Request
Window: 61320
Checksum: 0x61a6
Urgent Pointer: 0
No TCP Options
TCP Data Area:
vL.5.+.5.+.5.+.5 76 4c 19 35 11 2b 19 35 11 2b 19 35 11
2b 19 35 +. 11 2b 19
Frame Check Sequence: 0x0d00000f
```

لاحظ أن المضيف المصدر يمثله منفذ المصدر في هذه الحالة هو 5973. ومنفذ الوجهة هو 23 يستخدم لإخبار المضيف المستقبل بغرض الاتصال المقصود و هو(Telnet).

المضيف المصدر يشكل منفذ المصدر باستخدام أرقام من 1024 إلى 65535. ولكن لماذا يشكل المصدر رقم منفذ؟ من أجل التمييز بين الجلسات مع مضيفين مختلفين حتى يمكن للخادم أن يعرف من أين تأتي المعلومات و يكون لديه رقم مختلف عن كل مضيف المرسل.

ذلك لأن بروتوكول TCP والطبقات العليا لا يستخدم عناوين الأجهزة والمنطق لفهم عنوان المضيف المرسل كما تفعل بروتوكولات طبقة ربط البيانات والشبكة بدلاً من ذلك يستخدم أرقام المنفذ.

جلسة TCP: منفذ الوجهة

دعنا نلقي نظرة على لقطة (4) المنسوخة من محلل الشبكة تظهر جلسة TCP وتجد أن منفذ المصدر فقط هو الذي يتجاوز 1024 وأن منفذ الوجهة هو منفذ معروف كما هو موضح في التتبع التالي:

```
TCP -Transport
Control Protocol
Source Port: 1144
Destination Port: 80 World Wide Web HTTP
Sequence Number: 9356570
Ack Number: 0
Offset: 7
Reserved: %000000
Code: %000010
Synch Sequence
Window: 8192
Checksum: 0x57E7
Urgent Pointer: 0
TCP Options:
Option Type: 2 Maximum Segment Size
Length: 4
MSS: 536
Option Type: 1 No Operation
Option Type: 1 No Operation
Option Type: 4
Length: 2
Opt Value:
No More HTTP Data
Frame Check Sequence: 0x43697363
```

تلاحظ أن منفذ المصدر أكبر من 1024 ولكن منفذ الوجهة 80 مما يشير إلى خدمة HTTP.

يقوم الخادم أو المضيف المتلقي بتغيير منفذ الوجهة إذا لزم الأمر.

يتم إرسال رزمة "SYN" إلى جهاز الوجهة.

يتم استخدام تسلسل المزامنة لإبلاغ جهاز الوجهة البعيد بأنه يريد إنشاء جلسة.

جلسة TCP: تأكيد رزمة SYN

دعنا نلقي نظرة على لقطة (4) المنسوخة من محلل الشبكة تظهر جلسة TCP وتجد أن التتبع التالي يظهر تأكيدا لرزمة SYN:

```
TCP - Transport
Control Protocol
Source Port: 80 World Wide Web HTTP
Destination Port: 1144
Sequence Number: 2873580788
Ack Number: 9356571
Offset: 6
Reserved: %000000
Code: %010010
Ack is valid
Synch Sequence
Window: 8576
Checksum: 0x5F85
Urgent Pointer: 0
TCP Options:
Option Type: 2 Maximum Segment Size
Length: 4
MSS: 1460
No More HTTP Data
Frame Check Sequence: 0x6E203132
```

لاحظ أن التاكيد فعال مما يعني أن منفذ المصدر قد تم قبوله وأن الجهاز وافق على إنشاء دائرة افتراضية مع المضيف الأصلي.

يمكنك أن ترى أن الاستجابة من الخادم تظهر أن المصدر هو 80 وأن الوجهة المرسلة من المضيف الأصلي هي 1144 - كل شيء على ما يرام!

التطبيقات المستخدمة فى مجموعة TCP/IP

يبين الجدول (2) قائمة بالتطبيقات النموذجية المستخدمة في مجموعة TCP/IP من خلال إظهار أرقام المنافذ المعروفة وبروتوكولات طبقة النقل التي يستخدمها كل تطبيق أو عملية. من المهم حقًا حفظ هذا الجدول.

70

TCP	UDP
Telnet 23	SNMP 161
SMTP 25	TFTP 69
HTTP 80	DNS 53
FTP 20, 21	BooTP/DHCP 67
DNS 53	
HTTPS 443	NTP 123
SSH 22	
POP3 110	
IMAP4 143	

الجدول (2) التطبيقات المستخدمة فى بروتوكول (TCP) و بروتوكول UDP.
CCST Support Technician, Networking Exam, Todd Lammle.2024.

بروتوكولات طبقة الإنترنت Internet Layer Protocols

- في نموذج وزارة الدفاع هناك سببان رئيسيان لوجود طبقة الإنترنت: التوجيه وتوفير واجهة شبكة واحدة للطبقات العليا.
- لا يوجد لدى أي من بروتوكولات الطبقة العليا أو السفلى الأخرى أي وظائف تتعلق بالتوجيه.
- التوجيه مهمة معقدة تنتمي بالكامل إلى طبقة الإنترنت.
- الواجب الثاني لطبقة الإنترنت هو توفير واجهة شبكة موحدة لبروتوكولات الطبقة العليا.
- بدون هذه الطبقة سيحتاج مبرمجو التطبيقات للتدخل فى كل إصدار من تطبيقاتهم مع كل إصدار مختلف لل Network Access protocol و بصرف النظر عن المعاناة فى ذلك سيكون لديهم نسخ مختلفة لكل تطبيق إصدار لشبكة Ethernet وإصدار آخر لاسلكي وهكذا.
- لمنع ذلك يوفر IP واجهة شبكة واحدة لبروتوكولات الطبقة العليا.

- بعد إنجاز هذه المهمة تصبح مهمة IP وبروتوكولات الوصول إلى الشبكة المختلفة هي العمل معًا.
- لا تؤدي جميع طرق الشبكة إلى روما بل تؤدي إلى IP.
- بروتوكول IP تستخدمه جميع البروتوكولات الأخرى في هذه الطبقة فضلاً عن جميع البروتوكولات في الطبقات العليا.
- تمر جميع مسارات نموذج وزارة الدفاع عبر IP.

فيما يلي قائمة البروتوكولات المهمة في طبقة الإنترنت والتي سأتناولها بشكل فردي بالتفصيل لاحقًا:

- بروتوكول الإنترنت (IP)
- بروتوكول رسائل التحكم في الإنترنت (ICMP)
- بروتوكول حل العناوين (ARP)

بروتوكول الإنترنت (IP)

- يعتبر بروتوكول الإنترنت (IP) أساس طبقة الإنترنت.
- البروتوكولات الأخرى موجودة فقط لدعمه.
- يحمل بروتوكول الإنترنت الصورة الكبيرة ويمكن القول إنه "يرى الكل"، لأنه على دراية بكل الشبكات المترابطة.
- الإنترنت ينظر إلى عنوان كل رزمة ثم باستخدام جدول التوجيه يقرر إلى أين سيتم إرسال الرزمة بعد ذلك ويختار أفضل توجيه لإرسالها عليه.
- لا تمتلك بروتوكولات طبقة الوصول إلى الشبكة في أسفل نموذج وزارة الدفاع نطاق بروتوكول الإنترنت المستنير للشبكة بالكامل فهي تتعامل فقط مع الروابط المادية (الشبكات المحلية).
- تمييز الأجهزة الموجودة على الشبكة يتطلب عنوان برمجي أو منطقي و عنوان هاردوير.
- كل مضيف على الشبكة له عنوان منطقى هو IP address.
- بروتوكول IP يتلقى ال segments من طبقة المضيف إلى المضيف و يجزئها إلى رزم packets أو مخطط بيانات datagrams
- يقوم IP بإعادة تحويل الرزم إلى segments فى جانب الإستقبال.
- كل مخطط بيانات يتضمن عنوان المرسل و المستقبل.
- كل راوتر أو سويتش فى الطبقة 3 يستقبل مخطط البيانات و يتخذ قرارات التوجيه وفقا لعنوان IP الوجهة.
- يوضح الشكل (15) ترويسة IP.
- يقدم الشكل صورة لما يجب أن يمر به بروتوكول IP في كل مرة يتم فيها إرسال بيانات المستخدم الموجهة إلى شبكة بعيدة من الطبقات العليا.

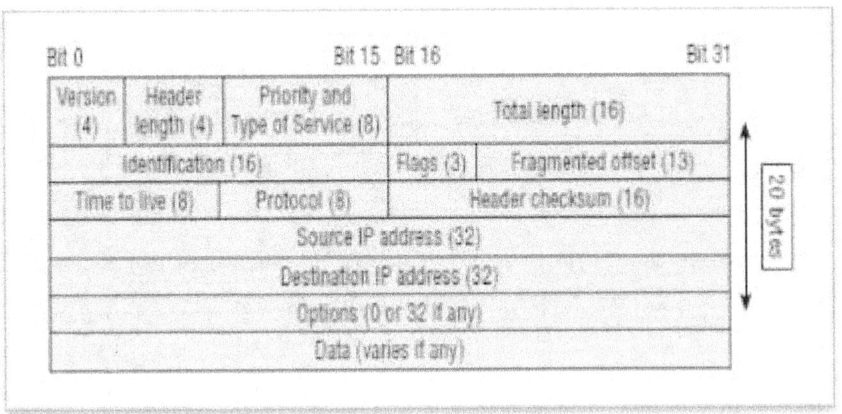

الشكل (15) ترويسة IP.

CCST Support Technician, Networking Exam, Todd Lammle.2024.

تنسيق ترويسة IP

الإصدار

رقم إصدار IP.

طول الهيدر

طول الهيدر (HLEN) بكلمات مكونة من 32 بت.

الأولوية ونوع الخدمة

يوضح نوع الخدمة كيفية التعامل مع رزمة البيانات. البتات الثلاثة الأولى هي بتات الأولوية و تسمى الآن بتات الخدمات المتمايزة.

الطول الإجمالي

طول الرزمة بما في ذلك الهيدروالبيانات.

التعريف

قيمة رزمة IP فريدة تستخدم للتمييز بين الرزم المجزأة ورزم البيانات المختلفة.

الأعلام

تحدد ما إذا كان يجب حدوث التقطيع.

إزاحة التقطيع

توفر التقطيع وإعادة التجميع إذا كانت الرزمة كبيرة جدًا بحيث لا يمكن وضعها في إطار كما تسمح بوحدات نقل قصوى مختلفة (MTUs) على الإنترنت.

وقت البقاء

يتم تعيين وقت البقاء (TTL) في الرزمة عند إنشائها في الأصل.
إذا لم تصل إلى المكان المحدد قبل انتهاء صلاحية TTL فستختفي.
يمنع هذا رزم IP من الدوران بشكل مستمر حول الشبكة بحثًا عن موطن.

البروتوكول

منفذ بروتوكول الطبقة العليا TCP هو المنفذ 6 أو UDP هو المنفذ 17.
يدعم بروتوكولات طبقة الشبكة مثل ARP وICMP ويمكن الإشارة إليه
بحقل النوع في بعض المحللين.

مجموع التحقق من الهيدر

التحقق من التكرار الدوري (CRC) على الهيدر فقط.

عنوان IP المصدر

رقم منفذ التطبيق المكون من 32 بت للمحطة المرسلة.

عنوان IP الوجهة

رقم منفذ التطبيق المكون من 32 بت للمحطة التي تتجه إليها هذه الرزمة.

الخيارات

تستخدم لاختبار الشبكة وتصحيح الأخطاء والأمان.

البيانات

بعد حقل خيار IP تكون بيانات الطبقة العليا.

لقطة من محلل الشبكة

لقطة رزمة IP تم التقاطها على محلل الشبكة لاحظ أن جميع معلومات
الترويسة التي تمت مناقشتها سابقًا تظهر فيها.

ملاحظات

- حقل النوع هو عادةً حقل بروتوكول.
- إذا لم يحمل الهيدر معلومات البروتوكول للطبقة التالية فلن يعرف IP ما
  يجب فعله بالبيانات المحمولة في الرزمة.
- يوضح الشكل (16) كيف ترى طبقة الشبكة البروتوكولات في طبقة النقل
  عندما تحتاج إلى تسليم رزمة إلى بروتوكولات الطبقة العليا.
- حقل البروتوكول IP يحدد إرسال البيانات إما إلى منفذ TCP 6 أو منفذ
  UDP 17 سيكون ذلك عبر UDP أو TCP فقط إذا كانت البيانات جزءًا
  من دفق بيانات متجه إلى خدمة أو تطبيق من الطبقة العليا.

- يمكن توجيهها بسهولة إلى بروتوكول رسائل التحكم في الإنترنت (ICMP) أو بروتوكول حل العناوين (ARP) أو أي نوع آخر من بروتوكولات طبقة الشبكة.

يسرد الجدول (3) بعض البروتوكولات الشائعة الأخرى التي يمكن تحديدها في حقل البروتوكول.

```
IP Header -Internet
Protocol Datagram
Version: 4
Header Length: 5
Precedence: 0
Type of Service: %000
Unused: %00
Total Length: 187
Identifier: 22486
Fragmentation Flags: %010 Do Not Fragment
Fragment Offset: 0
Time To Live: 60
IP Type: 0x06 TCP
Header Checksum: 0xd031
Source IP Address: 10.7.1.30
Dest. IP Address: 10.7.1.10
No Internet Datagram Options
```

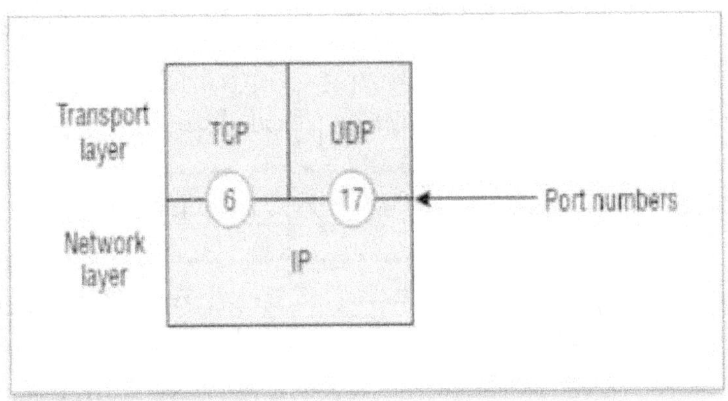

الشكل (16) حقل البروتوكول فى ترويسة IP.
CCST Support Technician, Networking Exam, Todd Lammle.2024.

Protocol	Protocol Number
ICMP	1
IP in IP (tunneling)	4
TCP	6
UDP	17
EIGRP	88
OSPF	89
IPv6	41
GRE	47
Layer 2 tunnel (L2TP)	115

الجدول رقم (3) بعض البروتوكولات الشائعة الأخرى في حقل البروتوكول.
CCST Support Technician, Networking Exam, Todd Lammle.2024.

بروتوكول رسائل التحكم في الإنترنت ICMP

Internet Control Message Protocol

- يعمل بروتوكول رسائل التحكم في الإنترنت (ICMP) على طبقة الشبكة ويستخدمه IP للعديد من الخدمات المختلفة.
- بروتوكول ICMP هو بروتوكول إدارة ومزود خدمة رسائل لـ IP.
- يتم نقل رسائله كرسائل مخطط بيانات IP

RFC 1256 يعتبر بروتوكول ملحق لـ ICMP الذي يمنح المضيفين قدرة موسعة على اكتشاف الطرق المؤدية إلى المنافذ.

تتمتع رزم ICMP بالخصائص التالية:

- يمكنها تزويد المضيفين بمعلومات حول مشاكل الشبكة.

76

■ يتم تغليفها داخل مخططات بيانات IP datagrams.

فيما يلي بعض الأحداث والرسائل الشائعة التي يرتبط بها ICMP:

عدم إمكانية الوصول إلى الوجهة Destination Unreachable

إذا لم يتمكن جهاز التوجيه من إرسال رسالة IP إلى أبعد من ذلك فإنه يستخدم ICMP لإرسال رسالة إلى المرسل لإبلاغه بالموقف.

مثال: الشكل (17) يوضح أن الواجهة e0 لجهاز التوجيه **LabB** معطلة. عندما يرسل المضيف A رزمة موجهة إلى المضيف B يرسل جهاز التوجيه LabB رسالة "وجهة ICMP غير قابلة للوصول" إلى الجهاز المرسل وهو المضيف A في هذا المثال.

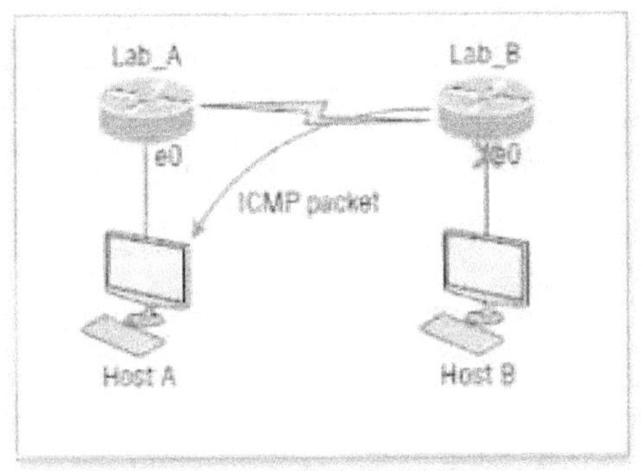

الشكل رقم (17) جهاز توجيه معطل.

CCST Support Technician, Networking Exam, Todd Lammle.2024.

Buffer Full/Source Quench

إذا كانت ذاكرة التخزين المؤقت لجهاز التوجيه الخاصة باستقبال رزم البيانات الواردة ممتلئة فسوف يستخدم ICMP هذا التنبيه حتى يخف الازدحام.

Hops/Time Exceeded

يتم تخصيص عدد معين من أجهزة التوجيه تسمى hops قفزات لكل رزمة بيانات IP.

إذا وصلت إلى الحد الأقصى للقفزات قبل الوصول إلى وجهتها يقوم آخر جهاز توجيه يستقبل تلك الرزمة بحذفها.

ثم يستخدم جهاز التوجيه بروتوكول ICMP لإرسال رسالة نعي لإبلاغ الجهاز المرسل بوفاة رزمة البيانات الخاصة به.

Ping Packet Internet Groper (Ping)

هذا الأمر يستخدم رسائل طلب صدى ICMP والرد للتحقق من الاتصال المادي والمنطقي للأجهزة على شبكة الإنترنت.

Traceroute تتبع التوجيه

باستخدام المهلة الزمنية time-outs فى بروتوكول ICMP يتم استخدام Traceroute لاكتشاف التوجيه الذي تتخذه الرزمة أثناء عبورها لشبكة الإنترنت.

لقطة من محلل الشبكة

البيانات التالية مأخوذة من محلل شبكة يلتقط طلب صدى ICMP:

```
Flags: 0x00
Status: 0x00
Packet Length: 78
Timestamp: 14:04:25.967000 12/20/03
Ethernet Header
Destination: 00:a0:24:6e:0f:a8
Source: 00:80:c7:a8:f0:3d
Ether-Type: 08-00 IP
IP Header -Internet
Protocol Datagram
Version: 4
Header Length: 5
Precedence: 0
Type of Service: %000
Unused: %00
Total Length: 60
Identifier: 56325
Fragmentation Flags: %000
Fragment Offset: 0
Time To Live: 32
IP Type: 0x01 ICMP
Header Checksum: 0x2df0
Source IP Address: 100.100.100.2
Dest. IP Address: 100.100.100.1
No Internet Datagram Options
ICMP -Internet
Control Messages Protocol
ICMP Type: 8 Echo Request
Code: 0
Checksum: 0x395c
Identifier: 0x0300
Sequence Number: 4352
ICMP Data Area:
abcdefghijklmnop 61 62 63 64 65 66 67 68 69 6a 6b 6c 6d 6e 6f
70
qrstuvwabcdefghi 71 72 73 74 75 76 77 61 62 63 64 65 66 67 68
69
Frame Check Sequence: 0x00000000
```

ملاحظة على لقطة طلب الصدى

هل لاحظت أنه على الرغم من أن ICMP يعمل في طبقة الإنترنت (الشبكة) فإنه لا يزال يستخدم IP لإجراء طلب Ping؟

حقل نوع IP في ترويسة IP هو x010 مما يحدد أن البيانات التي تحملها مملوكة لبروتوكول ICMP.

تذكر تمامًا كما تؤدي جميع الطرق إلى روما يجب أن تمر جميع الأجزاء أو البيانات عبر IP!

ملاحظة حول أمر Ping

يستخدم برنامج Ping الأبجدية في جزء البيانات من الرزمة كحمولة وعادة ما تكون حوالي 100 بايت بشكل افتراضي، ما لم تكن تقوم بتنفيذ الأمر من جهاز يعمل بنظام Windows والذي يعتقد أن الأبجدية تتوقف عند الحرف W (ولا تتضمن X أو Y أو Z) ثم تبدأ عند الحرف A مرة أخرى.

بروتوكول ICMP عمليا

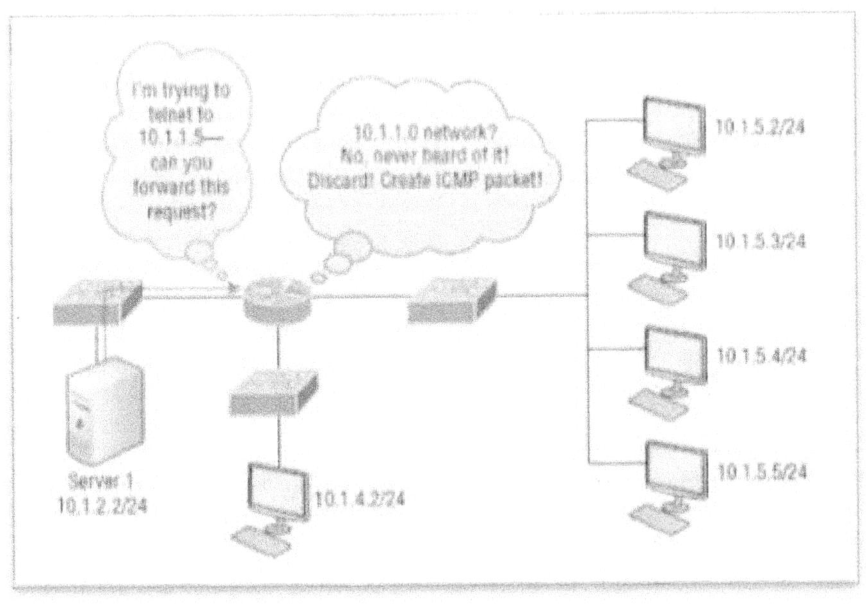

الشكل رقم (18) عمل بروتوكول ICMP.
CCST Support Technician, Networking Exam, Todd Lammle.2024.

- يقوم الخادم 1 (10.1.2.2) بإرسال رسائل Telnet إلى 10.1.1.5 من موجه أوامر DOS.
- ما الذي تتوقع أن يتلقاه الخادم 1 كاستجابة؟

- يرسل الخادم 1 بيانات Telnet إلى المنفذ الافتراضي جهاز التوجيه.
- يقوم جهاز التوجيه بإسقاط الرزمة لأنه لا توجد شبكة 10.1.1.0 في جدول التوجيه.
- نتيجة لذلك سيتلقى الخادم 1 رسالة مفادها أن وجهة ICMP غير قابلة للوصول من جهاز التوجيه.

بروتوكول حل العناوين (ARP)

يبحث بروتوكول حل العناوين (ARP) عن عنوان الأجهزة الخاص بالمضيف من عنوان IP معروف.

يوضح الشكل (19) كيف يعمل ARP على الشبكة محلية.

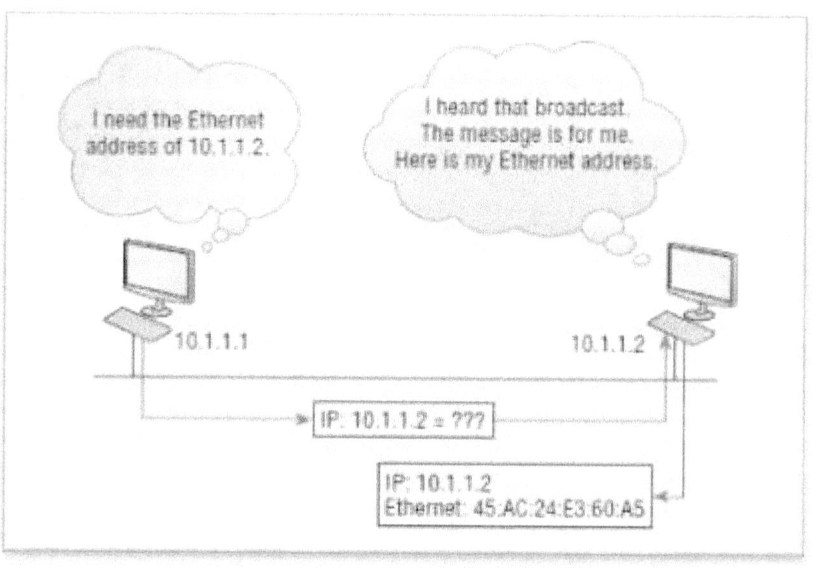

الشكل رقم (19) بروتوكول ARP.
CCST Support Technician, Networking Exam, Todd Lammle.2024.

كيفية عمل البروتوكول:

- عندما يكون لدى IP مخطط بيانات datagram لإرساله يجب عليه ابلاغ بروتوكول الوصول إلى الشبكة مثل Ethernet أو اللاسلكي بعنوان الجهاز الخاص بالوجهة على الشبكة المحلية.
- تذكر أن ما تم إبلاغه بالفعل من خلال بروتوكولات الطبقة العليا هو عنوان IP الخاص بالوجهة.
- إذا لم يجد IP عنوان الجهاز الخاص بالمضيف الوجهة في ذاكرة التخزين المؤقت لـ ARP فإنه يستخدم ARP للعثور على هذه المعلومة.

80

- بصفته محققًا لـ IP يقوم بروتوكول ARP باستجواب الشبكة المحلية عن طريق إرسال بث يطلب فيه من الجهاز الذي يحمل عنوان IP المحدد الرد بعنوان الجهاز الخاص بهذا العنوان.
- وهكذا فإن ARP في الأساس يترجم عنوان (IP) إلى عنوان الجهاز على سبيل المثال عنوان مبدل Ethernet الخاص بالجهاز الوجهة يستنتج منه مكانه على شبكة LAN عن طريق البث لهذا العنوان.

عناوين بروتوكول الإنترنت IP Addressing

عنوان IP هو معرف رقمي يتم تعيينه لكل جهاز على شبكة IP.
وهو يحدد الموقع المحدد لجهاز على الشبكة.
عنوان IP هو عنوان برمجي وليس عنوانًا ماديًا.
يتم ترميز العنوان المادى على بطاقة واجهة الشبكة (NIC) واستخدامه للعثور على مضيفين على شبكة محلية.
تم تصميم عناوين IP للسماح للمضيفين على شبكة واحدة بالتواصل مع مضيف على شبكة مختلفة بغض النظر عن نوع شبكات LAN التي يشارك فيها المضيفون.
قبل أن نتطرق إلى الجوانب الأكثر تعقيدًا لعنونة IP تحتاج إلى فهم بعض الأساسيات : أولاً سأشرح بعض أساسيات عناوين IP ومصطلحاتها.
بعد ذلك نتحدث عن مخطط عناوين IP الهرمي وعناوين IP الخاصة.

مصطلحات بروتوكول الإنترنت

البت: البت هو رقم واحد، إما 1 أو 0.
البايت: البايت 8 بتات
الأوكتيت: الثمانى يتكون من 8 بتات.
يمكن استخدام مصطلحي البايت والثماني بتات و الأوكتيت بالتبادل.
عنوان الشبكة:
يستخدم في التوجيه لإرسال الرزم إلى شبكة بعيدة على سبيل المثال: 10.0.0.0 و 172.16.0.0 و 192.168.10.0.
عنوان البث:
هو العنوان الذي تستخدمه التطبيقات والمضيفون لإرسال المعلومات إلى جميع العقد على الشبكة ويسمى عنوان البث.
تتضمن أمثلة عمليات البث في الطبقة 3 العنوان 255.255.255.255 وهو يعنى أي شبكة وجميع العقد و عنوان 255.255.16. وهو يعنى جميع الشبكات الفرعية وعنوان 172.16.0.0؛ و255.255.255.10 و يعنى كل المضيفين و الشبكات الفرعية على الشبكة.

81

مخطط عناوين IP

يتكون عنوان IP من 32 بت من المعلومات.
تنقسم هذه البتات إلى أربعة أقسام يشار إليها باسم ثمانيات أو بايتات ويحتوي كل منها على بايت واحد (8 بتات).
يمكنك تصوير عنوان IP باستخدام إحدى الطرق الثلاث التالية:
- النظام العشري المنقط كما في المثال: 172.16.30.56
- النظام الثنائي كما في المثال:
10101100.00010000.00011110.00111000
- النظام السداسي عشر كما في المثال: AC.10.1E.38
تمثل كل هذه الأمثلة نفس عنوان IP.

عنونة IP

- عنوان بروتوكول الإنترنت هو مُعرّف رقمي، طوله 32 بت غالباً ما يكتب بالنظام العشري المُنقَّط وقد يكتب بالنظام الثنائي أيضاً.

- يقسّم كل عنوان إلى أربع أقسام تُسمّى خانات (بالإنجليزية: Octet) طول كل منها 8 بتات.

- تُرّقم الخانات انطلاقاً من الواحد وابتداءً من الخانة التي تضّم البتات ذات الأهمية الأعلى وهي التي تقع أقصى يسار العنوان.

- يكتب عنوان بروتوكول الإنترنت في النظام العشري المنقط بالشكل #.#.#.#

- يُمثّل الرمز # قيمة عددية بنظام العد العشري.

- كل خانة تضم أعداد موجبة مُمثلة بثمانية بتات فقط، فإنّ القيمة العشريّة في كل خانة يمكن أن تتراوح بين القيمتين 0 و255 فقط.

- أمثلة على عناوين إنترنت مكتوبة بنظام العد العشري المُنقَّط.
  - 10.0.0.1 و150.255.12.9 و240.0.0.9

- يمُكن أن يُمثّل العنوان بنظام العد الثنائي من خلال استبدال القيمة العشرية لكل خانة بالمقابل الثنائي ولكن يجب اعتماد تمثيل واحد فقط عند الكتابة ولا يجوز الخلط بين الشكلين معاً.

- التمثيلان التاليان يعبران عن نفس عنوان بروتوكول الإنترنت مكتوباً بالتمثيل الثنائي ثُمّ بالتمثيل العشري المُنقط:
  - 00001010.00000000.00000000.00000001
  - 10.0.0.1

- يحدد عنوان الشبكة (يُطلق عليه أيضًا رقم الشبكة) كل شبكة بشكل فريد.
- تشارك كل آلة على نفس الشبكة عنوان الشبكة هذا كجزء من عنوان IP الخاص بها.
- على سبيل المثال في العنوان IP 172.16.30.56 يكون 172.16 هو عنوان الشبكة.
- يتم تعيين عنوان العقدة node address لكل آلة على الشبكة بشكل مميز.
- يكون هذا الجزء من العنوان فريدًا لأنه يحدد آلة معينة فردية Individual و ليس الشبكة لأنها مجموعة group.
- يمكن أيضًا الإشارة إلى هذا الرقم بإعتباره عنوان المضيف.
- في عنوان IP النموذجي 172.16.30.56 يحدد 30.56 عنوان العقدة.
- قرر مصممو الإنترنت إنشاء فئات من الشبكات بناءً على حجم الشبكة.
- شبكة الفئة A للشبكات الصغيرة التي تمتلك عددًا كبيرًا جدًا من العقد.
- شبكة الفئة C مخصصة للشبكات التي تحتوي على عدد صغير من العقد.
- يُطلق على الفئة بين الشبكات الكبيرة جدًا والشبكات الصغيرة جدًا اسم شبكة الفئة B.
- يتم تحديد تقسيم عنوان IP إلى عنوان شبكة وعنوان عقدة من خلال تسمية فئة الشبكة.

يلخص الشكل (20) الفئات الثلاث للشبكات المستخدمة في معالجة المضيفين.

	8 bits	8 bits	8 bits	8 bits
Class A:	Network	Host	Host	Host
Class B:	Network	Network	Host	Host
Class C:	Network	Network	Network	Host
Class D:	Multicast			
Class E:	Research			

الشكل رقم (20) فئات الشبكات.
CCST Support Technician, Networking Exam, Todd Lammle.2024.

العنوان و تصنيف الشبكات

- حدّد مصممو الإنترنت لضمان التوجيه الفعّال نظاما لقسم البتات الرئيسية في العنوان لكل فئة شبكة مختلفة.
- جهاز التوجيه يدرك أن عنوان شبكة الفئة A يبدأ دائمًا بالرقم 0 فسيكون قادرًا على تسريع الرزمة في طريقها بعد قراءة البت الأول فقط من عنوانها.
- بذلك تحدد مخططات العناوين الفرق بين عناوين الفئات A و B و C.

نطاق عنوان الشبكة: الفئة A

- قرر مصممو مخطط عنوان IP أن يكون البت الأول من أول بايت في عنوان شبكة الفئة A مغلقًا دائمًا أو 0.
- هذا يعني أن عنوان الفئة A يجب أن يكون بين 0 و127 في البايت الأول كله.
- صيغةعنوان الشبكة 0xxxxxxx
- نطاق عناوين الشبكة الفئة A
  - 0 = 00000000
  - 127 = 01111111
- الرقمان 0 و127 غير مستخدمين في ش الفئة A لأنهما عناوين محجوزة.

نطاق عنوان الشبكة: الفئة B

- في شبكة الفئة B تنص RFCs على أنه يجب دائمًا تشغيل البت الأول من البايت الأول ولكن يجب دائمًا إيقاف تشغيل البت الثاني.
- إذا قمت بإيقاف تشغيل البتات الستة الأخرى ثم تشغيلها جميعًا فستجد نطاق شبكة الفئة B:
  - 128 = 10000000
  - 191 = 10111111
- يتم تعريف شبكة الفئة B عندما يتم تكوين البايت الأول من128 إلى 191.

نطاق عنوان الشبكة: الفئة C

- بالنسبة لشبكات الفئة C تحدد RFCs أول بتين من الثمانية الأولى على أنهما قيد التشغيل دائمًا.
- لا يمكن تشغيل البت الثالث أبدًا.
- نطاق شبكة الفئة C:
  - 192 = 11000000
  - 223 = 11011111

نطاقات عناوين الشبكة: الفئتان D و E

- العناوين بين 224 و255 مخصصة لشبكات الفئتين D و E.
- تُستخدم الفئة D (224–239) لعناوين البث المتعدد.
- تستخدم الفئة E (240–255) للأغراض العلمية.
- لن أتناول هذه الأنواع من العناوين لأنها تتجاوز نطاق المعرفة التي تحتاج إلى اكتسابها من هذا الكتاب.

عناوين الشبكة: أغراض خاصة

يتم حجز بعض عناوين IP لأغراض خاصة وبالتالي لا يمكن لمسؤولي الشبكة أبدًا تعيين هذه العناوين للعقد.

يسرد الجدول (4) هذا التصنيف الحصري للعناوين و أغراضها الخاصة.

Address	Function
Network address of all 0s	Interpreted to mean "this network or segment."
Network address of all 1s	Interpreted to mean "all networks."
Network 127.0.0.1	Reserved for loopback tests. Designates the local node and allows that node to send a test packet to itself without generating network traffic
Node address of all 0s	Interpreted to mean "network address" or any host on a specified network
Node address of all 1s	Interpreted to mean "all nodes" on the specified network; for example, 128.2.255.255 means "all nodes" on network 128.2 (Class B address).
Entire IP address set to all 0s	Used by Cisco routers to designate the default route. Could also mean "any network."
Entire IP address set to all 1s (same as 255.255.255.255)	Broadcast to all nodes on the current network; sometimes called an "all 1s broadcast" or local broadcast.

الجدول (4) التصنيف الحصري للعناوين و أغراضها الخاصة.
CCST Support Technician, Networking Exam, Todd Lammle.2024.

عناوين الفئة A

- في عنوان شبكة الفئة A يتم تعيين البايت الأول لعنوان الشبكة ويتم استخدام البايتات الثلاثة المتبقية لعناوين العقد.
- صيغة عنوان الفئة A على النحو التالي:
Network.Node.Node.Node
- لتجنب تكرار N يمكن التعبير عن العنوان بالصيغة N. H. H. H حيث N يمثل الشبكة Network و H يمثل المضيف Host
- على سبيل المثال في العنوان 49.22.102.70 يكون 49 هو عنوان الشبكة و 22.102.70 هو عنوان العقدة Node.
- يكون لكل جهاز على هذه الشبكة المحددة عنوان شبكة مميز وهو 49.
- يبلغ طول عناوين شبكة الفئة A بايت واحد مع حجز أول بت من هذا البايت وإتاحة البتات السبعة المتبقية للمناورة فى (العنونة).
- يكون الحد الأقصى لعدد شبكات الفئة A التي يمكن إنشاؤها 128.
- يتم حجز العنوان (0000 0000) لتعيين التوجيه الافتراضي (راجع الجدول 4 في القسم السابق).
- لا يمكن استخدام العنوان 127 المحجوز للتشخيصات.
- يمكنك استخدام الأرقام من 1 إلى 126 فقط لتعيين عناوين شبكة الفئة A.
- العدد الفعلي لعناوين شبكة الفئة A القابلة للاستخدام هو 126.

ملاحظة

- يتم استخدام العنوان IP 127.0.0.1 لاختبار مجموعة IP على عقدة فردية ولا يصلح استخدامه كعنوان مضيف و يسمى عنوان loopback و يطلق عليه عنوان كرت الشبكة الداخلى ينشئ طريقة اختصار لتطبيقات وخدمات TCP/IP التي تعمل على نفس الجهاز للتواصل مع بعضها.

ملاحظة

- يحتوي كل عنوان من الفئة A على 3 بايتات (24 بت) لعنوان العقدة في الجهاز.
- هذا يعني أن هناك 224 أو 16,777,216 تركيبة فريدة وبالتالي هذا هو بالضبط عدد عناوين العقد الفريدة المحتملة لكل شبكة من الفئة A.
- لأن عناوين العقد التي تحتوي على النمطين 0 و 1 محجوزة فإن العدد الأقصى الفعلي القابل للاستخدام من العقد لشبكة من الفئة A هو 224 ناقص 2 وهو ما يساوي 16,777,214.

معرفات المضيف المتاحة من الفئة A

فيما يلي مثال لكيفية معرفة معرفات المضيف المتاحة في عنوان شبكة من الفئة A:

- جميع بتات المضيف المعطلة هي عنوان الشبكة: 10.0.0.0.
- جميع بتات المضيف المعطلة هي عنوان البث: 10.255.255.255.

المضيفون الصالحون هي الأرقام الموجودة بين عنوان الشبكة وعنوان البث: 10.0.0.1 حتى 10.255.255.254.

- لاحظ أن الأرقام 0 و255 يمكن أن تكون معرفات مضيف صالحة.
- تذكر عند محاولة العثور على عناوين مضيف صالحة هو أنه لا يمكن إيقاف تشغيل بتات المضيف أو تشغيلها جميعا في نفس الوقت.

عناوين الفئة B

- في عنوان شبكة من الفئة B يتم تعيين أول بايتين لعنوان الشبكة ويتم استخدام البايتين المتبقيين لعناوين العقد.
- صيغة عنوان الفئة B هو كما يلي: network.network.node.node
- على سبيل المثال في عنوان IP 172.16.30.56 يكون عنوان الشبكة هو 172.16 وعنوان العقدة هو 30.56.
- بما أن عنوان الشبكة يتكون من 2 بايت (8 بتات لكل بايت) فإنك تحصل على 216 تركيبة فريدة.
- تبدأ جميع عناوين شبكات الفئة B بالرقم الثنائي 1، ثم 0.
- يترك لنا ذلك 14 موضع بت للمناورة بها وبالتالي 16384 أو 214 عنوانًا فريدًا لشبكات الفئة B.
- يستخدم عنوان الفئة B بايتين لعناوين العقد وهذا يساوي 216، ناقصًا النمطين المحجوزين لجميع الأصفار ليصبح المجموع 65534 عنوان عقدة محتملًا لكل شبكة من الفئة B.

معرفات المضيف المتاحة للفئة B

فيما يلي مثال لكيفية العثور على المضيفين المتاحين في شبكة الفئة B:

- جميع بتات المضيف المعطلة هي عنوان الشبكة: 172.16.0.0.
- جميع بتات المضيف المفعلة هي عنوان البث: 172.16.255.255.

المضيفات المتاحة هي الأرقام الموجودة بين عنوان الشبكة وعنوان البث: 172.16.0.1 حتى 172.16.255.254.

عناوين الفئة C

- يتم تخصيص أول 3 بايتات من عنوان شبكة الفئة C لجزء الشبكة من

العنوان مع بقاء بايت واحد فقط لعنوان العقدة.

- صيغة عنوان الفئة C كما يلي: network.network.network.node
- باستخدام عنوان IP المثال 192.168.100.102، يكون عنوان الشبكة هو 192.168.100، وعنوان العقدة هو 102.
- في عنوان شبكة من الفئة C تكون مواضع البتات الثلاثة الأولى دائمًا هي الثنائية 110.
- يتم الحساب على النحو التالي: 3 بايتات أو 24 بت، ناقص 3 مواضع محجوزة يترك 21 موضعًا.
- وبالتالي هناك 221 أو 2,097,152، شبكة محتملة من الفئة C.
- تحتوي كل شبكة فريدة من نوعها من الفئة C على بايت واحد لاستخدامه لعناوين العقد.
- هذا يؤدي إلى 28 أو 256 ناقصًا النمطين المحجوزين لجميع الأصفار ليصبح المجموع 254 عنوان عقدة لكل شبكة من الفئة C.

معرفات المضيف المتاحة من الفئة C

فيما يلي مثال لكيفية العثور على معرف مضيف صالح في شبكة من الفئة C:

- جميع بتات المضيف المعطلة هي معرف الشبكة: 192.168.100.0.
- جميع بتات المضيف المفعلة هي عنوان البث: 192.168.100.255.

ستكون المضيفات المتاحة هي الأرقام الموجودة بين عنوان الشبكة وعنوان البث: 192.168.100.1 حتى 192.168.100.254.

عناوين IP الخاصة (RFC 1918)

- أنشأ الأشخاص الذين ابتكروا مخطط عناوين IP عناوين IP خاصة.
- يمكن استخدام هذه العناوين على شبكة خاصة لكنها غير قابلة للتوجيه عبر الإنترنت.
- تم تصميم هذا لغرض إنشاء قدر من الأمان المطلوب بشدة لكنه يوفر أيضًا مساحة قيمة لعناوين IP.
- باستخدام عناوين IP الخاصة لا يحتاج مزودو خدمة الإنترنت والشركات والمستخدمون المنزليون إلا إلى مجموعة صغيرة نسبيًا من عناوين IP الأصلية لتوصيل شبكاتهم بالإنترنت.
- يتعين على مزود خدمة الإنترنت والشركة استخدام ما يسمى بترجمة عناوين الشبكة (NAT) والتي تأخذ في الأساس عنوان IP خاصاً وتحوله للاستخدام على الإنترنت.
- يمكن للعديد من الأشخاص استخدام نفس عنوان IP الحقيقي لنقل البيانات إلى الإنترنت.

- القيام بالأمور بهذه الطريقة يوفر كميات هائلة من مساحة العناوين وهو أمر جيد لنا جميعاً!
- بيان العناوين الخاصة المحجوزة في الجدول (5).

Address Class	Reserved Address Space
Class A	10.0.0.0 through 10.255.255.255
Class B	172.16.0.0 through 172.31.255.255
Class C	192.168.0.0 through 192.168.255.255

الجدول (5) بيان العناوين المحجوزة.
CCST Support Technician, Networking Exam, Todd Lammle.2024.

أنواع عناوين Address Types IPv4

مصطلح البث broadcast

ما نعنيه باستخدام المصطلح الفني الصحيح هو:

- قام عميل DHCP بالبث لطلب عنوان IP ثم قام جهاز التوجيه بإعادة توجيه forwarded هذا كرزمة أحادية البث unicast packet إلى خادم DHCP.
- تذكر أنه مع IPv4 تكون عمليات البث مهمة جدًا ولكن مع IPv6 لا يتم إرسال أي عمليات بث على الإطلاق.

المصطلحات والاستخدامات المختلفة المرتبطة بعناوين IP

Loopback (Localhost)

يستخدم هذا العنوان لاختبار مجموعة عناوين IP على الكمبيوتر المحلي. يمكن أن يكون أي عنوان من 127.0.0.1 إلى 127.255.255.254.

عمليات البث العام Broadcasts من الطبقة 2

يتم إرسالها إلى جميع العقد على شبكة LAN.

عمليات البث العام Broadcasts من الطبقة 3

يتم إرسالها إلى جميع العقد على الشبكة.

Unicast

عنوان لواجهة واحدة ويستخدم لإرسال الرزم إلى مضيف وجهة واحد.

Multicast

رزم مرسلة من مصدر واحد إلى مجموعة محددة من الأجهزة على شبكة أو شبكات مختلفة.

عمليات البث من الطبقة 2

- تُعرف عمليات البث من الطبقة 2 أيضًا باسم عمليات البث المادية وهي تخرج فقط عبر شبكة LAN ولكنها لا تتجاوز حدود شبكة LAN (الموجه).

- يتكون عنوان الجهاز النموذجي من 6 بايتات (48 بتًا) ويبدو على الصيغة 45:AC:24:E3:60:A5.

- سيكون البث مكونًا من الكل وحايد (كل البتات 1 في النظام الثنائي) و سيكون مكونًا من الكل F في النظام السداسي عشركما في الصيغة ff:ff:ff:ff:ff:ff وكما هو موضح في الشكل (21).

- ستستقبل كل بطاقة واجهة شبكة (NIC) الإطار وتقرأه بما في ذلك جهاز التوجيه ونظرًا لأن هذا كان بثًا من الطبقة 2 جهاز التوجيه لن يقوم بإعادة توجيه هذا البث أبدًا!

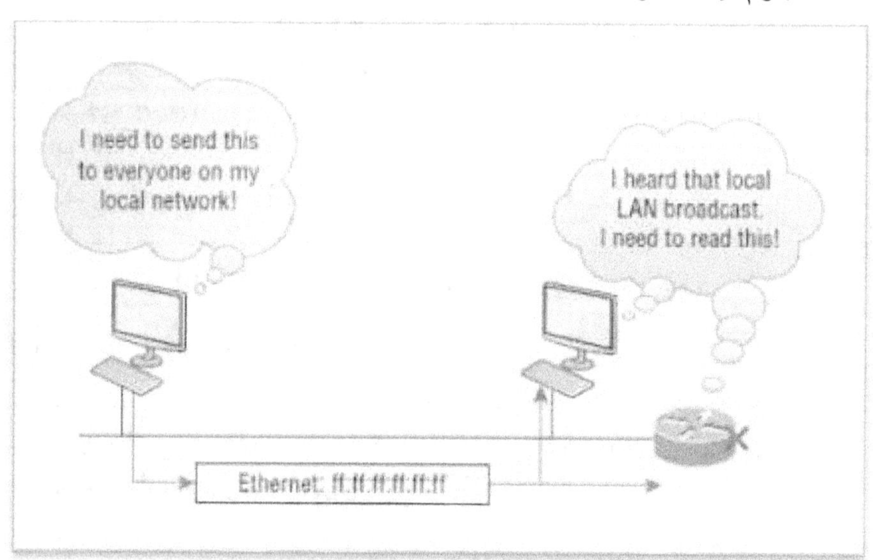

الشكل (21) صيغة البث من الطبقة 2.

عمليات البث في الطبقة 3

- تهدف رسائل البث إلى الوصول إلى جميع المضيفين على نطاق البث.
- هذه هي عمليات البث الشبكية التي تحتوي على جميع بتات المضيف.
- إليك مثالاً عنوان الشبكة 172.16.0.0 255.255.0.0 سيكون له عنوان بث 172.16.255.255 وجميع بتات المضيف مفعلة.
- يمكن أن تكون عمليات البث أيضًا "أي شبكة وجميع المضيفين" كما يعنيه العنوان 255.255.255.255 وكما هو موضح في الشكل (22).
- سيحصل جميع المضيفين فى شبكة LAN على هذا البث على بطاقة NICالخاصة بهم بما في ذلك جهاز التوجيه ولكن بشكل افتراضي لن يقوم جهاز التوجيه بإعادة توجيه هذه الرزمة مطلقًا.

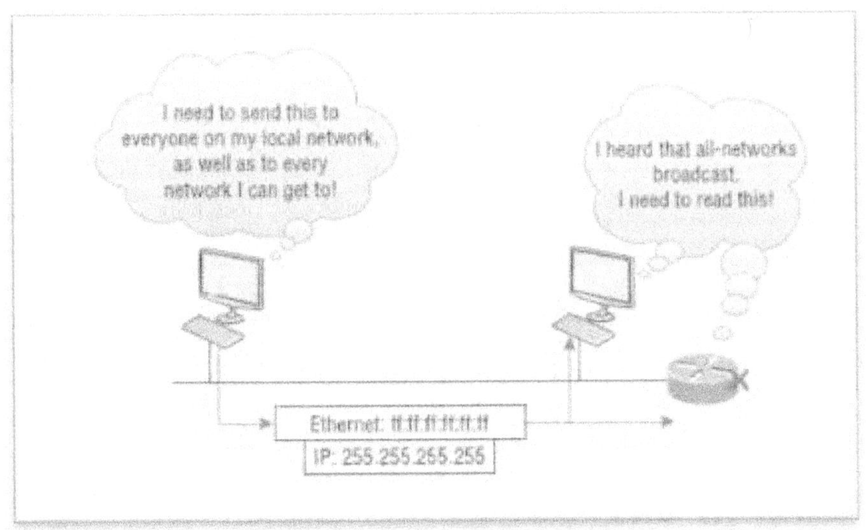

الشكل (22) عنوان البث فى الطبقة3
.CCST Support Technician, Networking Exam, Todd Lammle.2024

عنوان أحادي البث

- يتم تعريف عنوان أحادي البث على أنه عنوان IP واحد يتم تعيينه لبطاقة واجهة الشبكة وهوعنوان IP الوجهة في الرزمة.
- بعبارة أخرى يتم استخدامه لتوجيه الرزم إلى مضيف معين.
- في الشكل (23) كل من عنوان MAC وعنوان IP الوجهة مخصصان لبطاقة NIC واحدة على الشبكة.

- ستستقبل جميع المضيفات في نطاق التصادم هذا الإطار وتقبله.
- بطاقة NIC الوجهة فقط 10.1.1.2 ستقبل الرزمة وستتجاهل بطاقات NIC الأخرى هذه الرزمة.

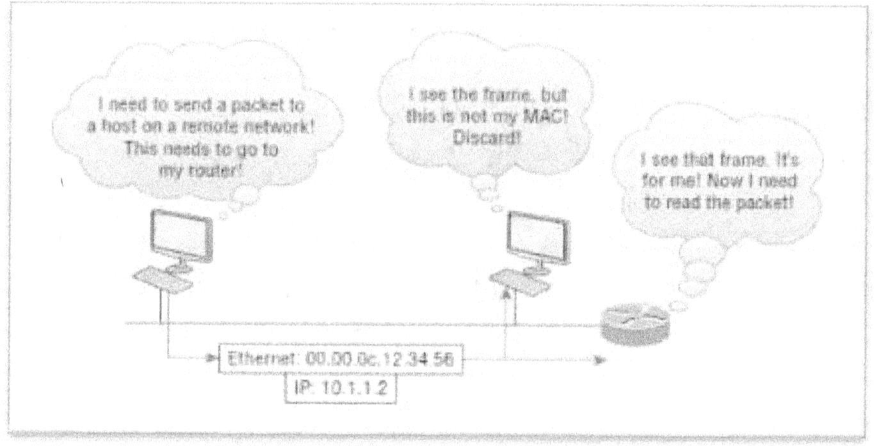

الشكل (23) عنوان MAC وعنوان IP الوجهة
CCST Support Technician, Networking Exam, Todd Lammle.2024.

عنوان البث المتعدد

- يعد البث المتعدد أمرًا مختلفًا تمامًا.
- يسمح البث المتعدد بالاتصال من نقطة إلى نقاط متعددة.
- يتيح لمستقبلين متعددين متعددين تلقي الرسائل دون غمر الرسائل لجميع المضيفين على نطاق البث.
- يعمل البث المتعدد عن طريق إرسال الرسائل أو البيانات إلى عناوين مجموعة البث المتعدد IP.
- على عكس البث المباشر الذي لا يتم إعادة توجيهه تقوم أجهزة التوجيه بإعادة توجيه نسخ من الرزمة إلى كل واجهة بها مضيفون مشتركون في عنوان المجموعة.
- يختلف البث المتعدد عن رسائل البث في اتصالات البث المتعدد يتم إرسال نسخ من الرزم من الناحية النظرية إلى المضيفين المشتركين فقط.
- عندما أقول "نظريًا" أعني أن المضيفين سيستقبلون رزمة متعددة البث موجهة إلى 224.0.0.10.
- هذه رزمة EIGRP ولن يقرأها سوى جهاز التوجيه الذي يعمل ببروتوكول EIGRP.
- قد يتسبب البث المتعدد في ازدحام خطير لشبكة LAN إذا لم يتم تنفيذه بعناية!

- يوضح الشكل (24) جهاز توجيه Cisco يرسل رزمة متعددة البث EIGRP على شبكة LAN المحلية ولن يقبل هذه الرزمة سوى جهاز التوجيه الآخر.
- هناك عدة مجموعات مختلفة يمكن للمستخدمين أو التطبيقات الاشتراك فيها.
- يبدأ نطاق عناوين البث المتعدد:
من 224.0.0.0 إلى 239.255.255.255.
- يقع نطاق العناوين هذا ضمن مساحة عناوين IP Class D استنادًا إلى تعيين IP حسب الفئة.

الشكل (24) جهاز توجيه Cisco يرسل رزمة متعددة البث.
CCST Support Technician, Networking Exam, Todd Lammle.2024.

ملخص الفصل

- لقد غطى هذا الفصل الكثير من الموضوعات.
- المعلومات الموجودة فيه ضرورية.
- ستتمكن من التنقل بشكل جيد عبر بقية هذا الكتاب.
- لن يضرك حقًا قراءة هذا الفصل أكثر من مرة.
- لا يزال هناك الكثير من الأمور التي يجب تغطيتها.
- تأكد من أنك قد أتقنت هذه المادة بالكامل.
- بهذه الطريقة ستكون مستعدًا للمزيد.
- تعرفت على نموذج وزارة الدفاع والطبقات والبروتوكولات المرتبطة.
- تعرفت على موضوع عناوين IP المهم للغاية.
- لقد ناقشت بالتفصيل الفرق بين كل فئة عنوان وكيفية العثور على عنوان شبكة وعناوين بث وما يدل على نطاق عنوان مضيف صالح.
- لا تتوقف راجع المختبرات المكتوبة وراجع الأسئلة في نهاية هذا الفصل

وتأكد من فهمك لكل إجابة.

أساسيات الإمتحان

التمييز بين نموذج شبكة DoD ونموذج OSI.

نموذج DoD هو نسخة مختصرة من نموذج OSI ويتألف من أربع طبقات بدلاً من سبع ولكنه مع ذلك يشبه نموذج OSI من حيث أنه يمكن استخدامه لوصف إنشاء الرزم ويمكن تعيين الأجهزة والبروتوكولات إلى طبقاته.

تحديد بروتوكولات طبقة العملية/التطبيق.

Telnet هو برنامج محاكاة طرفية يسمح لك بتسجيل الدخول إلى مضيف بعيد وتشغيل البرامج.

بروتوكول نقل الملفات (FTP) هو خدمة موجهة نحو الاتصال تسمح لك بنقل الملفات.

FTP (TFTP) هو برنامج نقل ملفات بدون اتصال.

بروتوكول نقل البريد البسيط (SMTP) هو برنامج إرسال بريد.

تحديد بروتوكولات طبقة المضيف إلى المضيف.

بروتوكول التحكم في الإرسال (TCP) هو بروتوكول موجه نحو الاتصال يوفر خدمة شبكة موثوقة باستخدام التأكيدات والتحكم في التدفق.

بروتوكول بيانات المستخدم (UDP) هو بروتوكول بدون اتصال يوفر تكلفة إضافية منخفضة ويعتبر غير موثوق.

تحديد بروتوكولات طبقة الإنترنت.

بروتوكول الإنترنت (IP) هو بروتوكول بدون اتصال يوفر توجيه الشبكة والتوجيه من خلال شبكة إنترنت.

يجد بروتوكول حل العنوان (ARP) عنوانًا للأجهزة من عنوان IP معروف.

وصف وظائف DNS وDHCP في الشبكة.

يوفر بروتوكول تكوين المضيف الديناميكي (DHCP) معلومات تكوين الشبكة (بما في ذلك عناوين IP) للمضيفين، مما يلغي الحاجة إلى إجراء التكوينات يدويًا.

تحل خدمة اسم المجال (DNS) أسماء المضيفين ـ سواء أسماء الإنترنت مثل www.lammle.com أو أسماء الأجهزة مثل 2 Workstation - إلى عناوين IP، مما يلغي الحاجة إلى معرفة عنوان IP للجهاز لأغراض الاتصال.

تحديد ما هو موجود في ترويسة TCP للإرسال الموجه للاتصال.

تتضمن الحقول الموجودة في ترويسة TCP منفذ المصدر ومنفذ الوجهة ورقم التسلسل ورقم التأكيد وطول الترويسة وحقل محجوز للاستخدام المستقبلي وبتات التعليمات البرمجية وحجم النافذة ومجموع الإمتحان ومؤشر الطوارئ وحقل الخيارات وأخيرًا حقل البيانات.

حدد ما هو موجود في ترويسة UDP في عملية إرسال بدون اتصال.

تتضمن الحقول الموجودة في ترويسة UDP منفذ المصدر ومنفذ الوجهة والطول ومجموع الإمتحان والبيانات فقط.

يأتي العدد الأصغر من الحقول مقارنة بترويسة TCP على حساب عدم توفير أي من الوظائف الأكثر تقدمًا لإطار TCP.

حدد ما هو موجود في ترويسة IP.

تتضمن حقول ترويسة IP الإصدار وطول الترويسة والأولوية أو نوع الخدمة والطول الإجمالي والتعريف والأعلام وإزاحة الشظايا ومدة البقاء والبروتوكول ومجموع اختبار الترويسة وعنوان IP المصدر وعنوان IP الوجهة والخيارات وأخيرًا البيانات.

قارن بين خصائص وميزات UDP وTCP

TCP موجه نحو الاتصال ومعترف به ومتسلسل ولديه تحكم في التدفق والأخطاء، بينما UDP غير متصل وغير معترف به وغير متسلسل ولا يوفر أي خطأ أو تحكم في التدفق.

فهم دور أرقام المنفذ.

تُستخدم أرقام المنفذ لتحديد البروتوكول أو الخدمة المراد استخدامها في عملية الإرسال.

تحديد دور ICMP.

يعمل بروتوكول رسائل التحكم في الإنترنت (ICMP) في طبقة الشبكة ويستخدمه IP للعديد من الخدمات المختلفة. ICMP هو بروتوكول إدارة ومزود خدمة رسائل لـ IP.

حدد نطاق عنوان IP من الفئة A.

يتراوح نطاق IP لشبكة الفئة A من 1 إلى 126.
يوفر هذا 8 بتات من عناوين الشبكة و24 بتًا من عناوين المضيف بشكل افتراضي.

حدد نطاق عنوان IP من الفئة B.

يتراوح نطاق IP لشبكة الفئة B من 128 إلى191

توفر عناوين الفئة B 16 بتًا من عناوين الشبكة و16 بتًا من عناوين المضيف بشكل افتراضي.

حدد نطاق عنوان IP من الفئة C.

يتراوح نطاق IP لشبكة الفئة C من 192 إلى 223.
توفر عناوين الفئة C 24 بتًا من عناوين الشبكة و8 بتات من عناوين المضيف بشكل افتراضي.

حدد نطاقات IP الخاصة.

يتراوح نطاق العنوان الخاص من الفئة A من 10.0.0.0 إلى 10.255.255.255
يتراوح نطاق العناوين الخاصة من الفئة B بين 172.16.0.0 و172.31.255.255.
ويتراوح نطاق العناوين الخاصة من الفئة C بين 192.168.0.0 و192.168.255.255.

تعرف على الفرق بين عنوان البث والعنوان أحادي البث والعنوان المتعدد البث.

العنوان البثي يُرسل إلى جميع الأجهزة في شبكة فرعية والعنوان أحادي البث إلى جهاز واحد والعنوان المتعدد البث إلى بعض الأجهزة وليس كلها.

أسئلة المراجعة

تم تصميم الأسئلة التالية لاختبار فهمك لمادة هذا الفصل. لمزيد من المعلومات حول كيفية الحصول على أسئلة إضافية، يرجى زيارة
www.lammle.com/ccst.
يمكنك العثور على إجابات هذه الأسئلة في الملحق "إجابات أسئلة المراجعة".

1. أي من بروتوكولات طبقة التطبيق التالية تقوم بإعداد جلسة آمنة تشبه Telnet؟

أ. FTP

ب. SSH

ج. DNS

د. DHCP

2. أي بروتوكول يستخدم للعثور على عنوان الأجهزة لجهاز محلي؟

أ. RARP

ب. ARP

ج. IP

96

د. ICMP

هـ. BootP

3. أي من البروتوكولات التالية هي طبقات في نموذج TCP/IP؟ (اختر ثلاثة خيارات).

أ. التطبيق

ب. الجلسة

ج. النقل

د. الإنترنت

هـ. ربط البيانات

و. المادي

4. أي فئة من عناوين IP توفر 254 عنوان مضيف فقط كحد أقصى لكل معرف شبكة؟

أ. الفئة A

ب. الفئة B

ج. الفئة C

د. الفئة D

هـ. الفئة E

5. أي مما يلي يصف رسالة اكتشاف DHCP؟ (اختر اثنين.)

أ. يستخدم ff:ff:ff:ff:ff:ff بث للطبقة 2.

ب. يستخدم UDP كبروتوكول طبقة النقل.

ج. يستخدم TCP كبروتوكول طبقة النقل.

د. لا يستخدم عنوان وجهة للطبقة 2.

6. أي بروتوكول من البروتوكولات التالية يستخدم لاتصال Telnet؟

أ. IP

ب. TCP

ج. TCP/IP

د. UDP

هـ. ICMP

7. تم تحديد عنوان IP الخاص في RFC __________.

8. أي من الخدمات التالية تستخدم TCP؟ (اختر ثلاثة.)

أ. DHCP

ب. SMTP

ج. SNMP

د. FTP

هـ. HTTP

و. TFTP

9. أي مما يلي يعد مثالاً على عنوان متعدد البث؟

أ. 10.6.9.1

ب. 192.168.10.6

ج. 224.0.0.10

د. 172.16.9.5

10. إذا كنت تستخدم إما Telnet أو FTP، فما هي الطبقة التي تستخدمها لتوليد البيانات؟

أ. التطبيق

ب. العرض التقديمي

ج. الجلسة

د. النقل

11. يحتوي نموذج DoD (يُسمى أيضًا مكدس TCP/IP) على أربع طبقات. أي طبقة من نموذج DoD تعادل طبقة الشبكة في نموذج OSI؟

أ. التطبيق

ب. المضيف إلى المضيف

ج. الإنترنت

د. الوصول إلى الشبكة

12. أي مما يلي عناوين IP خاصة؟ (اختر اثنتين.)

أ. 12.0.0.1

ب. 168.172.19.39

ج. 172.20.14.36

د. 172.33.194.30

هـ. 192.168.24.43

13. ما هي الطبقة في مكدس TCP/IP التي تعادل طبقة النقل في نموذج OSI؟

أ. التطبيق

ب. المضيف إلى المضيف

ج. الإنترنت

د. الوصول إلى الشبكة

14. ما هي العبارات الصحيحة فيما يتعلق برزم ICMP؟ (اختر اثنتين.)

أ. يضمن ICMP تسليم البيانات.

ب. يمكن لـ ICMP تزويد المضيفين بمعلومات حول مشاكل الشبكة.
ج. يتم تغليف ICMP داخل بيانات IP.
د. يتم تغليف ICMP داخل بيانات UDP
15. ما هو نطاق عنوان عنوان شبكة من الفئة B في ملف ثنائي؟
أ. xxxxxx01
ب. xxxxxxx0
ج. xxxxxx10
د. xxxxxx110

الفصل الثالث: تقسيم الشبكة Subnetting.

مقدمة

لدينا شبكة واحدة كبيرة جدا كما هو موضح في الشكل (1).
عملية تقسيم عنوان الشبكة الرئيسية الكبيرة إلى عدة عناوين شبكات فرعية و الغرض من ذلك تقليل عملية استهلاك ال IP ضمن نطاق الشبكة الرئيسية و القضاء على مشاكل إدارة الشبكة الكبيرة.

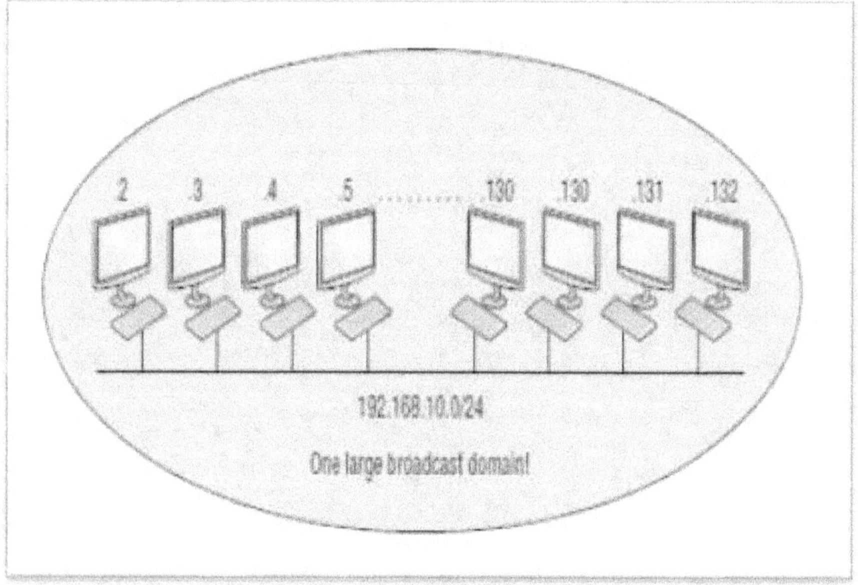

الشكل رقم (1) شبكة كبيرة واحدة.
.CCST Support Technician, Networking Exam, Todd Lammle.2024

- وجود شبكة واحدة كبيرة تعنى مشكلة كبيرة أيضا.
- كيف يمكنك إصلاح مشكلة عدم السيطرة التي يوضحها الشكل (1)؟
- ألن يكون من الإبداع أن تتمكن من تقسيم عنوان الشبكة الضخم وإنشاء أربع شبكات قابلة للإدارة مشتقة منه؟

مزايا تقسيم الشبكة

تقليل عملية البث المباشر Broadcast واستهلاك العناوين و ثقل الشبكة.
أفضل في مجال الحماية و الأمن في داخل الشبكة.
تسهيل أعمال الصيانة و الإدارة.
تصميم و تقسيم الشبكة حسب الأهداف التجارية و الصناعية.

طرق تقسيم الشبكة

لتحقيق أفضل طريقة لتقسيم شبكة عملاقة إلى مجموعة من الشبكات الأصغر. تأمل الشكل (2) لنرى كيف يتم تنفيذ ذلك.
ما هي عناوين *x*.192.168.10 الموضحة في الشكل؟
هذا ما سيقدمه هذا الفصل: كيفية تقسيم شبكة واحدة إلى شبكات عديدة!
لننطلق من حيث توقفنا في الفصل 2 ونبدأ العمل من عنوان المضيف (بتات المضيف) أو الأوكتيت المهم فى العنوان .
نبدأ من استخدام العنوان و نرى كيف يمكننا استخدامه لإنشاء شبكات فرعية.

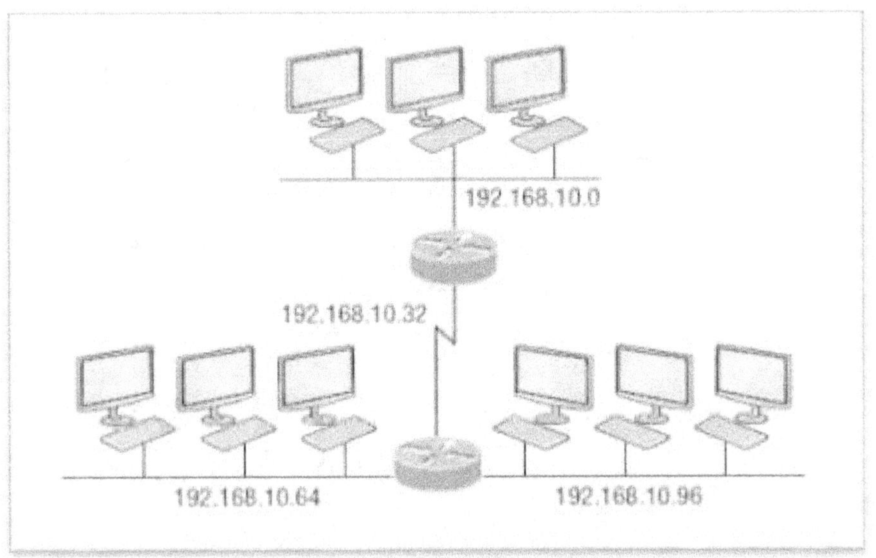

الشكل (2) شبكات متعددة متصلة معا.
.CCST Support Technician, Networking Exam, Todd Lammle.2024

إنشاء شبكات فرعية

- إنشاء شبكات فرعية هو في الأساس عملية أخذ بتات من عنوان المضيف وحجزها لتحديد عنوان الشبكة الفرعية.
- سيؤدي ذلك إلى وجود عدد أقل من البتات لتحديد المضيفين وهو أمر يجب أن تضعه دائمًا في اعتبارك.
- لاحظ أن دراسة الشبكات تتطلب قبل تنفيذ أي شيء فعليًا مثل تقسيم الشبكات الفرعية يجب أولاً تحديد المتطلبات الحالية والتأكد من التخطيط للظروف المستقبلية.
- القسم الأول نناقش فيه التوجيه الصنفى classful routing الذى يشير إلى أن جميع المضيفين (العقد) فى الشبكة يستخدمون نفس قناع الشبكة

الفرعية تمامًا.

- عندما أنتقل إلى موضوع variable-length subnet masks أقنعة الشبكة الفرعية ذات الطول المتغير (VLSMs) سنتناول كل شيء عن التوجيه غير الصنفى .
- التوجيه غير الصنفى بيئة يمكن فيها لكل جزء من الشبكة استخدام قناع شبكة فرعية مختلف.

خطوات إنشاء شبكة فرعية

لإنشاء شبكة فرعية يجب عليك تنفيذ الخطوات الثلاث التالية:

1. تحديد عدد معرفات الشبكة المطلوبة required network IDs:
   - معرف واحد لكل شبكة فرعية LAN
   - معرف واحد لكل اتصال WAN
2. تحديد عدد معرفات المضيف المطلوبة لكل شبكة فرعية:
   - معرف واحد لكل مضيف TCP/IP
   - معرف واحد لكل واجهة جهاز توجيه
3. بناءً على المتطلبات السابقة قم بإنشاء ما يلي:
   - قناع شبكة فرعية فريد للشبكة بالكامل
   - معرف شبكة فرعية فريد لكل جزء مادي
   - نطاق معرفات المضيف لكل شبكة فرعية

قناع الشبكة الفرعية Subnet Masks

- لكي ننفذ مخطط عناوين الشبكة الفرعية يجب أن نحدد لكل جهاز على الشبكة أي جزء من عنوان المضيف سيتم استخدامه كعنوان للشبكة الفرعية.
- يتم استيفاء هذا الشرط عن طريق تعيين قناع شبكة فرعية لكل جهاز.
- قناع الشبكة الفرعية هو قيمة مكونة من 32 بتًا تسمح للجهاز الذي يستقبل رزم IP بتمييز جزء معرف الشبكة فى عنوان ال IP عن جزء معرف المضيف فى عنوان IP.
- يتكون قناع الشبكة الفرعية من 32 بت من أحاد و أصفار. و أهمية الأحاد تكمن فى أنها المواضع التي ستحدد عناوين الشبكة الفرعية.
- سنرى كيف سنستخدم الأحاد و الأصفار فى التقسيم.
- لا تحتاج جميع الشبكات إلى شبكات فرعية وإذا لم تكن كذلك فهذا يعني أنها تستخدم قناع الشبكة الفرعية الافتراضي وهو نفس القول بأن الشبكة ليس لديها عنوان شبكة فرعية.
- يوضح الجدول (1) أقنعة الشبكة الفرعية الافتراضية للفئات A و B و C.

ضوابط قناع الشبكة الفرعية

- يمكنك استخدام أي قناع بأي طريقة على واجهة إلا أنه عادةً لا يكون من الجيد العبث بالأقنعة الافتراضية.
- لا تجعل قناع الشبكة الفرعية من الفئة B يقرأ 255.0.0.0 ولن تسمح لك بعض المضيفات حتى بكتابته.
- بالنسبة لشبكة الفئة A لا تغير الأوكتيت الأول في قناع الشبكة الفرعية لأنه يجب أن يقرأ 255.0.0.0 على الأقل.
- لا تقوم بتعيين 255.255.255.255 لأن هذا كله 1 وهو عنوان بث.
- يبدأ عنوان الفئة B بـ 255.255.0.0
- يبدأ عنوان الفئة C بـ 255.255.255.0.

Class	Format	Default Subnet Mask
A	network.node.node.node	255.0.0.0
B	network.network.node.node	255.255.0.0
C	network.network.network.node	255.255.255.0

الجدول رقم (1) أقنعة الشبكة الفرعية الإفتراضية.
CCST Support Technician, Networking Exam, Todd Lammle.2024.

التوجيه بين المجالات بدون فئات (CIDR)

مصطلح التوجيه بين المجالات دون فئات (CIDR).
Classless Inter-Domain Routing
هو الطريقة التي يستخدمها مزودو خدمة الإنترنت (ISPs) لتخصيص عدد من العناوين لشركة أو منزل أو عملائهم.
فهم يوفرون العناوين في كتلة ذات حجم معين وهو أمر سأتحدث عنه بمزيد من التفصيل قريبًا.
عندما تتلقى كتلة من العناوين من مزود خدمة الإنترنت فإن ما تحصل عليه سيبدو شيئًا كهذا: **192.168.10.32/28**
يشير الرمز المائل (/) إلى عدد البتات التي ستكون كلها وحايد (1).
من الواضح أن الحد الأقصى لا يمكن أن يكون سوى 32/ لأن البايت يتكون من 8 بتات وهناك 4 بايتات في عنوان IP: (4 × 8 = 32).

بغض النظر عن فئة العنوان فإن أكبر قناع شبكة فرعية متاح فيما يتعلق بأهداف اختبار Cisco لا يمكن أن يكون سوى 30/ لأنه يتعين عليك الاحتفاظ بما لا يقل عن 2 بت لبتات المضيف.

مثال1

خذ قناع الشبكة الفرعية الافتراضي من الفئة A وهو 255.0.0.0. الأوكتيت الأول 255 من قناع الشبكة الفرعية كله أحاد أو 11111111. تحديد الشرطة المائلة يحتاج حساب كل الأحاد1 لمعرفة القناع. قيمة CIDR للعنوان 255.0.0.0 هى 8/ لأنه يحتوي على 8 بتات كلها أحاد أي 8 بتات قيد التشغيل turned on.

مثال2

قناع الفئة B الافتراضي هو 255.255.0.0 وبداية العنوان 255.255 مما يعنى أن صيغة الرقم الثنائية أولها 11111111.1111111 عدد البتات التى كلها أحاد 16 و بالتالى قيمة CIDR لهذا العنوان 16/. و هكذا يسرد الجدول (2) كل قناع شبكة فرعية متاح وترميز الشرطة المائلة CIDR المكافئ له.

تقسيم عناوين الفئة C إلى شبكات فرعية: الطريقة السريعة!

عندما تختار قناع شبكة فرعية محتمل لشبكتك وتحتاج إلى تحديد عدد الشبكات الفرعية والمضيفين المتاحين وعناوين البث للشبكة الفرعية التي سيوفرها هذا القناع كل ما عليك فعله هو الإجابة على خمسة أسئلة بسيطة:

■ كم عدد الشبكات الفرعية التي ينتجها قناع الشبكة الفرعية المختار؟

■ كم عدد المضيفين المتاحين لكل شبكة فرعية؟

■ ما هي الشبكات الفرعية المتاحة؟

■ ما هو عنوان البث لكل شبكة فرعية؟

■ ما المضيفين المتاحين في كل شبكة فرعية؟

الوصول إلى إجابات هذه الأسئلة الخمسة الكبيرة:

■ كم عدد الشبكات الفرعية؟

عدد الشبكات الفرعية $= 2^x$

حيث x هو عدد الأحاد.

على سبيل المثال في 11000000 عدد الأحاد 2 يعطينا عدد 2^2 شبكة فرعية أى عدد 4 شبكات فرعية.

■ كم عدد المضيفين لكل شبكة فرعية؟

عدد المضيفين لكل شبكة فرعية $= (2^y - 2)$

حيث y هو عدد الأصفار.

على سبيل المثال:
العنوان 11000000 يعطينا عدد $2 - 2^6$ مضيف أو 62 مضيفًا لكل شبكة فرعية.
تحتاج إلى طرح 2 لعنوان الشبكة الفرعية ولعنوان البث وهما مضيفان غير متاحين.

■ ما هي الشبكات الفرعية المتاحة؟
المعادلة (حجم الكتلة= 256 – الأوكتيت الرابع فى القناع).
على سبيل المثال القناع 255.255.255.**192** حيث يكون الأوكتيت المهم هو الأوكتيت الرابع (مهم لأن هذا هو المكان الذي توجد فيه أرقام الشبكة الفرعية لدينا) و هو هنا 192.
ما عليك سوى استخدام المعادلة الحسابية: 64 = 192 – 256
حجم كتلة القناع = 64.

ابدأ العد من الصفرو أضف حجم الكتلة تصل إلى قيمة الأوكتيت الرابع فى قناع كل شبكة فرعية.

سيكون الأوكتيت الرابع فى شبكاتك الفرعية: 0، 64، 128، 192.

■ ما هو عنوان البث لكل شبكة فرعية؟
عنوان البث دائمًا هو الرقم الموجود قبل رقم الشبكة الفرعية التالية مباشرةً.

- على سبيل المثال تحتوي الشبكة الفرعية 0 على عنوان بث 63 لأن الشبكة الفرعية التالية هي 64.
- تحتوي الشبكة الفرعية 64 على عنوان بث 127 لأن الشبكة الفرعية التالية هي 128 وهكذا.
- تذكر أن عنوان البث للشبكة الفرعية الأخيرة يكون دائمًا 255.

■ ما هي الأجهزة المتاحة؟
نطاق الأجهزة المتاحة هو مجموعة الأرقام بين رقم الشبكة الفرعية وعنوان البث.
على سبيل المثال إذا كان 64 هو رقم الشبكة الفرعية و127 هو عنوان البث فإن نطاق الأجهزة المتاح هو 65–126.

تقسيم الشبكات الفرعية: عناوين الفئة C

أمثلة للتدريب

سنبدأ بقناع الشبكة الفرعية الأول للفئة C ونعمل على كل شبكة فرعية نستطيعها باستخدام عنوان الفئة C.
عندما ننتهي سأوضح لك مدى سهولة ذلك مع شبكات الفئة A وB أيضًا.
مثال عملي (/25) 2 255.255.255.128 :1C

نظرًا لأن 128 يساوي 10000000 في النظام الثنائي فهناك بت واحد فقط للتقسيم إلى شبكات فرعية و7 بتات للمضيفين.
سنقسم عنوان شبكة 192.168.10.0 الفئة C إلى شبكات فرعية.
192.168.10.0 = عنوان الشبكة
255.255.255.128 = قناع الشبكة الفرعية
الآن نجيب على الأسئلة الخمسة الكبرى:

■ كم عدد الشبكات الفرعية؟ نظرًا لأن 128 هو بت واحد (10000000) فإن الإجابة ستكون $2^1 = 2$.

■ كم عدد المضيفين لكل شبكة فرعية؟ لدينا 7 بتات أصفار (10000000) لذا فإن المعادلة ستكون $2^7 - 2 = 126$ مضيفًا.

■ ما هي الشبكات الفرعية المتاحة؟
حجم الكتلة = 256 − 128 = 128.
تذكر أننا سنبدأ بأول رقم ونضيف حجم كتلتنا لذا فإن شبكاتنا الفرعية هي 0، 128.
لدينا شبكتين فرعيتين تحتوي كل منهما على 126 مضيفًا.

■ ما هو عنوان البث لكل شبكة فرعية؟
الرقم الموجود قبل رقم الشبكة الفرعية التالية مباشرةً يساوي عنوان البث.
بالنسبة للشبكة الفرعية صفر الشبكة الفرعية التالية هي 128 وبالتالي فإن عنوان البث للشبكة الفرعية 0 هو 127.

■ ما هي الأجهزة المتاحة؟
هي الأرقام بين رقم الشبكة الفرعية وعنوان البث.
يوضح الجدول التالي الشبكات الفرعية 0 و128 ونطاقات المضيف المتاحة لكل منهما وعنوان البث لكلا الشبكتين الفرعيتين:

Subnet	0	128
First host	1	129
Last host	126	254
Broadcast	127	255

مفتاح فهم تقسيم الشبكات الفرعية هو فهم السبب الحقيقي للقيام بذلك من خلال المرور بعملية بناء شبكتين فرعيتين كما في الشكل (3).

أضفنا جهاز التوجيه الموضح لكي تتمكن أجهزة الشبكة من التواصل.

يجب أن يكون لدينا مخطط عنونة منطقي للشبكة يمكننا استخدام IPv6 ولكن IPv4 لا يزال الأكثر شيوعًا في الوقت الحالي.

لدينا شبكتين ماديتين لننفذ مخططًا منطقيًا للعنونة يسمح بشبكتين منطقيتين.

بالنسبة لهذا المثال في هذا الكتاب فإن /25 يفي بالغرض.

يوضح الشكل أن كلتا الشبكتين الفرعيتين تم تعيينهما لواجهة جهاز توجيه تنشئ مجالات البث الخاصة بنا وتعين شبكاتنا الفرعية.

استخدم الأمر show ip route لرؤية جدول التوجيه على جهاز التوجيه.

لاحظ أنه بدلاً من مجال بث كبير واحد يوجد الآن مجالان بث أصغر مما يوفر ما يصل إلى 126 مضيفًا في كل منهما.

تترجم C في إخراج جهاز التوجيه إلى:

Directly connected network أى" "شبكة متصلة مباشرة".

لدينا اثنتين من تلك الشبكات مع مجالين للبث.

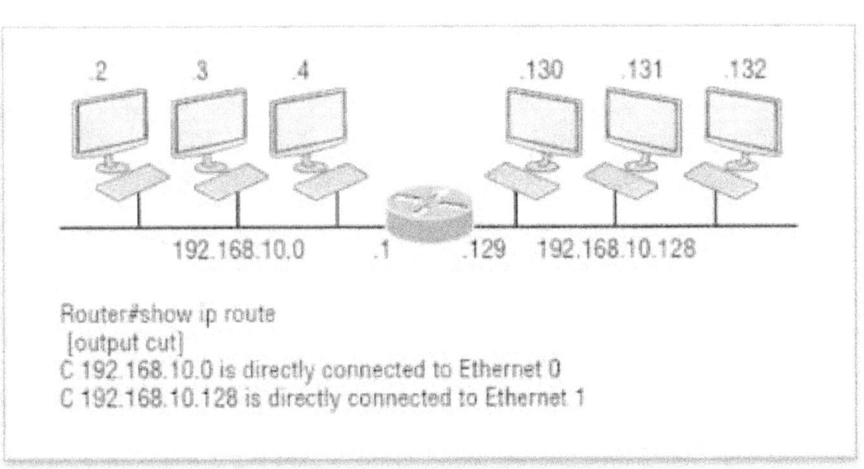

الشكل رقم (3) Class C /25 الشبكتين الفرعيتين.
CCST Support Technician, Networking Exam, Todd Lammle.2024.

مثال عملي (26/) 2C: 255.255.255.192

هذه المرة سنقوم بتقسيم عنوان الشبكة 192.168.10.0 إلى شبكات فرعية باستخدام قناع الشبكة الفرعية 255.255.255.192

192.168.10.0 = عنوان الشبكة
255.255.255.192 = قناع الشبكة الفرعية
الآن دعنا نجيب على الأسئلة الخمسة الكبرى:

■ كم عدد الشبكات الفرعية؟
بما أن 192 عبارة عن 2 بت في الرقم (11000000) فإن الإجابة ستكون
$2^2 = 4$ شبكات فرعية.

■ كم عدد المضيفين لكل شبكة فرعية؟
لدينا 6 بتات أصفار في الشبكة الفرعية (11000000)
مما يعطينا $2^6 - 2 = 62$ مضيفًا يكون عدد المضيفين دائمًا هو عدد الشبكات ناقص 2.

■ ما هي الشبكات الفرعية المتاحة؟
حجم الكتلة = 256 – 192 = 64.
تذكر أن تبدأ من الصفر وتحسب حجم الكتلة وهذا يعني أن الأوكتيت الرابع فى شبكاتنا الفرعية هي 0 و64 و128 و192.
حجم الكتلة لدينا هو 64 ولدينا 4 شبكات فرعية كل منها بها 62 مضيفًا.

■ ما هو عنوان البث لكل شبكة فرعية؟
الرقم قبل قيمة الشبكة الفرعية التالية عنوان البث.
بالنسبة للشبكة الفرعية الصفرية فإن الشبكة الفرعية التالية هي 64 لذا فإن عنوان البث للشبكة الفرعية الصفرية هو 63.

■ ما هي الأجهزة المتاحة؟
هي الأرقام بين الشبكة الفرعية وعنوان البث.
يوضح الجدول التالي الشبكات الفرعية 0 و64 و128 و192 ونطاقات المضيف المتاحة لكل منها وعنوان البث لكل شبكة فرعية:

The subnets (Do this first.)	0	64	128	192
Our first host (Perform host addressing last.)	1	65	129	193
Our last host	62	126	190	254
The broadcast address (Do this second.)	63	127	191	255

قبل الدخول في المثال التالي يمكنك أن ترى أنه يمكننا الآن تقسيم شبكة فرعية /26 بالعد بزيادات قدرها 64.

سنستخدم الشكل (4) للتدرب على تنفيذ شبكة /26 .

يوفر قناع /26 أربع شبكات فرعية ونحن بحاجة إلى شبكة فرعية لكل واجهة جهاز توجيه (استخدمنا ثلاثة كما فى الشكل).

باستخدام هذا القناع في هذا المثال لدينا بالفعل إمكانية شبكة فرعية احتياطية لإضافتها إلى واجهة جهاز توجيه أخرى في المستقبل.

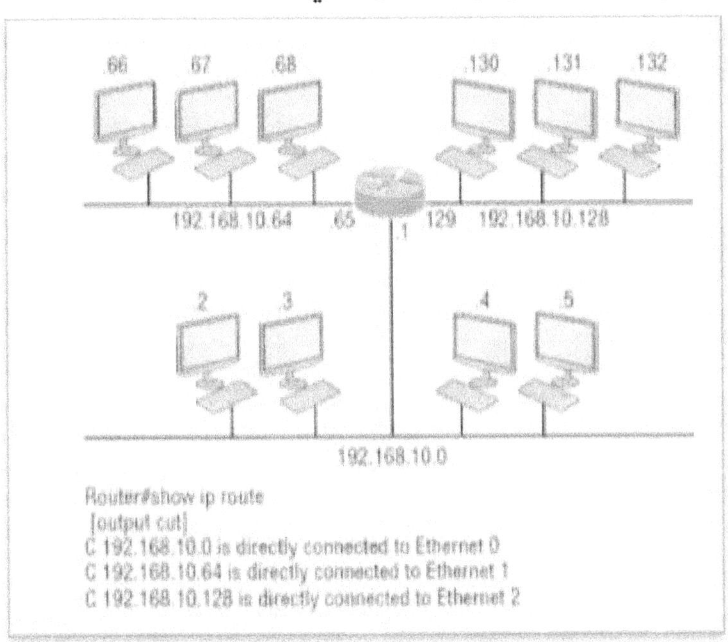

الشكل رقم (4) تنفيذ فئة C /26 (مع ثلاث شبكات).
CCST Support Technician, Networking Exam, Todd Lammle.2024.

مثال عملي (/27) 3C: 255.255.255.224

هذه المرة سنقوم بتقسيم عنوان الشبكة 192.168.10.0 وقناع الشبكة الفرعية 255.255.255.224.

192.168.10.0 = عنوان الشبكة

255.255.255.224 = قناع الشبكة الفرعية

■ كم عدد الشبكات الفرعية؟

224 يساوي 11100000 لذا فإن معادلتنا ستكون $2^3 = 8$.

■ كم عدد المضيفين؟ المعادلة = $2^5 - 2 = 30$.

■ ما هي الشبكات الفرعية المتاحة؟

حجم الكتلة = 256 – 224 = 32.

109

نبدأ من الصفر ونحسب قيمة قناع الشبكة الفرعية في كتل (زيادات) من 32:
0، 32، 64، 96، 128، 160، 192، و224.

■ ما هو عنوان البث لكل شبكة فرعية (دائمًا الرقم الموجود قبل الشبكة الفرعية التالية مباشرةً)؟

■ ما هي الأجهزة المتاحة (الأرقام بين رقم الشبكة الفرعية وعنوان البث)؟

للإجابة على السؤالين الأخيرين اكتب أولاً الشبكات الفرعية ثم اكتب عناوين البث الرقم الموجود قبل الشبكة الفرعية التالية مباشرةً.

وأخيرًا املأ عناوين المضيفين.

يوضح لك الجدول التالي جميع الشبكات الفرعية لقناع الشبكة الفرعية من الفئة C 255.255.255.224:

The subnet address	0	32	64	96	128	160	192	224
The first valid host	1	33	65	97	129	161	193	225
The last valid host	30	62	94	126	158	190	222	254
The broadcast address	31	63	95	127	159	191	223	255

لدينا ثماني شبكات فرعية كما هو موضح في الشكل (5)

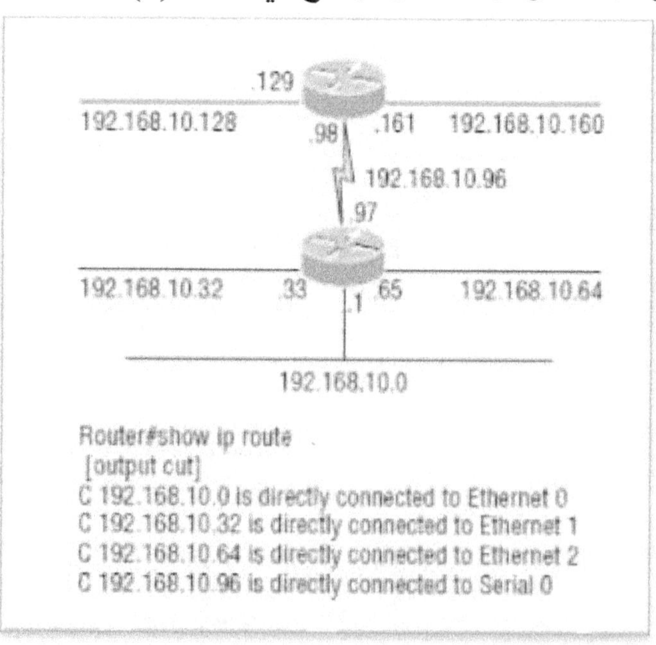

الشكل رقم (5) تنفيذ تنفيذ شبكة منطقية من الفئة C/27

CCST Support Technician, Networking Exam, Todd Lammle.2024.

- تم استخدام ست شبكات فرعية وفي الشكل علامة البرق تمثل شبكة واسعة النطاق (WAN) مثل T1 أو اتصال تسلسلي آخر من خلال مزود خدمة الإنترنت أو شركة الاتصالات.

- استخدم أول مضيف متاح في كل شبكة فرعية كعنوان واجهة لجهاز التوجيه.

- يمكنك استخدام أي عنوان في نطاق المضيف المتاح طالما تتذكر العنوان الذي قمت بتكوينه حتى تتمكن من تعيين المنافذ الافتراضية للمضيفين على عنوان جهاز التوجيه.

مثال عملي (28/) 4C: 255.255.255.240

لنتدرب على مثال آخر:

192.168.10.0 = عنوان الشبكة

255.255.255.240 = قناع الشبكة الفرعية

- الشبكات الفرعية؟ 240 تساوي 11110000 في النظام الثنائي. $2^4 = 16$.
- المضيفون؟ $2^4 - 2 = 14$.
- الشبكات الفرعية المتاحة؟ حجم الكتلة = 256 – 240 = 16.

ابدأ من 0: 0 + 16 = 16. 16 + 16 = 32. 32 + 16 = 48. 48+ 16 = 64. 64 + 16 = 80. 80 + 16 = 96. 96 + 16 = 112. 112 + 16 = 128. 128 + 16 = 144. 144 + 16 = 160. 160 + 16 = 176. 176 + 16 = 192. 192 + 16 = 208. 208 = 16 + 224. 224 + 16 = 240.

- عنوان البث لكل شبكة فرعية؟
- مضيفون متاحون؟

للإجابة على السؤالين الأخيرين راجع الجدول التالي.

- فهو يوفر لك الشبكات الفرعية والمضيفين المتاحين وعناوين البث لكل شبكة فرعية.

- أولاً ابحث عن عنوان كل شبكة فرعية باستخدام حجم الكتلة (الزيادة).

- ثانيًا ابحث عن عنوان البث لكل زيادة في الشبكة الفرعية وهو دائمًا الرقم الموجود قبل الشبكة الفرعية المتاحة التالية مباشرةً ثم املأ عناوين المضيفين.

- يوضح الجدول التالي الشبكات الفرعية والمضيفين وعناوين البث المتوفرة المقدمة من قناع 255.255.255.240 من الفئة C.

Subnet	0	16	32	48	64	80	96	112	128	144	160	176	192	208	224	240
First host	1	17	33	49	65	81	97	113	129	145	161	177	193	209	225	241
Last host	14	30	46	62	78	94	110	126	142	158	174	190	206	222	238	254
Broadcast	15	31	47	63	79	95	111	127	143	159	175	191	207	223	239	255

مثال تدريبي (29/) 5C: 255.255.255.248

لنستمر في التدريب:

192.168.10.0 = عنوان الشبكة

255.255.255.248 = قناع الشبكة الفرعية

■ الشبكات الفرعية؟ 248 في النظام الثنائي = 11111000. 2^5 = 32.

■ المضيفون؟ 2^3 – 2 = 6.

■ الشبكات الفرعية المتاحة؟ **حجم الكتلة** = 256 – 248 = 8

0 ، 8، 16، 24، 32، 40، 48، 56، 64، 72، 80، 88، 96، 104، 112،
128، 136، 144 ، 152، 160 ، 168، 176 ، 184 ، 192 ،200،208،
216، 224، 232، 240، و248.

■ عنوان البث لكل شبكة فرعية؟

■ المضيفون المتاحون؟

ألق نظرة على الجدول التالي فهو يُظهر بعض الشبكات الفرعية (الأولى والأخيرة فقط) والمضيفين المتاحين وعناوين البث لقناع الفئة C 255.255.255.248.

Subnet	0	8	16	24	...	224	232	240	248
First host	1	9	17	25	...	225	233	241	249
Last host	6	14	22	30	...	230	238	246	254
Broadcast	7	15	23	31	...	231	239	247	255

ملاحظة

إذا حاولت تكوين واجهة جهاز توجيه بالعنوان 192.168.10.6 255.255.255.248 وتلقيت الخطأ التالي:

Bad mask /29 for address 192.168.10.6

فهذا يعني أن ip subnet-zero غير ممكّن.

يجب أن تكون قادرًا على تقسيم الشبكة الفرعية حتى تتمكن من رؤية أن العنوان المستخدم في هذا المثال موجود في الشبكة الفرعية صفر!

مثال عملي (30/) 255.255.255.252 :6C

مثال آخر:

192.168.10.0 = عنوان الشبكة

255.255.255.252 = قناع الشبكة الفرعية

- الشبكات الفرعية؟ 64.

- المضيفون؟ 2.

- الشبكات الفرعية المتاحة؟ 0، 4، 8، 12، إلخ، وصولاً إلى 252.

- عنوان البث لكل شبكة فرعية؟ (دائمًا يكون الرقم قبل الشبكة الفرعية التالية مباشرةً.)

- المضيفون المتاحون؟ (الأرقام بين رقم الشبكة الفرعية وعنوان البث.)

يوضح لك الجدول التالي الشبكة الفرعية والمضيف المتاح وعنوان البث للشبكات الفرعية الأربع الأولى والأخيرة في الشبكة الفرعية من الفئة C
255.255.255.252:

Subnet	0	4	8	12	. . .	240	244	248	252
First host	1	5	9	13	. . .	241	245	249	253
Last host	2	6	10	14	. . .	242	246	250	254
Broadcast	3	7	11	15	. . .	243	247	251	255

تقسيم الشبكات الفرعية: عناوين الفئة C

هل من الممكن تقسيم الشبكات الفرعية في عقلك؟ نعم ليس الأمر صعبًا على الإطلاق فكر في الأمثلة التالية:

مثال (1)

- 192.168.10.50 = عنوان العقدة

- 255.255.255.224 = قناع الشبكة الفرعية

- أولاً: حدد الشبكة الفرعية وعنوان البث للشبكة التي يوجد بها عنوان IP السابق.

- يمكنك القيام بذلك من خلال الإجابة على السؤال 3 من الأسئلة الخمسة الكبرى: حجم الكتلة = 256 – 224 = 32. 0، 32، 64، وهكذا.

- يقع عنوان 50 بين الشبكتين الفرعيتين 32 و64 ويجب أن يكون جزءًا من الشبكة الفرعية 192.168.10.32.
- الشبكة الفرعية التالية هي 64 لذا فإن عنوان البث للشبكة الفرعية 32 هو 63.
- لا تنس أن عنوان البث للشبكة الفرعية هو دائمًا الرقم الموجود قبل الشبكة الفرعية التالية مباشرةً.

نطاق المضيف المتاح يساوي الأرقام بين الشبكة الفرعية وعنوان البث أو 33–62.

مثال (2)

سنقوم بتقسيم عنوان آخر من الفئة C إلى شبكة فرعية:

- 192.168.10.50 = عنوان الشبكة
- 255.255.255.240 = قناع الشبكة الفرعية
- ما هو عنوان الشبكة الفرعية وعنوان البث للشبكة التي يكون عنوان IP السابق عضوًا فيها؟ حجم الكتلة = 256 – 240 = 16.
- الآن فقط قم بالعد بزياداتنا البالغة 16 حتى نمر بعنوان المضيف: 0، 16، 32، 48، 64.
- عنوان المضيف يقع بين الشبكات الفرعية 48 و64.
- الشبكة الفرعية هي 192.168.10.48
- عنوان البث هو 63 لأن الشبكة الفرعية التالية هي 64.
- نطاق المضيف المتاح يساوي الأرقام بين رقم الشبكة الفرعية وعنوان البث أو 49–62.

خطوات إضافية لزيادة التدريب

سوف نجري بعض الخطوات الإضافية للتأكد من أنك أتقنت هذا الأمر.

مثال (1)

- لديك عنوان عقدة 192.168.10.174
- مع قناع 255.255.255.240.
- ما هو نطاق المضيف المتاح؟
- القناع هو 240 نجري عملية طرح 256 – 240 = 16 هذا هو حجم الكتلة.
- استمر في إضافة 16 حتى نمر بعنوان المضيف 174 بدءًا من الصفر بالطبع: 0، 16، 32، 48، 64، 80، 96، 112، 128، 144، 160، 176.
- عنوان المضيف 174 يقع بين 160 و176 لذلك الشبكة الفرعية هي 160.
- عنوان البث هو 175 نطاق المضيف المتاح هو 161–174.

مثال(2)

تقسيم للشبكات الفرعية من الفئة C:

- 192.168.10.17 = عنوان العقدة
- 255.255.255.252 = قناع الشبكة الفرعية
- ما هي الشبكة الفرعية وعنوان البث للشبكة الفرعية التي يوجد بها عنوان IP السابق؟ 256 – 252 = 4
- (ابدأ دائمًا من الصفر) 0، 4، 8، 12، 16،20إلخ.
- يقع عنوان المضيف بين الشبكتين الفرعيتين 16 و20.
- الشبكة الفرعية هي192.168.10.16 وعنوان البث هو 19.
- نطاق المضيف المتاح هو 17–18.

بعد أن انتهيت من تقسيم الشبكات الفرعية من الفئة C دعنا ننتقل إلى تقسيم الشبكات الفرعية من الفئة B.

ولكن قبل أن نفعل ذلك دعنا نراجع الأمر بسرعة.

ماذا نعرف: مراجعة

يمكنك تطبيق ما تعلمته حتى الآن والبدء في حفظه في الذاكرة.

سيساعدك هذا في إتقان تقسيم الشبكات الفرعية إلى شبكات فرعية!

عندما ترى قناع الشبكة الفرعية أو تدوين الشرطة المائلة (CIDR) يجب أن تعرف ما يلي:

25/ ماذا نعرف عن 25/؟

- 128 رقم قناع
- بت واحد و7 بتات أصفار (10000000)
- حجم الكتلة 128
- الشبكات الفرعية 0 و128
- شبكتان فرعيتان، كل منهما بها 126 مضيفًا

26/ ماذا نعرف عن 26/؟

- 192 رقم قناع
- 2 بت تشغيل و6 بت إيقاف (11000000)
- حجم الكتلة 64
- الشبكات الفرعية 0، 64، 128، 192
- 4 شبكات فرعية، كل منها تحتوي على 62 مضيفًا

27/ ماذا نعرف عن 27/؟

- 224 رقم قناع

- 3 بتات تشغيل و5 بتات إيقاف (11100000)
- حجم الكتلة 32
- الشبكات الفرعية 0، 32، 64، 96، 128، 160، 192، 224
- 8 شبكات فرعية، كل منها تحتوي على 30 مضيفًا

28/ ماذا نعرف عن 28/؟

- 240 رقم قناع
- 4 بتات تشغيل و4 بتات إيقاف
- حجم الكتلة 16
- الشبكات الفرعية 0، 16، 32، 48، 64، 80، 96، 112، 128، 144، 160، 176، 192، 208، 224، 240
- 16 شبكة فرعية، كل منها تحتوي على 14 مضيفًا

29/ ماذا نعرف عن 29/؟

- 248 رقم قناع
- 5 بتات تشغيل و3 بتات إيقاف
- حجم الكتلة 8
- الشبكات الفرعية 0، 8، 16، 24، 32، 40، 48، إلخ.
- 32 شبكة فرعية، كل منها بها 6 مضيفين

30/ ماذا نعرف عن 30/؟

- 252 رقم قناع
- 6 بتات تشغيل و2 بت إيقاف
- حجم الكتلة 4
- الشبكات الفرعية 0، 4، 8، 12، 16، 20، 24، إلخ.
- 64 شبكة فرعية، كل منها بها مضيفان

يضع الجدول (3) كل المعلومات السابقة في جدول صغير مضغوط.
يجب عليك التدرب على كتابة هذا الجدول على ورقة مسودة وإذا كان بوسعك القيام بذلك فاكتبه قبل بدء الإمتحان!

ماذا نعرف الآن

- إذا تمكنت من حفظ قسم "ماذا نعرف؟" هذا فسوف تكون في وضع أفضل كثيرًا في عملك اليومي وفي دراستك.
- من المفيد أيضًا كتابة الملخصات على نوع من البطاقات التعليمية وطلب من الأشخاص اختبار مهاراتك.

- سوف تندهش من مدى السرعة التي يمكنك بها إنجاز عملية تقسيم الشبكات الفرعية إذا حفظت أحجام الكتل بالإضافة إلى قسم "ماذا نعرف؟"

CIDR Notation	Mask	Bits	Block Size	Subnets	Hosts
/25	128	1 bit on and 7 bits off	128	0 and 128	2 subnets, each with 126 hosts
/26	192	2 bits on and 6 bits off	64	0, 64, 128, 192	4 subnets, each with 62 hosts
/27	224	3 bits on and 5 bits off	32	0, 32, 64, 96, 128, 160, 192, 224	8 subnets, each with 30 hosts
/28	240	4 bits on and 4 bits off	16	0, 16, 32, 48, 64, 80, 96, 112, 128, 144, 160, 176, 192, 208, 224, 240	16 subnets, each with 14 hosts
/29	248	5 bits on and 3 bits off	8	0, 8, 16, 24, 32, 40, 48, etc.	32 subnets, each with 6 hosts
/30	252	6 bits on and 2 bits off	4	0, 4, 8, 12, 16, 20, 24, etc.	64 subnets, each with 2 hosts

الجدول رقم (3) ماذا نعرف عن قناع الشبكات الفرعية (CIDR)
.CCST Support Technician, Networking Exam, Todd Lammle.2024

تقسيم عناوين الفئة B إلى شبكات فرعية

قبل أن نتعمق في هذا دعنا نلقي نظرة على جميع أقنعة الشبكات الفرعية المحتملة للفئة B.

لاحظ أن لدينا أقنعة شبكات فرعية محتملة أكثر بكثير مما لدينا مع عنوان شبكة الفئة C:

```
255.255.0.0 (/16)
255.255.128.0 (/17)   255.255.255.0 (/24)
255.255.192.0 (/18)   255.255.255.128 (/25)
255.255.224.0 (/19)   255.255.255.192 (/26)
255.255.240.0 (/20)   255.255.255.224 (/27)
255.255.248.0 (/21)   255.255.255.240 (/28)
255.255.252.0 (/22)   255.255.255.248 (/29)
255.255.254.0 (/23)   255.255.255.252 (/30)
```

- عنوان شبكة الفئة B يحتوي على 16 بتًا متاحًا لعنونة المضيف.
- هذا يعني أنه يمكننا استخدام ما يصل إلى 14 بتًا لتقسيم الشبكات الفرعية لأننا نحتاج إلى ترك بتتين على الأقل لعنونة المضيف.
- إن استخدام 16/ يعني أنك لا تقوم بتقسيم الشبكات الفرعية باستخدام الفئة B ولكنه قناع يمكنك استخدامه!
- إن عملية تقسيم الشبكات الفرعية لشبكة الفئة B تشبه إلى حد كبير عملية تقسيم الشبكات الفرعية لشبكة الفئة C باستثناء أن لديك المزيد من بتات المضيف وتبدأ في الأوكتيت الثالثة.
- استخدم نفس أرقام الشبكات الفرعية للثماني بتات الثالثة للفئة B التي استخدمتها للثماني بتات الرابعة للفئة C ولكن أضف صفرًا إلى جزء الشبكة و255 إلى قسم البث في الأوكتيت الرابعة.

يوضح الجدول التالي نطاق مضيف مثال لشبكتين فرعيتين مستخدمتين في قناع الشبكة الفرعية للفئة **Class B 240 (/20)**

Subnet address	16.0	32.0
Broadcast address	31.255	47.255

تقسيم الشبكات الفرعية: عناوين الفئة B

أمثلة للتدريب

ستمنحك فرصة للتدريب على تقسيم الشبكات الفرعية لعناوين الفئة B. يجب أن أذكر أن هذا يشبه تقسيم الشبكات الفرعية باستخدام الفئة C إلا أننا نبدأ بالأوكتيت الثالثة بنفس الأرقام تمامًا!

مثال التدريب (17/) 1B: 255.255.128.0

172.16.0.0 = عنوان الشبكة

255.255.128.0 = قناع الشبكة الفرعية

- الشبكات الفرعية؟ $2^1 = 2$ (نفس الكمية في الفئة C).
- المضيفون؟ $2^{15} - 2 = 32766$ (7 بتات في الأوكتيت الثالثة و8 بتات في الرابعة).
- الشبكات الفرعية المتاحة؟ 256 − 128 = 128. 0، 128.

تذكر أن تقسيم الشبكة الفرعية يتم في الأوكتيت الثالثة، لذا فإن أرقام الشبكة الفرعية هي في الواقع 0.0 و128.0 كما هو موضح في الجدول التالي.

هذه هي الأرقام الدقيقة التي استخدمناها مع الفئة C نستخدمها في الأوكتيت

الثالثة ونضيف 0 في الأوكتيت الرابعة لعنوان الشبكة.

■ عنوان البث لكل شبكة فرعية؟

■ المضيفون المتاحون؟

يوضح الجدول التالي الشبكتين الفرعيتين المتاحتين ونطاق المضيف المتاح، وعنوان البث لكل منهما:

Subnet	0.0	128.0
First host	0.1	128.1
Last host	127.254	255.254
Broadcast	127.255	255.255

■ لاحظ أننا أضفنا للتو أدنى وأعلى قيمتين للأوكتيت بتات الرابعة وتوصلنا إلى الإجابات.

■ استخدمنا فقط نفس الأرقام في الأوكتيت الثالثة وأضفنا 0 و255 في الأوكتيت الرابعة.

■ سؤال: باستخدام قناع الشبكة الفرعية السابق هل تعتقد أن 172.16.10.0 هو عنوان مضيف متاح؟

■ ماذا عن 172.16.10.255؟ هل يمكن أن يكون 0 و255 في الأوكتيت الرابعة عنوان مضيف متاحا؟

■ الإجابة هي بالتأكيد نعم هذه مضيفات متاحة!

■ أي رقم بين رقم الشبكة الفرعية وعنوان البث هو مضيف متاح دائمًا.

مثال عملي (18/) 2B: 255.255.192.0

172.16.0.0 = عنوان الشبكة

255.255.192.0 = قناع الشبكة الفرعية

■ الشبكات الفرعية؟ $2^2 = 4$.

■ المضيفون؟ $2^{14} - 2 = 16{,}382$ (6 بتات في الأوكتيت الثالثة و8 بتات في الرابعة).

■ الشبكات الفرعية المتاحة؟ 64 = 192 − 256. 0، 64، 128، 192. تذكر أن تقسيم الشبكات الفرعية يتم في الأوكتيت الثالثة.

لذا فإن أرقام الشبكات الفرعية هي في الواقع 0.0، 64.0، 128.0، و192.0 كما هو موضح في الجدول التالي.

■ عنوان البث لكل شبكة فرعية؟

■ المضيفون المتاحون؟

يوضح الجدول التالي الشبكات الفرعية الأربعة المتاحة، ونطاق المضيف المتاح، وعنوان البث لكل منها:

Subnet	0.0	64.0	128.0	192.0
First host	0.1	64.1	128.1	192.1
Last host	63.254	127.254	191.254	255.254
Broadcast	63.255	127.255	191.255	255.255

الأمر مشابه إلى حد كبير لما هو عليه بالنسبة لشبكة فرعية من الفئة C أضفنا 0 و255 في الأوكتيت الرابعة لكل شبكة فرعية في الأوكتيت الثالثة.

مثال عملي (20/) 3B: 255.255.240.0

172.16.0.0 = عنوان الشبكة
255.255.240.0 = قناع الشبكة الفرعية

■ الشبكات الفرعية؟ 2^4 = 16.

■ المضيفون؟ $2^{12} - 2$ = 4094.

■ الشبكات الفرعية المتاحة؟ 256 − 240 =16 0، 16، 32، 48، إلخ، حتى 240. لاحظ أن هذه هي نفس الأرقام الموجودة في قناع الفئة C 240 نضعها فقط في الأوكتيت الثالث ونضيف 0 و 255 في الأوكتيت الرابع.

■ عنوان البث لكل شبكة فرعية؟

■ المضيفون المتاحون؟

يوضح الجدول التالي أول أربع شبكات فرعية، والمضيفين المتاحين، وعناوين البث في قناع 255.255.240.0 من الفئة B:

Subnet	0.0	16.0	32.0	48.0
First host	0.1	16.1	32.1	48.1
Last host	15.254	31.254	47.254	63.254
Broadcast	15.255	31.255	47.255	63.255

مثال عملي (21/) 4B: 255.255.248.0

172.16.0.0 = عنوان الشبكة
255.255.248.0 = قناع الشبكة الفرعية

■ الشبكات الفرعية؟ 2^5 = 32.

■ المضيفون؟ $2^{11} - 2$ = 2046.

- الشبكات الفرعية المتاحة؟ 256 – 248 = 8   0، 8، 16، 24، 32,حتى 248.
- عنوان البث لكل شبكة فرعية؟
- المضيفون المتاحون؟

يوضح الجدول التالي أول خمس شبكات فرعية ومضيفين متاحين وعناوين بث في قناع 255.255.248.0 من الفئة B:

Subnet	0.0	8.0	16.0	24.0	32.0
First host	0.1	8.1	16.1	24.1	32.1
Last host	7.254	15.254	23.254	31.254	39.254
Broadcast	7.255	15.255	23.255	31.255	39.255

مثال عملي (22/) 5B: 255.255.252.0

172.16.0.0 = عنوان الشبكة

255.255.252.0 = قناع الشبكة الفرعية

- الشبكات الفرعية؟ 2^6 – 64.
- المضيفون؟ 2^{10} – 2 = 1022.
- الشبكات الفرعية المتاحة؟ 256 – 252 =4

0، 4، 8، 12، 16، إلخ، حتى 252.

- عنوان البث لكل شبكة فرعية؟
- المضيفون المتاحون؟

يوضح الجدول التالي أول خمس شبكات فرعية ومضيفين متاحين وعناوين بث في قناع 255.255.252.0 من الفئة B:

Subnet	0.0	4.0	8.0	12.0	16.0
First host	0.1	4.1	8.1	12.1	16.1
Last host	3.254	7.254	11.254	15.254	19.254
Broadcast	3.255	7.255	11.255	15.255	19.255

مثال (23/) 6B: 255.255.254.0

172.16.0.0 = عنوان الشبكة

255.255.254.0 = قناع الشبكة الفرعية

- الشبكات الفرعية؟ 2^7 = 128.

■ المضيفون؟ $2^9 - 2 = 510$.

■ الشبكات الفرعية المتاحة؟ $256 - 254 = 0$، 2، 4، 6، 8 حتى 254.

■■ عنوان البث لكل شبكة فرعية؟

■■■ المضيفون المتاحون؟

يوضح الجدول التالي أول خمس شبكات فرعية ومضيفين متاحين وعناوين بث في قناع 255.255.254.0 من الفئة B:

Subnet	0.0	2.0	4.0	6.0	8.0
First host	0.1	2.1	4.1	6.1	8.1
Last host	1.254	3.254	5.254	7.254	9.254
Broadcast	1.255	3.255	5.255	7.255	9.255

مثال عملي (24/) 7B: 255.255.255.0

على عكس الاعتقاد السائد فإن 255.255.255.0 المستخدم مع عنوان شبكة من الفئة B لا يُسمى شبكة من الفئة B بقناع شبكة فرعية من الفئة C.

هذا قناع شبكة فرعية من الفئة B به 8 بتات من تقسيم الشبكات الفرعية وهو مختلف منطقيًا عن قناع الفئة C.

تقسيم هذا العنوان إلى شبكات فرعية أمر بسيط إلى حد ما:

172.16.0.0 = عنوان الشبكة

255.255.255.0 = قناع الشبكة الفرعية

■ الشبكات الفرعية؟ $2^8 = 256$.

■ المضيفون؟ $2^8 - 2 = 254$.

■ الشبكات الفرعية المتاحة؟ $256 - 255 = 0$. 1، 2، 3، إلخ، وصولاً إلى 255.

■ عنوان البث لكل شبكة فرعية؟

■ المضيفون المتاحون؟

يوضح الجدول التالي أول أربع شبكات فرعية وآخر شبكتين فرعيتين، والمضيفون المتاحون، وعناوين البث في قناع 255.255.255.0 من الفئة B:

Subnet	0.0	1.0	2.0	3.0	...	254.0	255.0
First host	0.1	1.1	2.1	3.1	...	254.1	255.1
Last host	0.254	1.254	2.254	3.254	...	254.254	255.254
Broadcast	0.255	1.255	2.255	3.255	...	254.255	255.255

مثال عملي (25/) 8B: 255.255.255.128

- هذا في الواقع أحد أصعب أقنعة الشبكات الفرعية التي يمكنك اللعب بها.
- والأسوأ من ذلك، أنه في الواقع شبكة فرعية جيدة حقًا للاستخدام في الإنتاج لأنها تنشئ أكثر من 500 شبكة فرعية مع 126 مضيفًا لكل شبكة فرعية وهو مزيج رائع. لذا لا تتخطاه!
- 172.16.0.0 = عنوان الشبكة
- 255.255.255.128 = قناع الشبكة الفرعية
- الشبكات الفرعية؟ $2^9 = 512$.
- المضيفون؟ $2^7 - 2 = 126$.
- الشبكات الفرعية المتاحة؟ الآن للجزء الصعب. $256 - 255 = 1$. 0، 1، 2، 3، وما إلى ذلك، للأوكتيت الثالثة.
- لا يمكنك أن تنسى بت الشبكة الفرعية المستخدم في الأوكتيت الرابعة.
- هل تتذكر عندما أوضحت لك كيفية حساب بت الشبكة الفرعية باستخدام قناع الفئة C؟
- يمكنك حساب ذلك بنفس الطريقة.
- تحصل على شبكتين فرعيتين لكل قيمة ثماني بتات ثالثة، وبالتالي 512 شبكة فرعية.
- على سبيل المثال إذا كانت الأوكتيت الثالثة تعرض الشبكة الفرعية 3 فإن الشبكتين الفرعيتين ستكونان في الواقع 3.0 و3.128.
- عنوان البث لكل شبكة فرعية؟ الأرقام الموجودة قبل الشبكة الفرعية التالية مباشرة.
- المضيفون المتاحون؟ الأرقام الموجودة بين أرقام الشبكة الفرعية وعنوان البث.

يوضح الجدول التالي كيفية إنشاء شبكات فرعية ومضيفين متاحين وعناوين بث باستخدام قناع الشبكة الفرعية 255.255.255.128 من الفئة B. يتم عرض الشبكات الفرعية الأوكتيت الأولى متبوعة بالشبكتين الفرعيتين الأخيرتين:

Subnet	0.0	0.128	1.0	1.128	2.0	2.128	3.0	3.128	...	255.0	255.128
First host	0.1	0.129	1.1	1.129	2.1	2.129	3.1	3.129	...	255.1	255.129
Last host	0.126	0.254	1.126	1.254	2.126	2.254	3.126	3.254	...	255.126	255.254
Broadcast	0.127	0.255	1.127	1.255	2.127	2.255	3.127	3.255		255.127	255.255

مثال عملي (26/) B9: 255.255.255.192

هنا يصبح تقسيم الشبكات الفرعية للفئة B سهلاً.

نظرًا لأن الأوكتيت الثالثة تحتوي على 255 في قسم القناع فإن أي رقم مدرج في الأوكتيت الثالثة هو رقم شبكة فرعية.

والآن بعد أن أصبح لدينا رقم شبكة فرعية في الأوكتيت الرابعة يمكننا تقسيم هذه الأوكتيت إلى شبكات فرعية كما فعلنا مع تقسيم الشبكات الفرعية للفئة C.

دعنا نجرب ذلك:

172.16.0.0 = عنوان الشبكة

255.255.255.192 = قناع الشبكة الفرعية

- الشبكات الفرعية؟ $2^{10} = 1024$.
- المضيفون؟ $2^6 - 2 = 62$.
- الشبكات الفرعية المتاحة؟ $256 - 192 = 64$. الشبكات الفرعية موضحة في الجدول التالي.

هل تبدو هذه الأرقام مألوفة؟

- عنوان البث لكل شبكة فرعية؟
- المضيفون المتاحون؟

يوضح الجدول التالي أول ثماني نطاقات للشبكات الفرعية والمضيفين المتاحين وعناوين البث.

Subnet	0.0	0.64	0.128	0.192	1.0	1.64	1.128	1.192
First host	0.1	0.65	0.129	0.193	1.1	1.65	1.129	1.193
Last host	0.62	0.126	0.190	0.254	1.62	1.126	1.190	1.254
Broadcast	0.63	0.127	0.191	0.255	1.63	1.127	1.191	1.255

لاحظ أنه بالنسبة لكل قيمة شبكة فرعية في الأوكتيت الثالثة تحصل على شبكات فرعية 0، 64، 128، و192 في الأوكتيت الرابعة.

مثال عملي (27/) B10: 255.255.255.224

يتم ذلك بنفس الطريقة التي تم بها قناع الشبكة الفرعية السابق إلا أننا لدينا فقط المزيد من الشبكات الفرعية وعدد أقل من المضيفين لكل شبكة فرعية متاحة.

172.16.0.0 = عنوان الشبكة

255.255.255.224 = قناع الشبكة الفرعية

- الشبكات الفرعية؟ $2^{11} = 2048$.

■ المضيفون؟ $2^5 - 2 = 30$.
■ الشبكات الفرعية المتاحة؟ 256 – 224 = 32. 0، 32، 64، 96، 128، 160، 192، 224.
■ عنوان البث لكل شبكة فرعية؟
■ المضيفون المتاحون؟

يوضح الجدول التالي الشبكات الفرعية الأوكتيتة الأولى:

Subnet	0.0	0.32	0.64	0.96	0.128	0.160	0.192	0.224
First host	0.1	0.33	0.65	0.97	0.129	0.161	0.193	0.225
Last host	0.30	0.62	0.94	0.126	0.158	0.190	0.222	0.254
Broadcast	0.31	0.63	0.95	0.127	0.159	0.191	0.223	0.255

يوضح الجدول التالي الشبكات الفرعية الأوكتيت الأولى:

Subnet	255.0	255.32	255.64	255.96	255.128	255.160	255.192	255.224
First host	255.1	255.33	255.65	255.97	255.129	255.161	255.193	255.225
Last host	255.30	255.62	255.94	255.126	255.158	255.190	255.222	255.254
Broadcast	255.31	255.63	255.95	255.127	255.159	255.191	255.223	255.255

تقسيم الشبكات الفرعية: عناوين الفئة B

السؤال:

ما هي الشبكة الفرعية وعنوان البث للشبكة الفرعية التي يوجد بها
172.16.10.33 /27

الإجابة:

الأوكتيت المهمة هي الرابعة.

256 – 224 = 32. 32 + 32 = 64. لقد فهمت: 33 بين 32 و64.
تذكر أن الأوكتيت الثالثة تعتبر جزءًا من الشبكة الفرعية لذا فإن الإجابة ستكون الشبكة الفرعية 10.32.

البث هو 10.63 لأن 10.64 هي الشبكة الفرعية التالية. كان ذلك سهلاً للغاية.

السؤال:

ما الشبكة الفرعية وعنوان البث الذي ينتمي إليه عنوان IP 172.16.66.10

255.255.192.0 (18/)؟

الإجابة:

الأوكتيت المهمة هنا هي الأوكتيت الثالثة بدلاً من الرابعة.

256 − 192 = 64. 0، 64، 128.

الشبكة الفرعية هي 172.16.64.0. يجب أن يكون البث 172.16.127.25،
لأن 128.0 هي الشبكة الفرعية التالية.

السؤال:

ما هي الشبكة الفرعية وعنوان البث الذي يعتبر عنوان IP 172.16.50.10

255.255.224.0 (19/) عضوًا فيه؟

الإجابة:

256 − 224 = 32 0، 32، 64 (تذكر أننا نبدأ العد دائمًا من 0).
الشبكة الفرعية هي 172.16.32.0، ويجب أن يكون عنوان البث
172.16.63.255، لأن 64.0 هي الشبكة الفرعية التالية.

السؤال:

ما هي الشبكة الفرعية وعنوان البث الذي يعتبر عنوان IP 172.16.46.255

255.255.240.0 (20/) عضوًا فيه؟

الإجابة:

256 − 240 = 16. الأوكتيت الثالثة مهمة هنا: 0، 16، 32، 48.
يجب أن يكون عنوان الشبكة الفرعية هذه في الشبكة الفرعية
172.16.32.0، ويجب أن يكون البث 172.16.47.255،
لأن 48.0 هي الشبكة الفرعية التالية.
لذلك 172.16.46.255 هو مضيف متاح.

السؤال:

ما الشبكة الفرعية وعنوان البث الذي يكون عنوان IP 172.16.45.14

255.255.255.252 (30/) عضوًا فيه؟

الإجابة:

أين الأوكتيت المهمة؟

256 − 252 = 4 0، 4، 8، 12، 16. الشبكة الفرعية هي 172.16.45.12،

و البث 172.16.45.15، لأن الشبكة الفرعية التالية هي 172.16.45.16.

السؤال:

ما هي الشبكة الفرعية وعنوان البث للمضيف 172.16.88.255/20؟

الإجابة:

ما هو 20/ مكتوبًا بالنقاط العشرية؟

20/ A هو 255.255.240.0، مما يعطينا حجم كتلة 16 في الأوكتيت الثالثة، ونظرًا لعدم وجود بتات شبكة فرعية في الأوكتيت الرابعة، فإن الإجابة تكون دائمًا 0 و255

الأوكتيت الرابعة: 0، 16، 32، 48، 64، 80، 96. ولأن 88 بين 80 و96، فإن الشبكة الفرعية هي 80.0 وعنوان البث هو 95.255.

السؤال:

يستقبل جهاز التوجيه رزمة على واجهة بعنوان وجهة هو 172.16.46.191/26. ماذا سيفعل جهاز التوجيه بهذه الرزمة؟

الإجابة:

يتخلص منها.هل تعرف السبب؟

172.16.46.191/26 هو قناع 255.255.255.192

مما يمنحنا حجم كتلة 64.

ومن ثم تكون شبكاتنا الفرعية هي 0 و64 و128 و192.

191 هو عنوان البث للشبكة الفرعية 128 وسيقوم جهاز التوجيه بتجاهل أي رزم بث بشكل افتراضي.

تقسيم عناوين الفئة A إلى شبكات فرعية

لا تختلف عملية تقسيم عناوين الفئة A عن الفئتين B وC.

هناك 24 بتًا يمكن التعامل معها بدلاً من 16 بتًا في عنوان الفئة B و8 بتات في عنوان الفئة C. لنبدأ بإدراج جميع أقنعة الفئة A:

- يجب أن تترك على الأقل 2 بت لتحديد المضيفين.
- آمل أن تتمكن من ملاحظة نمط الصياغة في الجدول.
- تذكر أننا سنفعل ذلك بنفس الطريقة التي نستخدمها في شبكة فرعية من الفئة B أو C.
- الاختلاف فقط هو أننا لدينا المزيد من بتات المضيفين ونستخدم نفس أرقام الشبكة الفرعية التي استخدمناها مع الفئتين B وC، ولكننا نبدأ باستخدام أرقام الأوكتيت الثانية.

- السبب وراء شيوع تنفيذ عناوين الفئة A هو أنها توفر أكبر قدر من المرونة.
- يمكنك تقسيم الشبكة الفرعية إلى ثماني بتات ثانية أو ثالثة أو رابعة.

```
255.0.0.0 (/8)
255.128.0.0 (/9) 255.255.240.0 (/20)
255.192.0.0 (/10) 255.255.248.0 (/21)
255.224.0.0 (/11) 255.255.252.0 (/22)
255.240.0.0 (/12) 255.255.254.0 (/23)
255.248.0.0 (/13) 255.255.255.0 (/24)
255.252.0.0 (/14) 255.255.255.128 (/25)
255.254.0.0 (/15) 255.255.255.192 (/26)
255.255.0.0 (/16) 255.255.255.224 (/27)
255.255.128.0 (/17) 255.255.255.240 (/28)
255.255.192.0 (/18) 255.255.255.248 (/29)
255.255.224.0 (/19) 255.255.255.252 (/30)
```

سأوضح لك ذلك في الأمثلة التالية.

تقسيم الشبكات الفرعية: عناوين الفئة A

أمثلة للتدريب

عند النظر إلى عنوان IP وقناع الشبكة الفرعية يجب أن تكون قادرًا على التمييز بين البتات المستخدمة للشبكات الفرعية والبتات المستخدمة لتحديد المضيفين.

إذا كنت لا تزال تواجه صعوبة في فهم هذا المفهوم فيرجى إعادة قراءة القسم "عنونة IP" في الفصل 2 فهو يوضح لك كيفية تحديد الفرق بين بتات الشبكة الفرعية والمضيف وينبغي أن يساعد في توضيح الأمور.

مثال عملي (/16) 1A: 255.255.0.0

تستخدم عناوين الفئة أ قناعًا افتراضيًا هو 255.0.0.0 يترك 22 بتًا للتقسيم إلى شبكات فرعية لأنك يجب أن تترك 2 بت لعنونة المضيف. يستخدم قناع 255.255.0.0 بعنوان الفئة A 8 بتات للشبكات الفرعية:

- الشبكات الفرعية؟ $2^8 = 256$.
- المضيفون؟ $2^{16} - 2 = 65,534$.
- الشبكات الفرعية المتاحة؟ ما هي الأوكتيت المهمة؟

256 – 255 = 1. 0، 1، 2، 3، إلخ. (كلها في الأوكتيت الثانية).
ستكون الشبكات الفرعية 10.0.0.0، 10.1.0.0، 10.2.0.0، 10.3.0.0،
إلخ، حتى 10.255.0.0.
- عنوان البث لكل شبكة فرعية؟
- المضيفون المتاحون؟
يوضح الجدول التالي أول شبكتين فرعيتين وآخر شبكتين فرعيتين ونطاق
المضيف المتاح وعناوين البث لشبكة 10.0.0.0 الخاصة من الفئة A

Subnet	10.0.0.0	10.1.0.0	...	10.254.0.0	10.255.0.0
First host	10.0.0.1	10.1.0.1	...	10.254.0.1	10.255.0.1
Last host	10.0.255.254	10.1.255.254	...	10.254.255.254	10.255.255.254
Broadcast	10.0.255.255	10.1.255.255	...	10.254.255.255	10.255.255.255

مثال عملي (20/) 2A: 255.255.240.0

255.255.240.0 يعطينا 12 بتًا من تقسيم الشبكات الفرعية ويترك لنا 12
بتًا لعنونة المضيف.
- الشبكات الفرعية؟ $2^{12} = 4096$.
- المضيفون؟ $2^{12} - 2 = 4094$.
- الشبكات الفرعية المتاحة؟ ما هي الأوكتيت المهمة؟
256 – 240 = 16. الشبكات الفرعية في الأوكتيت الثانية هي حجم كتلة 1،
والشبكات الفرعية في الأوكتيت الثالثة هي 0، 16، 32، إلخ.
- عنوان البث لكل شبكة فرعية؟
- المضيفون المتاحون؟
يوضح الجدول التالي بعض الأمثلة على نطاقات المضيفين ـ أول ثلاث
شبكات فرعية وآخر شبكة فرعية:

Subnet	10.0.0.0	10.0.16.0	10.0.32.0	...	10.255.240.0
First host	10.0.0.1	10.0.16.1	10.0.32.1	...	10.255.240.1
Last host	10.0.15.254	10.0.31.254	10.0.47.254	...	10.255.255.254
Broadcast	10.0.15.255	10.0.31.255	10.0.47.255	...	10.255.255.255

مثال عملي (26/) 3A: 255.255.255.192

استخدام الأوكتيت الثانية والثالثة والرابعة للتقسيم إلى شبكات فرعية:

- الشبكات الفرعية؟ $2^{18} = 262,144$.
- المضيفون؟ $2^6 - 2 = 62$.
- الشبكات الفرعية المتاحة؟ في الأوكتيت الثانية والثالثة حجم الكتلة هو 1، وفي الأوكتيت الرابعة حجم الكتلة هو 64.
- عنوان البث لكل شبكة فرعية؟
- المضيفون المتاحون؟

يوضح الجدول التالي الشبكات الفرعية الأربع الأولى ومضيفيها المتاحين وعناوين البث في قناع 255.255.255.192 من الفئة A:

Subnet	10.0.0.0	10.0.0.64	10.0.0.128	10.0.0.192
First host	10.0.0.1	10.0.0.65	10.0.0.129	10.0.0.193
Last host	10.0.0.62	10.0.0.126	10.0.0.190	10.0.0.254
Broadcast	10.0.0.63	10.0.0.127	10.0.0.191	10.0.0.255

يوضح هذا الجدول آخر أربع شبكات فرعية ومضيفيها وعناوين البث المتاحة لها:

Subnet	10.255.255.0	10.255.255.64	10.255.255.128	10.255.255.192
First host	10.255.255.1	10.255.255.65	10.255.255.129	10.255.255.193
Last host	10.255.255.62	10.255.255.126	10.255.255.190	10.255.255.254
Broadcast	10.255.255.63	10.255.255.127	10.255.255.191	10.255.255.255

تقسيم الشبكات الفرعية: عناوين الفئة A

كما هو الحال مع الفئة C والفئة B، فإن الأرقام هي نفسها.
نبدأ فقط بالأوكتيتة الثانية. ما الذي يجعل هذا الأمر سهلاً؟
ما عليك سوى القلق بشأن الأوكتيت التي تحتوي على أكبر حجم كتلة والتي تسمى عادةً بالأوكتيت المهمة وتلك التي تختلف عن 0 أو 255، مثل (20/) 255.255.240.0 مع شبكة الفئة A.
الأوكتيت الثانية لها حجم كتلة 1، لذا فإن أي رقم مدرج في تلك الأوكتيت هو شبكة فرعية.
الأوكتيت الثالثة هي قناع 240 مما يعني أن لدينا حجم كتلة 16 في الأوكتيت الثالثة.

إذا كان معرف المضيف الخاص بك هو 10.20.80.30
فما هي شبكتك الفرعية وعنوان البث ونطاق المضيف المتاح؟
الشبكة الفرعية في الأوكتيت الثانية هي 20 بحجم كتلة 1، ولكن الأوكتيت الثالثة بأحجام كتل 16 لذا سنحسبها فقط: 0، 16، 32، 48، 64، 80، 96. . . الخ!
هذا يجعل شبكتنا الفرعية 10.20.80.0، مع عنوان بث 10.20.95.255، لأن الشبكة الفرعية التالية هي 10.20.96.0.
نطاق المضيف المتاح هو 10.20.80.1 حتى 10.20.95.254.
دعنا نتدرب فقط من أجل المتعة!
عنوان IP للمضيف: 23/10.1.3.65
لا يمكنك الإجابة على هذا السؤال إذا كنت لا تعرف ما هو **23/**.
إنه 255.255.254.0.
الأوكتيت المهمة هنا هي الأوكتيت الثالثة: 256 – 254 = 2. شبكاتنا الفرعية في الأوكتيت الثالثة هي 0، 2، 4، 6، إلخ.
المضيف في هذا السؤال موجود في الشبكة الفرعية 2.0
والشبكة الفرعية التالية هي 4.0
لذا يجعل هذا عنوان البث 3.255.
أي عنوان بين 10.1.2.1 و10.1.3.254 يعتبر مضيفًا متاحا.

ملخص الفصل

- هل قرأت الفصلين الثاني والثالث وفهمت كل شيء في المرة الأولى؟ إذا كان الأمر كذلك، فهذا رائع. تهانينا!

- ربما ضللت الطريق حقًا عدة مرات.

- لا تقلق لأنه كما أخبرتك هذا ما يحدث عادةً.

- لا تضيع وقتك في الشعور بالسوء إذا كان عليك قراءة كل فصل أكثر من مرة أو حتى 10 مرات قبل أن تكون مستعدًا حقًا للبدء.

- إذا كان عليك قراءة الفصول أكثر من مرة فستكون في وضع أفضل حقًا في الأمد البعيد حتى لو كنت مرتاحًا في المرة الأولى!

أسئلة الامتحان

- حدد مزايا تقسيم الشبكات الفرعية.

- تتضمن مزايا تقسيم الشبكات الفرعية للشبكة المادية تقليل حركة المرور على الشبكة، وتحسين أداء الشبكة، وتبسيط الإدارة، وتسهيل تغطية مسافات جغرافية كبيرة.

- صف تأثير الأمر ip subnet-zero
- يتيح لك هذا الأمر استخدام أول وآخر شبكة فرعية في تصميم الشبكة.
- حدد خطوات تقسيم الشبكات الفرعية للشبكة ذات الفئات.
- افهم كيفية عمل عناوين IP وتقسيم الشبكات الفرعية.
- أولاً حدد حجم الكتلة باستخدام حساب قناع الشبكة الفرعية 256.
- ثم احسب شبكاتك الفرعية وحدد عنوان البث لكل شبكة فرعية وهو دائمًا الرقم قبل الشبكة الفرعية التالية مباشرةً.
- المضيفون المتاحون هى الأرقام الموجودة بين عنوان الشبكة الفرعية وعنوان البث.
- حدد أحجام الكتل المحتملة.
- هذا جزء مهم من فهم عناوين IP وتقسيم الشبكات الفرعية.
- أحجام الكتل المتاحة هي دائمًا 2، 4، 8، 16، 32، 64، 128، إلخ.
- يمكنك تحديد حجم كتلتك باستخدام رياضيات قناع الشبكة الفرعية 256.
- صف دور قناع الشبكة الفرعية في عنونة IP.
- قناع الشبكة الفرعية هو قيمة 32 بتًا تسمح لمستقبل رزم IP بالتمييز بين جزء معرف الشبكة من عنوان IP وجزء معرف المضيف من عنوان IP.
- فهم وتطبيق صيغة $2^x - 2$.
- استخدم هذه الصيغة لتحديد قناع الشبكة الفرعية المناسب لشبكة ذات حجم معين نظرًا لتطبيق قناع الشبكة الفرعية هذا على شبكة مصنفة بشكل معين.

أسئلة المراجعة

تم تصميم الأسئلة التالية لاختبار مدى فهمك لمادة هذا الفصل. لمزيد من المعلومات حول كيفية الحصول على أسئلة إضافية يرجى زيارة www.lammle.com/ccst.

يمكنك العثور على إجابات هذه الأسئلة في الملحق "إجابات أسئلة المراجعة".

1. ما هو الحد الأقصى لعدد عناوين IP التي يمكن تخصيصها للمضيفين على شبكة فرعية محلية تستخدم قناع الشبكة الفرعية 255.255.255.224؟

أ. 14

ب. 15

ج. 16

د. 30

هـ. 31

و. 62

2. لديك شبكة تحتاج إلى 29 شبكة فرعية مع زيادة عدد عناوين المضيفين المتاحة على كل شبكة فرعية إلى أقصى حد. ما عدد البتات التي يجب عليك استعارتها من حقل المضيف لتوفير قناع الشبكة الفرعية الصحيح؟

أ. 2

ب. 3

ج. 4

د. 5

هـ. 6

و. 7

3. ما هو عنوان الشبكة الفرعية لمضيف يحمل عنوان IP 200.10.5.68/28؟

أ. 200.10.5.56

ب. 200.10.5.32

ج. 200.10.5.64

د. 200.10.5.0

4. كم عدد الشبكات الفرعية والمضيفين التي يوفرها عنوان الشبكة 172.16.0.0/19؟

أ. 7 شبكات فرعية، كل منها 30 مضيفًا

ب. 7 شبكات فرعية، كل منها 2046 مضيفًا

ج. 7 شبكات فرعية، كل منها 8190 مضيفًا

د. 8 شبكات فرعية، كل منها 8190 مضيفًا

هـ. 8 شبكات فرعية، كل منها 2046 مضيفًا

و. 8 شبكات فرعية، كل منها 8190 مضيفًا

5. أي عبارتين تصفان عنوان IP 10.16.3.65/23؟ (اختر عبارتين.)

أ. عنوان الشبكة الفرعية هو 10.16.3.0 255.255.254.0.

ب. أدنى عنوان مضيف في الشبكة الفرعية هو 10.16.2.1 255.255.254.0.

ج. آخر عنوان مضيف متاح في الشبكة الفرعية هو 10.16.2.254 255.255.254.0.

د. عنوان البث للشبكة الفرعية هو 10.16.3.255 255.255.254.0.

هـ. الشبكة غير مقسمة إلى شبكات فرعية.

6. إذا كان عنوان مضيف على الشبكة هو 172.16.45.14/30، فما هي

الشبكة الفرعية التي ينتمي إليها هذا المضيف؟

أ. 172.16.45.0

ب. 172.16.45.4

ج. 172.16.45.8

د. 172.16.45.12

هـ. 172.16.45.16

7. أي قناع يجب استخدامه على الروابط من نقطة إلى نقطة من أجل تقليل إهدار عناوين IP؟

أ. 27/

ب. 28/

ج. 29/

د. 30/

هـ. 31/

8. ما هو رقم الشبكة الفرعية لمضيف بعنوان IP 172.16.66.0/21؟

أ. 172.16.36.0

ب. 172.16.48.0

ج. 172.16.64.0

د. 172.16.0.0

9. لديك واجهة على جهاز توجيه بعنوان IP 192.168.192.10/29. بما في ذلك واجهة جهاز التوجيه، كم عدد المضيفين الذين يمكن أن يكون لديهم عناوين IP على شبكة LAN المرفقة بواجهة جهاز التوجيه؟

أ. 6

ب. 8

ج. 30

د. 62

هـ. 126

10. تحتاج إلى تكوين خادم موجود على الشبكة الفرعية 192.168.19.24/29. يحتوي جهاز التوجيه على أول عنوان مضيف متاح. أي مما يلي يجب عليك تعيينه للخادم؟

أ. 192.168.19.0 255.255.255.0

ب. 192.168.19.33 255.255.255.240

ج. 192.168.19.26 255.255.255.248

د. 192.168.19.31 255.255.255.248

هـ. 192.168.19.34 255.255.255.240

11. لديك واجهة على جهاز توجيه بعنوان 192.168.192.10/29 IP.
ما هو عنوان البث الذي سيستخدمه المضيفون على شبكة LAN هذه؟
أ. 192.168.192.15
ب. 192.168.192.31
ج. 192.168.192.63
د. 192.168.192.127
هـ. 192.168.192.255

12. تحتاج إلى تقسيم شبكة بها 5 شبكات فرعية، كل منها تحتوي على 16 مضيفًا على الأقل. ما هو قناع الشبكة الفرعية الذي ستستخدمه؟
أ. 255.255.255.192
ب. 255.255.255.224
ج. 255.255.255.240
د. 255.255.255.248

13. قمت بتكوين واجهة جهاز توجيه باستخدام عنوان IP
255.255.255.192 192.168.10.62 و
تلقيت الخطأ التالي:
قناع غير صالح 26/ للعنوان 192.168.10.62
لماذا تلقيت هذا الخطأ؟
أ. لقد كتبت هذا القناع على رابط WAN، وهذا غير مسموح به.
ب. هذا ليس مزيجًا صالحًا بين المضيف وقناع الشبكة الفرعية.
ج. عنوان IP subnet-zero
غير ممكّن على جهاز التوجيه.
د. جهاز التوجيه لا يدعم IP.

14. إذا تم تعيين عنوان 172.16.112.1/25 IP لمنفذ Ethernet على جهاز التوجيه، فما هو عنوان الشبكة الفرعية الصالح لهذه الواجهة؟
أ. 172.16.112.0
ب. 172.16.0.0
ج. 172.16.96.0
د. 172.16.255.0
هـ. 172.16.128.0

15. معرف الشبكة هو 192.168.10.0/28، وتحتاج إلى استخدام آخر عنوان IP متاح في النطاق. فما هو عنوان IP المضيف المتاح إذا كنت تستخدم الشبكة الفرعية الأولى؟ مرة أخرى، لا ينبغي اعتبار الشبكة الفرعية صفرية متاحة لهذا السؤال.

أ. 192.168.10.16
ب. 192.168.10.62
ج. 192.168.10.30
د. 192.168.10.127

الفصل الرابع: ترجمة عناوين الشبكة (NAT) وIPv6

متى نستخدم NAT؟

تشبه ترجمة عناوين الشبكة (NAT) التوجيه اللاصنفى بين المجالات (دون فئات) (CIDR) من حيث أن الغرض الأصلي من NAT هو إبطاء استنفاد مساحة عناوين IP المتاحة بالسماح بتمثيل عناوين IP الخاصة المتعددة بعدد أقل بكثير من عناوين IP العامة.

تم اكتشاف أن NAT هي أيضًا أداة مفيدة لنقل الشبكة ودمجها ومشاركة تحميل الخادم وإنشاء "خوادم افتراضية".

يصف هذا الفصل الأساسيات الوظيفية والمصطلحات الشائعة في NAT.

نظرًا لأن NAT يقلل حقًا من الكمية الهائلة من عناوين IP العامة المطلوبة في بيئة الشبكات فإنه يكون مفيدًا عندما تندمج شركتان لديهما مخططات عناوين داخلية مكررة.

تعد NAT أداة رائعة للاستخدام عندما تغير المؤسسة مزود خدمة الإنترنت (ISP) و مدير الشبكة يحتاج إلى تجنب متاعب تغيير مخطط العناوين الداخلية.

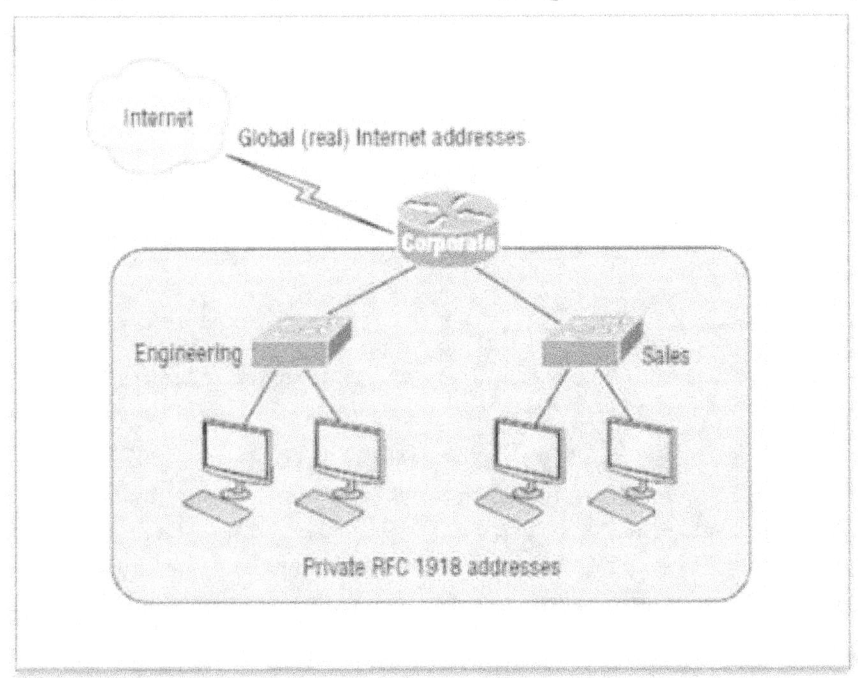

الشكل رقم (1) أين يتم تكوين NAT.
CCST Support Technician, Networking Exam, Todd Lammle.2024.

فيما يلي قائمة بالمواقف التي قد يكون فيها NAT مفيدًا بشكل خاص:

■ عندما تحتاج إلى الاتصال بالإنترنت ولا يمتلك المضيفون عناوين IP فريدة عالميًا

■ عندما تنتقل إلى مزود خدمة إنترنت جديد يتطلب منك إعادة ترقيم شبكتك.

■ عندما تحتاج إلى دمج شبكتين داخليتين لهما عناوين مكررة.

تستخدم عادةً NAT على جهاز توجيه حدودي.

على سبيل المثال في الشكل (1) يتم استخدام NAT على جهاز التوجيه المؤسسي المتصل بالإنترنت.

قد تعتقد "أن NAT رائع للغاية ولابد أن أمتلكه!"

لا تتحمس كثيرًا الآن لأن هناك بعض المشكلات الخطيرة المتعلقة باستخدام NAT والتي تحتاج إلى فهمها أولاً.

يمكن أن يكون منقذًا للحياة في بعض الأحيان. و لكن NAT له جانب مظلم قليلاً تحتاج إلى معرفته أيضًا.

لمعرفة إيجابيات وسلبيات استخدام NAT راجع الجدول (1).

Advantages	Disadvantages
Conserves legally registered addresses	Results in switching path delays.
Remedies address overlap events	Causes loss of end-to-end IP traceability.
Increases flexibility when connecting to the Internet	Certain applications will not function with NAT enabled.
Eliminates address renumbering as a network evolves	Complicates tunneling protocols such as IPsec because NAT modifies the values in the header.

الجدول رقم (1) مميزات و عيوب NAT.
.CCST Support Technician, Networking Exam, Todd Lammle.2024

الميزة الأكثر وضوحًا المرتبطة بتقنية NAT هي أنها تسمح لك بالحفاظ على مخطط عنوانك المسجل قانونًا.

هناك نسخة منها تُعرف باسم ترجمة عنوان المنفذ (PAT) وهي أيضًا السبب وراء نفاد عناوين IPv4 مؤخرًا.

بدون تقنية NAT/PAT كنا استنفذنا عناوين IPv4 منذ أكثر من عقد من الزمان!

أنواع ترجمة عناوين الشبكة

NAT ثابت (واحد لواحد)

تم تصميم NAT الثابت للسماح بترجمة واحد لواحد بين العناوين المحلية والعالمية لأن الموجه يترجم عنوان واحد من النطاق الداخلى إلى عنوان عام واحد من النطاق الخارجى و العكس صحيح.

ضع في اعتبارك أن الإصدار الثابت يتطلب منك أن يكون لديك عنوان IP حقيقي واحد لكل مضيف على شبكتك.

NAT ديناميكي (من متعدد إلى متعدد)

يمنحك NAT الديناميكي القدرة على ترجمة عنوان IP غير مسجل إلى عنوان IP مسجل من pool مجموعة عناوين IP مسجلة.

يجب أن يكون لديك ما يكفي من عناوين IP الحقيقية والصادقة للجميع الذين سيرسلون الرزم إلى الإنترنت ويتلقونها في نفس الوقت.

تتم عملية الترجمة عنوان ينتمى لمجموعة فى النطاق الداخلى إلى عنوان من مجموعة من العناوين الخارجية ثم تشكل ثنائيات و يحتفظ بها فى جدول الترجمة الآلية.

التحميل الزائد (من واحد إلى متعدد) overloading

هذا هو النوع الأكثر شيوعًا من تكوين NAT.

يجب أن تدرك أن التحميل الزائد هو في الواقع شكل من أشكال NAT الديناميكي الذي يربط عناوين IP غير المسجلة المتعددة بعنوان IP مسجل واحد (العديد إلى واحد) باستخدام منافذ مصدر مختلفة.

لماذا يعد هذا الأمر خاصًا جدًا؟ حسنًا، لأنه يُعرف أيضًا باسم ترجمة عنوان المنفذ (PAT) والذي يُشار إليه أيضًا باسم التحميل الزائد لـ NAT.

يتيح لك استخدام PAT السماح لآلاف المستخدمين بالاتصال بالإنترنت باستخدام عنوان IP عالمي حقيقي واحد فقط.

التحميل الزائد overloading لـ NAT هو السبب الحقيقي وراء عدم نفاد عناوين IP المتاحة على الإنترنت.

أسماء NAT

الأسماء التي نستخدمها لوصف العناوين المستخدمة مع NAT واضحة إلى حد ما.

العناوين المستخدمة بعد ترجمات NAT تسمى عناوين عالمية.

هي عادةً العناوين العامة المستخدمة على الإنترنت والتي لا تحتاج إليها إذا لم تكن تستخدم الإنترنت.

العناوين المحلية هي العناوين التي نستخدمها قبل ترجمة NAT.

هذا يعني أن العنوان المحلي الداخلي هو في الواقع العنوان الخاص للمضيف المرسل الذي يحاول الوصول إلى الإنترنت.

عادةً ما يكون العنوان المحلي الخارجي هو واجهة جهاز التوجيه المتصلة بمزود خدمة الإنترنت الخاص بك وهو أيضًا عادةً عنوان عام يستخدم عندما تبدأ الرزمة رحلتها.

بعد الترجمة يُطلق على العنوان المحلي الداخلي عنوانًا عالميًا داخليًا ويصبح العنوان العالمي الخارجي عنوان المضيف الوجهة.

راجع الجدول (2) الذي يسرد كل هذه المصطلحات ويقدم صورة واضحة للأسماء المختلفة المستخدمة مع NAT.

ضع في اعتبارك أن هذه المصطلحات وتعريفاتها يمكن أن تختلف إلى حد ما بناءً على التنفيذ.

يوضح الجدول كيفية استخدامها وفقًا لأهداف امتحان Cisco.

Names	Meaning
Inside local	Source host inside address before translation — typically an RFC 1918 address.
Outside local	Address of an outside host as it appears to the inside network. This is usually the address of the router interface connected to ISP — the actual Internet address.
Inside global	Source host address used after translation to get onto the Internet. This is also the actual Internet address.
Outside global	Address of outside destination host and, again, the real Internet address.

الجدول (2) مصطلحات و تعريفات.
CCST Support Technician, Networking Exam, Todd Lammle.2024.

كيف يعمل NAT

الشكل (2) يصف ترجمة NAT الأساسية.

المضيف 10.1.1.1 يرسل رزمة مرتبطة بالإنترنت إلى جهاز التوجيه الحدودي المُهيأ باستخدام NAT.

يحدد جهاز التوجيه عنوان IP المصدر كعنوان IP محلي داخلي مُوجه إلى شبكة خارجية ويترجم عنوان IP المصدر في الرزمة ويوثق الترجمة في جدول NAT.

يتم إرسال الرزمة إلى الواجهة الخارجية بعنوان المصدر المترجم الجديد.

يعيد المضيف الخارجي الرزمة إلى المضيف الوجهة ويترجم جهاز التوجيه NAT عنوان IP العالمي الداخلي مرة أخرى إلى عنوان IP المحلي الداخلي باستخدام جدول NAT. هذا هو أبسط ما يمكن!

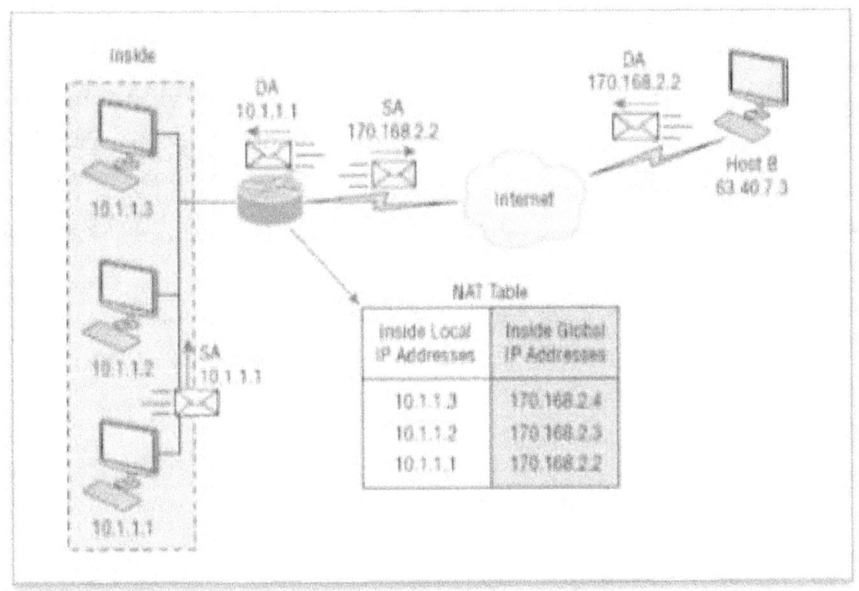

الشكل رقم (2) ترجمة NAT الأساسية.
CCST Support Technician, Networking Exam, Todd Lammle.2024.

هناك تكوين أكثر تعقيدًا باستخدام overloading أى إعادة تعريف ترجمة عناوين الشبكة والذي يُشار إليه أيضًا باسم PAT.

سأستخدم الشكل (3) لتوضيح كيفية عمل PAT من خلال وجود مضيف داخلي HTTP إلى خادم على الإنترنت.

يتم ترجمة جميع المضيفين الداخليين مع PAT إلى عنوان IP واحد ومن هنا جاء مصطلح overloading التحميل الزائد أو الإعادة.

كيفية عمل PAT

ألق نظرة مرة أخرى على جدول NAT في الشكل (3).

بالإضافة إلى عنوان IP المحلي الداخلي وعنوان IP العالمي الداخلي لدينا الآن أرقام المنافذ.

تساعد أرقام المنافذ جهاز التوجيه في تحديد المضيف الذي ينبغي أن يستقبل حركة المرور العائدة.

يستخدم جهاز التوجيه رقم منفذ المصدر من كل مضيف للتمييز بين حركة المرور من كل منهم.

الرزمة تحتوي على رقم منفذ وجهة 80 عندما تغادر جهاز التوجيه ويرسل خادم HTTP البيانات مرة أخرى برقم منفذ وجهة 1026 في هذا المثال.

يسمح هذا لجهاز التوجيه بترجمة NAT بالتمييز بين المضيفين في جدول NAT ثم ترجمة عنوان IP الوجهة مرة أخرى إلى العنوان المحلي الداخلي.

تُستخدم أرقام المنافذ في طبقة النقل لتحديد المضيف المحلي في هذا المثال.

إذا تم استخدام عناوين IP عالمية حقيقية لتحديد المضيفين المصدر فهذا يسمى NAT الثابت وسوف تنفذ منا العناوين.

يتيح لنا PAT استخدام طبقة النقل لتحديد المضيفين مما يسمح لنا بدوره باستخدام ما يصل إلى 65000 مضيف تقريبًا باستخدام عنوان IP حقيقي واحد فقط!

مرة أخرى السبب وراء عدم نفاد عناوين IP العالمية المتاحة على الإنترنت هو overloading (PAT).

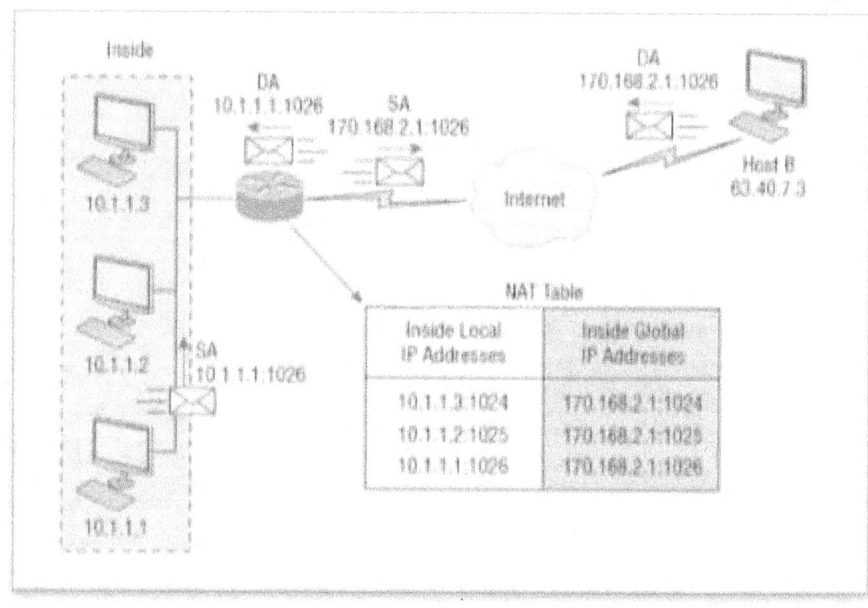

الشكل رقم (3) مثال لترجمة overloading إعادة الترجمة.
CCST Support Technician, Networking Exam, Todd Lammle.2024.

لماذا نحتاج إلى IPv6؟

نحتاج إلى التواصل و نظامنا الحالي لم يعد يفي بالغرض حقًا.

فكر في مقدار الوقت والجهد الذي استثمرناه لسنوات للتوصل إلى طرق جديدة بارعة للحفاظ على النطاق الترددي وعناوين IP.

من المؤكد أن أقنعة الشبكات الفرعية ذات الطول المتغير (VLSMs) رائعة

لكنها في الحقيقة مجرد اختراع آخر لمساعدتنا على التكيف بينما نكافح بشدة للتغلب على جفاف العناوين المتفاقم.

إن بروتوكول الإنترنت الإصدار الرابع الذي تعتمد عليه قدرتنا على القيام بكل هذا التواصل حالياً ينفد بسرعة من العناوين التي قد نستطيع استخدامها.

يتعين علينا أن نفعل شيئًا قبل نفاد عناويننا وفقدان القدرة على الاتصال ببعضنا البعض كما نعرفها وهذا الحل هو ببساطة تنفيذ IPv6.

عناوين IPv6 وتعبيراتها

فهم كيفية هيكلة عناوين IP واستخدامها أمر بالغ الأهمية مع عناوين IPv6. بالإضافة إلى الطرق الجديدة التي يمكن استخدام العناوين بها، سأقوم بتقسيم الأساسيات وأوضح لك شكل العنوان وكيفية كتابته بالإضافة إلى العديد من استخداماته الشائعة.

الشكل (4) يوضح نموذج عنوان IPv6 مقسمًا إلى أقسام.

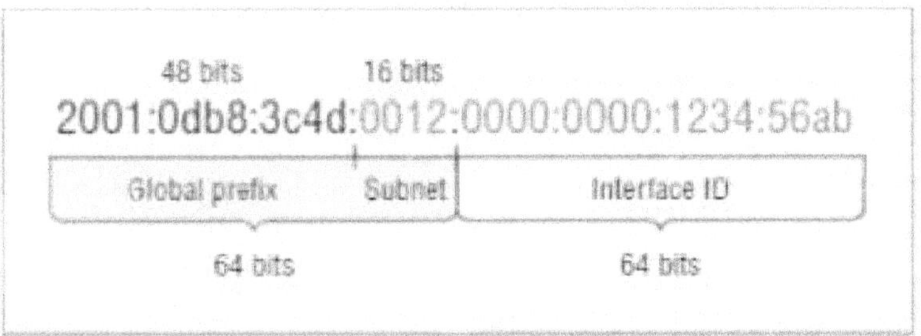

الشكل (4) يوضح نموذج عنوان IPv6
.CCST Support Technician, Networking Exam, Todd Lammle.2024

نموذج العنوان

يحتوي على ثماني مجموعات من الأرقام بدلاً من أربع و هذه المجموعات مفصولة بفواصل بدلاً من النقاط.

يوجد أربعة أحرف سداسية عشرية (16 بت) في كل حقل IPv6 (بإجمالي ثمانية حقول) مفصولة بعلامات النقطتين.

التعبير المختصر

يمكنك حذف أجزاء من العنوان لاختصاره.

يمكنك حذف أي أصفار بادئة في كل كتلة فردية.

القاعدة التي يجب عليك اتباعها هي: يمكنك استبدال كتلة واحدة متجاورة فقط من الأصفار في العنوان.

إذا كان العنوان يحتوي على أربع كتل من الأصفار منفصلة فلا يمكن استبدالها

143

جميعًا لا تستطيع استبدال سوى كتلة متجاورة واحدة بنقطتين مزدوجتين.
ألق نظرة على هذا المثال:

2001:db8:3c4d:12:0:0:1234:56ab

يمكننا إزالة كتلتي الأصفار المتتاليتين عن طريق استبدالهما بنقطتين مزدوجتين كما يلى:

2001:db8:3c4d:12::1234:56ab

مثال آخر: عنوان المثال على هذا النحو:

2001:0000:0000:0012:0000:0000:1234:56ab

اعلم أنك لا تستطيع حذف جميع كتل الأصفار كما يلى:

2001::12::1234:56ab

أفضل ما يمكنك فعله هو هذا:

2001::12:0:0:1234:56ab

السبب هو أنه إذا أزلنا مجموعتين من الأصفارفلن يكون لدي الجهاز الذي ينظر إلى العنوان أي وسيلة لمعرفة مكان الأصفار.

أنواع العناوين

عناوين البث الأحادي والبث المتعدد في IPv4 تحدد بشكل أساسي عدد الأجهزة الأخرى التي يبث إليها.
IPv6 يعدل الثلاثية ويقدم مصطلح anycast أى بث أوالبث نحو الأقرب.
دعنا نكتشف ما تمثله هذه الأنواع فى عناوين IPv6 وطرق الاتصال.

البث الأحادي Unicast

يتم تسليم الرزم الموجهة إلى عنوان البث الأحادي إلى واجهة واحدة.
لتحقيق التوازن في التحميل يمكن لواجهات متعددة عبر عدة أجهزة استخدام نفس العنوان ولكننا سنسمي ذلك عنوان أى بث.
هناك بضعة أنواع مختلفة من عناوين البث الأحادي ولكننا لسنا بحاجة إلى الخوض في ذلك بمزيد من التفصيل هنا.

عناوين أحادية البث العالمية (2000::/3)

هي العناوين النموذجية القابلة للتوجيه علنًا وهي نفس العناوين الموجودة في IPv4.
تبدأ العناوين العالمية من (2000::/3).
يوضح الشكل (5) كيفية تقسيم عنوان أحادي البث.
يمكن لمزود خدمة الإنترنت أن يزودك بمعرف شبكة 48/ كحد أدنى الذى يوفر لك 16 بت لإنشاء عنوان واجهة فريد مكون من 64 بت لجهاز التوجيه.

أخر 64 بت هي معرف المضيف المميز.

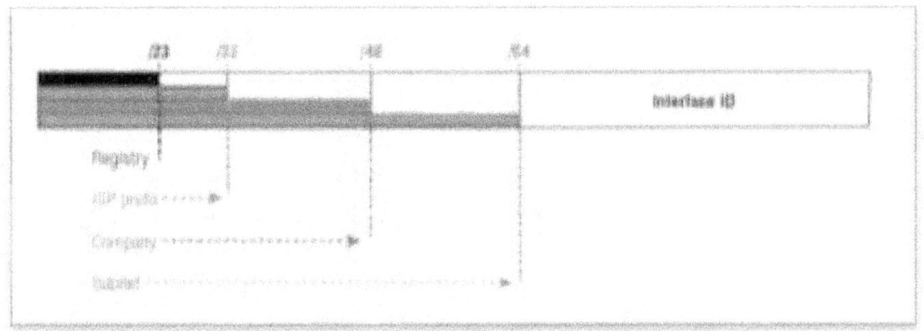

الشكل (5) عناوين IPv6 احادية البث العالمية.
CCST Support Technician, Networking Exam, Todd Lammle.2024.

عناوين الربط المحلية (FE80::/10)

تشبه هذه العناوين عناوين IP الخاصة التلقائية (APIPA) التي تستخدمها Microsoft لتوفير العناوين تلقائيًا في IPv4 حيث لا يُقصد توجيهها. في IPv6 تبدأ بـ FE80::/10 كما هو موضح في الشكل(6).
رابط IPv6 المحلي FE80::/10: تحدد البتات العشرة الأولى نوع العنوان.
هذه العناوين أدوات مفيدة لإنشاء شبكة LAN مؤقتة للاجتماعات أو إنشاء شبكة LAN صغيرة لن يتم توجيهها ولكنها لا تزال بحاجة إلى مشاركة الملفات والخدمات والوصول إليها محليًا.

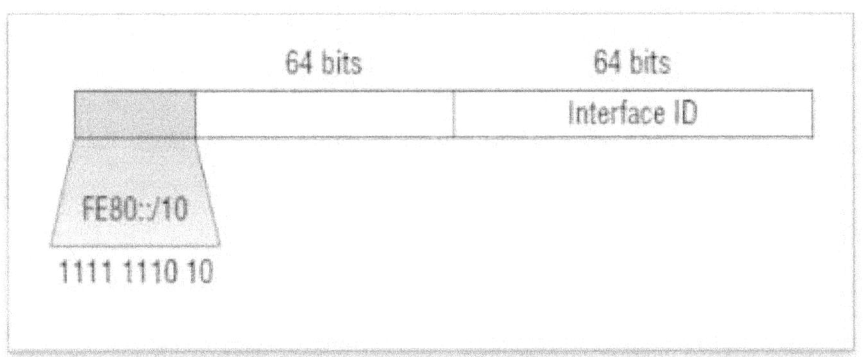

الشكل رقم (6) رابط IPv6 المحلي FE80::/10
CCST Support Technician, Networking Exam, Todd Lammle.2024.

عناوين محلية فريدة (FC00::/7)

هذه العناوين مخصصة أيضًا لأغراض غير التوجيه عبر الإنترنت.
تقوم بشكل أساسي بما تفعله عناوين IPv4 الخاصة تقريبًا: السماح بالاتصال عبر الموقع مع إمكانية التوجيه إلى شبكات محلية متعددة.

تم إيقاف استخدام العناوين المحلية للموقع اعتبارًا من سبتمبر 2004.
البث المتعدد (FF00::/8)

كما هو الحال في IPv4 يتم تسليم الرزم الموجهة إلى عنوان البث المتعدد إلى جميع الواجهات المضبوطة على عنوان البث المتعدد.
في بعض الأحيان يطلق عليها الناس عناوين "واحد إلى كثير".
من السهل تمييز عنوان البث المتعدد في IPv6 لأنه يبدأ دائمًا بـ FF.

Anycast أى بث

يحدد عنوان أى بث واجهات متعددة على أجهزة متعددة.
هناك فرق كبير بينه و بين البث المتعدد: يتم تسليم رزمة البث إلى جهاز واحد فقط إلى أقرب جهاز تجده محددًا من حيث مسافة التوجيه.
يشار إلى هذه العناوين بعناوين "واحد إلى أقرب".
عادةً ما يتم تكوين عناوين أى بث على أجهزة التوجيه فقط ولا يتم تكوينها على المضيفين أبدًا ولا يمكن أن يكون عنوان المصدر عنوان أى بث.
من الجدير بالذكر أن IETF قامت بحجز أفضل 128 عنوانًا لكل فئة 64/ للاستخدام مع عناوين anycast.
هناك عناوين خاصة محجوزة في IPv6 مثلما الحال في IPv4.
دعنا نستعرضها الآن.

العناوين الخاصة

يُدرج الجدول (3) بعض العناوين ونطاقات العناوين الخاصة و المحجوزة التي يجب عليك التأكد من تذكرها لأنك ستستخدمها في النهاية.

Address	Meaning
[illegible]	[illegible]
[illegible]	[illegible]
[illegible]	[illegible]
[illegible]	[illegible]
[illegible]	[illegible]
[illegible]	[illegible]
[illegible]	[illegible]
[illegible]	[illegible]
[illegible]	[illegible]
[illegible]	[illegible]

الجدول (3) العناوين الخاصة واستخداماتها.

كيف يعمل IPv6 في شبكة الإنترنت

سنوضح كيفية عنونة المضيف و القدرة على إيجاد مضيفين وموارد أخرى على الشبكة.

سنوضح قدرة الجهاز على عنونة نفسه تلقائيًا وهو ما يسمى بالتكوين التلقائي عديم الحالة stateless autoconfiguration بالإضافة إلى نوع آخر من التكوين التلقائي يُعرف باسم التكوين التلقائي المرتبط بالحالة stateful autoconfiguration.

ضع في اعتبارك أن التكوين التلقائي المرتبط بالحالة يستخدم خادم DHCP بطريقة مشابهة جدًا لكيفية استخدامه في تكوين IPv4.

سنوضح كيف يعمل بروتوكول رسائل التحكم في الإنترنت (ICMP) والبث المتعدد بالنسبة لنا في بيئة شبكة IPv6.

تعيين العنوان يدويًا

يستخدم أمر التكوين العالمي لتوجيه unicast ipv6:

Corp(config)#ipv6 unicast-routing

لتمكين\ تفعيل IPv6 على جهاز التوجيه لأن خاصية إعادة التوجيه forwarding فى IPv6 تكون معطلة disabled.

IPv6 غير ممكّن افتراضيًا على أي واجهة من واجهات الموجه لذلك يجب علينا الانتقال إلى كل واجهة على حدة وتمكينها.

هناك عدة طرق مختلفة للقيام بذلك ولكن الطريقة السهلة هي إضافة عنوان إلى الواجهة.

يمكن ذلك باستخدام أمر تكوين الواجهة بالصيغة التالية:

ipv6 address <ipv6prefix>/<prefix-length>[eui-64]

و المثال التالى يوضح إستخدام صيغة الأمر:

Corp(config-if)#
ipv6 address 2001:db8:3c4d:1:0260:d6FF.FE73:1987/64

يمكن تحديد عنوان IPv6 العالمي بالكامل المكون من 128 بت باستخدام الأمر السابق أو يمكن استخدام خيار EUI-64.

تنسيق EUI-64 (معرف فريد ممتد) يسمح للجهاز باستخدام عنوان MAC الخاص به وحشوه لإنشاء معرف الواجهة.

تحقق من ذلك:

Corp(config-if)# **ipv6 address 2001:db8:3c4d:1::/64 eui-64**

يمكن تمكين الواجهة كبديل لكتابة عنوان IPv6 على جهاز التوجيه للسماح بتطبيق عنوان محلي تلقائي للربط.

لتكوين جهاز التوجيه بحيث يستخدم فقط عناوين محلية للربط استخدم أمر تكوين واجهة تمكين: **Corp(config-if)#ipv6 enable**
إذا كان لديك عنوان ربط محلي فقط فسوف تتمكن من التواصل فقط على الشبكة الفرعية المحلية.

التكوين التلقائي بدون حالة (EUI-64)

التكوين التلقائي Stateless Autoconfiguration حل مفيد لأنه يسمح للأجهزة الموجودة على الشبكة بمعالجة نفسها باستخدام عنوان أحادي البث رابط محلي link-local unicast address بالإضافة إلى عنوان أحادي البث عالمي.

تتم هذه العملية من خلال تعلم معلومات البادئة **prefix information** أولاً من جهاز التوجيه ثم إضافة عنوان واجهة الجهاز كمعرف للواجهة.
ولكن من أين يحصل الجهاز على معرف الواجهة ؟
كل جهاز على شبكة Ethernet له عنوان MAC فعلي وهو ما يستخدم بالضبط لمعرف الواجهة.

معرف الواجهة في عنوان IPv6 يبلغ طوله 64 بتًا وعنوان MAC يبلغ طوله 48 بتًا فقط، فمن أين تأتي الـ 16 بتًا الإضافية؟
يتم حشو عنوان MAC في المنتصف بالبتات الإضافية بـ FFFE.
على سبيل المثال لنفترض أن جهاز بعنوان MAC كالتالي:
0060:d673:1987 بعد أن يتم حشوه سيصبح كما يلى:
0260:d6FF:FE73:1987
يوضح الشكل (7) عنوان EUI-64.

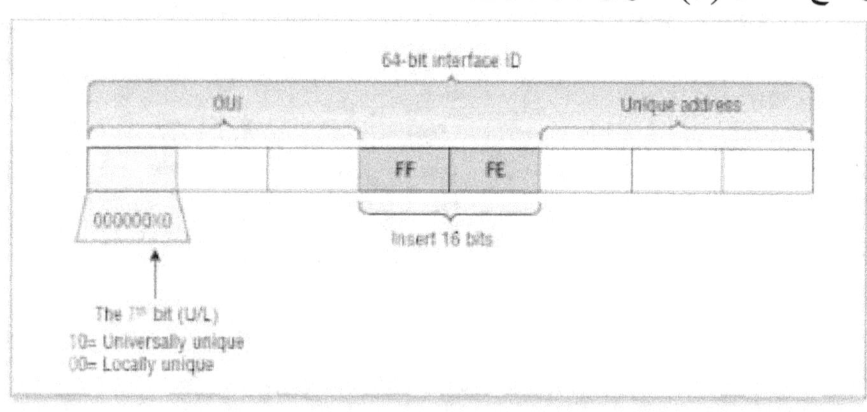

الشكل رقم (7) عنوان EUI-64
CCST Support Technician, Networking Exam, Todd Lammle.2024.

تنسيق EUI-64 المعدل

فى المثال السابق من أين جاء الرقم 2 في بداية العنوان؟

لاحظ أن جزءًا من عملية الحشو padding يسمى تنسيق EUI-64 المعدل يتم بتغيير بت لتحديد إذا كان العنوان فريدًا محليًا أم فريدًا عالميًا. البت الذي يتغير هو البت السابع في العنوان.

السبب وراء تعديل بت U/L هو أنه عند استخدام عناوين مخصصة يدويًا على واجهة فهذا يعني أنه يمكنك ببساطة:

تخصص العنوان **2001:db8:1:9::1/64**

بدلاً من العنوان الأطول كثيرًا **2001:db8:1:9:0200::1/64**

و إذا كنت ستقوم بتخصيص عنوان محلي للربط يدويًا فيمكنك تعيين العنوان القصير **fe80::1**

بدلاً من العنوان الطويل **fe80::0200:0:0:1**

أو **fe80:0:0:0:0200::1.**

نلاحظ أن IETF جعلت من الصعب فهم عناوين IPv6 خاصة موضوع عكس البت السابع .

ولكن لأنك تدرس أهداف امتحان Cisco فستحتاج إلى التفكير في عكسه في كلا الاتجاهين كما فى الأمثلة التالية لاحظ تحول العناويين:

عنوان MAC

MAC: 0090:2716:fd0f

عنوان **IPv6 EUI-64**

IPv6 EUI-64: 2001:0db8:0:1:0290:27ff:fe16:fd0f

كان هذا سهلاً للغاية! سهل للغاية بالنسبة لامتحان Cisco

لذا فلنقم باختبار آخر:

- عنوان MAC: aa12:bcbc:1234

- عنوان IPv6 EUI-64: 2001:0db8:0:1:a812:bcff:febc:1234

10101010 يمثل أول 8 بتات من عنوان (aa) MAC والذي عند عكس البت السابع يصبح 10101000.

تصبح الإجابة A8.

اكتشاف الجوار (NDP)

يستخدم IPv6 بروتوكول ICMPv6 لتولي مهمة العثور على عناوين الأجهزة الأخرى على الرابط المحلي.

يتم استخدام بروتوكول حل العنوان ARP لأداء هذه الوظيفة في IPv4 ولكن

تمت إعادة تسميته باكتشاف الجوار (ND) في ICMPv6.
يتم تحقيق هذه العملية من خلال عنوان متعدد البث يسمى عنوان العقدة المطلوبة لأن جميع المضيفين ينضمون إلى مجموعة البث المتعدد عند الاتصال بالشبكة.
يتيح اكتشاف الجوار هذه الوظائف:

■ تحديد عنوان MAC للجيران

■ رمز نوع FF02::2 لطلب التوجيه 133 (RS)

■ رمز نوع FF02::1 لإعلانات التوجيه 134 (RA)

■ رمز نوع طلب الجوار 135 (NS)

■ رمز نوع إعلان الجوار 136 (NA)

■ اكتشاف العناوين المكررة (DAD)

يتم إضافة جزء عنوان IPv6 الذي تم تحديده بواسطة البتات الـ 24 الأبعد إلى اليمين إلى نهاية بادئة عنوان البث المتعدد FF02:0:0:0:0:1:FF/104 ويشار إليه باسم عنوان العقدة المطلوبة.
عند الاستعلام عن هذا العنوان سيرد المضيف المناظر بعنوان الطبقة 2 الخاص به.
يوضح الشكل(8) كيف تجد أجهزة IPv6 بواباتها الافتراضية باستخدام اكتشاف الجوار.

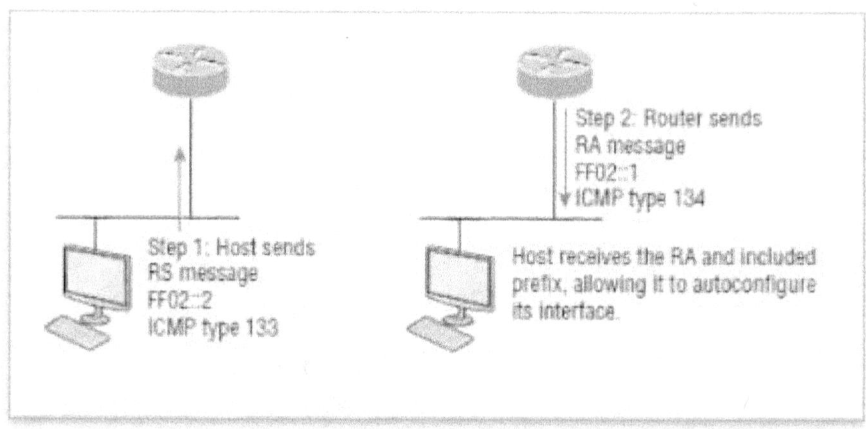

الشكل رقم (8) كيف تجد الأجهزة بواباتها الافتراضية باستخدام اكتشاف الجوار.
CCST Support Technician, Networking Exam, Todd Lammle.2024.

IPv6 فى

■ ترسل اجهزة المضيفين طلب توجيه (RS) عبر ربط البيانات الخاص بها تطلب فيه من جميع أجهزة التوجيه الاستجابة وتستخدم عنوان البث المتعدد FF02::2 لتحقيق ذلك.

- تستجيب أجهزة التوجيه الموجودة على نفس الرابط ببث أحادي إلى المضيف الطالب أو بإعلان توجيه (RA) باستخدام FF02::1.
- يمكن للمضيفين أيضًا إرسال طلبات وإعلانات فيما بينهم باستخدام طلب الجار (NS) وإعلان الجار (NA) كما في الشكل (9).
- تذكر أن RA وRS يجمعان أو يوفران معلومات حول أجهزة التوجيه بينما يجمع NS وNA معلومات حول المضيفين.
- تذكر أن "الجار" هو مضيف موجود على نفس رابط البيانات أو شبكة VLAN.

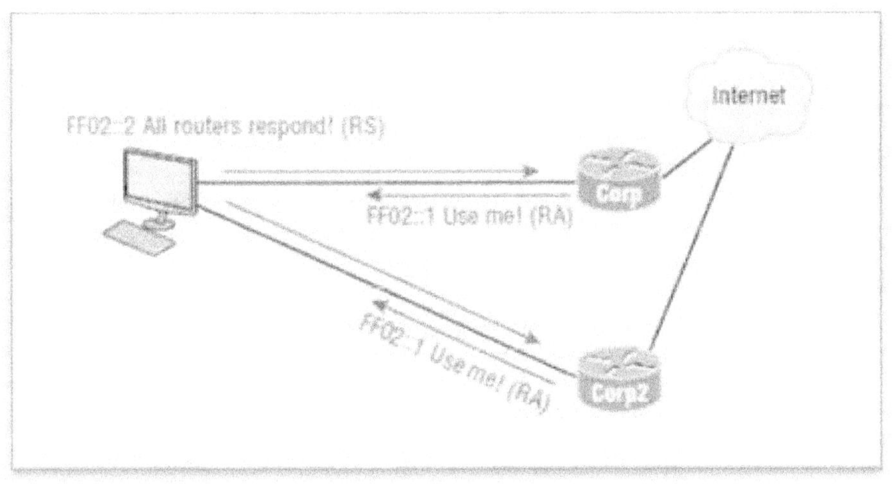

الشكل رقم (9) طلب الجوار (NS) والإعلان عن الجوار(NA)
.CCST Support Technician, Networking Exam, Todd Lammle.2024

ملخص الفصل

لقد تعلمت الكثير عن ترجمة عناوين الشبكة (NAT) وكيفية تكوينها كثابتة وديناميكية بالإضافة إلى ترجمة عناوين المنفذ (PAT) والتي تسمى أيضًا NAT Overload.

أساسيات الإمتحان

- فهم مصطلح NAT.
- NAT له بعض الألقاب.
- في الصناعة يُشار إليه باسم إخفاء الشبكة وإخفاء IP.
- أياً كان ما تريد تسميته فإنه عملية إعادة كتابة عناوين المصدر/الوجهة لرزم IP عندما تمر عبر جهاز التوجيه أو جدار الحماية.

- تذكر الطرق الثلاث لـ NAT.
- الطرق الثلاث هي الثابتة والديناميكية والتحميل الزائد؛ ويطلق على الأخيرة أيضًا PAT.
- فهم NAT الثابت.
- تم تصميم NAT الثابت للسماح بالتعيين الفردي بين العناوين المحلية والعالمية.
- فهم NAT الديناميكي.
- يتيح لك NAT الديناميكي تعيين نطاق من عناوين IP غير المسجلة إلى عنوان IP مسجل من مجموعة عناوين IP مسجلة.
- فهم التحميل الزائد.
- التحميل الزائد هو في الواقع شكل من أشكال NAT الديناميكي الذي يربط عناوين IP غير المسجلة المتعددة بعنوان IP مسجل واحد (العديد إلى واحد) باستخدام منافذ مختلفة.
- يُعرف أيضًا باسم PAT.
- فهم سبب حاجتنا إلى IPv6.
- بدون IPv6 سيكون العالم خاليًا من عناوين IP.
- فهم عناوين الربط المحلية.
- عناوين الربط المحلية تشبه عناوين IP الخاصة في IPv4 ولكن لا يمكن توجيهها على الإطلاق، حتى في مؤسستك.
- فهم العناوين المحلية الفريدة.
- العناوين المحلية الفريدة مثل عناوين الربط المحلية تشبه عناوين IP الخاصة في IPv4 ولا يمكن توجيهها إلى الإنترنت.
- الفرق بين عنوان الربط المحلي والعنوان المحلي الفريد هو أنه يمكن توجيه عنوان محلي فريد داخل مؤسستك أو شركتك.
- تذكر عنونة IPv6.
- لا يشبه توجيه IPv6 توجيه IPv4.
- يحتوي توجيه IPv6 على مساحة عنوان أكبر بكثير ويبلغ طوله 128 بتًا ويتم تمثيله بالنظام السداسي عشر.
- توجيه IPv4 يبلغ طوله 32 بتًا فقط ويتم تمثيله بالنظام العشري.

أسئلة المراجعة

تم تصميم الأسئلة التالية لاختبار فهمك لمادة هذا الفصل.

لمزيد من المعلومات حول كيفية الحصول على أسئلة إضافية يرجى زيارة www.lammle.com/ccst.

يمكنك العثور على إجابات هذه الأسئلة في الملحق "إجابات أسئلة المراجعة".

1. أي خيار يمثل عنوان IPv6 صالحًا؟

أ. **2001:0000:130F::099a::12a**

ب. **2002:7654:A1AD:61:81AF:CCC1**

ج. **FEC0:ABCD:WXYZ:0067::2A4**

د. **2004:1:25A4:886F::1**

2. أي العبارات الثلاث حول بادئات IPv6 صحيحة؟ (اختر ثلاثة.)

أ. يتم استخدام FF00::/8 للبث المتعدد IPv6.

ب. يستخدم FE80::/10 للإرسال الأحادي المحلي للربط.

ج. يستخدم FC00::/7 في الشبكات الخاصة.

د. يستخدم 2001::1/127 لعناوين الحلقة الراجعة.

هـ. يستخدم FE80::/8 للإرسال الأحادي المحلي للربط.

و. يستخدم FEC0::/10 لبث IPv6.

3. أي العبارات التالية صحيحة فيما يتعلق برسائل إعلان جهاز التوجيه IPv6؟ (اختر إجابتين).

أ. تستخدم نوع ICMPv6 134.

ب. يجب أن يكون طول البادئة المعلن عنه 64 بت.

ج. يجب أن يكون طول البادئة المعلن عنه 48 بت.

د. يتم الحصول عليها من عنوان واجهة IPv6 المكوّن.

هـ. وجهتها دائمًا هي عنوان الربط المحلي للعقدة المجاورة.

4. أي مما يلي صحيح عند وصف عنوان أي بث IPv6؟ (اختر ثلاثة.)

أ. نموذج الاتصال من واحد إلى كثير

ب. نموذج الاتصال من واحد إلى أقرب

ج. نموذج الاتصال من أي إلى كثير

د. عنوان IPv6 فريد لكل جهاز في المجموعة

هـ. نفس العنوان لأجهزة متعددة في المجموعة

و. تسليم الرزم إلى واجهة المجموعة الأقرب إلى الجهاز المرسل

5. تريد إرسال أمر ping إلى عنوان loopback لمضيف IPv6 المحلي الخاص بك. ماذا ستكتب؟

أ. ping 127.0.0.1

ب. ping 0.0.0.0

ج. ping ::1

د. trace 0.0.::1

6. أي مما يلي من ميزات بروتوكول IPv6؟ (اختر ثلاثة.)

A. IPsec اختياري

B. التكوين التلقائي

C. لا توجد عمليات بث

D. ترويسة معقدة

E. التوصيل والتشغيل

F. مجموعات التحقق

7. أي من العبارات التالية تصف خصائص عنونة IPv6 أحادية البث؟ (اختر اثنين.)

A. تبدأ العناوين العالمية بـ **2000::/3**.

B. تبدأ عناوين الربط المحلي بـ FE00:/12.

C. تبدأ عناوين الربط المحلي بـ FF00::/10.

D. يوجد عنوان حلقة ارتجاعية واحد فقط، وهو ::1.

E. إذا تم تعيين عنوان عالمي لواجهة، فهذا هو العنوان الوحيد المسموح به للواجهة.

8. يرسل المضيف طلب توجيه (RS) على رابط البيانات. ما عنوان الوجهة الذي يتم إرساله مع هذا الطلب؟

أ. FF02::A

ب. FF02::9

ج. FF02::2

د. FF02::1

هـ. FF02::5

9. أي مما يلي يعد سببًا صحيحًا لاعتماد IPv6 بدلًا من IPv4؟ (اختر إجابتين.)

أ. لا يوجد بث

ب. تغيير عنوان المصدر في ترويسة IPv6

ج. تغيير عنوان الوجهة في ترويسة IPv6

د. لا يلزم وجود كلمة مرور للوصول عبر Telnet

هـ. التكوين التلقائي

و. NAT

10. أي مما يلي يُعرف باسم "العنونة من واحد إلى أقرب" في IPv6؟

أ. أحادي البث العالمي

ب. أي بث

ج. متعدد البث

د. عنوان غير محدد

11. أي مما يلي صحيح فيما يتعلق بعناوين IPv6؟ (اختر إجابتين.)
أ. يلزم وضع أصفار بادئة.
ب. يتم استخدام نقطتين (::) لتمثيل حقول سداسية عشرية متتالية من الأصفار.
ج. يتم استخدام نقطتين (::) لفصل الحقول.
د. ستحتوي واجهة واحدة على عناوين IPv6 متعددة من أنواع مختلفة.
12. أي من الأوصاف التالية حول IPv6 صحيح؟
أ. العناوين ليست هرمية ويتم تعيينها عشوائيًا.
ب. تم القضاء على البث واستبداله ببث متعدد.
ج. يوجد 2.7 مليار عنوان.
د. يمكن تكوين واجهة بعنوان IPv6 واحد فقط.
13. أي من المزايا التالية لاستخدام NAT؟ (اختر ثلاثة.)
أ. الترجمة تقدم تأخيرات في توجيه التبديل.
ب. تحافظ NAT على العناوين المسجلة قانونًا.
ج. تتسبب NAT في فقدان إمكانية تتبع IP من البداية إلى النهاية.
د. تزيد NAT من المرونة عند الاتصال بالإنترنت.
هـ. لن تعمل بعض التطبيقات مع تمكين NAT.
و. علاجات NAT لتداخل العناوين.
14. ما هي تسمية ترجمة عنوان المنفذ أيضًا؟
أ. NAT Fast
ب. NAT Static
ج. NAT Overload
د. Overloading Static
15. أي مما يلي يعتبر عنوان المضيف الداخلي قبل الترجمة؟
أ. داخل المحلي
ب. خارج المحلي
ج. داخل العالمي
د. خارج العالمي
16. أي مما يلي هي طرق NAT؟ (اختر ثلاثة.)
أ. ثابت
ب. مجموعة IP NAT
ج. ديناميكي
د. ترجمة NAT المزدوجة
هـ. Overload

17. أي مما يلي هي عيوب استخدام NAT؟ (اختر ثلاثة.)
أ. الترجمة تقدم تأخيرات في توجيه التبديل.
ب. تحافظ NAT على العناوين المسجلة قانونًا.
ج. تتسبب NAT في فقدان إمكانية تتبع IP من البداية إلى النهاية.
د. تزيد NAT من المرونة عند الاتصال بالإنترنت.
هـ. لن تعمل بعض التطبيقات عند تمكين NAT.
و. تقلل NAT من حدوث تداخل العناوين.

الفصل الخامس: التوجيه IP Routing

أساسيات توجيه IP

- بمجرد إنشاء شبكة إنترنت من خلال توصيل شبكات المنطقة الواسعة (WANs) والشبكات المحلية (LANs) بجهاز توجيه فأنت بحاجة إلى تكوين عناوين الشبكة المنطقية مثل عناوين IP لجميع المضيفين على شبكة الإنترنت حتى يتمكنوا من التواصل عبر أجهزة التوجيه فى تلك الشبكة.
- في مجال تكنولوجيا المعلومات يشير التوجيه بشكل أساسي إلى عملية أخذ رزمة من جهاز وإرسالها عبر الشبكة إلى جهاز آخر فى شبكة مختلفة.
- لا تهتم أجهزة التوجيه بالمضيفين بل تهتم بالشبكات وبأفضل طريقة توجيه إلى كل شبكة.
- يتم استخدام عنوان الشبكة المنطقي لمضيف الوجهة للحصول على الرزم من خلال شبكة موجهة ثم يتم استخدام عنوان أجهزة المضيف لتوصيل الرزمة من جهاز التوجيه إلى مضيف الوجهة الصحيح.
- إذا لم يكن لدى شبكتك أجهزة توجيه فيجب أن يكون من الواضح أنك لا تقوم بالتوجيه.
- أجهزة توجيه تستخدم لتوجيه حركة المرور إلى جميع الشبكات في شبكتك.

متطلبات التوجيه

يجب أن يعرف جهاز التوجيه المعلومات التالية على الأقل ليكون قادرًا على توجيه الرزم:

- عنوان الوجهة
- أجهزة التوجيه المجاورة التي يمكنه من خلالها التعرف على الشبكات البعيدة
- الطرق الممكنة لجميع الشبكات البعيدة
- أفضل طريق لكل شبكة بعيدة
- كيفية صيانة معلومات التوجيه والتحقق منها

عمل جهاز التوجيه (الموجه)

يتعرف جهاز التوجيه على الشبكات البعيدة من أجهزة التوجيه المجاورة أو من مدير الشبكة.

يقوم جهاز التوجيه بإنشاء جدول توجيه (خريطة للشبكة) يصف كيفية العثور على الشبكات البعيدة.

إذا كانت الشبكة متصلة به بشكل مباشر فإن جهاز التوجيه يعرف بالفعل كيفية

الوصول إليها.
إذا لم تكن الشبكة متصلة بشكل مباشر بجهاز التوجيه فيجب على جهاز التوجيه استخدام إحدى طريقتين لمعرفة كيفية الوصول إليها:

التوجيه الثابت static routing method

يتطلب من شخص ما كتابة جميع مواقع الشبكة يدويًا في جدول التوجيه. يمكن أن تكون مهمة شاقة للغاية عند استخدامها على جميع الشبكات.

التوجيه الديناميكي dynamic routing.

- يتواصل بروتوكول على جهاز التوجيه مع نفس البروتوكول الذي يعمل على أجهزة التوجيه المجاورة.

- تقوم أجهزة التوجيه بتحديث متبادل حول بيانات جميع الشبكات التي تعرفها وتضع هذه المعلومات في جدول التوجيه.

- إذا حدث تغيير في الشبكة تقوم بروتوكولات التوجيه الديناميكية تلقائيًا بإبلاغ جميع أجهزة التوجيه بالحدث.

- إذا تم استخدام التوجيه الثابت يكون مدير الشبكة مسؤولاً عن تحديث جميع التغييرات يدويًا على جميع أجهزة التوجيه.

- يستخدم معظم الأشخاص عادةً مزيجًا من التوجيه الديناميكي والثابت لإدارة شبكة كبيرة.

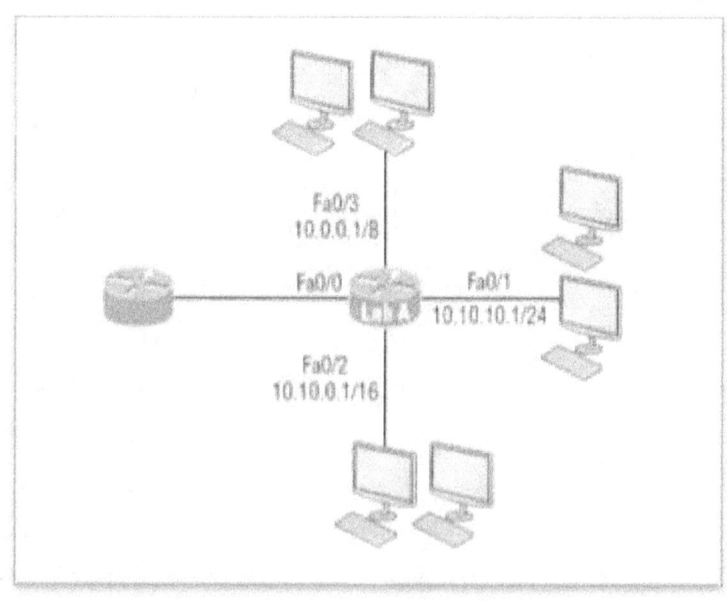

الشكل رقم (1) شبكة بسيطة توضح عمل جهاز التوجيه.
CCST Support Technician, Networking Exam, Todd Lammle.2024.

158

كيف يستخدم جهاز التوجيه جدول التوجيه

يستخدم جهاز التوجيه قاعدة أطول تطابق longest match rule في جدول التوجيه.

سيفحص IP باستخدام القاعدة جدول التوجيه للعثور على أطول تطابق مقارنة بعنوان وجهة الرزمة.

ألق نظرة على الشكل (1) لتصور هذه العملية.

يوضح الشكل شبكة بسيطة و فيها يحتوي الموجه LabA على أربع واجهات. هل يمكنك معرفة الواجهة التي سيتم استخدامها لإعادة توجيه برقية IP إلى مضيف بعنوان IP الوجهة 10.10.10.30؟

من خلال استخدام الأمر show ip route على جهاز التوجيه يمكننا رؤية جدول التوجيه (خريطة الشبكة) الذي استخدمه LabA لاتخاذ قرارات إعادة التوجيه بإستخدام الأمر **Lab_A#sh ip route**

يمكننا أن نرى الجدول التالى:

```
Lab_A#sh ip route
Codes: L - local, C - connected, S - static,
[output cut]
10.0.0.0/8 is variably subnetted, 6 subnets, 4 masks
C 10.0.0.0/8 is directly connected, FastEthernet0/3
L 10.0.0.1/32 is directly connected, FastEthernet0/3
C 10.10.0.0/16 is directly connected, FastEthernet0/2
L 10.10.0.1/32 is directly connected, FastEthernet0/2
C 10.10.10.0/24 is directly connected, FastEthernet0/1
L 10.10.10.1/32 is directly connected, FastEthernet0/1
S* 0.0.0.0/0 is directly connected, FastEthernet0/0
```

الحرف C في ناتج جدول التوجيه يعني أن الشبكات المدرجة "متصلة بشكل مباشر" وحين نضيف بروتوكول توجيه مثل RIPv2 أو OSPF إلى أجهزة التوجيه في شبكتنا الداخلية أو ندخل توجيهات ثابتة فلن تظهر في جدول التوجيه سوى الشبكات المتصلة بشكل مباشر.

الحرف L في جدول التوجيه وفقا لكود Cisco IOS 15 الجديد

- تحدد Cisco توجيها مختلفًا يسمى local host route توجيه المضيف المحلي و يشار إليه بالحرف L.

- يحتوي كل توجيه محلي على بادئة 32/ تحدد توجيها لعنوان واحد فقط.
- في هذا المثال اعتمد جهاز التوجيه على التوجيهات التي تسرد عناوين IP المحلية الخاصة بها لإعادة توجيه الرزم إلى جهاز التوجيه نفسه بكفاءة.
- بالنظر إلى الشكل (1) ونتائج جدول التوجيه هل يمكنك تحديد ما سيفعله IP بالرزمة المستلمة وعنوان IP الوجهة لها 10.10.10.30؟
- الإجابة هي أن جهاز التوجيه سيحول الرزمة إلى واجهة FastEthernet 0/1، التي ستؤطر الرزمة ثم ترسلها على جزء الشبكة.
- يشار إلى ذلك بإعادة كتابة الإطار frame rewrite.
- بناءً على قاعدة أطول تطابق سيبحث IP عن 10.10.10.30 وإذا لم يتم العثور عليه في الجدول فسيبحث IP عن 10.10.10.0، ثم 10.10.0.0، وهكذا حتى يتم اكتشاف توجيه.

مثال آخر

- بناءً على مخرجات جدول التوجيه التالي ما هي الواجهة التي سيتم إعادة توجيه الرزمة التي تحمل عنوان الوجهة 10.10.10.14 منها؟
- لمعرفة ذلك انظر إلى الجدول الناتج سترى أن الشبكة مقسمة إلى شبكات فرعية وأن كل واجهة لها قناع مختلف.

الإجابة على هذا السؤال

من تقسيم الشبكة سيكون 10.10.10.14 مضيفًا في الشبكة الفرعية **10.10.10.8/29** المتصلة بواجهة FastEthernet0/1.

```
Lab_A#sh ip route
[output cut]
Gateway of last resort is not set
C 10.10.10.16/28 is directly connected, FastEthernet0/0
L 10.10.10.17/32 is directly connected, FastEthernet0/0
C 10.10.10.8/29 is directly connected, FastEthernet0/1
L 10.10.10.9/32 is directly connected, FastEthernet0/1
C 10.10.10.4/30 is directly connected, FastEthernet0/2
L 10.10.10.5/32 is directly connected, FastEthernet0/2
C 10.10.10.0/30 is directly connected, Serial 0/0
L 10.10.10.1/32 is directly connected, Serial0/0
```

عملية توجيه IP Routing Process

عملية توجيه IP بسيطة إلى حد ما ولا تتغير بغض النظر عن حجم الشبكة. للحصول على مثال جيد لهذه الحقيقة سأستخدم الشكل (2) لوصف ما يحدث خطوة بخطوة عندما يريد المضيف A التواصل مع المضيف B على شبكة مختلفة.

الشكل رقم (2) مثال توجيه IP باستخدام مضيفين وجهاز توجيه واحد.
CCST Support Technician, Networking Exam, Todd Lammle.2024.

في الشكل (2) قام مستخدم HostA بإرسال ping إلى عنوان IP الخاص بـ HostB.

لا يمكن أن يكون التوجيه أبسط من هذا لكنه لا يزال يتضمن الكثير من الخطوات سنتناولها بالتفصيل فيما يلى:

Todd's 36 easy steps to understanding IP routing

خطوات توود الستة و الثلاثين السهلة لفهم توجيه IP

1. ينشئ بروتوكول رسائل التحكم في الإنترنت (ICMP) حمولة طلب صدى وهي من أوليات الخطوات في حقل البيانات.

2. يسلم ICMP هذه الحمولة إلى بروتوكول الإنترنت (IP) الذي ينشئ بعد ذلك رزمة تحتوي على عنوان مصدر IP وعنوان وجهة IP وحقل بروتوكول. لا تنس أن Cisco تحب استخدام x0 أمام الأحرف السداسية مثل **0x01**

3. بمجرد إنشاء الرزمة يُحدد IP ما إذا كان عنوان IP الوجهة موجودًا على الشبكة المحلية أو شبكة بعيدة.

4. بما أن بروتوكول الإنترنت قد حدد أن هذا طلب بعيد فيجب إرسال الرزمة إلى البوابة الافتراضية حتى يمكن توجيهها إلى الشبكة البعيدة. يتم تحليل السجل في نظام التشغيل Windows للعثور على البوابة الافتراضية التي تم تكوينها.

5. تم تكوين البوابة الافتراضية للمضيفA على 172.16.10.1.

لكي يتم إرسال هذه الرزمة إلى البوابة الافتراضية يجب معرفة عنوان أجهزة الواجهة Ethernet 0 الخاصة بالموجه التي تم تكوينها باستخدام عنوان IP 172.16.10.1.

لماذا؟ حتى يمكن تسليم الرزمة إلى طبقة ربط البيانات وتأطيرها وإرسالها إلى واجهة الموجه المتصلة بشبكة 172.16.10.0.

نظرًا لأن المضيفين يتواصلون فقط عبر عناوين الأجهزة على شبكة LAN المحلية فمن المهم لكي يتواصل المضيفA مع المضيفB يجب عليه إرسال الرزم إلى عنوان (MAC) الخاص بالبوابة الافتراضية على الشبكة المحلية.

6. بعد ذلك يتم فحص ذاكرة التخزين المؤقتة لبروتوكول حل العناوين (ARP) الخاصة بالمضيف لمعرفة ما إذا كان عنوان IP الخاص بالبوابة الافتراضية قد تم حله بالفعل إلى عنوان أجهزة.

إذا كان الأمر كذلك فإن الرزمة تكون جاهزة لتسليمها إلى طبقة ربط البيانات للتأطير.

تذكر أن عنوان أجهزة الوجهة يتم تسليمه أيضًا مع تلك الرزمة.

لعرض ذاكرة التخزين المؤقتة لبروتوكول حل العناوين على المضيف استخدم الأمر التالي:

```
C:\>arp -a

Interface: 172.16.10.2 --- 0x3

Internet Address Physical Address Type

172.16.10.1 00-15-05-06-31-b0 dynamic
```

إذا لم يكن عنوان الأجهزة موجودًا بالفعل في ذاكرة تخزين بروتوكول حل العناوين المؤقتة الخاصة بالمضيف فسيتم إرسال بث بروتوكول حل العناوين إلى الشبكة المحلية للبحث عن عنوان الأجهزة 172.16.10.1.

يستجيب جهاز التوجيه للطلب ويوفر عنوان الأجهزة لشبكة Ethernet 0 ويقوم المضيف بتخزين هذا العنوان مؤقتًا.

7. بمجرد تسليم الرزمة وعنوان أجهزة الوجهة إلى طبقة ربط البيانات يتم استخدام برنامج تشغيل شبكة LAN لتوفير وصول الوسائط عبر نوع شبكة LAN المستخدمة وهو Ethernet في هذه الحالة.

يتم إنشاء إطار يغلف الرزمة بمعلومات التحكم.

داخل هذا الإطار توجد عناوين أجهزة الوجهة والمصدر بالإضافة إلى حقل من نوع Ether الذي يحدد بروتوكول طبقة الشبكة الذي سلم الرزمة إلى طبقة

ربط البيانات في هذه الحالة يكون IP.

في نهاية الإطار يوجد حقل تسلسل فحص الإطار (FCS) الذي يضم نتيجة فحص التكرار الدوري (CRC).

يبدو الإطار مشابهًا لما قمت بتفصيله في الشكل(3).

يحتوي على عنوان الأجهزة (MAC) للمضيف A وعنوان الأجهزة الوجهة للبوابة الافتراضية. لا يتضمن عنوان MAC للمضيف البعيد ـ تذكر ذلك!

Destination MAC (router's E0 MAC address)	Source MAC (Host A MAC address)	Ether-Type field	Packet	FCS CRC

الشكل رقم (3) الإطار المستخدم من المضيف A إلى جهاز التوجيه.

.CCST Support Technician, Networking Exam, Todd Lammle.2024

8. بمجرد اكتمال الإطار يتم تسليمه إلى الطبقة المادية ليتم وضعه على الوسيط المادي (في هذا المثال، الأسلاك المجدولة) بتًا واحدًا في كل مرة.

9. يتلقى كل جهاز في مجال التصادم هذه البتات ويبني الإطار.

يقوم كل منهم بتشغيل CRC والتحقق من الإجابة في حقل FCS.

إذا لم تتطابق الإجابات يتم تجاهل الإطار.

■ إذا تطابق CRC يتم فحص عنوان الوجهة للأجهزة لمعرفة ما إذا كان مطابقًا (وهو في هذا المثال واجهة جهاز التوجيه Ethernet 0).

■ إذا كان مطابقًا يتم فحص حقل Ether-Type للعثور على البروتوكول المستخدم في طبقة الشبكة.

10. يتم سحب الرزمة من الإطار ويتم تجاهل ما تبقى من الإطار.

يتم تسليم الرزمة إلى البروتوكول المدرج في حقل Ether-Type يتم إعطاؤها إلى IP.

11. يستقبل جهاز IP الرزمة ويتحقق من عنوان IP الوجهة.

ونظرًا لأن عنوان وجهة الرزمة لا يتطابق مع أي من العناوين المكوّنة على جهاز التوجيه المتلقي نفسه فسوف يبحث جهاز التوجيه عن عنوان شبكة IP الوجهة في جدول التوجيه الخاص به.

12. يجب أن يحتوي جدول التوجيه على إدخال للشبكة 172.16.20.0 وإلا فسيتم تجاهل الرزمة على الفور وسيتم إرسال رسالة ICMP مرة أخرى إلى الجهاز الأصلي مع رسالة عدم إمكانية الوصول إلى شبكة الوجهة.

13. إذا عثر جهاز التوجيه على إدخال لشبكة الوجهة في جدوله فسيتم تبديل الرزمة إلى واجهة الخروج في هذا المثال واجهة Ethernet 1.

تعرض اللقطة التالية جدول توجيه جهاز التوجيه LabA.
تعني C "متصل بشكل مباشر".
لا توجد بروتوكولات توجيه مطلوبة في هذه الشبكة نظرًا لأن جميع الشبكات
(كل منهما) متصلة بشكل مباشر.

```
Lab_A>sh ip route
C 172.16.10.0 is directly connected, Ethernet0
L 172.16.10.1/32 is directly connected, Ethernet0
C 172.16.20.0 is directly connected, Ethernet1
L 172.16.20.1/32 is directly connected, Ethernet1
```

14. يقوم جهاز التوجيه بتبديل الرزمة إلى المخزن المؤقت Ethernet 1.
15. يحتاج المخزن المؤقت Ethernet 1 إلى معرفة عنوان الأجهزة للمضيف
الوجهة ويتحقق أولاً من ذاكرة التخزين المؤقت ARP.
■ إذا تم بالفعل حل عنوان الأجهزة الخاص بـ HostB وكان موجودًا في ذاكرة
التخزين المؤقت ARP لجهاز التوجيه فسيتم تسليم الرزمة وعنوان الأجهزة
إلى طبقة ربط البيانات لتأطيرها.
دعنا نلقي نظرة على ذاكرة التخزين المؤقت ARP على جهاز التوجيه
LabA باستخدام الأمر show ip arp:

```
Lab_A#sh ip arp
Protocol Address Age(min) Hardware Addr Type Interface
Internet 172.16.20.1 - 00d0.58ad.05f4 ARPA Ethernet1
Internet 172.16.20.2 3 0030.9492.a5dd ARPA Ethernet1
Internet 172.16.10.1 - 00d0.58ad.06aa ARPA Ethernet0
Internet 172.16.10.2 12 0030.9492.a4ac ARPA Ethernet0
```

تشير الشرطة (-) إلى أن هذه هي الواجهة المادية على جهاز التوجيه. يوضح
لنا هذا الإخراج أن جهاز التوجيه يعرف عناوين الأجهزة 172.16.10.2
(HostA) و172.16.20.2 (HostB).
ستحتفظ أجهزة توجيه Cisco بإدخال في جدول ARP لمدة 4 ساعات.
■ إذا لم يتم حل عنوان الأجهزة بالفعل، فسيرسل جهاز التوجيه طلب ARP
إلى E1 بحثًا عن عنوان الأجهزة 172.16.20.2.

يستجيب HostB بعنوانه المادي، ثم يتم إرسال كل من الرزمة وعناوين الأجهزة الوجهة إلى طبقة ربط البيانات للتأطير.

16. تنشئ طبقة ربط البيانات إطارًا بعناوين الأجهزة الوجهة والمصدر وحقل نوع الأثير وحقل FCS في النهاية. ثم يتم تسليم الإطار إلى الطبقة المادية لإرساله على الوسيط المادي بتًا واحدًا في كل مرة.

17. يستقبل HostB الإطار وينفذ على الفور CRC. إذا كانت النتيجة مطابقة للمعلومات الموجودة في حقل FCS، فسيتم بعد ذلك التحقق من عنوان الوجهة للأجهزة. إذا وجد المضيف تطابقًا، فسيتم بعد ذلك التحقق من حقل نوع الأثير لتحديد البروتوكول الذي يجب تسليم الرزمة إليه في طبقة الشبكة في هذا المثال IP.

18. في طبقة الشبكة يتلقى IP الرزمة ويجري CRC على ترويسة IP. إذا نجح ذلك يتحقق IP بعد ذلك من عنوان الوجهة. نظرًا لأنه تم إجراء تطابق أخيرًا يتم التحقق من حقل البروتوكول لمعرفة من يجب تسليم الحمولة إليه.

19. يتم تسليم الحمولة إلى ICMP، الذي يفهم أن هذا طلب صدى. يستجيب ICMP لهذا عن طريق تجاهل الرزمة على الفور وإنشاء حمولة جديدة كرد صدى.

20. يتم بعد ذلك إنشاء رزمة تتضمن عناوين المصدر والوجهة وحقل البروتوكول والحمولة. أصبح جهاز الوجهة الآن HostA.

21. يتحقق IP بعد ذلك لمعرفة ما إذا كان عنوان IP الوجهة هو جهاز على شبكة LAN المحلية أو على شبكة بعيدة. نظرًا لأن الجهاز الوجهة موجود على شبكة بعيدة، فيجب إرسال الرزمة إلى البوابة الافتراضية.

22. يتم العثور على عنوان IP للبوابة الافتراضية في سجل جهاز Windows ويتم فحص ذاكرة التخزين المؤقت لـ ARP لمعرفة ما إذا كان عنوان الأجهزة قد تم حله بالفعل من عنوان IP.

23. بمجرد العثور على عنوان الأجهزة للبوابة الافتراضية يتم تسليم الرزمة وعناوين الأجهزة الوجهة إلى طبقة ربط البيانات للتأطير.

24. تقوم طبقة ربط البيانات بتأطير رزمة المعلومات وتتضمن ما يلي في الترويسة:

■ عناوين الأجهزة المصدر والوجهة

■ حقل نوع الأثير مع 0x0800 (IP) فيه

■ حقل FCS مع نتيجة CRC في السحب

25. يتم الآن تسليم الإطار إلى الطبقة المادية ليتم إرساله عبر وسيط الشبكة بتًا واحدًا في كل مرة.

26. تتلقى واجهة Ethernet 1 الخاصة بالموجه البتات وتبني إطارًا. يتم

تشغيل CRC، ويتم فحص حقل FCS للتأكد من تطابق الإجابات.

27. بمجرد العثور على CRC على ما يرام، يتم فحص عنوان الوجهة للأجهزة. نظرًا لأن واجهة الموجه متطابقة، يتم سحب الرزمة من الإطار ويتم فحص حقل نوع الأثير لتحديد البروتوكول الذي يجب تسليم الرزمة إليه في طبقة الشبكة.

28. تم تحديد البروتوكول على أنه IP، وبالتالي فإنه يحصل على الرزمة. يقوم IP بتشغيل فحص CRC على ترويسة IP أولاً ثم يتحقق من عنوان IP الوجهة.

29. في هذه الحالة، يعرف جهاز التوجيه كيفية الوصول إلى الشبكة 172.16.10.0واجهة الخروج هي Ethernet 0 لذا يتم تبديل الرزمة إلى واجهة Ethernet 0.

30. يتحقق جهاز التوجيه بعد ذلك من ذاكرة التخزين المؤقت لـ ARP لتحديد ما إذا كان عنوان الأجهزة لـ 172.16.10.2 قد تم حله بالفعل.

31. نظرًا لأن عنوان الأجهزة لـ 172.16.10.2 تم تخزينه بالفعل في ذاكرة التخزين المؤقت من الرحلة الأصلية إلى HostB، يتم بعد ذلك تسليم عنوان الأجهزة والرزمة إلى طبقة ربط البيانات.

32. تقوم طبقة ربط البيانات ببناء إطار بعنوان الأجهزة الوجهة وعنوان الأجهزة المصدر ثم تضع IP في حقل نوع Ether. يتم تشغيل CRC على الإطار ويتم وضع النتيجة في حقل FCS.

33. يتم بعد ذلك تسليم الإطار إلى الطبقة المادية لإرساله إلى الشبكة المحلية بتًا واحدًا في كل مرة.

34. يستقبل المضيف الوجهة الإطار، ويجري اختبار CRC، ويتحقق من عنوان الأجهزة الوجهة، ثم ينظر في حقل Ether-Type للتعرف على من يسلم الرزمة.

35. IP هو المستقبل المعين، وبعد تسليم الرزمة إلى IP في طبقة الشبكة، فإنه يتحقق من حقل البروتوكول للحصول على توجيهات إضافية. يجد IP تعليمات لإعطاء الحمولة إلى ICMP، ويحدد ICMP أن الرزمة هي رد صدى ICMP.

36. يقر ICMP بأنه تلقى الرد عن طريق إرسال علامة تعجب (!) إلى واجهة المستخدم. ثم يحاول ICMP إرسال أربعة طلبات صدى أخرى إلى المضيف الوجهة.

ملاحظة هامة

لقد انتهينا من اختبار الخطوات الست والثلاثين السهلة التي وضعها توود لفهم

توجيه IP. **Todd's 36 easy steps to understanding IP routing**
النقطة الأساسية هنا هي أنه كلما كانت الشبكة أكبر كلما زادت عدد القفزات التي تمر بها الرزمة قبل العثور على المضيف الوجهة.

من المهم للغاية أن تتذكر أنه عندما يرسل المضيف A رزمة إلى المضيف B، فإن عنوان أجهزة الوجهة المستخدم هو واجهة Ethernet الخاصة بالبوابة الافتراضية.

لماذا؟ لأنه لا يمكن وضع الإطارات على الشبكات البعيدة توضع فقط على الشبكات المحلية.

لذلك تمر الرزم الموجهة إلى الشبكات البعيدة عبر البوابة الافتراضية.

لنلق نظرة على ذاكرة التخزين المؤقت لبروتوكول ARP للمضيف A:

```
C:\ >arp -a

Interface: 172.16.10.2 --- 0x3

Internet Address Physical Address Type

172.16.10.1 00-15-05-06-31-b0 dynamic

172.16.20.1 00-15-05-06-31-b0 dynamic
```

هل لاحظت أن عنوان الأجهزة (MAC) الذي يستخدمه HostA للوصول إلى HostB هو واجهة LabA E0؟

تكون عناوين الأجهزة محلية دائمًا ولا تمر أبدًا عبر واجهة جهاز التوجيه.

اختبار فهمك لتوجيه IP

نظرًا لأن فهم توجيه IP أمر بالغ الأهمية.

حان الوقت لإجراء اختبار صغير حول مدى نجاحك في عملية توجيه IP سيتم ذلك من خلال عرض بضعة أشكال ونجيب على بعض الأسئلة الأساسية حول توجيه IP.

مثال 1

يوضح الشكل (4) شبكة LAN متصلة بجهاز التوجيه A يتصل عبر رابط WAN بجهاز التوجيه B.

يحتوي جهاز التوجيه B على شبكة LAN متصلة بخادم HTTP متصل.

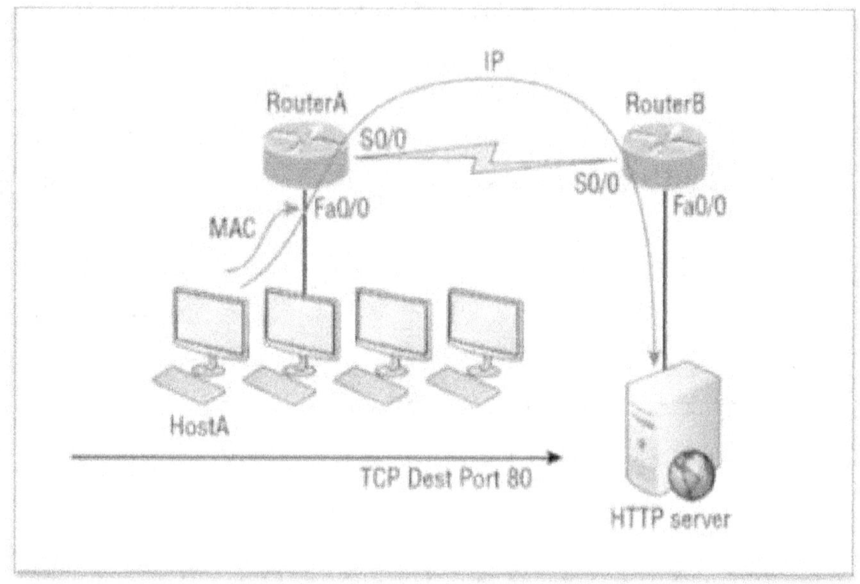

الشكل رقم (4) مثال رقم 1 لتوجيه IP

CCST Support Technician, Networking Exam, Todd Lammle.2024.

1. المعلومات المهمة التي تريد الحصول عليها من خلال النظر إلى الشكل (4) هي بالضبط كيف سيحدث توجيه IP في هذا المثال.

دعنا نحدد خصائص الإطار أثناء مغادرته للمضيف (HostA).

سأعطيك الإجابة ولكن بعد ذلك يجب أن تعود إلى الشكل لترى ما إذا كان بإمكانك الإجابة على المثال 2 دون النظر إلى إجابتي المكونة من ثلاث خطوات!

2. عنوان الوجهة للإطار من المضيف (HostA) سيكون عنوان MAC لواجهة Fa0/0 للموجه (Router A).

3. عنوان الوجهة للرزمة سيكون عنوان IP لبطاقة واجهة الشبكة (NIC) لخادم HTTP.

4. رقم منفذ الوجهة في ترويسة المقطع سيكون 80

أهم الأشياء التي يجب تذكرها أنه عندما تتواصل مضيفات متعددة مع خادم باستخدام HTTP، فيجب أن تستخدم جميعها رقم منفذ مصدر مختلف. عناوين IP وأرقام المنفذ للمصدر والوجهة هي الطريقة التي يحتفظ بها الخادم بالبيانات منفصلة في طبقة النقل.

مثال2

دعنا نعقد الأمور بإضافة جهاز آخر إلى الشبكة ثم نرى ما إذا كان بإمكانك العثور على الإجابات.

يوضح الشكل (5) شبكة بها جهاز توجيه واحد فقط ولكن بها مبدلان.
الشيء الرئيسي الذي يجب فهمه حول عملية توجيه IP في هذا السيناريو هو
ما يحدث عندما يرسل HostA البيانات إلى خادم HTTPS؟ إليك الإجابة:
1. عنوان الوجهة لإطار من HostA سيكون عنوان MAC لواجهة Fa0/0
لجهاز التوجيه RouterA.
2. عنوان الوجهة للرزمة هو عنوان IP لبطاقة واجهة الشبكة (NIC) لخادم
HTTPS.
3. سيكون رقم منفذ الوجهة في الترويسة بقيمة 443.

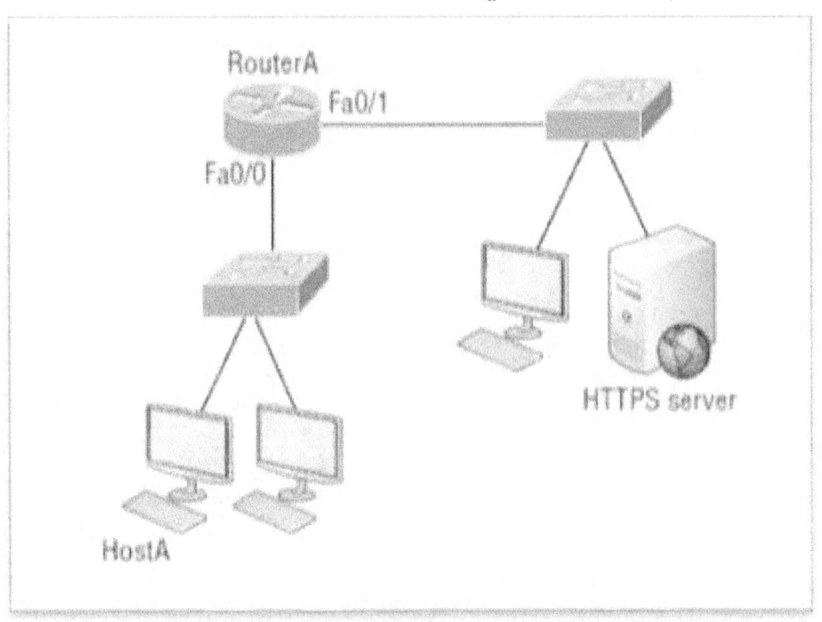

الشكل رقم (5) مثال رقم 2 لتوجيه IP
CCST Support Technician, Networking Exam, Todd Lammle.2024.

- هل لاحظت أن المبدلات لم تُستخدم كبوابة افتراضية أو أي وجهة
أخرى؟ ذلك لأن المبدلات لا علاقة لها بالتوجيه.

- أتساءل كم منكم اختار المبدل كعنوان MAC للبوابة الافتراضية
(الوجهة) لجهاز HostA؟

- إذا كان الأمر كذلك فلا تنزعج فقط ألق نظرة أخرى لترى أين أخطأت
ولماذا.

- من المهم جدًا أن تتذكر أن عنوان MAC للوجهة سيكون دائمًا واجهة
جهاز التوجيه ـ إذا كانت رزمك موجهة إلى خارج شبكة LAN كما
كانت في هذين المثالين الأخيرين.

مثال3

قبل الانتقال إلى بعض الجوانب الأكثر تقدمًا في توجيه IP دعنا نلقي نظرة على قضية أخرى.

ألق نظرة على مخرجات جدول التوجيه الخاص بهذا الموجه:

```
Corp#sh ip route
[output cut]
R 192.168.215.0 [120/2] via 192.168.20.2, 00:00:23, Serial0/0
R 192.168.115.0 [120/1] via 192.168.20.2, 00:00:23, Serial0/0
R 192.168.30.0 [120/1] via 192.168.20.2, 00:00:23, Serial0/0
C 192.168.20.0 is directly connected, Serial0/0
L 192.168.20.1/32 is directly connected, Serial0/0
C 192.168.214.0 is directly connected, FastEthernet0/0
L 192.168.214.1/32 is directly connected, FastEthernet0/0
```

ماذا نرى فى هذا المثال

إذا أخبرتك أن جهاز توجيه الشركة تلقى رزمة IP بعنوان IP المصدر 192.168.214.20 وعنوان IP الوجهة 192.168.22.3 فماذا سيفعل جهاز توجيه الشركة بهذه الرزمة؟

إذا قلت: "وصلت الرزمة عبر واجهة FastEthernet 0/0 لكن لأن جدول التوجيه لا يُظهِر توجيها إلى الشبكة 192.168.22.0 (أو توجيها افتراضيًا) فسوف يتجاهل جهاز التوجيه الرزمة ويرسل رسالة ICMP تفيد بعدم إمكانية الوصول إلى الوجهة مرة أخرى إلى واجهة FastEthernet 0/0" السبب وراء كون هذه الإجابة صحيحة هو أن شبكة LAN المصدرهى التي نشأت منها الرزمة.

أمثلة عن أساسيات IP routing

تأكد من أنك تفهم تمامًا وبشكل كامل وشامل الإطارات والرزم بالتفصيل.

هذا هو جوهر هذا الكتاب والموضوع الذي تتجه إليه أهداف الإمتحان.

يتعلق الأمر كله بتوجيه IP

مما يعني أنك بحاجة إلى معرفة كل شيء عن هذا الموضوع!

توجيه IP الأساسي باستخدام عناوين MAC و IP

بالإشارة إلى الشكل (6) إليك قائمة بالأسئلة ثم الإجابات التي يجب تدوينها.

1. لبدء الاتصال بخادم المبيعات يرسل المضيف 4 طلب ARP. كيف ستستجيب الأجهزة المعروضة في الطوبولوجيا لهذا الطلب؟

2. تلقى المضيف 4 رد ARP سيبني المضيف 4 الآن رزمة ويضع هذه الرزمة في الإطار.

ما المعلومات التي سيتم وضعها في ترويسة الرزمة التي تغادر المضيف 4 إذا كان المضيف 4 سيتواصل مع خادم المبيعات؟

3. تلقى جهاز التوجيه LabA الرزمة وسيرسلها Fa0/0 إلى شبكة LAN باتجاه الخادم.

ما الذي سيحتوي عليه الإطار في الترويسة عن عنوان المصدر والوجهة؟

4. يعرض المضيف 4 مستندين ويب من خادم المبيعات في نافذتي متصفح في نفس الوقت.

كيف وجدت البيانات طريقها إلى نافذتي المتصفح الصحيحتين؟

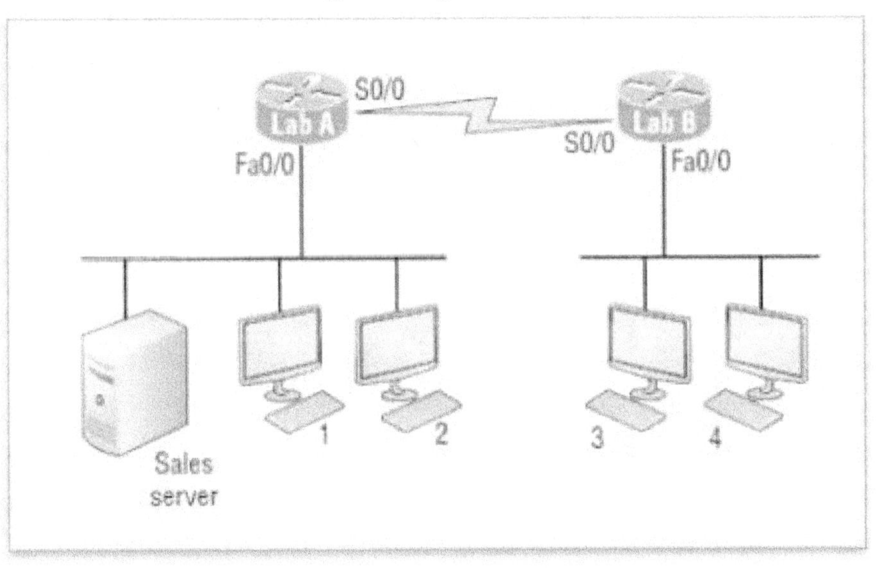

الشكل رقم (6) توجيه IP الأساسي باستخدام عناوين MAC وIP
CCST Support Technician, Networking Exam, Todd Lammle.2024.

إليك الإجابات بنفس الترتيب الذي تم به عرض السيناريوهات:

1. لبدء الاتصال بالخادم يرسل المضيف 4 طلب ARP.

كيف ستستجيب الأجهزة المعروضة في الطوبولوجيا لهذا الطلب؟

نظرًا لأن عناوين MAC يجب أن تبقى على الشبكة المحلية فسوف يستجيب جهاز التوجيه LabB بعنوان MAC لواجهة Fa0/0 وسيرسل المضيف 4 جميع الإطارات إلى عنوان MAC لواجهة Fa0/0 LabB عند إرسال الرزم إلى خادم المبيعات.

2. تلقى المضيف 4 رد ARP.

سيقوم المضيف 4 الآن ببناء رزمة ووضع هذه الرزمة في الإطار.

ما هي المعلومات التي سيتم وضعها في ترويسة الرزمة التي تغادر المضيف 4 إذا كان المضيف 4 سيتواصل مع خادم المبيعات؟
نظرًا لأننا نتحدث الآن عن الرزم وليس الإطارات فسيكون عنوان المصدر هو عنوان IP للمضيف 4 وسيكون عنوان الوجهة هو عنوان IP لخادم المبيعات.
3. أخيرًا تلقى جهاز التوجيه LabA الرزمة وسيرسلها Fa0/0 إلى شبكة LAN نحو الخادم.

ما الذي سيحتوي عليه الإطار في الترويسة عن عنوان المصدر والوجهة؟
سيكون عنوان MAC المصدر هو واجهة Fa0/0 لجهاز التوجيه LabA وسيكون عنوان MAC الوجهة هو عنوان MAC لخادم المبيعات لأن جميع عناوين MAC يجب أن تكون محلية على شبكة LAN.
4. يعرض المضيف 4 مستندين ويب من خادم المبيعات في نافذتي متصفح مختلفتين في نفس الوقت.

كيف وجدت البيانات طريقها إلى نافذتي المتصفح الصحيحتين؟
يتم استخدام أرقام منفذ TCP لتوجيه البيانات إلى نافذة التطبيق الصحيحة.

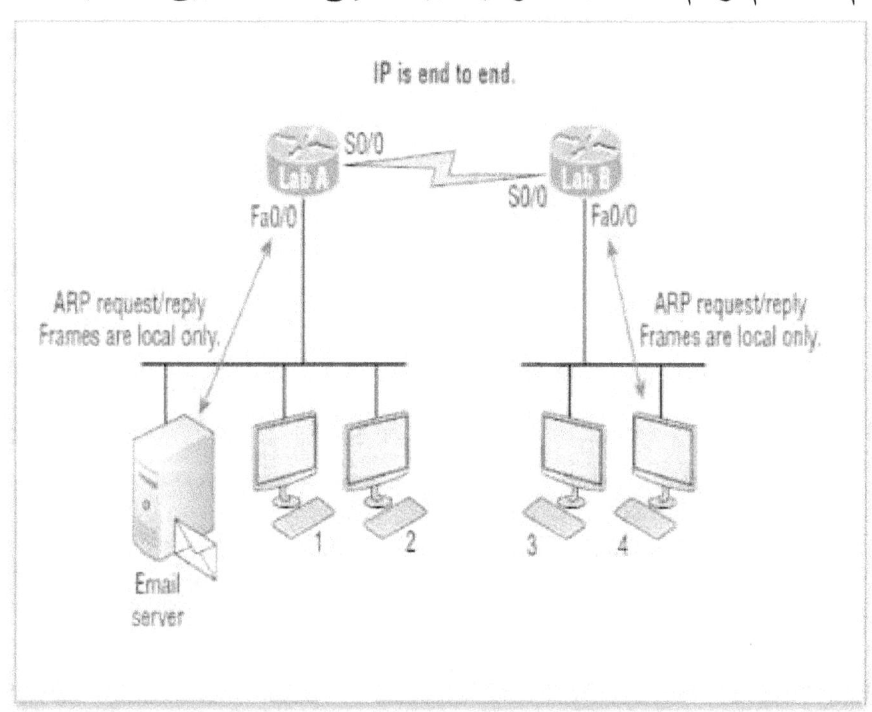

الشكل رقم (7) اختبار معرفة التوجيه الأساسية
.CCST Support Technician, Networking Exam, Todd Lammle.2024
لدينا بعض الأسئلة الإضافية قبل أن تتمكن من تكوين التوجيه في شبكة حقيقية.

سؤال

يوضح الشكل (7) شبكة أساسية ويحتاج المضيف 4 إلى تلقي البريد الإلكتروني.
ما العنوان الذي سيتم وضعه في حقل عنوان الوجهة في الإطار عندما يغادر المضيف 4؟
الإجابة

المضيف 4 سيستخدم عنوان MAC الوجهة لواجهة Fa0/0 على جهاز التوجيه LabB.
لقد كنت تعلم ذلك، أليس كذلك؟

سؤال آخر

انظر إلى الشكل (7) مرة أخرى.
ماذا لو احتاج المضيف 4 إلى التواصل مع المضيف 1 ؟
أي عنوان مصدر لطبقة OSI 3 سيتم العثور عليه في ترويسة الرزمة عندما تصل إلى المضيف 1؟
الإجابة

في الطبقة 3 سيكون عنوان IP المصدر هو المضيف 4، وسيكون عنوان الوجهة في الرزمة هو عنوان IP المضيف 1.
بالطبع سيكون عنوان MAC الوجهة من المضيف 4 دائمًا هو عنوان Fa0/0 لجهاز التوجيه Lab_B، أليس كذلك؟
نظرًا لوجود أكثر من جهاز توجيه، فسنحتاج إلى بروتوكول توجيه يتواصل بين كلاهما حتى يمكن إعادة توجيه حركة المرور في الاتجاه الصحيح للوصول إلى الشبكة التي يتصل بها المضيف 1.

سؤال آخر

باستخدام الشكل (7) يقوم المضيف 4 بنقل ملف إلى خادم البريد الإلكتروني المتصل بجهاز التوجيه LabA.
ما هو عنوان الوجهة في الطبقة 2 الذي يغادر المضيف 4؟
ما هو عنوان MAC المصدر عندما يتم استلام الإطار في خادم البريد الإلكتروني؟
الإجابة

عنوان الوجهة في الطبقة 2 الذي يغادر المضيف 4 هو عنوان MAC لواجهة Fa0/0 على جهاز التوجيه LabB

عنوان المصدر في الطبقة 2 الذي سيتلقاه خادم البريد الإلكتروني هو واجهة Fa0/0 لجهاز التوجيه LabA.

تكوين توجيه IP (Configuring IP Routing)

هل الشبكة جاهزة حقًا للعمل؟

كيف سترسل أجهزة التوجيه الرزم إلى الشبكات البعيدة عندما تحصل على معلومات وجهتها من خلال البحث في جداولها المحلية التي تتضمن فقط توجيهات حول الشبكات المتصلة مباشرة؟

تتخلص أجهزة التوجيه على الفور من الرزم التي تتلقاها بعناوين الشبكات غير المدرجة في جدول التوجيه الخاص بها!

هناك عدة طرق لتكوين جداول التوجيه تشمل جميع الشبكات في شبكة الإنترنت الصغيرة الخاصة بحيث يتم إعادة توجيه الرزم بشكل صحيح.

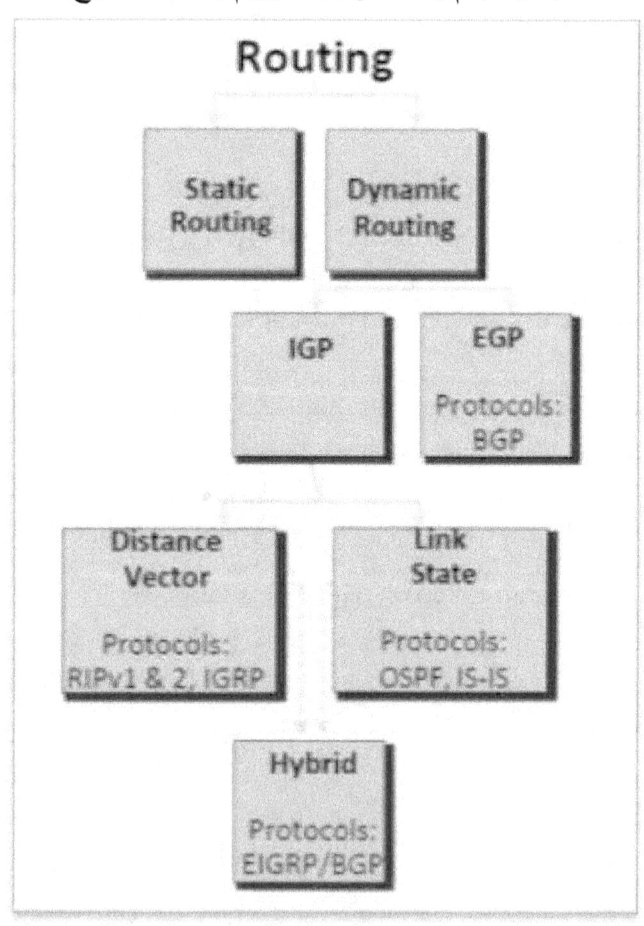

أنواع التوجيه

تناقش الأقسام التالية طرق التوجيه الثلاثة التالية:

- التوجيه الثابت
- التوجيه الافتراضي
- التوجيه الديناميكي

التوجيه الثابت Static Routing

التوجيه الثابت هو عملية تحدث عندما تقوم يدويًا بإضافة توجيهات في جدول التوجيه الخاص بكل جهاز توجيه.

من المتوقع أن يكون للتوجيه الثابت إيجابيات وسلبيات ولكن هذا ينطبق على جميع طرق التوجيه.

الإيجابيات:

- لا توجد تكاليف إضافية على وحدة المعالجة المركزية لجهاز التوجيه مما يعني أنه من المحتمل أن تتمكن من الاكتفاء بجهاز توجيه أرخص مما قد تحتاجه للتوجيه الديناميكي.

- لا يوجد استخدام للنطاق الترددي بين أجهزة التوجيه مما يوفر لك المال على روابط شبكة WAN بالإضافة إلى تقليل النفقات العامة على جهاز التوجيه نظرًا لأنك لا تستخدم بروتوكول توجيه.

- يضيف الأمان لأنك تختار السماح بالوصول إلى التوجيه لشبكات معينة فقط.

السلبيات:

- يجب أن يكون لدى المسؤول معرفة دقيقة بالشبكة الداخلية وكيفية توصيل كل جهاز توجيه من أجل تكوين التوجيهات بشكل صحيح.

إذا لم يكن لديك خريطة جيدة ودقيقة لشبكتك الداخلية فستصبح الأمور فوضوية للغاية بسرعة!

- إذا أضفت شبكة إلى الشبكة الداخلية فيجب عليك إضافة توجيه إليها يدويًا على جميع أجهزة التوجيه وهو ما يصبح أمرًا جنونيًا بشكل متزايد مع نمو الشبكة.

- بسبب النقطة الأخيرة فإنه ليس من الممكن استخدامه في معظم الشبكات الكبيرة لأن صيانته ستكون أشغال شاقة.

لكن هذه القائمة من السلبيات لا تعني أنه يمكنك تخطي تعلم كل شيء عنه، يجب أن يكون لديك فهم قوي جدًا للشبكة لتكوينها بشكل صحيح وأن معرفتك الإدارية يجب أن تكون على وشك أن تكون خارقة للطبيعة! لذا دعنا نتعمق ونطور هذه المهارات. بدءًا من البداية.

175

جدول التوجيه Routing Table
صيغة أمر إضافة توجيه

إليك صيغة الأمر التي تستخدمها لإضافة توجيه ثابت إلى جدول التوجيه من التكوين العالمي:

```
ip route [destination_network] [mask] [next-hop_address or
exitinterface] [administrative_distance] [permanent]
```

تصف هذه القائمة كل أمر في السلسلة:

ip route

الأمر المستخدم لإنشاء التوجيه الثابت.

destination_network

الشبكة التي تضعها في جدول التوجيه.

Mask

قناع الشبكة الفرعية المستخدم على الشبكة.

next-hop_address

هو عنوان IP لجهاز التوجيه التالى أو القفزة التالية الذي سيستقبل الرزم ويعيد توجيهها إلى الشبكة البعيدة التي يجب أن تشير إلى واجهة جهاز توجيه موجودة على شبكة متصلة مباشرة.

يجب أن تكون قادرًا على تنفيذ أمر ping بنجاح على واجهة جهاز التوجيه قبل أن تتمكن من إضافة التوجيه.

لاحظ أنه إذا كتبت عنوان القفزة التالية الخطأ أو كانت واجهة جهاز التوجيه الصحيح معطلة فسيظهر التوجيه الثابت في تكوين جهاز التوجيه ولكن ليس في جدول التوجيه.

exitinterface

يستخدم بدلاً من عنوان القفزة التالية، إذا أردت، ويظهر كتوجيه متصل مباشرة.

administrative_distance

بشكل افتراضي، يكون للتوجيهات الثابتة مسافة إدارية تساوي 1 أو 0 إذا كنت تستخدم واجهة خروج بدلاً من عنوان القفزة التالية.

يمكنك تغيير القيمة الافتراضية عن طريق إضافة وزن إداري في نهاية الأمر.

permanent

إذا تم إيقاف تشغيل الواجهة أو تعذر على جهاز التوجيه الاتصال بجهاز التوجيه التالي فسيتم تجاهل التوجيه تلقائيًا من جدول التوجيه افتراضيًا.

يؤدي اختيار الخيار الدائم إلى إبقاء الإدخال في جدول التوجيه بغض النظر عما يحدث.

أمثلة

مثال1: نلقي نظرة على توجيه ثابت نموذجي لمعرفة ما يمكننا معرفته عنه:

Router(config)#ip route 172.16.3.0 255.255.255.0 192.168.2.4

■ يخبرنا أمر ip route ببساطة أنه توجيه ثابت.

■ 172.16.3.0 هي الشبكة البعيدة التي نريد إرسال الرزم إليها.

■ 255.255.255.0 هو قناع الشبكة البعيدة.

■ 192.168.2.4 القفزة التالية أو جهاز التوجيه الذي سيتم إرسال الرزم إليه.

مثال2: ما معنى أن يكون التوجيه الثابت كما يلى:

Router(config)#ip route 172.16.3.0 255.255.255.0 192.168.2.4 150

يؤدي الرقم 150 في النهاية إلى تغيير المسافة الإدارية الافتراضية (AD) من 1 إلى 150.

نذكر أن Administrative Distance AD هي مدى موثوقية التوجيه حيث يكون 0 هو الأفضل و255 هو الأسوأ.

مثال3: **Router(config)#ip route 172.16.3.0 255.255.255.0 s0/0/0**

بدلاً من استخدام عنوان الانتقال التالي (القفزة التالية) يمكننا استخدام واجهة خروج تجعل التوجيه يظهر كشبكة متصلة مباشرة.

من الناحية الوظيفية تعمل واجهة الانتقال التالي والخروج بنفس الطريقة.

التوجيه الافتراضي Default Routing

يشير مصطلح التوجيه الإضطرارى stub route إلى أن الشبكات في تصميم الشبكة لديها مخرج واحد فقط للوصول إلى جميع الشبكات الأخرى.

ذلك يعني أنه بدلاً من الاضطرار إلى إنشاء توجيهات ثابتة متعددة يمكننا استخدام توجيه افتراضي واحد فقط.

يستخدم IP هذا التوجيه الافتراضي لإعادة توجيه forward أي رزمة لا توجد وجهة لها في جدول التوجيه.

لهذا السبب يُطلق عليه أيضًا بوابة الملاذ الأخير.

فيما يلي نموذج لتكوين التوجيه الافتراضي:

```
Router#config t
Router(config)#ip route 0.0.0.0 0.0.0.0 172.16.10.5
Router(config)#do show ip route
        [output cut]
Gateway of last resort is 172.16.10.5 to network 0.0.0.0
```

التوجيه الديناميكي Dynamic Routing

- التوجيه الديناميكي هو استخدام البروتوكولات للعثور على الشبكات وتحديث جداول التوجيه على أجهزة التوجيه.
- هذا أسهل كثيرًا من استخدام التوجيه الثابت أو الافتراضي ولكنه سيكلفك من حيث معالجة وحدة المعالجة المركزية لجهاز التوجيه وعرض النطاق الترددي على روابط الشبكة.
- يحدد بروتوكول التوجيه مجموعة القواعد التي يستخدمها جهاز التوجيه عندما يتواصل بمعلومات التوجيه بين أجهزة التوجيه المجاورة.

بروتوكول التوجيه الذي سأتحدث عنه في هذا الفصل هو بروتوكول معلومات التوجيه Routing Information Protocol (RIP) الإصداران 1 و2.

أنواع بروتوكولات التوجيه الديناميكى

- يتم استخدام نوعين من بروتوكولات التوجيه في الشبكات المترابطة:
بروتوكولات البوابة الداخلية (IGP) Interior Gateway Protocols
بروتوكولات البوابة الخارجية (EGP) Exterior Gateway Protocols
- تُستخدم بروتوكولات البوابة الداخلية (IGP) لتبادل معلومات التوجيه مع أجهزة التوجيه في نفس النظام المستقل (AS) Autonomous System
- يكون النظام المستقل إما شبكة واحدة أو مجموعة من الشبكات ضمن نطاق إداري مشترك مما يعني في الأساس أن جميع أجهزة التوجيه التي تشترك في نفس معلومات جدول التوجيه موجودة في نفس النظام المستقل.
- تُستخدم بروتوكولات البوابة الخارجية (EGP) للتواصل بين أنظمة AS.

أمثلة

من أمثلة بروتوكولات توجيه البيانات (EGP) بروتوكول بوابة الحدود

Border Gateway Protocol (BGP)

والذي لن نهتم به لأنه خارج نطاق هذا الكتاب.

بروتوكول بوابة الحدود (BGP) هو بروتوكول التوجيه الديناميكي الذي ينشر التوجيهات لرزم التوجيه على الإنترنت.

نظرًا لأن بروتوكولات التوجيه ضرورية للغاية للتوجيه الديناميكي فسأقدم لك المعلومات الأساسية التي تحتاج إلى معرفتها عنها بعد ذلك.

أساسيات بروتوكول التوجيه Routing Protocol Basics

هناك بعض الأمور المهمة التي يجب أن تعرفها عن بروتوكولات التوجيه قبل أن نتعمق أكثر دعنا نلقي نظرة على المسافات الإدارية والأنواع الثلاثة المختلفة من بروتوكولات التوجيه.

المسافات الإدارية Administrative Distances

- تُستخدم المسافة الإدارية (AD) لتقييم موثوقية معلومات التوجيه المستلمة على جهاز توجيه من جهاز توجيه مجاور.

- المسافة الإدارية عبارة عن عدد صحيح من 0 إلى 255، حيث 0 هو الأكثر موثوقية و255 يعني أنه لن يتم تمرير أي حركة مرور عبر هذا الطريق.

- إذا تلقى جهاز توجيه تحديثين يسردان نفس الشبكة البعيدة فإن أول شيء يتحقق منه جهاز التوجيه هو AD.

- إذا كان أحد الطرق المعلن عنها يحتوي على AD أقل من الآخر فسيتم اختيار الطريق الذي يحتوي على AD الأقل ووضعه في جدول التوجيه.

- إذا كان كلا التوجيهين المعلن عنهما لنفس الشبكة لهما نفس AD فسيتم استخدام مقاييس بروتوكول التوجيه مثل عدد القفزات و/أو عرض النطاق الترددي للخطوط للعثور على أفضل توجيه إلى الشبكة البعيدة.

- سيتم وضع التوجيه المصنف بأقل مقياس في جدول التوجيه ولكن إذا كان كلا التوجيهين المعلن عنهما لهما نفس AD بالإضافة إلى نفس المقاييس فسيقوم بروتوكول التوجيه بموازنة التحميل load balance إلى الشبكة البعيدة مما يعني أن البروتوكول سيرسل البيانات إلى كل رابط منهما.

عمل المسافات الإدارية

يوضح الجدول (1) المسافات الإدارية الافتراضية التي يستخدمها جهاز توجيه Cisco لتحديد التوجيه الذي يجب اتخاذه إلى شبكة بعيدة.

179

- إذا كانت الشبكة متصلة بشكل مباشر سيستخدم جهاز التوجيه دائمًا الواجهة المتصلة بالشبكة.

- إذا قمت بتكوين توجيه ثابت سيؤكد جهاز التوجيه هذا التوجيه على أي توجيهات أخرى يتعرف عليها.

- يمكنك تغيير المسافة الإدارية للتوجيهات الثابتة ولكن AD قيمتها 1 بشكل افتراضي.

- تسمح لنا هذه القيمة بتكوين بروتوكولات التوجيه دون الحاجة إلى إزالة التوجيهات الثابتة لأنه من الجيد أن نحتفظ بها لتكون هناك نسخة احتياطية في حالة تعرض بروتوكول التوجيه لنوع من الفشل.

- إذا كان لديك توجيه ثابت وتوجيه معلن عنه بواسطة RIP وتوجيه معلن عنه بواسطة EIGRP يسرد نفس الشبكة، فأي توجيه سيستخدمه جهاز التوجيه؟ بشكل تلقائي سيستخدم جهاز التوجيه دائمًا التوجيه الثابت ما لم تغير AD الخاص به!

ROUTE SOURCE	DEFAULT AD
Connected interface	0
Static route	1
EIGRP	90
IGRP	100
OSPF	110
RIP	120
External EIGRP	170
Unknown	255 (this route will never be used)

الجدول رقم (1)

CCST Support Technician, Networking Exam, Todd Lammle.2024.

بروتوكولات التوجيه Routing Protocols

هناك ثلاث فئات من بروتوكولات التوجيه:

متجه المسافة Distance Vector

- بروتوكولات متجه المسافة المستخدمة اليوم تجد أفضل طريق إلى شبكة بعيدة من خلال الحكم على المسافة.

- في توجيه RIP يُطلق على كل حالة تمر فيها الرزمة عبر جهاز التوجيه اسم قفزة وسيتم اختيار التوجيه الذي يحتوي على أقل عدد من القفزات إلى الشبكة كأفضل توجيه.

180

- يشير المتجه إلى الاتجاه إلى الشبكة البعيدة.
- RIP هو بروتوكول توجيه متجه المسافة ويرسل بشكل دوري جدول التوجيه بالكامل إلى الجوار المتصلين مباشرة.

حالة الرابط Link State

- بروتوكول حالة الرابط يسمى أيضًا بروتوكول أقصر مسار توجيه أولاً shortest-path-first (SPF) و فيه ينشئ كل جهاز توجيه ثلاثة جداول منفصلة:
  - يتتبع أحد الجداول الجوار المتصلين مباشرة.
  - يحدد جدول آخر طوبولوجيا الشبكة بالكامل.
  - يُستخدم جدول ثالث كجدول توجيه.
- تعرف أجهزة توجيه حالة الرابط المزيد عن الشبكة أكثر من أي بروتوكول توجيه متجه المسافة آخر.
- OSPF هو بروتوكول توجيه IP يعتمد على حالة الرابط تمامًا.
- لا يتم تبادل جداول توجيه حالة الربط بشكل دوري بل يتم بدلاً من ذلك إرسال تحديثات مُحفّزة تحتوي فقط على معلومات محددة عن حالة الربط.
- يتم تبادل رسائل تنبيه دورية صغيرة وفعّالة على هيئة رسائل ترحيب بين الجوار المتصلين مباشرة لإنشاء علاقات الجوار والحفاظ عليها.

بروتوكولات متجه المسافة المتقدمة Advanced Distance Vector

تستخدم بروتوكولات متجه المسافة المتقدمة جوانب من بروتوكولات متجه المسافة وحالة الربط، وبروتوكول EIGRP هو مثال رائع على ذلك.

Enhanced Interior Gateway Routing Protocol
بروتوكول التوجيه الداخلي المحسن بين البوابات

- قد يعمل بروتوكول EIGRP مثل بروتوكول توجيه حالة الربط لأنه يستخدم بروتوكول Hello لاكتشاف الجوار وتكوين علاقات الجوار ولأن التحديثات الجزئية فقط يتم إرسالها عند حدوث تغيير.
- لا يزال بروتوكول EIGRP يعتمد على مبدأ بروتوكول توجيه متجه المسافة الرئيسي الذي ينص على أن المعلومات حول بقية الشبكة يتم تعلمها من الجوار المتصلين مباشرة.
- لا توجد مجموعة من القواعد التي يجب اتباعها والتي تملي بالضبط كيفية تكوين بروتوكولات التوجيه على نطاق واسع لكل موقف.
- إنها مهمة يجب القيام بها حقًا على أساس كل حالة على حدة، مع التركيز على المتطلبات المحددة لكل حالة.

181

ملخص الفصل

- تناول هذا الفصل توجيه IP بالتفصيل.
- من المهم للغاية أن تفهم تمامًا الأساسيات التي يغطيها هذا الفصل لأن كل ما يتم إجراؤه على جهاز توجيه Cisco عادةً سيكون به نوع ما من توجيه IP مُهيأ وقيد التشغيل.
- لقد تعلمت كيف يستخدم توجيه IP الإطارات لنقل الرزم بين أجهزة التوجيه وإلى المضيف الوجهة.
- قمنا بتكوين التوجيه الثابت على أجهزة التوجيه الخاصة بنا وناقشنا المسافة الإدارية التي يستخدمها IP لتحديد أفضل مسار إلى شبكة الوجهة.
- لقد اكتشفت أنه إذا كان لديك شبكة بديلة فيمكنك تكوين التوجيه الافتراضي الذي يحدد بوابة الملاذ الأخير على جهاز التوجيه.

أساسيات الإمتحان

- وصف عملية توجيه IP الأساسية.
- يجب أن تتذكر أن الإطار يتغير عند كل قفزة، ولكن الرزمة لا تتغير أو تتم معالجتها بأي شكل من الأشكال حتى تصل إلى الجهاز الوجهة.
- (يتم تقليل حقل TTL في رأس IP لكل قفزة، ولكن هذا كل شيء!)
- سرد المعلومات المطلوبة من جهاز التوجيه لتوجيه الرزم بنجاح.
- لكي يتمكن جهاز التوجيه من توجيه الرزم، يجب أن يعرف، على الأقل، عنوان الوجهة وموقع أجهزة التوجيه المجاورة التي يمكنه من خلالها الوصول إلى الشبكات البعيدة والطرق الممكنة لجميع الشبكات البعيدة وأفضل طريق لكل شبكة بعيدة وكيفية صيانة معلومات التوجيه والتحقق منها.
- وصف كيفية استخدام عناوين MAC أثناء عملية التوجيه.
- سيتم استخدام عنوان MAC (الأجهزة) فقط على شبكة LAN محلية.
- يستخدم الإطار عناوين MAC (الأجهزة) لإرسال رزمة على شبكة LAN. سيأخذ الإطار الرزمة إما إلى مضيف على شبكة LAN أو إلى واجهة جهاز التوجيه (إذا كانت الرزمة موجهة إلى شبكة بعيدة).
- مع انتقال الرزم من جهاز توجيه إلى آخر، تتغير عناوين MAC المستخدمة، ولكن عادةً لا تتغير عناوين IP الأصلية للمصدر والوجهة داخل الرزمة.
- قم بالتمييز بين الأنواع الثلاثة للتوجيه.

- الأنواع الثلاثة للتوجيه هي التوجيه الثابت (حيث يتم تكوين المسارات يدويًا في واجهة سطر الأوامر) والتوجيه الديناميكي (حيث تشارك أجهزة التوجيه معلومات التوجيه عبر بروتوكول التوجيه) والتوجيه الافتراضي (حيث يتم تكوين مسار خاص لجميع حركة المرور دون شبكة وجهة أكثر تحديدًا موجودة في الجدول).

- قم بمقارنة ومقارنة التوجيه الثابت والديناميكي.

- لا ينشئ التوجيه الثابت حركة مرور تحديث التوجيه ويخلق عبئًا أقل على جهاز التوجيه وروابط الشبكة، ولكن يجب تكوينه يدويًا ولا يمتلك القدرة على الاستجابة لانقطاعات الربط.

- ينشئ التوجيه الديناميكي حركة مرور تحديث التوجيه ويستخدم عبئًا أكبر على جهاز التوجيه وروابط الشبكة.

- تفهم جيدا المسافة الإدارية ودورها في اختيار أفضل مسار.

- تُستخدم المسافة الإدارية (AD) لتقييم موثوقية معلومات التوجيه التي يتم تلقيها على جهاز توجيه من جهاز توجيه مجاور.

- المسافة الإدارية عبارة عن عدد صحيح من 0 إلى 255، حيث يمثل 0 الأكثر موثوقية ويعني 255 أنه لن يتم تمرير أي حركة مرور عبر هذا المسار.

- يتم تعيين AD افتراضي لجميع بروتوكولات التوجيه ولكن يمكن تغييره في سطر الأوامر CLI.

- التمييز بين متجه المسافة وحالة الربط تتخذ بروتوكولات توجيه متجه المسافة قرارات التوجيه بناءً على عدد القفزات (فكر في RIP) في حين أن بروتوكولات توجيه حالة الربط قادرة على مراعاة عوامل متعددة مثل النطاق الترددي المتاح وبناء جدول طوبولوجيا.

الأسئلة التالية مصممة لاختبار مدى فهمك لمادة هذا الفصل.
لمزيد من المعلومات حول كيفية الحصول على أسئلة إضافية
يرجى زيارة www.lammle.com/ccst.
يمكنك العثور على إجابات هذه الأسئلة في الملحق "إجابات أسئلة المراجعة".

1. ما هو الأمر الذي تم استخدامه لإنشاء الناتج التالي؟

```
Codes: L - local, C - connected, S - static,
[output cut]
10.0.0.0/8 is variably subnetted, 6 subnets, 4 masks
C 10.0.0.0/8 is directly connected, FastEthernet0/3
L 10.0.0.1/32 is directly connected, FastEthernet0/3
C 10.10.0.0/16 is directly connected, FastEthernet0/2
L 10.10.0.1/32 is directly connected, FastEthernet0/2
C 10.10.10.0/24 is directly connected, FastEthernet0/1
L 10.10.10.1/32 is directly connected, FastEthernet0/1
S* 0.0.0.0/0 is directly connected, FastEthernet0/0
```

أ. show running-config
ب. show ip route
ج. show routing table
د. show ip path

2. أي من العبارات التالية صحيحة فيما يتعلق بالأمر
ip route 172.16.4.0 255.255.255.0 192.168.4.2
(اختر اثنتين.)

أ. يستخدم الأمر لإنشاء مسار ثابت.

ب. يتم استخدام المسافة الإدارية الافتراضية.

ج. يستخدم الأمر لتكوين المسار الافتراضي.

د. قناع الشبكة الفرعية لعنوان المصدر هو 255.255.255.0.

هـ. يستخدم الأمر لإنشاء شبكة فرعية.

3. ما عناوين الوجهة التي سيستخدمها HostA لإرسال البيانات إلى خادم
HTTPS كما هو موضح في الشبكة التالية؟
(اختر اثنتين.)

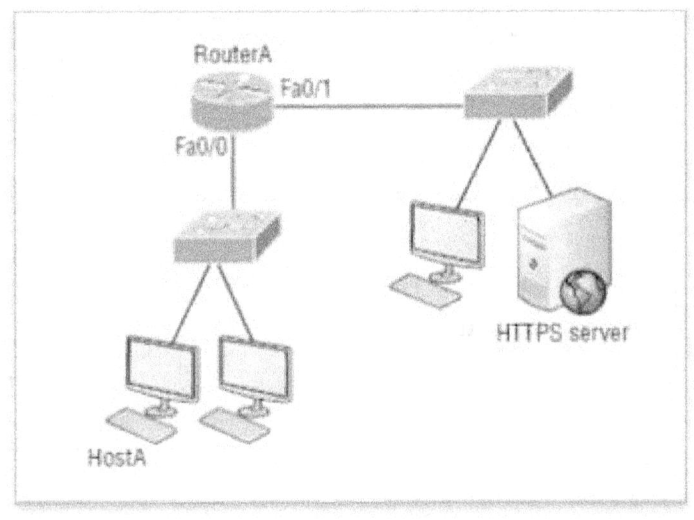

أ. عنوان IP الخاص بالمبدل

ب. عنوان MAC الخاص بالمبدل البعيد

ج. عنوان IP الخاص بخادم HTTPS

د. عنوان MAC الخاص بخادم HTTPS

هـ. عنوان IP الخاص بواجهة Fa0/0 الخاصة بجهاز التوجيه A

و. عنوان MAC الخاص بواجهة Fa0/0 الخاصة بجهاز التوجيه A

4. أي مما يلي يسمى بروتوكول توجيه متجه المسافة المتقدم؟

أ. OSPF

ب. EIGRP

ج. BGP

د. RIP

5. عند توجيه رزمة عبر شبكة، يتغير ____________ في الرزمة عند كل قفزة بينما لا يتغير ____________ .

أ. عنوان MAC، عنوان IP

ب. عنوان IP، عنوان MAC

ج. رقم المنفذ، عنوان IP

د. عنوان IP، رقم المنفذ

6. أي من العبارات التالية فيما يتعلق ببروتوكولات التوجيه بمتجه المسافة وحالة الربط صحيحة؟ (اختر إجابتين.)

أ. ترسل حالة الربط جدول التوجيه الكامل الخاص بها من جميع الواجهات النشطة على فترات زمنية دورية.

ب. يرسل متجه المسافة جدول التوجيه الكامل الخاص به من جميع الواجهات النشطة على فترات زمنية دورية.

ج. ترسل حالة الربط تحديثات تحتوي على حالة روابطها الخاصة إلى جميع أجهزة التوجيه في الشبكة.

د. يرسل متجه المسافة تحديثات تحتوي على حالة الروابط الخاصة به إلى جميع أجهزة التوجيه في الشبكة.

7. ماذا يعني الرقم 150 في نهاية الأمر التالي؟

Router(config)#ip route 172.16.3.0 255.255.255.0 192.168.2.4 150

أ. المقياس

ب. المسافة الإدارية

ج. عدد القفزات

د. التكلفة

8. يشاهد مسؤول الشبكة الناتج من الأمر show ip route. تظهر الشبكة التي يتم الإعلان عنها بواسطة كل من RIP وEIGRP في جدول التوجيه مع وضع علامة عليها كمسار EIGRP. لماذا لا يتم استخدام مسار RIP إلى هذه الشبكة في جدول التوجيه؟

أ. يحتوي EIGRP على مؤقت تحديث أسرع.

ب. يحتوي EIGRP على مسافة إدارية أقل.

ج. يحتوي RIP على قيمة مقياسية أعلى لهذا المسار.

د. يحتوي مسار EIGRP على عدد أقل من القفزات.

هـ. يحتوي مسار RIP على حلقة توجيه.

9. أي مما يلي ليس من مزايا التوجيه الثابت؟

أ. تكلفة أقل على وحدة المعالجة المركزية لجهاز التوجيه

ب. عدم استخدام النطاق الترددي بين أجهزة التوجيه

ج. يضيف الأمان

د. يستعيد تلقائيًا المسارات المفقودة

10. أي مما يلي من مزايا التوجيه الثابت؟ (اختر ثلاثة.)

أ. تكلفة أقل على وحدة المعالجة المركزية لجهاز التوجيه

ب. عدم استخدام النطاق الترددي بين أجهزة التوجيه

ج. يضيف الأمان

د. يستعيد تلقائيًا المسارات المفقودة

الفصل السادس: التبديل Switching

خدمات التبديل

- مبدلات الطبقة 2 تعمل كجسر متعدد المنافذ لأن السبب الأساسي لوجودها هو نفسه تقسيم مجالات التصادم.
- مبدلات وجسور الطبقة 2 أسرع من أجهزة التوجيه لأنها لا تستغرق وقتًا في قراءة معلومات ترويسة طبقة الشبكة.
- تنظر المبدلات إلى عناوين الأجهزة الخاصة بالإطار قبل اتخاذ قرار إما بإعادة توجيه الإطار أو غمره أو إسقاطه.
- المبدلات عكس الموزعات تنشئ مجالات تصادم خاصة ومخصصة وتوفر نطاق ترددي مستقل حصريًا على كل منفذ.

مزايا استخدام تبديل الطبقة 2

- تعمل عمل الجسور القائمة على الأجهزة (ASICs)
- سرعة السلك
- زمن انتقال منخفض
- تكلفة منخفضة
- السبب الرئيسي وراء كفاءة تبديل الطبقة 2 هو عدم حدوث أي تعديل على رزمة البيانات.
- يقرأ الجهاز فقط الإطار الذي يغلف الرزمة مما يجعل عملية التبديل أسرع بكثير وأقل عرضة للخطأ من عمليات التوجيه.
- عند استخدام تبديل الطبقة 2 فى اتصال مجموعة العمل وتقسيم الشبكة (تقسيم مجالات التصادم) يمكننا إنشاء المزيد من أقسام الشبكة مقارنة بالشبكات الموجهة التقليدية.
- يعمل تبديل الطبقة 2 على زيادة النطاق الترددي لكل مستخدم لأن كل اتصال أو واجهة في التبديل هي مجال تصادم مستقل.

وظائف مبدل الطبقة 2

هناك ثلاث وظائف مميزة للتبديل في الطبقة 2 من الضروري أن تتذكرها: تعلم العنوان وقرارات التوجيه/التصفية وتجنب الحلقة.

تعلم العنوان Address Learning

تتذكر مبدلات الطبقة 2 عنوان أجهزة المصدر لكل إطار يتم استقباله على واجهة وتدخل هذه المعلومات في قاعدة بيانات MAC تسمى forward/filter table جدول التوجيه/التصفية (CAM).

Forward/Filter Decisions قرارات التوجيه/التصفية

عند استقبال إطار على أى واجهة ينظر المبدل إلى عنوان أجهزة الوجهة ثم يختار واجهة الخروج المناسبة له في قاعدة بيانات MAC.
بهذه الطريقة يتم إعادة توجيه الإطار من منفذ الوجهة الصحيح فقط.

تجنب الحلقة Loop Avoidance

إذا نشأت اتصالات متعددة بين المبدلات لأغراض ال redundancy التكرار الإحتياطى فقد تحدث حلقات تكرار فى الشبكة.

يتم استخدام بروتوكول الشجرة الممتدة Spanning Tree Protocol (STP) لمنع حدوث حلقات التكرار فى الشبكة عند تفعيل redundancy

تعلم العنوان Address Learning

عند تشغيل المبدل لأول مرة يكون جدول التوجيه/التصفية (CAM) الخاص بـ MAC فارغًا كما هو موضح في الشكل (1).

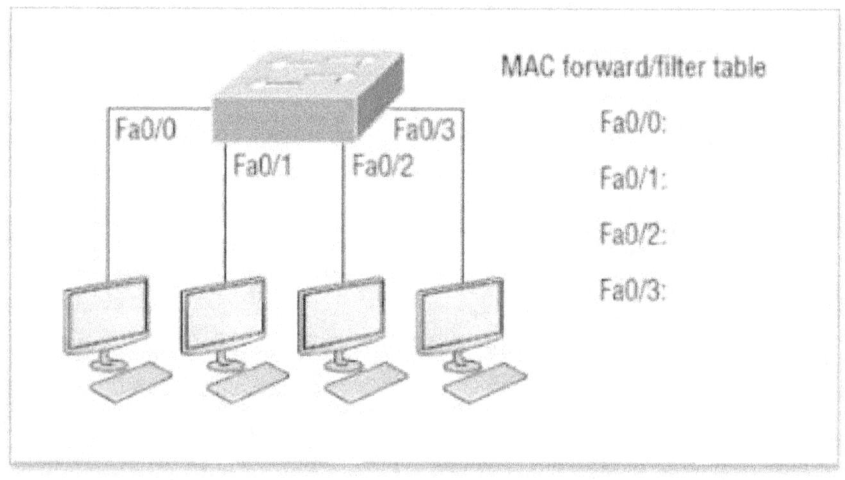

الشكل رقم (1) جدول إعادة التوجيه لمبدل.
CCST Support Technician, Networking Exam, Todd Lammle.2024.

عمل المبدل

- عندما يرسل أى جهاز إطارو تستقبله واجهة يضع المبدل عنوان مصدر الإطار في جدول إعادة التوجيه/التصفية MAC مما يسمح له بالإشارة إلى الواجهة التي يقع عليها الجهاز المرسل.
- لا يوجد أمام المبدل بعد ذلك خيار سوى غمر الشبكة flood بهذا الإطار لكل منفذ باستثناء منفذ المصدر لأنه لا يعرف جهاز الوجهة فعليًا.

188

- إذا رد جهاز ما على هذا الإطار الغامر وأرسل إطار للمبدل فسيأخذ المبدل عنوان المصدر من ذلك الإطار ويضع عنوان MAC هذا في قاعدة البيانات الخاصة به ويربط هذا العنوان بالواجهة التي تلقت الإطار.
- أصبح المبدل يحتوي الآن على كل من عنواني MAC ذوي الصلة في جدول التصفية الخاص به يمكن للجهازين الآن إنشاء اتصال من نقطة إلى نقطة.
- لا يحتاج المبدل إلى غمر الإطار كما فعل في المرة الأولى لأن الإطارات الآن يمكن إعادة توجيهها فقط بين هذين الجهازين.
- وهذا هو السبب بالضبط وراء تفوق مبدلات الطبقة 2 على الموزعات.
- في شبكة الموزع يتم إعادة توجيه جميع الإطارات خارج جميع المنافذ في كل مرة ـ بغض النظر عن أي شيء.

يوضح الشكل (2) العمليات المشاركة في بناء قاعدة بيانات MAC.

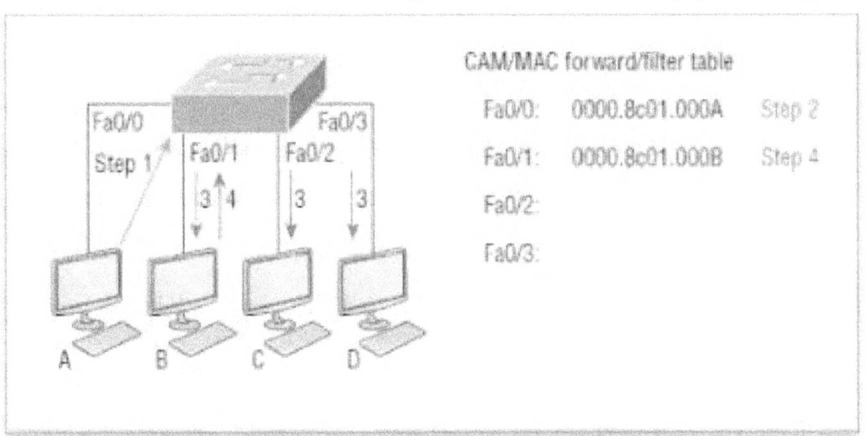

الشكل (2) كيف تتعرف المبدلات على مواقع المضيفين.
.CCST Support Technician, Networking Exam, Todd Lammle.2024

في هذا الشكل يمكنك رؤية أربعة مضيفين متصلين بمبدل.

عندما يتم تشغيل المبدل لا يوجد شيء في جدول إعادة التوجيه/التصفية لعناوين MAC كما هو الحال في الشكل (1).

ولكن عندما تبدأ المضيفات في الاتصال يضع المبدل عنوان الأجهزة المصدر لكل إطار في الجدول مع المنفذ الذي يتوافق معه عنوان مصدر الإطار.

مثال كيفية ملء جدول إعادة التوجيه/التصفية

باستخدام الشكل (2):

1. يرسل المضيف Aإطارًا إلى المضيف B.

عنوان MAC للمضيف Aهو 0000.8c01.000A

189

وعنوان MAC للمضيف B هو 0000.8c01.000B.

2. يستقبل المبدل الإطار على واجهة Fa0/0 ويضع عنوان المصدر في جدول عناوين MAC.

3. نظرًا لأن عنوان الوجهة غير موجود في قاعدة بيانات MAC، يتم إعادة توجيه الإطار إلى جميع الواجهات باستثناء منفذ المصدر.

4. يستقبل المضيف B الإطار ويستجيب للمضيف A.

يستقبل المبدل هذا الإطار على الواجهة Fa0/1 ويضع عنوان الأجهزة المصدر في قاعدة بيانات MAC.

5. يمكن للمضيف A والمضيف B الآن إجراء اتصال من نقطة إلى نقطة وستستقبل هذه الأجهزة المحددة فقط الإطارات.

لن يرى المضيفان C و D الإطارات ولن يتم العثور على عناوين MAC الخاصة بهما في قاعدة البيانات لأنهما لم يرسلا إطارًا إلى المبدل بعد.

إذا لم يتواصل المضيف A والمضيف B مع المبدل مرة أخرى خلال فترة زمنية معينة فسيقوم المبدل بمسح إدخالاتهما من قاعدة البيانات لإبقائها محدثة قدر الإمكان.

قرارات التوجيه/التصفية Forward/Filter Decisions

- عندما يصل إطار إلى واجهة التبديل تتم مقارنة عنوان الجهاز الوجهة بقاعدة بيانات MAC للتوجيه/التصفية.

- إذا كان عنوان الجهاز الوجهة معروفًا ومدرجًا في قاعدة البيانات يتم إرسال الإطار فقط من واجهة الخروج المناسبة.

- لن يقوم المبدل بإرسال الإطار إلى أي واجهة باستثناء واجهة الوجهة مما يحافظ على النطاق الترددي على أجزاء الشبكة الأخرى.

- تسمى هذه العملية تصفية الإطار.

- ولكن إذا لم يكن عنوان الجهاز الوجهة مدرجًا في قاعدة بيانات MAC فسيتم غمر الإطارلجميع الواجهات النشطة باستثناء الواجهة التي تم استقباله عليها. إذا أجاب جهازعلى الإطار الغامر يتم تحديث قاعدة بيانات MAC بعد ذلك بموقع الجهازواجهته الصحيحة.

- إذا أرسل مضيف أو خادم بثًا على شبكة LAN فسيغمر المبدل بشكل افتراضي الإطار لجميع المنافذ النشطة باستثناء منفذ المصدر.

- تذكر أن المبدل ينشئ مجالات تصادم أصغر لكنه لا يزال دائمًا مجال بث كبير بشكل افتراضي.

في الشكل (3) يرسل المضيف A إطار بيانات إلى المضيف D.
ما الذي تعتقد أن المبدل سيفعله عندما يستقبل الإطار من المضيف A؟

سنجد الإجابة على السؤال فى الشكل رقم (4).

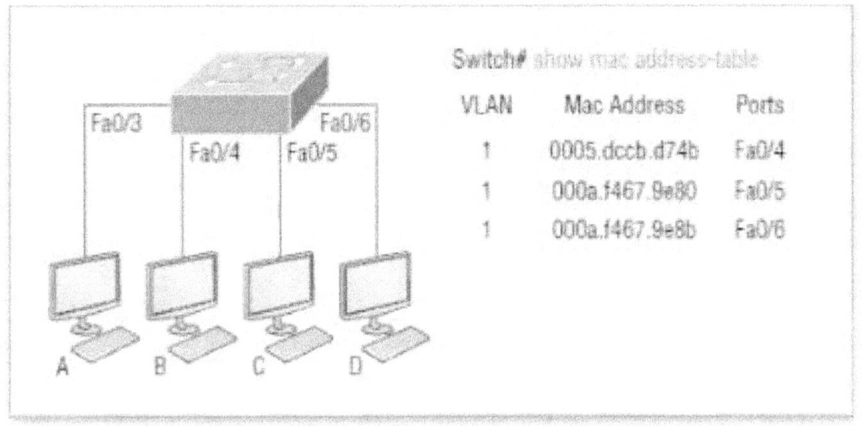

الشكل رقم (3) جدول إعادة التوجيه و التصفية.
.CCST Support Technician, Networking Exam, Todd Lammle.2024

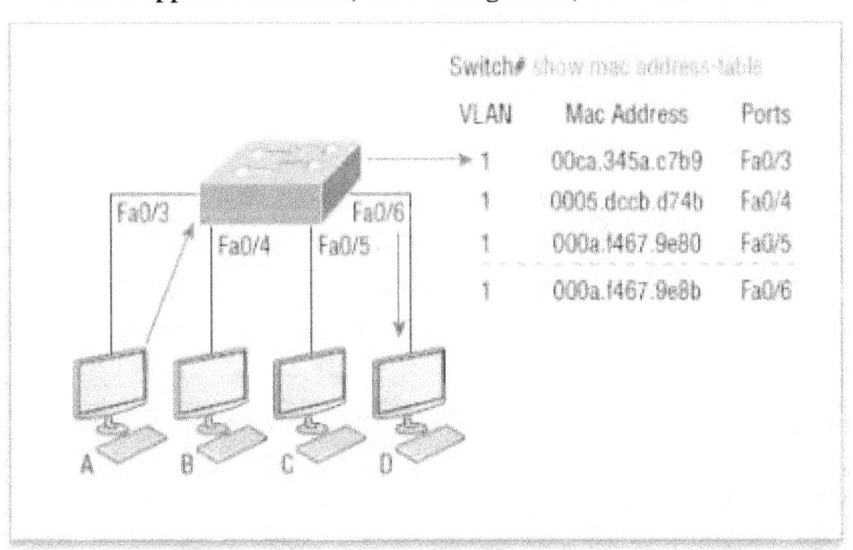

الشكل (4) جدول إعادة التوجيه و الإجابة عن السؤال.
.CCST Support Technician, Networking Exam, Todd Lammle.2024

نظرًا لأن عنوان MAC الخاص بالمضيف A ليس موجودًا في جدول التوجيه/التصفية فإن المبدل سيضيف عنوان المصدر والمنفذ إلى جدول عناوين MAC ثم يقوم بإعادة توجيه الإطار إلى المضيف D.

من المهم حقًا أن تتذكر أنه يتم دائمًا فحص عنوان MAC المصدر أولاً للتأكد من وجوده في جدول CAM.

بعد ذلك إذا لم يتم العثور على عنوان MAC الخاص بالمضيف D في جدول

التوجيه/التصفية فإن المبدل سيغمر الإطار بجميع المنافذ باستثناء المنفذ Fa0/3 لأن هذا هو المنفذ المحدد الذي تم استقبال الإطار عليه.
دعنا نلقي نظرة على الناتج عن استخدام أمر show mac address-table:

```
Switch#sh mac address-table
Vlan Mac Address Type Ports]]>

---- -------------- --------- -----

1 0005.dccb.d74b DYNAMIC Fa0/1
1 000a.f467.9e80 DYNAMIC Fa0/3
1 000a.f467.9e8b DYNAMIC Fa0/4
1 000a.f467.9e8c DYNAMIC Fa0/3
1 0010.7b7f.c2b0 DYNAMIC Fa0/3
1 0030.80dc.460b DYNAMIC Fa0/3
1 0030.9492.a5dd DYNAMIC Fa0/1
1 00d0.58ad.05f4 DYNAMIC Fa0/1
```

ولكن لنفترض أن المبدل السابق تلقى إطارًا يحتوي على عناوين MAC التالية:

MAC المصدر: **0005.dccb.d74b**
MAC الوجهة: **000a.f467.9e8c**
كيف سيتعامل المبدل مع هذا الإطار؟
الإجابة الصحيحة هي أن عنوان MAC الوجهة سيوجد في جدول عناوين MAC وسيتم إعادة توجيه الإطار فقط Fa0/3.
لا تنس أبدًا أنه إذا لم يتم العثور على عنوان MAC الوجهة في جدول التوجيه/التصفية فسيتم إعادة توجيه الإطار خارج جميع منافذ المبدل باستثناء المنفذ الذي تم استلامه عليه في الأصل في محاولة لتحديد موقع جهاز الوجهة.
الآن بعد أن أصبح بإمكانك رؤية جدول عناوين MAC وكيف تضيف المبدلات عناوين المضيفين إلى جدول مرشح التوجيه فكيف تعتقد أننا نستطيع تأمينه من المستخدمين غير المصرح لهم؟
تجنب حدوث الحلقة Loop Avoidance

من المهم وجود روابط زائدة بين المبدلات لأنها تساعد في منع الأعطال البغيضة في الشبكة في حالة توقف أحد الروابط عن العمل.

ولكن رغم أن الروابط الزائدة يمكن أن تكون مفيدة إلا أنها يمكن أن تسبب أيضًا مشكلات أكثر مما تحلها! وذلك لأن الإطارات يمكن أن تتدفق عبر جميع الروابط الزائدة في وقت واحد مما يؤدي إلى نشأة حلقات الشبكة. فيما يلي قائمة ببعض أبشع المشكلات التي يمكن أن تحدث:

■ إذا لم يتم وضع مخططات لتجنب الحلقة فإن المبدلات ستغمر البث إلى ما لا نهاية في جميع أنحاء الشبكة.
يشار إلى هذا أحيانًا باسم عاصفة البث.
في معظم الأحيان يشار إليها بطرق غير قابلة للطباعة!
يوضح الشكل (5) كيف يمكن نشر البث في جميع أنحاء الشبكة.

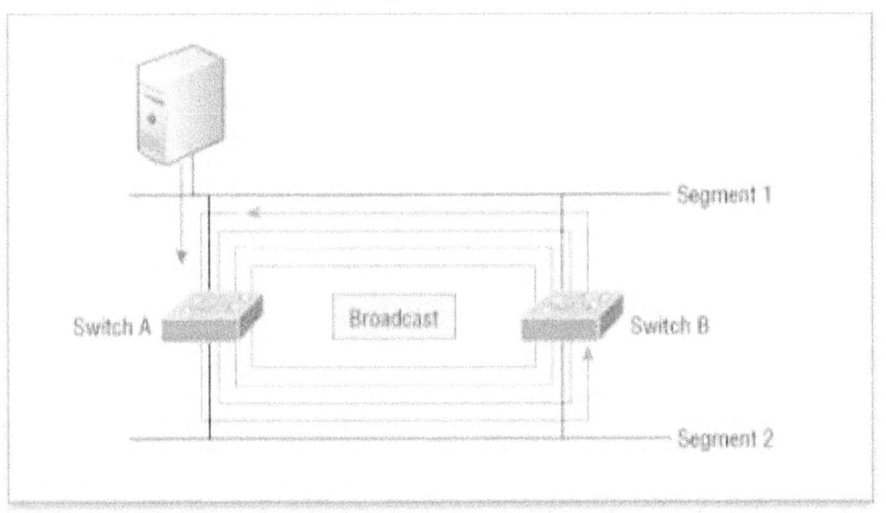

الشكل رقم (5) عاصفة البث.
CCST Support Technician, Networking Exam, Todd Lammle.2024.

لاحظ كيف يتم غمر إطار باستمرار من خلال وسائط الشبكة المادية للشبكة.
■ يمكن لجهاز ما أن يستقبل نسخًا متعددة من نفس الإطار لأن هذا الإطار يمكن أن يصل من قطاعات مختلفة في نفس الوقت.
يوضح الشكل (6) كيف يمكن لمجموعة كاملة من الإطارات أن تصل من قطاعات متعددة في نفس الوقت.
يرسل الخادم في الشكل إطارًا أحادي البث إلى جهاز التوجيه C.
ولأنه إطار أحادي البث يقوم المبدل A بإعادة توجيه الإطار ويوفر المبدل B نفس الخدمة فهو يعيد توجيه البث الأحادي.
وهذا أمر سيئ لأنه يعني أن جهاز التوجيه C يتلقى إطار البث الأحادي مرتين مما يتسبب في زيادة العبء على الشبكة.
■ ربما فكرت في هذا الأمر: قد يرتبك جدول مرشح عنوان MAC تمامًا بشأن

193

موقع الجهاز المصدر لأن المبدل يمكنه استقبال الإطار من أكثر من رابط. والأسوأ من ذلك أن المبدل المرتبك قد ينشغل كثيرًا بتحديث جدول مرشح MAC باستمرار بمواقع عناوين الأجهزة المصدر بحيث يفشل في إعادة توجيه الإطار! وهذا ما يسمى بتدمير جدول MAC.

■ إن أحد أسوأ الأحداث هو انتشار حلقات متعددة عبر الشبكة.

يمكن أن تحدث الحلقات داخل حلقات أخرى وإذا حدثت عاصفة بث في نفس الوقت فلن تتمكن الشبكة من إجراء تبديل الإطارات .

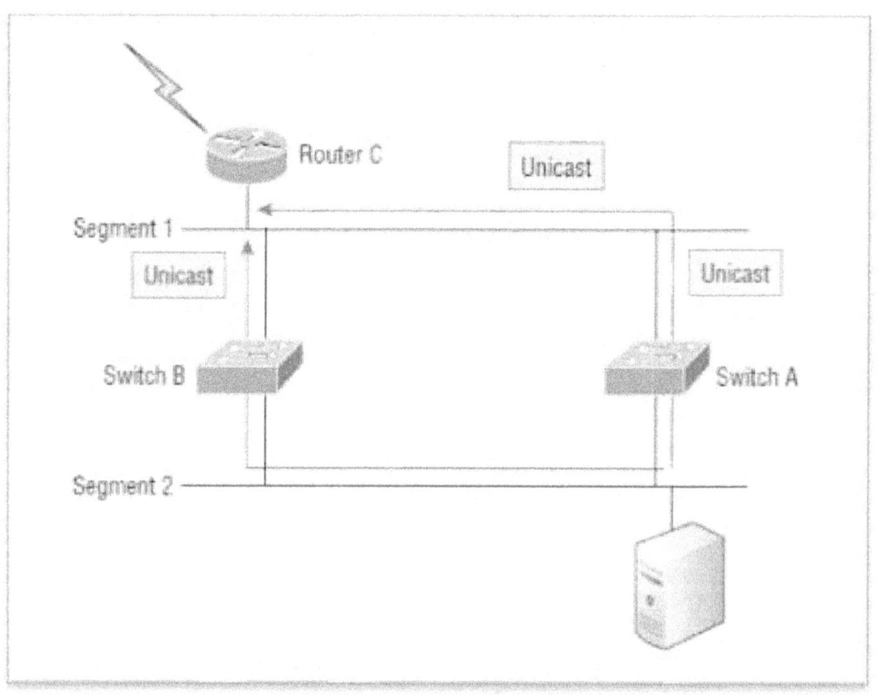

الشكل رقم (6) نسخ إطار متعددة.
.CCST Support Technician, Networking Exam, Todd Lammle.2024

كل هذه المشاكل تؤدي إلى كارثة وهي مواقف شريرة يجب تجنبها أو إصلاحها بطريقة أو بأخرى.

وهنا يأتي دور بروتوكول شجرة الامتداد Spanning Tree Protocol.
فقد تم تطويره في الواقع لحل كل مشكلة من المشاكل التي أخبرتك عنها.
الآن بعد أن أوضحت المشكلات التي قد تحدث عندما يكون لديك روابط زائدة عن الحاجة أو روابط غير منفذة بشكل صحيح، فأنا متأكد من أنك تدرك مدى أهمية منعها. أفضل الحلول تقع خارج نطاق هذا الفصل.
دعنا نركز على تكوين بعض التبديلات!

هل نحتاج إلى وضع عنوان IP على جهاز تبديل؟

بالطبع لا! جميع المنافذ في أجهزة التبديل مفعلة وجاهزة للاستخدام. أخرج الجهاز من العلبة وقم بتوصيله وسيبدأ الجهاز في تعلم عناوين MAC في وحدة التحكم المركزية (CAM).

متى نحتاج عنوان IP

- لماذا أحتاج إلى عنوان IP طالما أن أجهزة التبديل توفر خدمات الطبقة 2؟ لأنك ما زلت بحاجة إليه لأغراض الإدارة داخل النطاق!
- تحتاج كل من Telnet وSSH وSNMP وما إلى ذلك إلى عنوان IP للتواصل مع الجهاز عبر الشبكة (داخل النطاق).
- نظرًا لأن جميع المنافذ مفعلة افتراضيًا فأنت بحاجة إلى إيقاف تشغيل المنافذ غير المستخدمة أو تعيينها لشبكة VLAN لأسباب أمنية.
- إذن أين نضع عنوان IP الذي يحتاجه الجهاز لأغراض الإدارة؟
- على واجهة يُطلق عليها واجهة الإدارة VLAN.
- على كل جهاز تبديل من Cisco واجهة تسمى واجهة VLAN 1.
- يمكن تغيير واجهة الإدارة هذه وتوصي Cisco بتغييرها إلى واجهة إدارة مختلفة لأغراض أمنية.

إظهار جدول عناوين mac show mac address-table

هذا الأمر S3#sh mac address-table يؤدي استخدامه إلى عرض جدول التصفية الأمامية والذي يُسمى أيضًا جدول الذاكرة القابلة للعنونة بالمحتوى (CAM). إليك الناتج من مبدل S1:

```
1 000e.83b2.e34b DYNAMIC Fa0/1
1 0011.1191.556f DYNAMIC Fa0/1
1 0011.3206.25cb DYNAMIC Fa0/1
1 001a.2f55.c9e8 DYNAMIC Fa0/1
1 001a.4d55.2f7e DYNAMIC Fa0/1
1 001c.575e.c891 DYNAMIC Fa0/1
1 b414.89d9.1886 DYNAMIC Fa0/5
1 b414.89d9.1887 DYNAMIC Fa0/6
```

تستخدم المبدلات أشياء تسمى عناوين MAC الأساسية يتم تعيينها لوحدة المعالجة المركزية.

أول عنوان مدرج هو عنوان MAC الأساسي للمبدل.
من الناتج السابق يمكنك أن ترى أن لدينا ستة عناوين MAC تم تعيينها ديناميكيًا إلى Fa0/1 مما يعني أن المنفذ Fa0/1 متصل بمبدل آخر. المنفذان Fa0/5 وFa0/6 لديهما عنوان MAC واحد فقط تم تعيينه وكل المنافذ تم تعيينها إلى VLAN 1.
دعنا نلقي نظرة على CAM للمبدل S2 ونرى ما يمكننا اكتشافه.

```
S2#sh mac address-table
Mac Address Table]]>

-------------------------------------------------

Vlan Mac Address Type Ports]]>

---- ----------- ---------- -----

All 0100.0ccc.cccc STATIC CPU
[output cut
1 000e.83b2.e34b DYNAMIC Fa0/5
1 0011.1191.556f DYNAMIC Fa0/5
1 0011.3206.25cb DYNAMIC Fa0/5
1 001a.4d55.2f7e DYNAMIC Fa0/5
1 581f.aaff.86b8 DYNAMIC Fa0/5
1 ecc8.8202.8286 DYNAMIC Fa0/5
1 ecc8.8202.82c0 DYNAMIC Fa0/5
Total Mac Addresses for this criterion: 27
S2#
```

يخبرنا هذا الناتج أن لدينا سبعة عناوين MAC مخصصة لـ Fa0/5 وهو اتصالنا بـ S3.
ولكن أين المنفذ 6؟ نظرًا لأن المنفذ 6 هو redundant رابط بديل إحتياطى لـ S3، فقد وضع وضع STP المنفذ Fa0/6 في وضع الحظر.

أساسيات شبكة VLAN VLAN Basics

مقدمة عن الشبكات المسطحة

يوضح الشكل (7) بنية الشبكة المسطحة التي كانت نموذجية جدًا لشبكات التبديل من الطبقة 2.

باستخدام هذا التكوين يمكن رؤية كل رزمة بث يتم إرسالها من قِبل كل جهاز على الشبكة بغض النظر عما إذا كان الجهاز يحتاج تلقي تلك البيانات أم لا. بشكل افتراضي تسمح أجهزة التوجيه بحدوث البث فقط داخل الشبكة الأصلية في حين تقوم المبدلات بإعادة توجيه البث إلى جميع القطاعات.

وبالمناسبة فإن السبب وراء تسميتها بشبكة مسطحة flat network هو أنها عبارة عن نطاق بث واحد one broadcast domain وليس لأن التصميم الفعلي مسطح فعليًا.

في الشكل (7) نرى المضيفA يرسل بثًا وجميع المنافذ الموجودة على جميع المبدلات تعيد توجيهه جميعا باستثناء المنفذ الذي استقبله في الأصل.

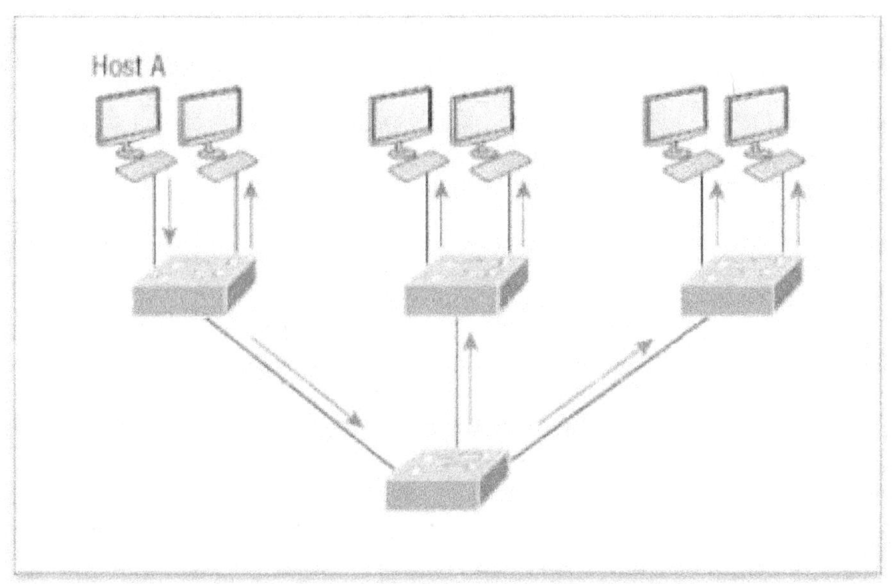

الشكل (7) هيكل الشبكة المسطحة.

الشكل (8) يصور شبكة مبدلة ويظهر المضيف A يرسل إطارًا إلى المضيف D كوجهة له.

العامل المهم هنا هو أن الإطار يتم توجيهه فقط إلى المنفذ الذي يقع فيه المضيف D.

يعد هذا تحسنًا كبيرًا مقارنة بشبكات الموزعات القديمة ما لم يكن وجود مجال تصادم واحد افتراضيًا هو ما تريده حقًا لسبب ما!

أكبر فائدة يمكن الحصول عليها باستخدام شبكة تبديل الطبقة 2 هِي أنها تنشئ قطاعات مجال تصادم فردية لكل جهاز متصل بكل منفذ على المبدل.

يحررنا هذا من قيود كثافة الإيثرنت القديمة ويمكّننا من بناء شبكات أكبر.

لكن كل تقدم جديد يأتي معه قضايا جديدة.

على سبيل المثال كلما زاد عدد المستخدمين والأجهزة التي تملأ الشبكة وتستخدمها زاد عدد عمليات البث والرزم التي يتعين على كل مبدل التعامل معها.

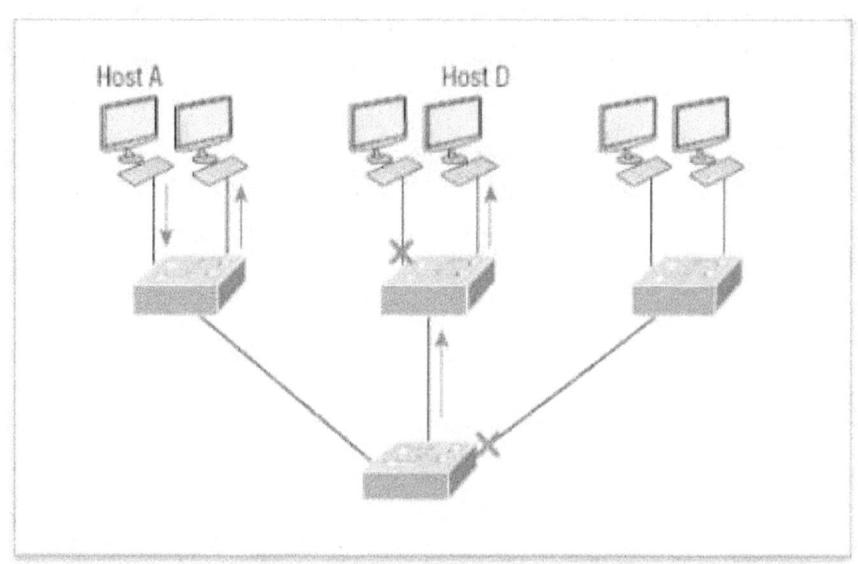

الشكل رقم (8) فوائد الشبكة المبدلة.
CCST Support Technician, Networking Exam, Todd Lammle.2024.

مشاكل الأمان

هناك مشكلة كبيرة أخرى: الأمان! لأن فى شبكة الإنترنت النموذجية التي يتم تبديلها من الطبقة 2 يمكن لجميع المستخدمين رؤية جميع الأجهزة افتراضيًا. ولا يمكنك منع الأجهزة من البث بالإضافة إلى عدم قدرتك على منع المستخدمين من محاولة الاستجابة للبث.

هذا يعني أن خيارات الأمان لديك تقتصر بشكل كبير على وضع كلمات مرور على خوادمك وأجهزة أخرى.

شبكات VLAN و حل مشكلة الأمان

إذا قمت بإنشاء شبكة LAN افتراضية (VLAN) يمكنك حل العديد من المشاكل المرتبطة بالتبديل من الطبقة 2.

عمل شبكات VLAN

يوضح الشكل (9) جميع المضيفين في شركة صغيرة جدًا متصلة بمبدل واحد مما يعني أن جميع المضيفين سيستقبلون جميع الإطارات وهو السلوك

الافتراضي لجميع المبدلات.
إذا أردنا فصل بيانات المضيف، فيمكننا إما شراء مبدل آخر أو إنشاء شبكات
محلية افتراضية كما هو موضح في الشكل (10).

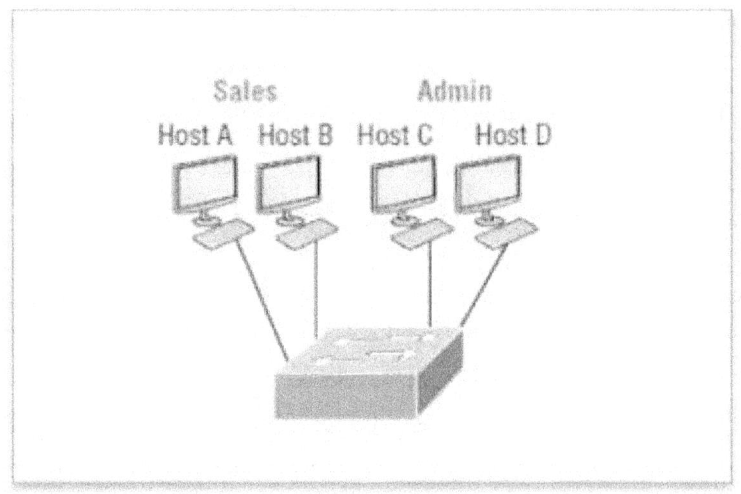

الشكل (9) قبل شبكات VLAN لم تكن هناك فواصل بين المضيفين.
.CCST Support Technician, Networking Exam, Todd Lammle.2024

في الشكل (10) قمت بتكوين المبدل بحيث يكون به شبكتان محليتان منفصلتان
وشبكتان فرعيتان وسجالان للبث، وشبكتان محليتان افتراضيتان وكلها تعني
نفس الشيء دون الحاجة إلى شراء مبدل آخر.
يمكننا القيام بذلك 1000 مرة على معظم مبدلات سيسكو وهو ما يوفر آلاف
الدولارات وأكثر!

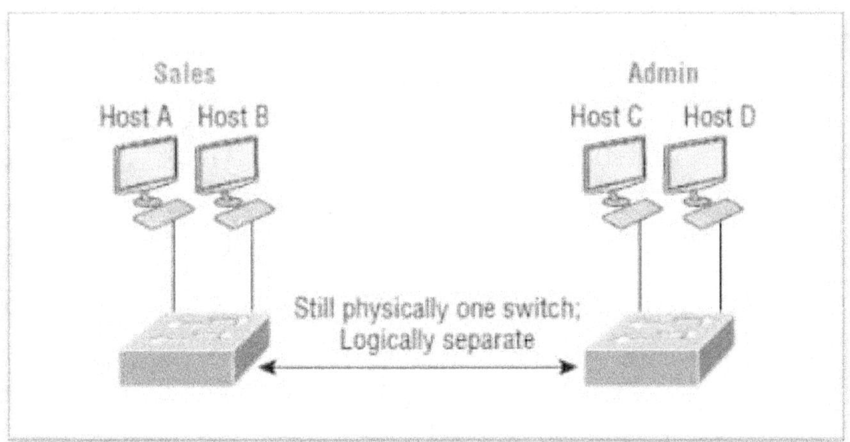

الشكل (10) تكوين المبدل بحيث يكون به شبكتان محليتان منفصلتان.
.CCST Support Technician, Networking Exam, Todd Lammle.2024

لاحظ أنه على الرغم من أن الفصل افتراضي وأن المضيفين لا يزالون متصلين بنفس المبدل إلا أن شبكات LAN لا يمكنها إرسال البيانات إلى بعضها البعض بشكل افتراضي.

ذلك لأنها لا تزال شبكات منفصلة ولكن لا داعي للقلق سنتحدث عن الاتصال بين شبكات VLAN لاحقًا في هذا الفصل.

شبكات VLAN و إدارة الشبكة

فيما يلي قائمة قصيرة بالطرق التي تبسط بها شبكات VLAN إدارة الشبكة:

■ تتم إضافة الشبكة ونقلها وتغييرها بسهولة بمجرد تكوين منفذ في شبكة VLAN المناسبة.

■ يمكن وضع مجموعة من المستخدمين الذين يحتاجون إلى مستوى عالٍ من الأمان في شبكة VLAN الخاصة بهم حتى لا يتمكن المستخدمون خارج شبكة VLAN هذه من التواصل مع مستخدمي المجموعة.

■ باعتبارها مجموعة منطقية للمستخدمين حسب الوظيفة، يمكن اعتبار شبكات VLAN مستقلة عن مواقعها المادية أو الجغرافية.

■ تعمل شبكات VLAN على تعزيز أمان الشبكة بشكل كبير إذا تم تنفيذها بشكل صحيح.

■ تزيد شبكات VLAN من عدد مجالات البث مع تقليل حجمها.

فيما يلي، سوف نستكشف عالم التبديل بشكل شامل، وسنتعلم بالضبط كيف ولماذا توفر لنا المبدلات خدمات شبكة أفضل بكثير مما توفره الموزعات في شبكاتنا اليوم.

التحكم في البث Broadcast Control

تحدث عمليات البث في كل بروتوكول ولكن يعتمد تكرار حدوثها على الأشياء الثلاثة التالية:

■■ نوع البروتوكول
■■ التطبيق الذي يعمل على الشبكة
■■ كيفية استخدام هذه الخدمات

التطبيقات النهمة و أثرها الضار

● لقد تمت إعادة كتابة بعض التطبيقات القديمة لتقليل استهلاكها للنطاق الترددي ولكن هناك جيل جديد من التطبيقات تستهلك النطاق الترددي بشكل كبير لدرجة أنها تستهلك أي وكل ما يمكنها العثور عليه.

● هذم التطبيقات النهمة هى مجموعة من تطبيقات الوسائط المتعددة التي تستخدم جميع عمليات البث والبث المتعدد على نطاق واسع.

- عوامل منع تاثير هذه التطبيقات قد لا تكفي ويمكن أن تؤدي إلى تفاقم المشاكل التي تسببها بالفعل هذه التطبيقات التي تعتمد على البث بشكل خطير.
- وقد أضاف كل هذا بعدًا جديدًا رئيسيًا إلى تصميم الشبكة ويمثل مجموعة من التحديات الجديدة لمسؤول إدارة أى شبكة.

حل مشكلة التطبيقات النهمة

- إن التأكد من تقسيم شبكتك بشكل صحيح بحيث يمكنك عزل مشكلات شريحة واحدة بسرعة لمنع انتشارها في جميع أنحاء شبكة الإنترنت أصبح أمرًا ضروريًا الآن.
- والطريقة الأكثر فعالية للقيام بذلك هي من خلال التبديل والتوجيه الإستراتيجي!
- منذ أن أصبحت المبدلات أرخص استبدل الجميع تقريبًا شبكاتهم ذات الموزعات المسطحة ببيئات الشبكة المبدلة وشبكات VLAN النقية.
- جميع الأجهزة داخل شبكة VLAN أعضاء في نفس نطاق البث وتستقبل جميع عمليات البث ذات الصلة بها.
- يتم بشكل افتراضي تصفية عمليات البث من جميع المنافذ الموجودة على المبدل وليست أعضاء في نفس شبكة VLAN.
- بذلك تحصل على جميع الفوائد التي ستحصل عليها من تصميم مبدل دون التعرض لجميع المشاكل التي قد تواجهها إذا كان جميع المستخدمين لديك في نفس نطاق البث.

الأمان Security

مخاطر الشبكات

- كان التعامل مع أمان شبكة الإنترنت المسطحة يتم من خلال ربط الموزعات والمبدلات مع أجهزة التوجيه.
- لذا كانت مهمة جهاز التوجيه في الأساس هي الحفاظ على الأمان.
- كان هذا الترتيب غير فعال لأسباب عديدة.
- أولاً، يمكن لأي شخص متصل بالشبكة المادية الوصول إلى موارد الشبكة الموجودة على شبكة LAN المادية المعينة.
- ثانيًا، كان أي شخص يريد مراقبة أي حركة مرور تمر عبر هذه الشبكة هو ببساطة توصيل محلل شبكة بالموزع.
- بجانب الحقيقة المخيفة الأخيرة يمكن للمستخدمين الانضمام بسهولة إلى مجموعة عمل بمجرد توصيل محطات العمل الخاصة بهم بالموزع الحالي.

VLAN وحلول المشاكل

- ما يجعل شبكات VLAN رائعة للغاية إذا قمت ببنائها وإنشاء مجموعات بث متعددة و بإمكانك التحكم الكامل في كل منفذ ومستخدم!
- الأيام التي كان بإمكان أي شخص توصيل أجهزته بأي منفذ تبديل والوصول إلى موارد الشبكة قد ولت لأنك الآن تستطيع التحكم في كل منفذ وأي موارد يمكنه الوصول إليها.
- يمكن إنشاء شبكات VLAN بتناغم مع احتياجات مستخدم معين لموارد الشبكة.
- يمكن تكوين المبدلات لإبلاغ محطة إدارة الشبكة بالوصول غير المصرح به إلى موارد الشبكة الحيوية.
- إذا كنت بحاجة إلى اتصال بين شبكات VLAN فيمكنك تنفيذ قيود على جهاز التوجيه للتأكد من حدوث كل ذلك بشكل آمن.
- يمكنك أيضًا فرض قيود على عناوين الأجهزة والبروتوكولات والتطبيقات.

المرونة وقابلية التوسع Flexibility and Scalability

تعلم أن مبدلات الطبقة 2 تقرأ الإطارات فقط للتصفية لأنها لا تنظر إلى بروتوكول طبقة الشبكة.

تعلم أنه بشكل افتراضي تقوم المبدلات بإعادة توجيه البث إلى جميع المنافذ.

مزايا شبكات VLAN

- إذا قمت بإنشاء شبكات VLAN وتنفيذها فإنك تقوم في الأساس بإنشاء نطاقات بث أصغر في الطبقة 2.
- نتيجة لذلك لن يتم إعادة توجيه البث المرسل من عقدة في شبكة VLAN معينة إلى منافذ شبكة VLAN مختلفة.
- إذا قمنا بتعيين منافذ التبديل أو المستخدمين لمجموعات VLAN على مبدل أو على مجموعة من المبدلات المتصلة فإننا نكتسب المرونة لإضافة المستخدمين الذين نريد السماح لهم بالدخول إلى نطاق البث هذا بشكل حصري بغض النظر عن موقعهم المادي.
- يمكن أن يعمل هذا الإعداد على منع عواصف البث الناتجة عن بطاقة واجهة الشبكة (NIC) المعيبة بالإضافة إلى منع جهاز وسيط من نشر عواصف البث في جميع أنحاء الشبكة.
- عندما تصبح شبكة VLAN كبيرة جدًا يمكن إنشاء المزيد من شبكات VLAN للحفاظ على البث من استهلاك قدر كبير جدًا من النطاق الترددي.

- كلما قل عدد المستخدمين في شبكة VLAN قل عدد المتأثرين بالبث.
- تحتاج وضع خدمات الشبكة في الاعتبار وفهم كيفية اتصال المستخدمين بهذه الخدمات عند إنشاء شبكة VLAN.
- تتمثل إحدى الاستراتيجيات الجيدة في أن تحاول إبقاء جميع الخدمات محلية لجميع المستخدمين كلما أمكن ذلك باستثناء البريد الإلكتروني والوصول إلى الإنترنت طبعا التي يحتاجها الجميع.

تحديد شبكات VLAN Identifying VLANs VLAN

- منافذ التبديل واجهات خاصة بالطبقة 2 فقط مرتبطة بمنفذ مادي لا يمكن أن ينتمي إلا إلى شبكة VLAN واحدة إذا كان منفذ وصول أو إلى جميع شبكات VLAN إذا كان منفذ ترنك.
- المبدلات بالتأكيد أجهزة مزدحمة للغاية نظرًا لأن عددًا لا يحصى من الإطارات يتم تبديلها عبر الشبكة.
- يجب أن تكون المبدلات قادرة على تتبع اتصالاتها و فهم ما يجب القيام به اعتمادًا على عناوين الأجهزة المرتبطة بها.
- يتم التعامل مع الإطارات وفقًا لنوع الرابط الذي تمر عبره.

هناك نوعان مختلفان من المنافذ كما في الشكل (11).

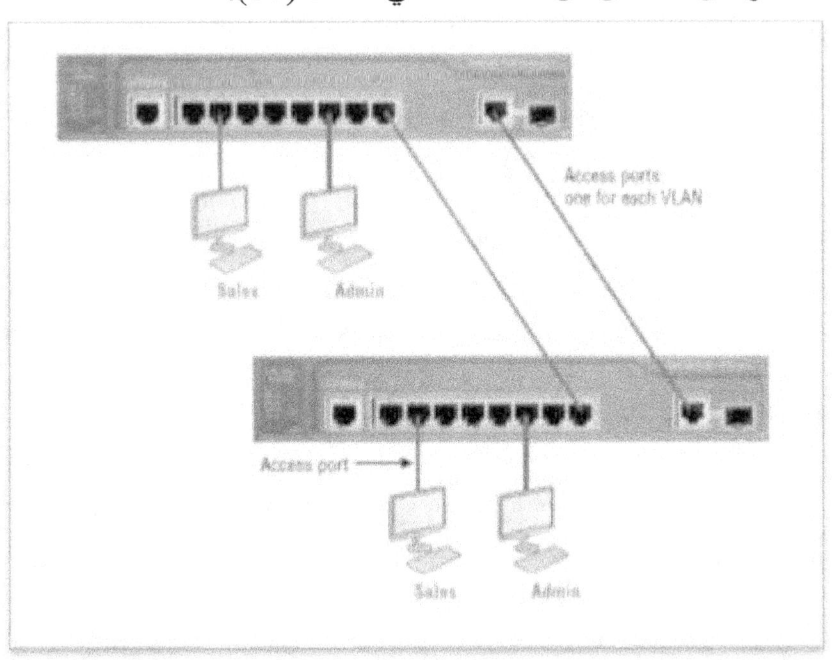

الشكل (11) منافذ الوصول

CCST Support Technician, Networking Exam, Todd Lammle.2024.

لاحظ أن هناك منافذ وصول لكل مضيف ومنفذ وصول بين المبدلات واحد لكل شبكة VLAN.

منافذ الوصول Access ports

- ينتمي منفذ الوصول إلى شبكة VLAN محددة ويحمل حركة المرور الخاصة بها.
- يتم استقبال حركة المرور وإرسالها بتنسيقات أصلية بدون أي معلومات أو وسم عن شبكة VLAN.
- يُفترض ببساطة أن أي شيء يصل إلى منفذ وصول ينتمي إلى شبكة VLAN المخصصة للمنفذ.
- نظرًا لأن منفذ الوصول لا ينظر إلى عنوان المصدر فيمكن إعادة توجيه حركة المرور الموسومة بإطار يحتوي على معلومات مضافة عن VLAN بشكل صحيح واستلامها فقط على منافذ الجذع trunk.
- رابط الوصول يمكن الإشارة إليه باسم شبكة VLAN المهيأة للمنفذ.
- أي جهاز متصل برابط وصول لا يدرك عضوية VLAN يفترض الجهاز ببساطة أنه جزء من بعض مجالات البث لكنه لا يمتلك الصورة الكبيرة لذلك فهو لا يفهم طوبولوجيا الشبكة المادية على الإطلاق.
- المبدلات تزيل أي معلومات عن VLAN من الإطار قبل إعادة توجيهها إلى جهاز رابط الوصول.
- تذكر أن أجهزة رابط الوصول لا يمكنها التواصل مع الأجهزة خارج شبكة VLAN الخاصة بها إلا إذا تم توجيه الرزمة.
- يمكن إنشاء منفذ مبدل ليكون إما منفذ وصول أو منفذ جذع وليس كليهما.
- يمكن تعيين المنفذ لشبكة VLAN واحدة فقط.

في الشكل (12) يمكن فقط للمضيفين في شبكة VLAN للمبيعات التحدث إلى مضيفين آخرين في نفس شبكة VLAN.

نفس الشيء مع شبكة VLAN الإدارية ويمكن لكل منهما التواصل مع المضيفين على المبدل الآخربواسطة رابط وصول لكل شبكة VLAN تم تكوينها بين المبدلات.

منافذ الوصول الصوتي Voice Access Ports

تسمح لك معظم المبدلات بإضافة شبكة VLAN ثانية على منفذ وصول المبدل لحركة مرور الصوت تسمى شبكة VLAN الصوتية.

كانت شبكة VLAN الصوتية تُسمى في السابق شبكة VLAN المساعدة ليسمح بوضعها فوق شبكة VLAN للبيانات مما يتيح لكلا النوعين من حركة المرور عبر نفس المنفذ.

يتيح لك هذا توصيل كل من الهاتف وجهاز الكمبيوتر بمنفذ مبدل واحد ولكن لا يزال كل جهاز في شبكة VLAN منفصلة.

المنافذ الجذعية Trunk Ports

- استوحي مصطلح منفذ جذعي الترنك من جذوع نظام الهاتف التي تحمل محادثات هاتفية متعددة في وقت واحد.
- لذا فمن المنطقي أن المنافذ الجذعية يمكنها أيضًا حمل شبكات VLAN متعددة في وقت واحد.
- الرابط الجذعي هو رابط من نقطة إلى نقطة بسرعة 100 أو 1000 أو 10000 ميجابت في الثانية بين مبدلين أو بين مبدل وموجه أو حتى بين مبدل وخادم، ويحمل حركة مرور شبكات VLAN متعددة من 1 إلى 4094 شبكة VLAN في المرة الواحدة.
- لكن العدد لا يتجاوز 1001 شبكة إلا إذا كنت تستخدم ما يسمى بشبكات VLAN الممتدة.

روابط الجذع \ الترنك

سنقوم بإنشاء رابط جذعي بدلاً من رابط وصول لكل شبكة VLAN بين المبدلات كما هو موضح في الشكل (12).

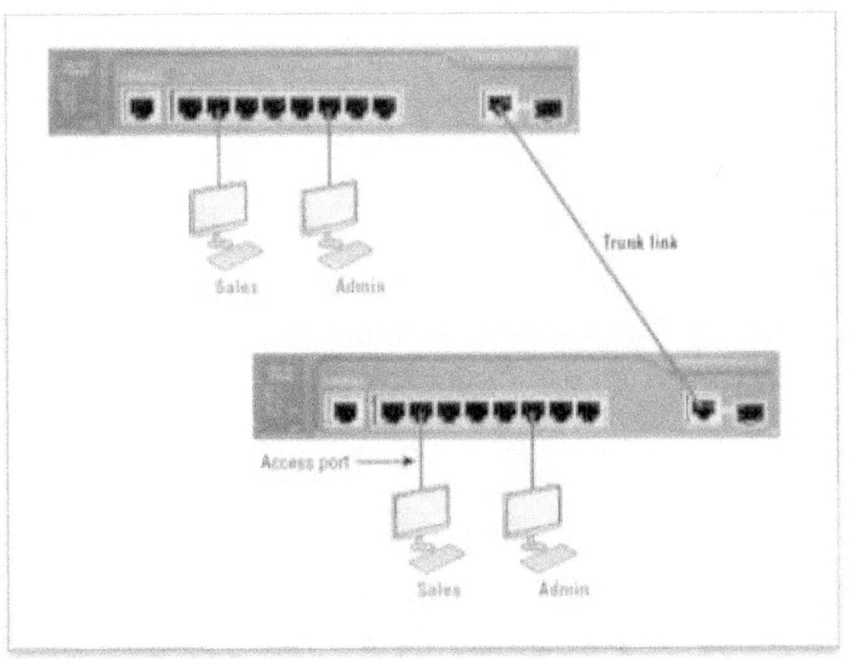

الشكل رقم (12) تمتد شبكات VLAN عبر مبدلات متعددة باستخدام روابط الترنك.
CCST Support Technician, Networking Exam, Todd Lammle.2024.

- يمكن أن يكون الربط بين الشبكات ميزة حقيقية لأنه يتيح لك جعل منفذ واحد جزءًا من مجموعة كاملة من شبكات VLAN المختلفة في نفس الوقت.
- يمكنك إعداد المنافذ بحيث يكون بها خادم في نطاقين بث منفصلين في نفس الوقت وبالتالي لن يضطر المستخدمون إلى عبور جهاز من الطبقة 3 (جهاز توجيه) لتسجيل الدخول والوصول إليه.
- يمكن لروابط الجذع أن تحمل إطارات شبكات VLAN المختلفة عبرها ولكن بشكل افتراضي إذا لم تكن الروابط بين المبدلات مرتبطة ببعضها البعض فسيتم فقط تبديل المعلومات من شبكة VLAN للوصول التي تم تكوينها عبر هذا الرابط.

تعيين منافذ التبديل لشبكات VLAN

يمكن تكوين منفذ لينتمي إلى شبكة VLAN من خلال تخصيص\تعيين وضع عضوية يحدد نوع حركة المرور التي يحملها المنفذ بالإضافة إلى عدد شبكات VLAN التي يمكن أن ينتمي إليها.

يمكن أيضًا تكوين كل منفذ على مبدل ليكون في شبكة VLAN معينة (منفذ وصول) باستخدام واجهة الأمر switchport.

يمكن تكوين منافذ متعددة في نفس الوقت باستخدام الأمر interface range.

في المثال التالي سأقوم بتكوين الواجهة Fa0/3 إلى شبكة VLAN 3 الاتصال من مبدل S3 إلى الجهاز المضيف:

```
S3#config t
S3(config)#int fa0/3
S3(config-if)#switchport mode ?
access Set trunking mode to ACCESS unconditionally
dot1q-tunnel set trunking mode to TUNNEL unconditionally
dynamic Set trunking mode to dynamically negotiate access or trunk mode
private-vlan Set private-vlan mode
trunk Set trunking mode to TRUNK unconditionally
S3(config-if)#switchport mode access
S3(config-if)#switchport access vlan 3
S3(config-if)#switchport voice vlan 5
```

من خلال البدء بأمر الوصول إلى وضع switchport، فأنت تخبر المبدل أن هذا منفذ غير متصل بشبكة من الطبقة 2.

يمكنك بعد ذلك تعيين شبكة VLAN للمنفذ باستخدام أمر الوصول إلى switchport، بالإضافة إلى تكوين نفس المنفذ ليكون عضوًا في نوع مختلف من شبكات VLAN يسمى شبكة VLAN الصوتية.

لنلق نظرة على شبكات VLAN الخاصة بنا الآن:

```
S3#show vlan
VLAN Name Status Ports
-------------------------------------------------------------------

1 default active Fa0/4, Fa0/5, Fa0/6, Fa0/7
Fa0/8, Fa0/9, Fa0/10, Fa0/11,
Fa0/12, Fa0/13, Fa0/14, Fa0/19,
Fa0/20, Fa0/21, Fa0/22, Fa0/23,
Gi0/1 ,Gi0/2
2 Sales active
3 Marketing active Fa0/3
5 Voice active Fa0/3
```

لاحظ أن المنفذ Fa0/3 أصبح الآن عضوًا في VLAN 3 وVLAN 5 نوعان مختلفان من شبكات VLAN.
ولكن هل يمكنك أن تخبرني أين يقع المنفذان 1 و2؟ ولماذا لا يظهران في إخراج show vlan؟ هذا صحيح، لأنهما منفذان رئيسيان! يمكننا أيضًا رؤية ذلك باستخدام الأمر show interfaces interface switchport:

```
S3#sh int fa0/3 switchport
Name: Fa0/3
Switchport: Enabled
Administrative Mode: static access
Operational Mode: static access
Administrative Trunking Encapsulation: negotiate
Negotiation of Trunking: Off
```

```
Access Mode VLAN: 3 (Marketing) Trunking Native Mode VLAN: 1 (default)
Administrative Native VLAN tagging: enabled Voice VLAN: 5 (Voice)
```

يظهر الناتج أن Fa0/3 هو منفذ وصول وعضو في VLAN 3 (التسويق) بالإضافة إلى كونه عضوًا في VLAN الصوتية 5.

إذا قمت بتوصيل الأجهزة في كل منفذ VLAN فيمكنها فقط التحدث إلى الأجهزة الأخرى في نفس VLAN.

ولكن بمجرد معرفة المزيد حول التجميع الجذعى سنقوم بتمكين الاتصال بين VLAN!

التوجيه بين شبكات VLAN

- تتواصل الأجهزة المضيفة في شبكة VLAN في نطاق بث خاص بها ويمكنها التواصل بحرية.

- تنشئ شبكات VLAN تقسيم الشبكة وفصل المرور في الطبقة 2 من OSI.

- إذا كنت تريد أن تتواصل الأجهزة المضيفة أو أي جهاز آخر يمكن عنونته عبر IP بين شبكات VLAN فيجب أن يكون لديك جهاز من الطبقة 3 لتوفير التوجيه.

- يمكنك استخدام جهاز توجيه يحتوي على واجهة لكل شبكة VLAN أو جهاز توجيه يدعم (ISL) Cisco Inter-Switch Link أو بروتوكول التوصيل IEEE 802.1Q للتوجيه.

- يعتبر كل من ISL و Q802.1 نوعًا من وسم الإطارات Frame tagging.

- يشير وسم الإطارات إلى تحديد شبكة VLAN وهذا ما تستخدمه المبدلات لتتبع كل هذه الإطارات أثناء عبورها وصلات المبدل.

- إنها الطريقة التي تحدد بها المبدلات الإطارات التي تنتمي إلى شبكات VLAN عبرروابط التوصيل.

كما هو موضح في الشكل (13) إذا كان لديك شبكتان أو ثلاث شبكات VLAN فيمكنك الحصول على جهاز توجيه مزود باثنتين أو ثلاث وصلات FastEthernet و يمكن استخدام وصلة 10Base-T مناسبة لأغراض التوصيلات المنزلية.

في الشكل (13) كل واجهة جهاز توجيه متصلة برابط وصول.

جهاز توجيه يربط بين ثلاث شبكات VLAN معًا للتواصل بين شبكات VLAN واجهة جهاز توجيه واحدة لكل شبكة VLAN.

هذا يعني أن عناوين IP الخاصة بكل واجهة من واجهات أجهزة التوجيه ستصبح بعد ذلك عنوان البوابة الافتراضية لكل مضيف في كل شبكة VLAN.

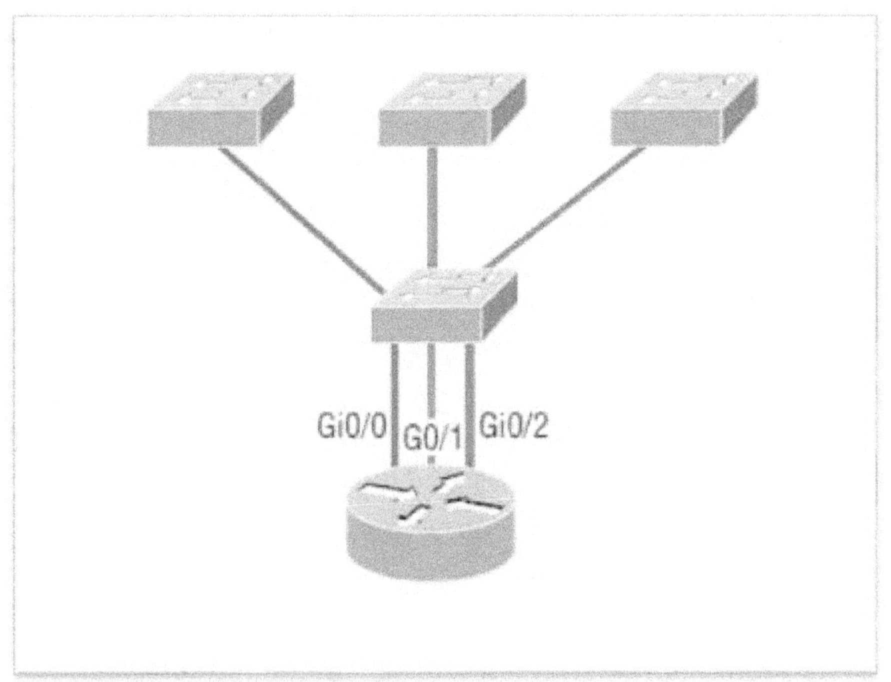

الشكل رقم (13) جهاز توجيه يربط بين ثلاث شبكات VLAN معًا.
CCST Support Technician, Networking Exam, Todd Lammle.2024.

إذا كان لديك شبكات VLAN أكثر من واجهات جهاز التوجيه فيمكنك تكوين التوصيل على واجهة FastEthernet واحدة أو شراء مبدل طبقة 3 مثل 3560 القديم والرخيص الآن أو مبدل أعلى مستوى مثل 3850.

يمكنك اختيار 6800 إذا كان لديك المال الكافي لإنفاقه!

بدلاً من استخدام واجهة جهاز توجيه لكل شبكة VLAN يمكنك استخدام واجهة FastEthernet واحدة وتشغيل وضع علامات إطار ISL أو Q802.1 على رابط توصيل.

يوضح الشكل (14) كيف ستبدو واجهة FastEthernet على جهاز التوجيه عند تكوينها باستخدام التوصيل ISL أو Q802.1.

يسمح هذا لجميع شبكات VLAN بالتواصل من خلال واجهة واحدة.

تسمي شركة Cisco هذا جهاز توجيه **Router on a stick**(ROAS).

جهاز توجيه: واجهة جهاز توجيه واحدة تربط شبكات VLAN الثلاثة معًا من أجل الاتصال بين شبكات VLAN.

أود حقًا أن أشير إلى أن هذا يخلق عنق زجاجة محتمل بالإضافة إلى نقطة فشل واحدة وبالتالي فإن عدد المضيفين/شبكة VLAN لديك محدود.

كم سيبلغ العدد ؟ حسنًا هذا يعتمد على مستوى حركة المرور لديك.

ولتصحيح الأمور حقًا سيكون من الأفضل استخدام مبدل أعلى مستوى والتوجيه على اللوحة الخلفية.

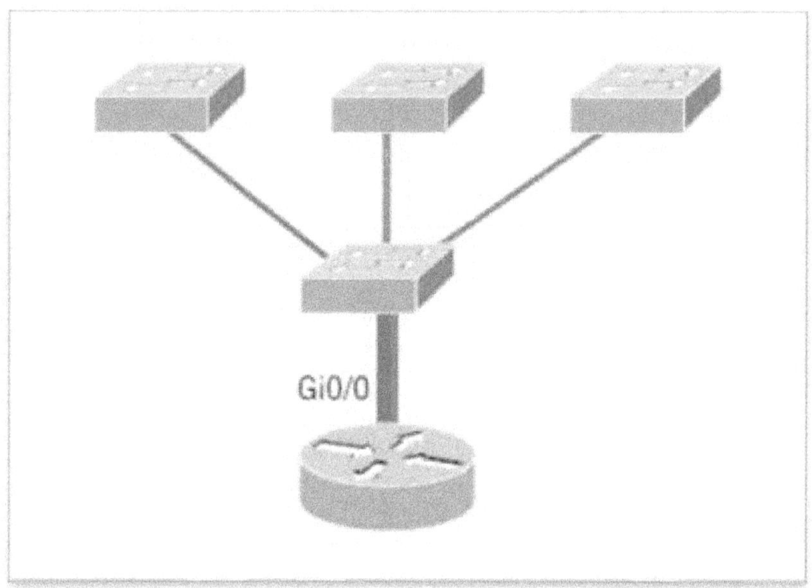

الشكل رقم (14) جهاز توجيه (ROAS) واجهة واحدة تربط شبكات VLAN الثلاثة معًا
CCST Support Technician, Networking Exam, Todd Lammle.2024.

يوضح الشكل (15) كيف يمكننا إنشاء جهاز توجيه (ROAS) باستخدام الواجهة المادية لجهاز التوجيه من خلال إنشاء واجهات منطقية واحدة لكل شبكة VLAN.

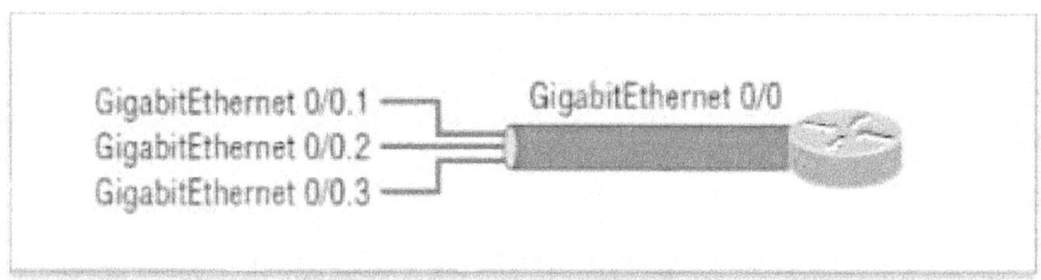

الشكل (15) موجه و انشاء واجهات منطقية.
CCST Support Technician, Networking Exam, Todd Lammle.2024.

نرى هنا واجهة مادية واحدة مقسمة إلى عدة واجهات فرعية مع تخصيص شبكة فرعية واحدة لكل شبكة VLAN حيث تكون كل واجهة فرعية عنوان البوابة الافتراضية لكل شبكة VLAN/ شبكة فرعية.

يجب تخصيص معرف تغليف لكل واجهة فرعية لتحديد معرف شبكة VLAN لتلك الواجهة الفرعية.

بدلاً من استخدام واجهة موجهة خارجية لكل شبكة VLAN أو موجه خارجي يمكننا تكوين واجهات منطقية على اللوحة الخلفية لمبدل الطبقة 3.
وهذا ما يسمى بالتوجيهات بين شبكات VLAN (IVR) ويتم تكوينها باستخدام واجهة افتراضية مبدلة (SVI).
يوضح الشكل (16) كيف يرى المضيفون هذه الواجهات الافتراضية.
في الشكل يبدو أن هناك موجهًا موجودًا ولكن لا يوجد موجه فعلي موجود تتطلب عملية IVR القليل من الجهد ويسهل تنفيذها، مما يجعلها رائعة للغاية! بالإضافة إلى ذلك، فهو أكثر كفاءة بكثير للتوجيه بين شبكات VLAN مقارنة بجهاز التوجيه الخارجي.

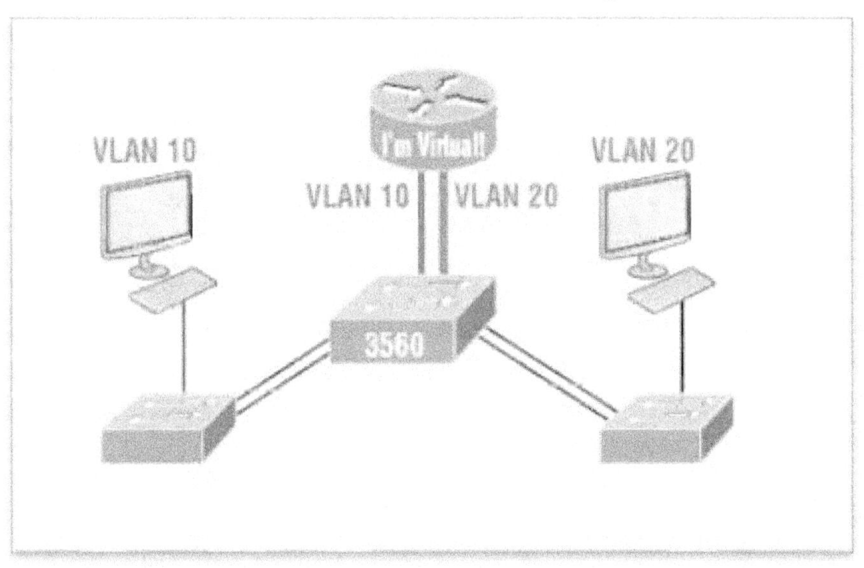

الشكل (16) مع IVR يتم تشغيل التوجيه على اللوحة الخلفية للمبدل.
CCST Support Technician, Networking Exam, Todd Lammle.2024.

ملخص الفصل

في هذا الفصل تحدثت عن الاختلافات بين المبدلات والجسور وكيفية عملهما في الطبقة 2.

يقوم كل منهما بإنشاء جداول إعادة توجيه/تصفية عناوين MAC من أجل اتخاذ قرارات بشأن إعادة توجيه أو غمر إطار.

كما تناولت بعض المشكلات التي قد تحدث إذا كان لديك روابط متعددة بين الجسور (المبدلات).

أساسيات الإمتحان

- تذكر وظائف المبدل الثلاثة. تعلم العناوين، وقرارات التوجيه/التصفية وتجنب الحلقة هي وظائف المبدل.

- تذكر الأمر show mac address-table.

- سيعرض لك الأمر show mac address-table جدول التوجيه/التصفية المستخدم في محول الشبكة المحلية.

- فهم مصطلح وضع العلامات على الإطارات.

- يشير وضع العلامات على الإطارات إلى تحديد شبكة VLAN وهذا ما تستخدمه المبدلات لتتبع كل هذه الإطارات أثناء عبورها لنسيج المبدل.

- إنها الطريقة التي تحدد بها المبدلات الإطارات التي تنتمي إلى شبكات VLAN معينة.

- تذكر التحقق من تعيين منفذ المبدل لشبكة VLAN عند توصيل مضيف جديد.

- إذا قمت بتوصيل مضيف جديد بمبدل، فيجب عليك التحقق من عضوية شبكة VLAN لهذا المنفذ.

- إذا كانت العضوية مختلفة عما هو مطلوب لهذا المضيف فلن يتمكن المضيف من الوصول إلى خدمات الشبكة المطلوبة مثل خادم مجموعة العمل أو الطابعة.

- تذكر كيفية إنشاء جهاز توجيه Cisco على عصا لتوفير الاتصال بين شبكات VLAN.

- يمكنك استخدام واجهة Cisco FastEthernet أو Gigabit Ethernet لتوفير التوجيه بين شبكات VLAN.

- يجب أن يكون منفذ التبديل المتصل بالموجه منفذًا رئيسيًا ثم يجب عليك إنشاء واجهات افتراضية على منفذ الموجه لكل شبكة VLAN متصلة به.

- ستستخدم المضيفات في كل شبكة VLAN عنوان الواجهة الفرعية هذا

212

كعنوان بوابة افتراضية لها.

أسئلة المراجعة

تم تصميم الأسئلة التالية لاختبار فهمك لمادة هذا الفصل. لمزيد من المعلومات حول كيفية الحصول على أسئلة إضافية، يرجى زيارة www.lammle.com/ccst.

يمكنك العثور على إجابات هذه الأسئلة في الملحق "إجابات أسئلة المراجعة".

1. أي من العبارات التالية فيما يتعلق بشبكات VLAN صحيحة؟

أ. تقلل شبكات VLAN بشكل كبير من أمان الشبكة.

ب. تزيد شبكات VLAN من عدد مجالات التصادم مع تقليل حجمها.

ج. تقلل شبكات VLAN من عدد مجالات البث مع تقليل حجمها.

د. تتم إضافة الشبكة ونقلها وتغييرها بسهولة بمجرد تكوين منفذ في شبكة VLAN المناسبة.

2. أي من العبارات التالية فيما يتعلق بالتبديل من الطبقة 2 غير صحيحة؟

أ. تعد مبدلات وجسور الطبقة 2 أسرع من أجهزة التوجيه لأنها لا تستغرق وقتًا بالنظر إلى معلومات رأس طبقة ربط البيانات.

ب. تنظر مبدلات وجسور الطبقة 2 إلى عناوين الأجهزة الخاصة بالإطار قبل اتخاذ قرار إما بإعادة التوجيه أو إغراق الإطار أو إسقاطه.

ج. تنشئ المبدلات مجالات تصادم مخصصة خاصة وتوفر نطاق ترددي مستقل على كل منفذ.

د. تستخدم المبدلات الدوائر المتكاملة الخاصة بالتطبيقات (ASICs) لبناء وصيانة جداول مرشح MAC الخاصة بها.

3. اكتب الأمر الذي أنتج الناتج التالي.

```
Vlan Mac Address Type Ports[|>
---- ----------- ------- -------
All 0100.0ccc.cccc STATIC CPU
[output cut]
1 000e.83b2.e34b DYNAMIC Fa0/1
1 0011.1191.556f DYNAMIC Fa0/1
1 0011.3206.25cb DYNAMIC Fa0/1
1 001a.2f55.c9e8 DYNAMIC Fa0/1
1 001a.4d55.2f7e DYNAMIC Fa0/1
1 001c.575e.c891 DYNAMIC Fa0/1
1 b414.89d9.1886 DYNAMIC Fa0/5
1 b414.89d9.1887 DYNAMIC Fa0/6
```

4. أي مما يلي لا يعتبر مشكلة يعالجها بروتوكول STP؟

أ. عواصف البث

ب. التكرار في البوابة

ج. جهاز يستقبل نسخًا متعددة من نفس الإطار

د. التحديث المستمر لجدول مرشح MAC

5. اكتب الأمر الذي يجب أن يكون موجودًا على أي مبدل تحتاج إلى إدارته من شبكة فرعية مختلفة.

6. _________ هي آلية تجنب الحلقة المستخدمة بواسطة المبدلات.

7. ما الغرض من وضع علامات على الإطارات في تكوينات شبكة LAN الافتراضية (VLAN)؟

أ. التوجيه بين شبكات VLAN

ب. تشفير رزم الشبكة

ج. تحديد الإطارات عبر روابط الجذع

د. تحديد الإطارات عبر روابط الوصول

8. على أي واجهة افتراضية تقوم بتكوين عنوان IP لمبدل؟

أ. int fa0/0

ب. int vty 0 15

ج. int vlan 1

د. int s/0/0

9. أي أمر سيعرض لك تعيينات منفذ VLAN؟

أ. عرض تعيينات المنافذ

ب. عرض شبكة LAN

ج. عرض منافذ شبكة LAN

د. عرض قاعدة البيانات

10. أي مما يلي هي وظائف أساسية لمبدلات الطبقة 2؟ (اختر ثلاثة.)

أ. تعلم العناوين

ب. قرار التوجيه/التصفية

ج. إدارة IP

د. تجنب الحلقة

الفصل السابع: الكابلات والموصلات   Cables and Connectors

طوبولوجيات الشبكة الأساسية

يُعرِّف القاموس كلمة شبكة على أنها "مجموعة أو نظام من الأشخاص أو الأشياء المترابطة". وعلى نحو مماثل، في عالم الكمبيوتر، يعني مصطلح الشبكة جهازي كمبيوتر متصلين أو أكثر يمكنهم مشاركة الموارد مثل البيانات والتطبيقات، أو أجهزة المكاتب، أو اتصال الإنترنت، أو مزيج من هذه، كما هو موضح في الشكل (1).

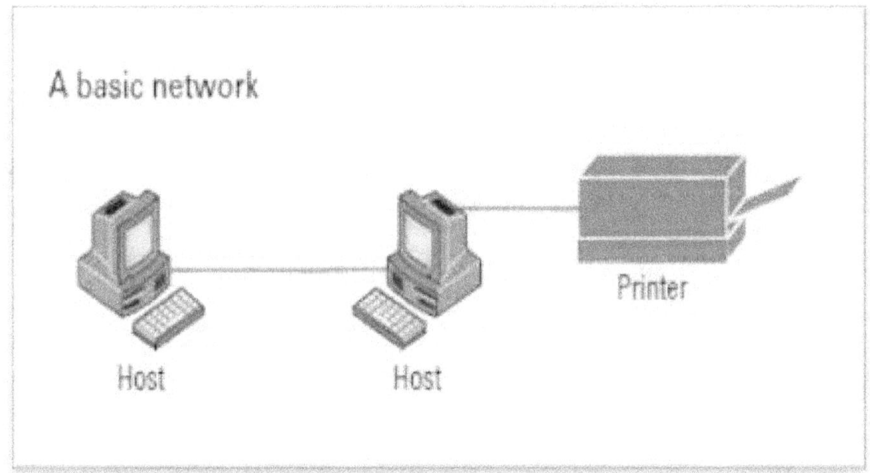

الشكل رقم (1)

.CCST Support Technician, Networking Exam, Todd Lammle.2024

- يوضح الشكل رقم (1) شبكة أساسية تتكون من جهازي كمبيوتر مضيفين متصلين ببعضهما البعض يتشاركان الموارد مثل الملفات والطابعة المتصلة بأحد الجهازين المضيفين.

- يتحدث الجهازان المضيفان مع بعضهما البعض باستخدام لغة كمبيوتر تسمى الكود الثنائي binary code التي تعتمد على الأرقام 1 و0 بترتيب محدد يصف بالضبط ما يريدان تبادله من معلومات.

رموز و مخططات الشبكات

يتم توثيق البنية الأساسية للشبكة باستخدام رموز وأنواع مختلفة من المخططات المستخدمة لتمثيل الأجهزة وخطوط الترابط بين هذه الأجهزة في الشبكة. يعد فهم هذه الرموز والمخططات جانبًا مهمًا لفهم اتصالات الشبكة.

215

<h1 style="text-align:center">الشبكة المحلية Local Area Network (LAN)</h1>

- تقتصر الشبكة المحلية كما يوحي الاسم عادةً على تغطية موقع جغرافي معين مثل مبنى مكتبي أو قسم داخل مكتب فى شركة أو مكتب منزلي.
- لم يكن بإمكانك في الماضي وضع أكثر من 30 محطة عمل على شبكة محلية وكان التعامل بقيود صارمة على مدى بعد هذه الأجهزة عن بعضها.
- لم نعد مقيدين وفقا للتقدم التكنولوجي بالحجم أوالمسافة التي يمكن أن تمتد إليها شبكة المنطقة المحلية.
- من الأفضل تقسيم شبكة المنطقة المحلية الكبيرة إلى مناطق منطقية أصغر تُعرف باسم مجموعات العمل لتسهيل الإدارة.

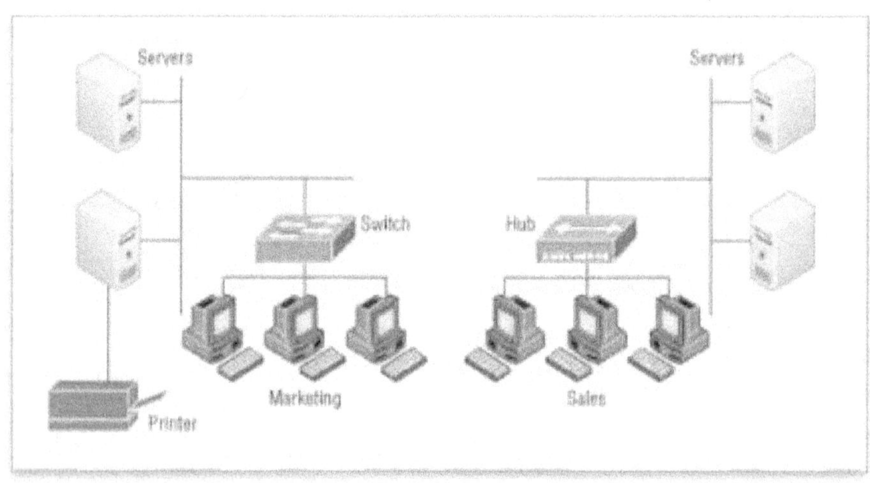

الشكل (2)

CCST Support Technician, Networking Exam, Todd Lammle.2024.

مجموعة العمل

- عبارة عن مجموعة من الأجهزة لا يوجد بينها ربط أمان لكنها ببساطة موجودة فعليًا في نفس الجزء من الشبكة.
- يتم ترتيب مجموعات العمل في شبكة LAN في بيئة العمل النموذجية حسب أقسام الإدارات أو طبيعة العمل المشترك.
- يمكنك على سبيل المثال إنشاء مجموعة عمل لكل قسم من أقسام الإدارة المالية للمحاسبة للمبيعات للتسويق و هكذا.
- يوضح الشكل (2) شبكتي LAN منفصلتين كل منهما تمثل مجموعة عمل.
- الأجهزة التي تحمل علامات الموزع hub والمبدل switch مجرد أجهزة اتصال تسمح للمضيفين بالاتصال بالموارد الموجودة على شبكة LAN سيأتى ذكرها بمزيد من التفصيل في الفصل الخامس "أجهزة الشبكات".

216

مشكلات مجموعات العمل المنفصلة

- فى الشكل (2) مجموعة عمل تسويق ومجموعة عمل مبيعات تمثلان الشبكة المحلية في أبسط صورها.
- يمكن لأي جهاز كمبيوتر (محطة عمل **workstation**) متصل بشبكة المبيعات المحلية الوصول إلى مواردها الخوادم والطابعة.
- لا يمكن لمجموعة التسويق الإستفادة عن بعد من طابعة مجموعة المبيعات.
- يجب أن تكون متصلاً فعليًا بشبكة LAN للحصول على الموارد منها.

ربط الشبكتين معا

يتم استخدام جهاز التوجيه لتوصيل شبكات LAN كما الشكل 3 لأن أجهزة الكمبيوتر المضيفة من شبكة LAN التسويق يمكنها الوصول إلى الموارد (بيانات الخادم والطابعات) الخاصة بشبكة LAN المبيعات والعكس صحيح.

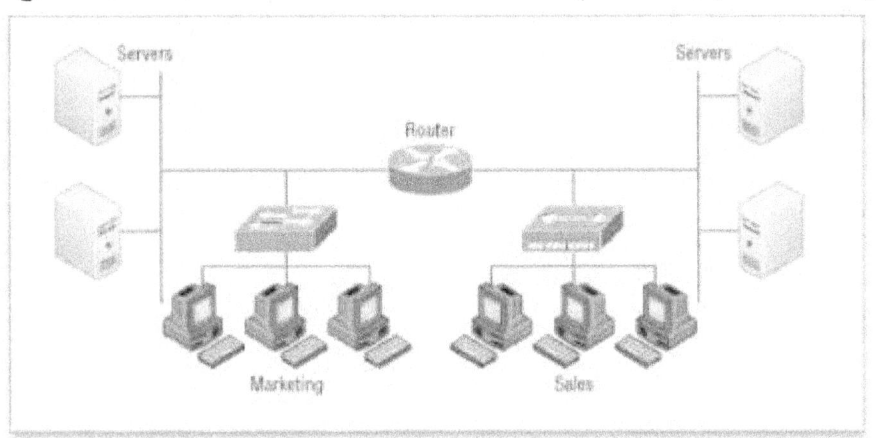

الشكل (3)

.CCST Support Technician, Networking Exam, Todd Lammle.2024

شبكات المنطقة الواسعة

شبكات المنطقة الواسعة هي ما نستخدمه لتغطية مناطق جغرافية كبيرة ولقطع مسافات طويلة حقًا.

تستخدم شبكات المنطقة الواسعة عادةً كلًا من أجهزة التوجيه والروابط العامة لذا فإن هذا هو المعيار المستخدم عمومًا لتعريفها.

إليك قائمة ببعض الطرق المهمة التي تختلف بها شبكات المنطقة الواسعة عن شبكات المنطقة المحلية:

- تحتاج شبكات المنطقة الواسعة عادةً إلى منفذ أو منافذ لجهاز التوجيه.
- تغطي شبكات المنطقة الواسعة مناطق جغرافية أكبر و/أو يمكنها ربط مواقع متباينة.

217

■ عادةً ما تكون شبكات المنطقة الواسعة أبطأ.

■ يمكننا اختيار متى وكم من الوقت نتصل بشبكة المنطقة الواسعة.

■ يمكن لشبكات WAN الاستفادة من وسائط نقل البيانات الخاصة أو العامة مثل خطوط الهاتف.

إنترنتورك أو التشبيك internetwork

إشتقت كلمة إنترنت إختصارا لمصطلح الإنترنتورك بمعنى التشبيك.

شبكة الإنترنتورك أو التشبيك هو إنشاء شبكات المنطقة المحلية أو شبكة المنطقة الواسعة WAN تربط بين مجموعة من الشبكات الداخلية.

في شبكة الإنترنتورك يستخدم المضيفون عناوين IP للتواصل مع المضيفين على شبكة منطقة محلية أخرى (الجانب الآخر من جهاز التوجيه).

يوضح الشكل 7.4 كيفية استخدام أجهزة التوجيه لإنشاء شبكة إنترنت وكيف تمكن شبكات LAN الخاصة بنا من الوصول إلى موارد WAN.

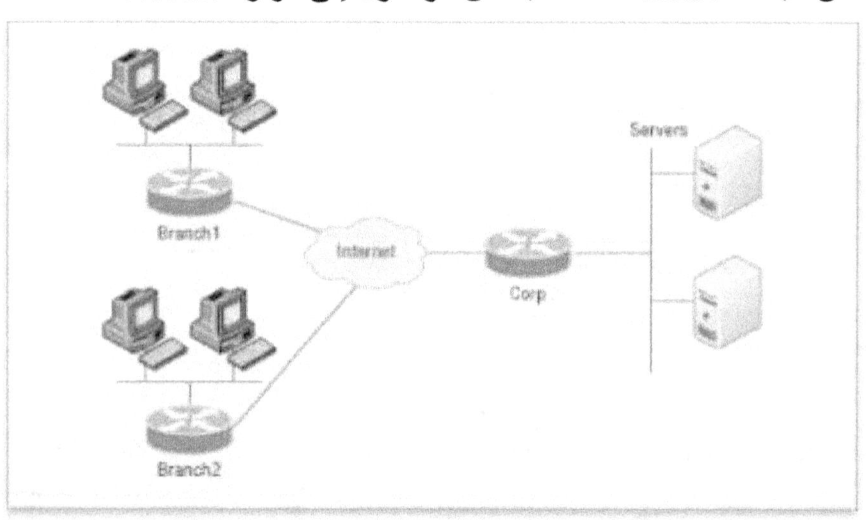

الشكل (4)
CCST Support Technician, Networking Exam, Todd Lammle.2024.

الإنترنت هو مثال رئيسي لما يُعرف بشبكة WAN الموزعة وهي شبكة إنترنت تتكون من عدد كبير من أجهزة الكمبيوتر المترابطة الموجودة في العديد من الأماكن المختلفة. هناك نوع آخر من شبكات WAN يشار إليه بالشبكة المركزية، والتي تتكون من جهاز كمبيوتر أو موقع مركزي رئيسي يمكن لأجهزة الكمبيوتر والأجهزة البعيدة الاتصال به.

ومن الأمثلة الجيدة على ذلك فروع المكاتب البعيدة التي تتصل بمكتب الشركة الرئيسي، كما هو موضح في الشكل (4).

شبكة المنطقة الشخصية PAN

- توجد شبكات المنطقة الشخصية للاتصالات القريبة في الهواتف الذكية وأجهزة الكمبيوتر المحمولة في غرفة المؤتمرات حيث تُستخدم الاتصالات المحلية للتعاون وإرسال البيانات بين الأجهزة.
- يمكن لشبكة المنطقة الشخصية استخدام اتصال سلكي مثل Ethernet أو USB ومن الشائع استخدام الاتصالات اللاسلكية قصيرة المدى مثل Bluetooth أو الأشعة تحت الحمراء.
- تهدف شبكات المنطقة الشخصية إلى التقارب بين الأجهزة مثل الاتصال بجهاز عرض أو طابعة أو كمبيوتر زميل في العمل و تمتد بضعة أمتار.

شبكة منطقة الحرم الجامعي CAN

- تغطي شبكة منطقة الحرم الجامعي Campus Area Network منطقة جغرافية محدودة مثل الحرم الجامعي الجامعي أو المؤسسي.
- تربط شبكة منطقة الحرم الجامعي عادةً شبكات LAN في العديد من المباني وتوفر إمكانية Wi-Fi للمستخدمين المتجولين.
- تقع شبكة منطقة الحرم الجامعي بين شبكة LAN وشبكة WAN من حيث النطاق و حجم العمل.
- تعتبر أكبر من شبكة المنطقة المحلية ولكنها أصغر من شبكة المنطقة الحضرية أو شبكة المنطقة الواسعة.
- توفر معظم شبكات منطقة الحرم الجامعي اتصالاً بالإنترنت بالإضافة إلى الوصول إلى موارد مركز البيانات.

شبكة منطقة التخزين SAN

- يتم تصميمها خصيصًا لأنظمة التخزين حصريًا.
- تربط شبكات منطقة التخزين الخوادم بمصفوفات تخزين تحتوي على بنوك مركزية من محركات الأقراص الصلبة أو وسائط تخزين مماثلة.
- توجد شبكات منطقة التخزين عادةً في مراكز البيانات ولا تختلط بحركة المرور مع شبكات LAN أخرى.
- تم تصميم بروتوكولات خصيصًا للتخزين.
- يتم اختيار أجهزة الشبكة مثل مبدلات المبدلات وأجهزة التوجيه مصممة خصيصًا لنقل حركة مرور التخزين.

شبكة المنطقة الواسعة المحددة بالبرمجيات SDWAN

- بنية شبكة المنطقة الواسعة الافتراضية تستخدم البرمجيات لإدارة الاتصال بين الأجهزة وتوفير الخدمات ويمكنها إجراء تغييرات في الشبكة بناءً على

العمليات الجارية.

- تدمج شبكات المنطقة الواسعة المحددة بالبرمجيات أي نوع من بنائيات النقل مثل MPLS وLTE وخدمات الإنترنت ذات النطاق العريض لتوصيل المستخدمين بالتطبيقات بشكل آمن.
- يمكن لوحدة التحكم في SDWAN إجراء تغييرات في الوقت الفعلي لإضافة أو إزالة النطاق الترددي أو التوجيه حول الدوائر الفاشلة.
- يمكن لشبكات المنطقة الواسعة المحددة بالبرمجيات تبسيط إدارة عمليات الشبكات ذات المنطقة الواسعة من خلال فصل أجهزة الشبكة عن آلية التحكم الخاصة بها.

شبكة تحويل المؤشرات متعدد البروتوكولات MPLS

يطلق مصطلح تحويل المؤشرات متعدد البروتوكولات (MPLS) على التخطيط الفعلي لأحد أكثر بروتوكولات شبكة WAN شيوعًا حاليا.
أصبح بروتكول MPLS أحد أكثر تقنيات الشبكات ابتكارًا ومرونة في السوق وله بعض المزايا الرئيسية مقارنةً بتقنيات شبكة WAN الأخرى:

- مرونة التخطيط المادي
- تحديد أولويات البيانات
- التكرار في حالة فشل الرابط
- اتصال من واحد إلى متعدد.

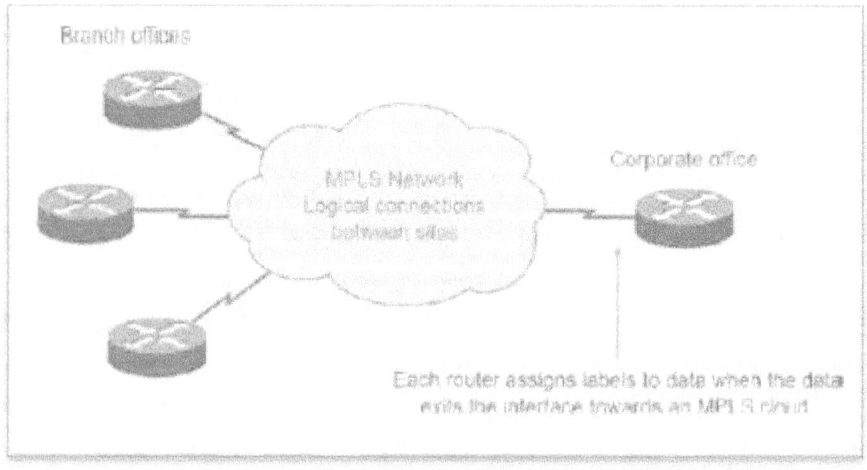

الشكل رقم (5) شبكة تحويل المؤشرات متعدد البروتوكولات MPLS
CompTIA Network+ Study Guide, 6th.edition, John Wiley, 2024.

تعريف بروتوكول MPLS
- يُعد بروتكول MPLS آلية تحويل تضع labels تسميات (أرقام) على

البيانات ثم تستخدم تلك التسميات لإعادة توجيه البيانات عندما تصل إلى شبكة MPLS كما هو موضح في الشكل (5).

- يتم تعيين التسميات على حافة شبكة MPLS ويتم إعادة التوجيه داخل شبكة MPLS (السحابة) بناءً على التسميات فقط من خلال الروابط الافتراضية بدلاً من الروابط المادية.

- إعطاء الأولوية لبعض للبيانات ميزة كبيرة على سبيل المثال يمكن أن يكون لبيانات الصوت الأولوية على البيانات الأساسية بناءً على التسميات.

- نظرًا لوجود مسارات متعددة لإعادة توجيه البيانات عبر سحابة MPLS فهناك أيضًا تقنية التكرار الإحتياطى redundancy بالبدائل الإحتياطية .

تعريف بروتوكول (mGRE)

- يشير بروتوكول (mGRE) إلى شركة اتصالات أو موفر خدمة يقدم خدمة إنشاء وإنهاء الاتصالات بشكل ديناميكي على الشبكة.

- يستخدم بروتوكول mGRE في عمليات نشر VPN متعددة النقاط الديناميكية.

- يتيح البروتوكول الاتصالات الديناميكية دون الحاجة إلى تكوين نقاط نهاية النفق الثابتة مسبقًا.

- يقوم البروتوكول بتغليف بيانات المستخدم وإنشاء اتصال VPN بعقدة واحدة أو أكثر وعند اكتماله يقوم بإنهاء الاتصال.

طوبولوجيا الشبكة Network Topology

- تصف الطوبولوجيا كيفية عمل أجزاء الشبكة معًا.

- عند دراسة الشبكات يجب أن نفهم كل من الطوبولوجيا المادية والطوبولوجيا المنطقية للشبكة.

رموز و مخططات الشبكات

يتم توثيق البنية الأساسية للشبكة باستخدام رموز وأنواع مختلفة من المخططات المستخدمة لتمثيل الأجهزة وخطوط الترابط بين هذه الأجهزة في الشبكة. يعد فهم هذه الرموز والمخططات جانبًا مهمًا لفهم اتصالات الشبكة.

مخططات الطوبولوجيا

- تعتبر مخططات الطوبولوجيا توثيقًا إلزاميًا للعاملين فى مجال الشبكات.

- تقدم هذه المخططات خريطة مرئية لكيفية توصيل الشبكة بطريقة سهلة لفهم كيفية اتصال الأجهزة في الشبكة.

- تعد القدرة على التعرف على التمثيلات المنطقية لمكونات الشبكة المادية أمرًا بالغ الأهمية للتمكن من تصور تنظيم الشبكة وتشغيلها.
- يتم استخدام المصطلحات المتخصصة لوصف كيفية اتصال كل من هذه الأجهزة والوسائط ببعضها البعض.
- هناك نوعان من مخططات الطوبولوجيا: المادية والمنطقية.

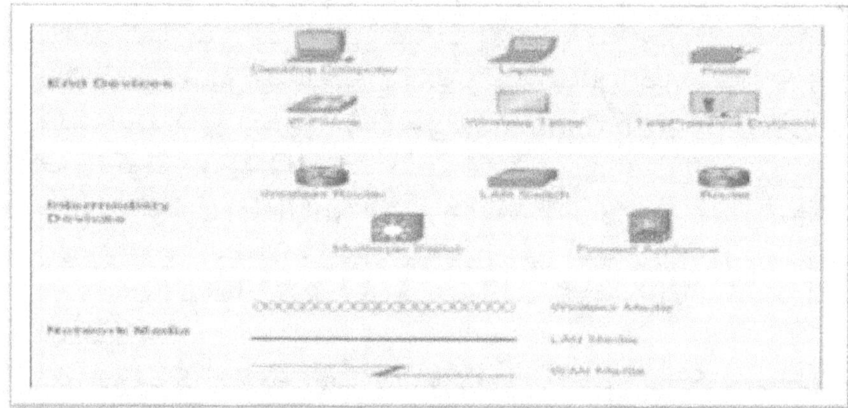

الشكل رقم (6) رموز أجهزة مخططات الشبكات.
Computer Networks (R15A0513) Lecture Notes, 2020.

مخططات الطوبولوجيا المنطقية

الطوبولوجيا المنطقية تتعلق بالبرمجيات وكيفية التحكم في الوصول إلى الشبكة و كيفية وصول المستخدمين والبرامج إلى الشبكة وكيفية مشاركة الموارد المحددة مثل التطبيقات وقواعد البيانات على الشبكة.

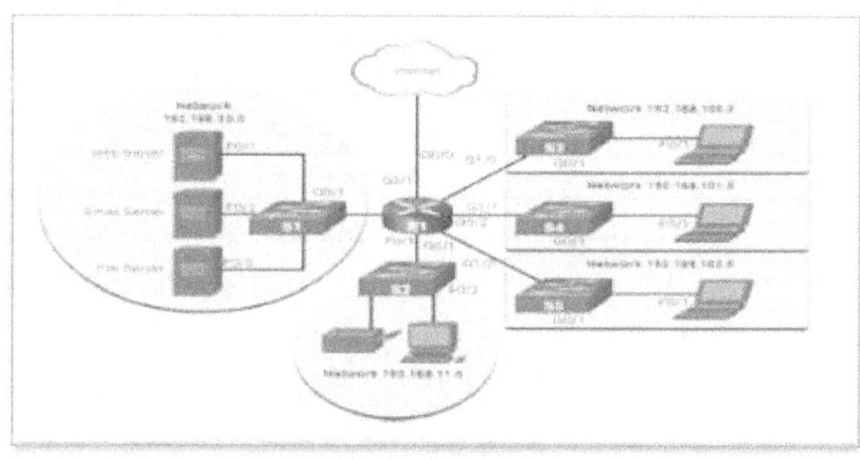

الشكل رقم (7) المخطط الطوبولوجي المنطقى.
Cisco Networking Academy (CCNAv7) Copyright © 2020.

مخططات الطوبولوجيا المادية Physical Topology
توضح مخططات الطوبولوجيا المادى الموقع المادى للأجهزة الوسيطة وتركيب الكابلات كما فى الشكل رقم (7).
تشير الطبولوجيا المادية في الغالب إلى أجهزة الشبكة وكيفية ربط أجهزة الكمبيوتر والأجهزة الأخرى والكابلات معًا لتشكيل الشبكة المادية.

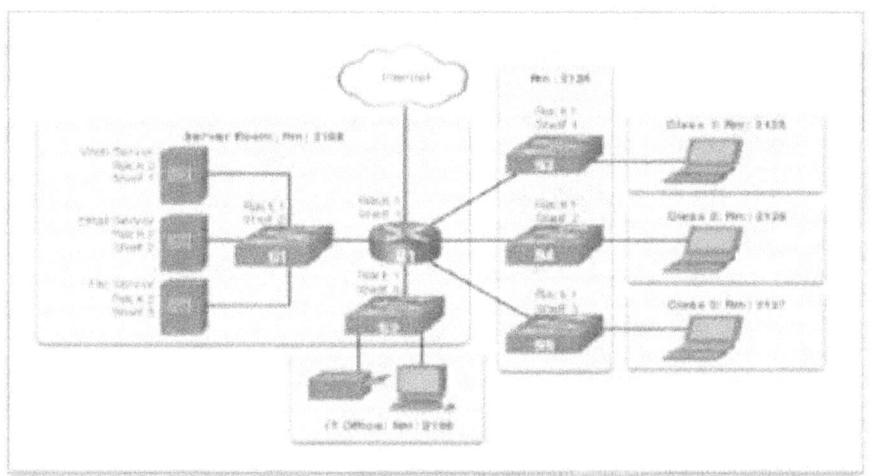

الشكل رقم (8) المخطط الطوبولوجى المادى.
Cisco Networking Academy (CCNAv7) Copyright © 2020.

أنواع الطوبولوجيات الشهيرة

- Bus Topology طوبولوجيا الناقل
- Star/hub-and-spoke طوبولوجيا النجمة
- Ring طوبولوجيا الحلقة
- Mesh الشبكة المتداخلة
- Point-to-point طوبولوجيا نقطة إلى نقطة
- Point-to-multipoint طوبولوجيا نقطة إلى نقاط متعددة
- Hybrid الطوبولوجيا الهجينة

طوبولوجيا الخط الناقل Bus Topology

تتكون طوبولوجيا الناقل من طرفين متميزين ومنتهيين حيث يتصل كل من أجهزة الكمبيوتر الخاصة بها بكابل واحد غير مقطوع يمتد بطولها بالكامل.
عند استخدام كابلات إيثرنت 10Base2 Ethernet يتم إدخال موصل حرف "T" في الكابل الرئيسي في أي جهاز نريد توصيله به بدلاً من استخدام كابلات إسقاط.

223

مزايا طوبولوجيا الخط الناقل
- تعمل بشكل جيد عندما تكون الشبكة صغيرة.
- تعتبر أسهل طريقة لتوصيل أجهزة الكمبيوتر أو الأجهزة الطرفية بطريقة خطية.
- تتطلب طول كابل أقل من طوبولوجيا النجمة.

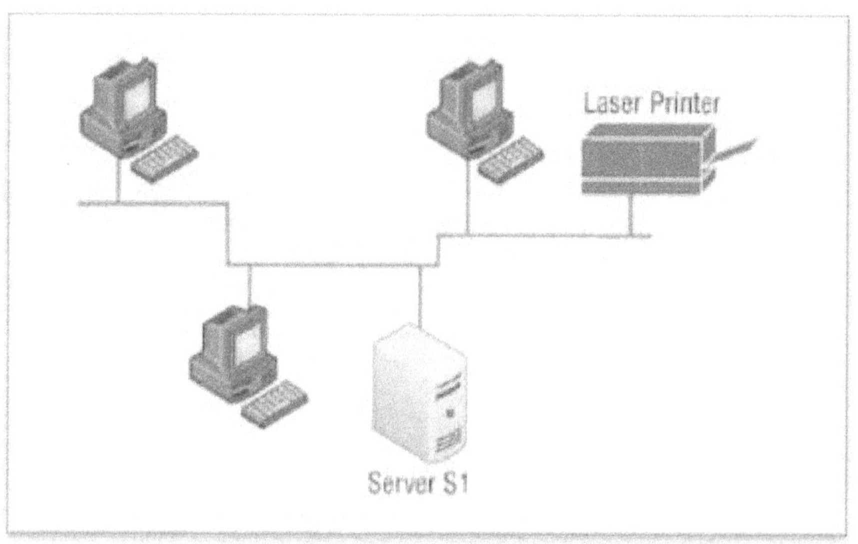

الشكل (9) طوبولوجيا الخط الناقل.

CCST Support Technician, Networking Exam, Todd Lammle.2024.

ملحوظة

التسامح مع الأخطاء هو قدرة الكمبيوتر أو نظام الشبكة على الاستجابة لحالة ما تلقائيًا، وحلها غالبًا الأمر الذي يقلل من التأثير على النظام.

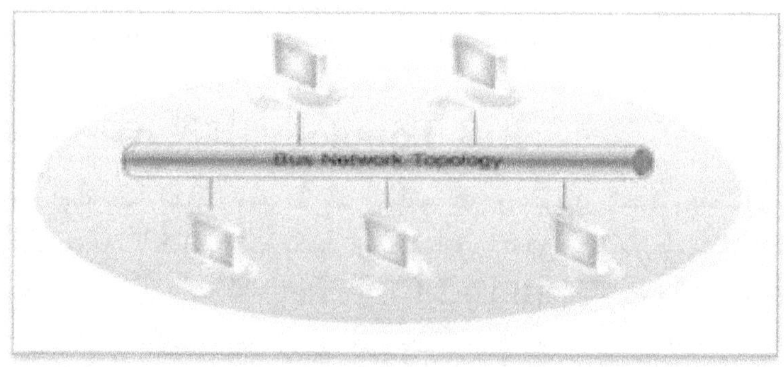

الشكل رقم (10) طوبولوجيا شبكة الخط الناقل.

Computer Networks (R15A0513) Lecture Notes, 2020.

عيوب طوبولوجيا الخط الناقل

- قد يكون من الصعب تحديد المشكلات إذا انخفضت الشبكة بأكملها.
- قد يكون من الصعب استكشاف مشكلات الجهاز الفردية.
- طوبولوجيا الخط الناقل ليست مناسبة للشبكات الكبيرة.
- تتطلب استخدام نهايات الكابل Terminators لطرفي الكابل الرئيسي.
- الأجهزة إضافية تبطئ الشبكة.
- إذا تضرر الكبال الرئيسي تفشل الشبكة.

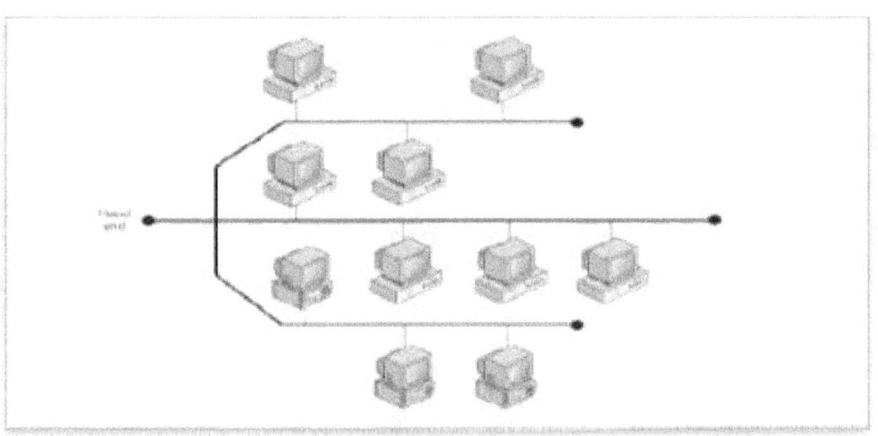

الشكل رقم (11) الخط الناقل الموزع.
Computer Networks (R15A0513) Lecture Notes, 2020.

طوبولوجيا النجمة Star Topology

تتصل أجهزة الكمبيوتر في طوبولوجيا النجمة بنقطة مركزية باستخدام كابلات فردية أو اتصالات لاسلكية.

النقطة المركزية تكون جهازمثل الموزع hub أو المبدل switch أو نقطة وصول access point.

مزايا شبكة النجمة

- تقدم طوبولوجيا النجمة العديد من المزايا مقارنة بطوبولوجيا الناقل مما يجعلها أكثر استخدامًا على الرغم من أنها تتطلب بوضوح المزيد من الوسائط المادية.
- كل جهاز كمبيوترمتصل بالجهاز المركزي بشكل فردي فإذا تعطل الكابل فإنه يعطل الجهاز أو قطعة الشبكة المرتبطة بنقطة التعطل فقط.
- الشبكة أكثر قدرة على تحمل الأخطاء فضلاً عن سهولة استكشاف الأخطاء وإصلاحها.

225

- أكثر قابلية للتوسع عند إضافة جهاز يتم استتخدام كابل جديد وتوصيله بجهاز مركز النجمة.

في الشكل (12) ستجد مثالاً رائعًا لطوبولوجيا النجمة النموذجية.

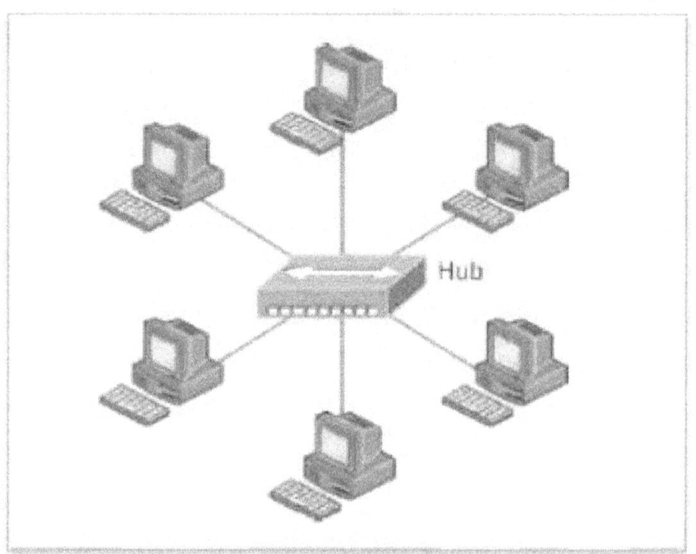

الشكل رقم (12) طوبوبولوجيا النجمة.

CCST Support Technician, Networking Exam, Todd Lammle.2024.

طبولوجيا النجمة (hub-and-spoke)

سبب تسمية شبكة النجمة بطوبولوجيا (hub-and-spoke) أنها تشبه عجلة دراجة ذات أضلاع متصلة بالموزعفي منتصف العجلة وتمتد للخارج لتتصل بالحافة.

وكما هو الحال مع عجلة الدراجة فإن جهاز الموزع أوالمبدل في مركز شبكة طوبولوجيا النجمة هو الذي قد يسبب لك أكبر قدر من المتاعب فإذا تعطل فإن الشبكة بأكملها ستتعطل.

طوبولوجيا النجمة لها إيجابياتها وسلبياتها.

مزايا طوبولوجيا النجمة

- يمكن إضافة محطات جديدة أو نقلها بسهولة وبسرعة.
- لن يؤدي فشل كابل واحد إلى إيقاف تشغيل الشبكة بالكامل.
- من السهل نسبيًا استكشاف الأخطاء وإصلاحها.

عيوب طوبولوجيا النجمة

- التكلفة الإجمالية للتركيب أعلى بسبب العدد الأكبر من الكابلات على الرغم من أن الأسعار أصبحت أكثر تنافسية.
- توجد نقطة فشل واحدة الموزع أو أي جهاز مركزي آخرمثل المبدل.

226

طوبولوجيا الحلقة Ring

في هذا النوع من الطوبولوجيا يكون كل جهاز كمبيوتر متصلاً مباشرةً بأجهزة كمبيوتر أخرى ضمن نفس الشبكة.

كما فى الشكل (13) يبين شبكة حلقة.

- بيانات الشبكة تتدفق من جهاز كمبيوتر إلى آخر عائدة إلى المصدر مع تشكيل الكابل الأساسي للشبكة على هيئة حلقة.
- طوبولوجيا الحلقة تشترك في الكثير من الأمور مع طوبولوجيا الناقل.
- إذا أردت إضافة أجهزة إلى الشبكة فلن يكون لديك خيار سوى كسر حلقة الكابل وهو ما يؤدي إلى انهيار الشبكة بالكامل!
- هذا أحد الأسباب الرئيسية لعدم شعبية طوبولوجيا الحلقة كثيرًا
- كما أنها باهظة الثمن لأنك تحتاج إلى عدة كابلات لتوصيل كل جهاز كمبيوترمن الصعب إعادة تكوينها كما أنها ليست متسامحة مع الأخطاء.
- بعض مزودى خدمة إنترنت (ISP) يستخدمون طوبولوجيا حلقة مادية مع تقنية تسمى SONET أو بعض تقنيات WAN الأخرى.
- لن تجد أي شبكات LAN ذات حلقات مادية بعد الآن.
- مع ذلك طوبولوجيا الحلقة يتم تنفيذها بعض موفري شبكات WAN.

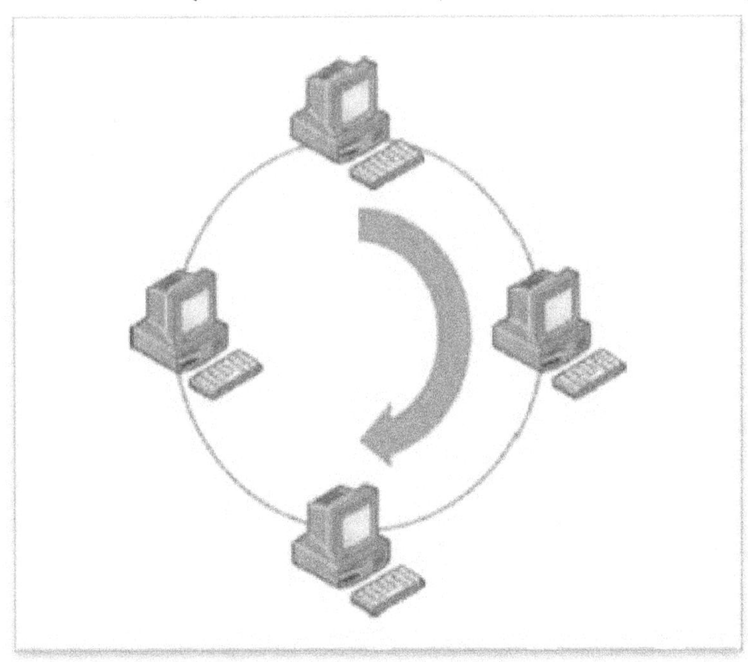

الشكل (13) طوبولوجيا الحلقة

CCST Support Technician, Networking Exam, Todd Lammle.2024.

طوبولوجيا الشبكة المتداخلة Mesh

في هذا النوع من الطوبولوجيا ستجد مسارًا من كل جهاز إلى كل جهاز آخر في الشبكة وهذا يعني عددًا كبيرًا من الاتصالات.

تحتوي طوبولوجيا الشبكة المتداخلة على عدد لا بأس به من الاتصالات بين أماكن معينة لإنشاء التكرار redundancy (النسخ الاحتياطي).

تضم في التصميم أنواع أخرى من الطوبولوجيات لذلك تسمى هجينة.

- تعتبر طوبولوجيا شبكية ليست كاملة إذا لم يكن هناك اتصال بين جميع الأجهزة في الشبكة.

- كي نفهم كم هي شبكة معقدة إلى حد ما انظر الشكل (14) يقدم صورة رائعة عن مدى تعقيد الأمور من خلال أربع اتصالات فقط!

- يمكنك أن ترى بوضوح أن كل شيء يصبح أكثر تعقيدًا مع تضاعف كل من الأسلاك والاتصالات.

- لكل n موقع أو مضيف ينتهي بك الأمر لعدد n(n–1)/2 من الإتصالات.

- وهذا يعني أنه في شبكة تتكون من أربعة أجهزة كمبيوتر فقط، لديك 4(4–1)/2 أو 6 اتصالات.

- إذا وصلنا إلى عدد 10 أجهزة كمبيوتر فسيكون لديك 45 اتصالاً ضخمًا للتعامل معها وهذا يمثل قدرًا هائلاً من النفقات العامة لذلك يمكن للشبكات الصغيرة فقط استخدام هذا الطوبولوجيا وإدارتها بشكل جيد.

- من مميزاتها المستوى الجيد من التسامح مع الأخطاء لكن الشبكة الشبكية لا تزال غير مستخدمة في شبكات LAN الخاصة بالشركات لأن إدارتها معقدة للغاية.

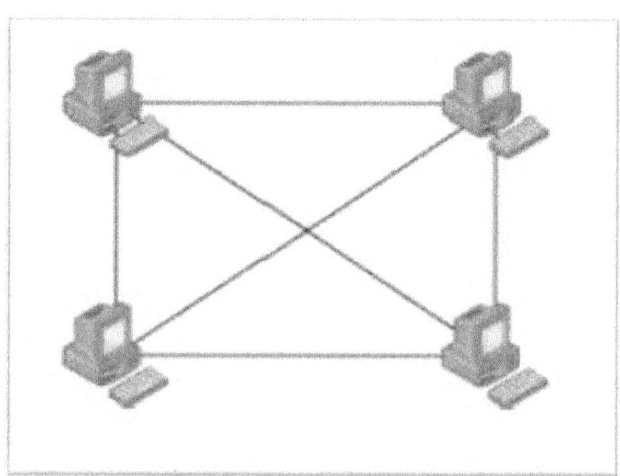

الشكل رقم (14) طوبولوجيا الشبكة المتداخلة.

CCST Support Technician, Networking Exam, Todd Lammle.2024.

228

طوبولوجيا نقطة إلى نقطة Point-to-point

في طوبولوجيا نقطة إلى نقطة لديك اتصال مباشر بين جهازي توجيه routers أو مبدلين switches مما يمنحك مسار اتصال واحد.

يمكن ربط أجهزة التوجيه في طوبولوجيا نقطة إلى نقطة بكابل تسلسلي مما يجعلها شبكة مادية.

إذا كانت تقع بعيدًا عن بعضها البعض ومتصلة فقط عبر دائرة داخل شبكة Frame Relay أو MPLS فهي شبكة منطقية كما فى الشكل (15).

تعتبر مثل شبكات نظير إلى نظير العيب الكبير هو أنها ليست قابلة للتوسع.

حسنًا، يوضح الجزء الثاني من الرسم التخطيطي جهازي كمبيوتر متصلين بكابل رابط من نقطة إلى نقطة.

يجب أن يذكرك هذا بشيء تناولناه للتو.

هل تتذكر شبكات نظير إلى نظير؟ حسنًا!

آمل أن تتذكر أيضًا أن العيب الكبير في مشاركة شبكات نظير إلى نظير هو أنها ليست قابلة للتوسع بشكل كبير.

ربما لن تفاجأ كثيرًا بأنه حتى إذا كان لدى كلا الجهازين اتصال نقطة إلى نقطة لاسلكي، فلن تكون هذه الشبكة قابلة للتوسع بشكل كبير.

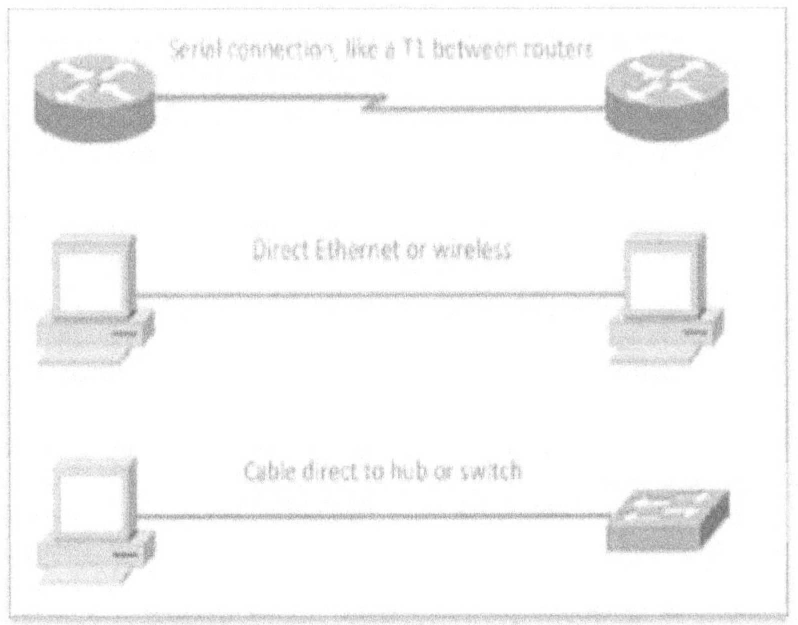

الشكل رقم (15) ثلاث شبكات نقطة إلى نقطة.
CompTIA Network+ Study Guide, 6th.edition, John Wiley, 2024.

طوبولوجيا نقطة إلى نقاط متعددة Point-to-multipoint

تتكون طوبولوجيا نقطة إلى نقاط متعددة من سلسلة من الاتصالات بين جهاز توجيه ذو وجهة واحدة وأجهزة توجيه متعددة الوجهة.

يوضح الشكل (16) شبكة واسعة النطاق تمثل شبكة من نقطة إلى نقاط متعددة.

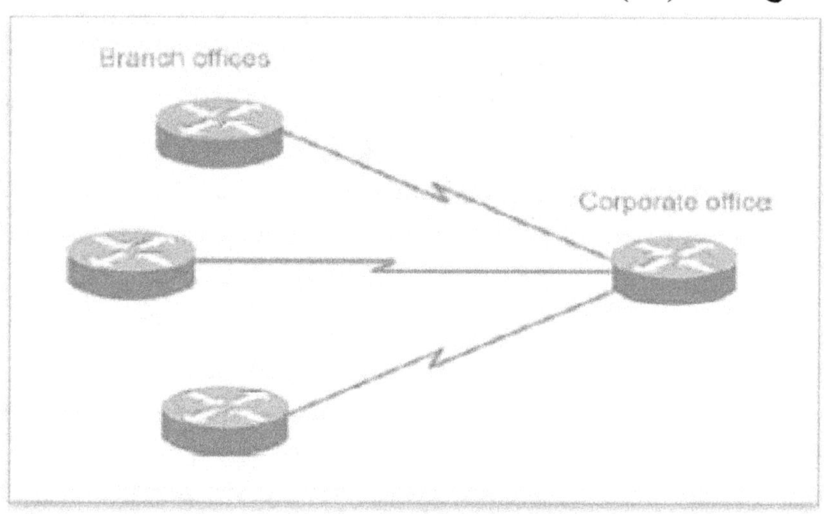

الشكل (16) شبكة من نقطة إلى نقاط متعددة.
CompTIA Network+ Study Guide, 6th.edition, John Wiley, 2024.

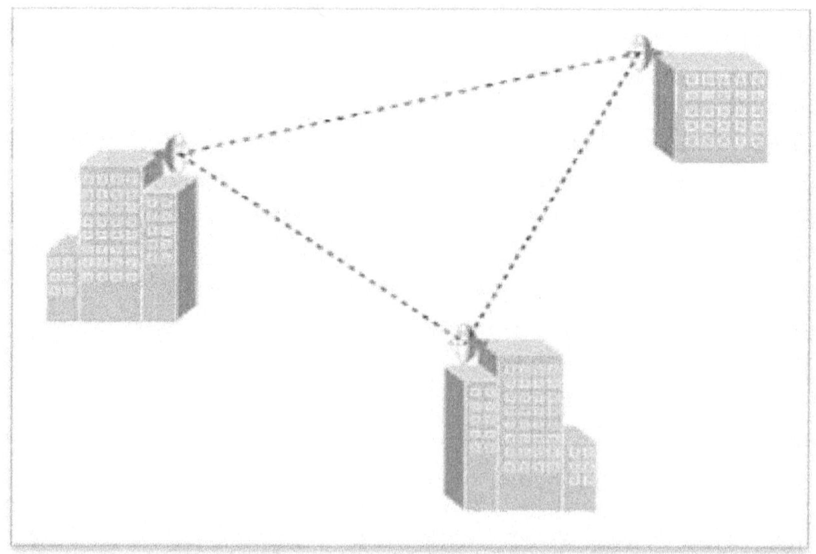

الشكل رقم (17) مثال لشبكة من نقطة لنقاط متعددة.
CompTIA Network+ Study Guide, 6th.edition, John Wiley, 2024.

الطوبولوجيا الهجينة Hybrid

الطوبولوجيا الهجينة تعني مزيج من نوعين أو أكثر من الطوبولوجيات الشبكية المادية أو المنطقية التي تعمل معًا داخل نفس الشبكة.

يوضح الشكل (18) طوبولوجيا شبكة هجينة من شبكتين من شبكات LAN متصلة بواسطة مبدلات في تكوين طوبولوجيا نجمية.

تتصل شبكات LAN بشبكة متداخلة كاملة متصلة بجهاز توجيه ورابط شبكة واسعة النطاق على شبكة حلقية تدور عكس اتجاهها.

تستخدم الشبكات الهجينة مزيجًا من الطوبولوجيات السابقة.

من الأمثلة الشائعة للشبكة المختلطة:

شبكة الحلقة النجمية وشبكة الناقل النجمية.

مزايا الطبولوجيا المختلطة

يمكن توسيعها بسهولة وتوفر المزيد من المسارات لنقل البيانات.

عيوب الطبولوجيا المختلطة

تتطلب المزيد من الكابلات وعزل الأعطال أمر صعب.

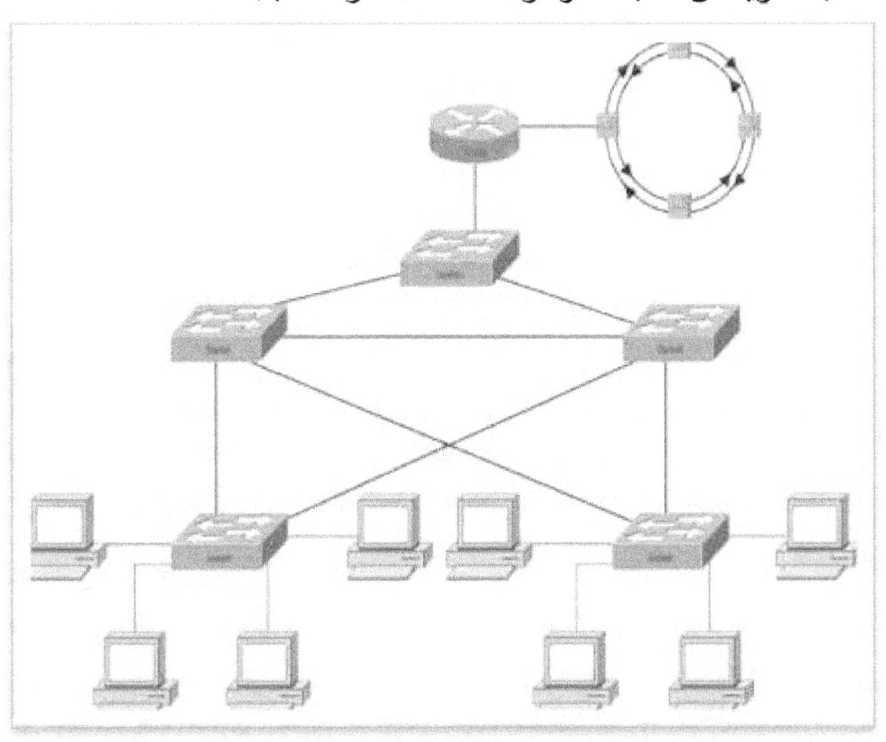

الشكل رقم (18) طوبولوجيا شبكة هجينة.
CompTIA Network+ Study Guide, 6th.edition, John Wiley, 2024.

الوسائط المادية

تتواصل شبكات المنطقة المحلية (LAN) عبر أنواع من الكابلات.

الكابلات النحاسية

الكابلات النحاسية هي الأكثر شيوعًا بين كابلات الشبكات فهي غير مكلفة وسهلة التركيب ولها مقاومة منخفضة لتدفق التيار الكهربائي.

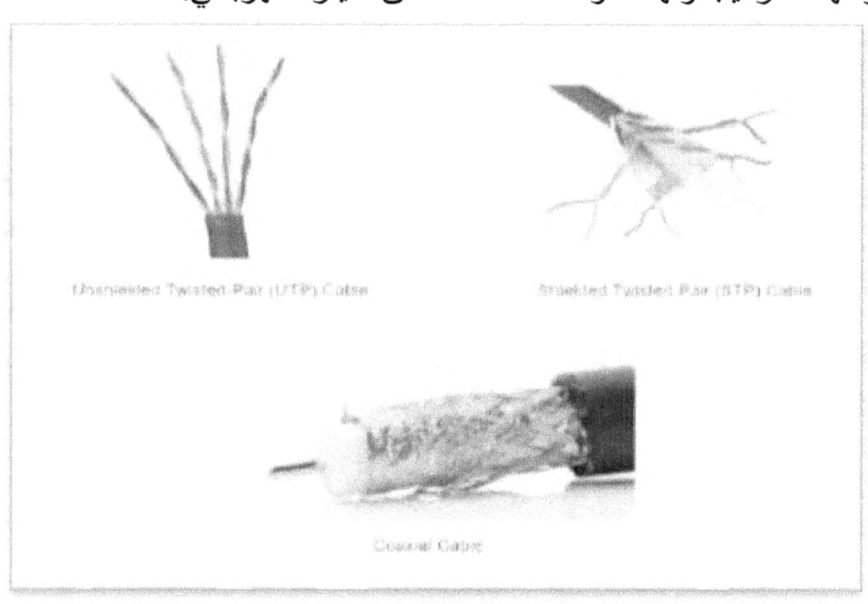

الشكل رقم (19) أنواع الكابلات النحاسية.
Introduction to Networks Companion Guide (CCNAv7), 2020.

قيود الإستخدام :

- التوهين : كلما طالت مسافة انتقال الإشارات الكهربائية أصبحت أضعف.
- تكون الإشارة الكهربائية عرضة للتداخل من مصدرين مما قد يؤدي إلى تشويه وإفساد إشارات البيانات (التداخل الكهرومغناطيسي (EMI) وتداخل الترددات الراديوية (RFI) والتداخل المتبادل).

التخفيف من العيوب:

- الالتزام الصارم بحدود طول الكابل سيخفف التوهين.
- تخفف بعض أنواع الكابلات النحاسية من التداخل الكهرومغناطيسي والتداخل الترددي الراديوي باستخدام الدروع المعدنية والتأريض.
- تخفف بعض أنواع الكابلات النحاسية من التداخل المتبادل عن طريق لف أسلاك زوج الدوائر المتقابلة معًا.

أنواع الكابلات الشائعة

- الكابل المحورى Coaxial
- الكابل المزدوج الملتوي Twisted-pair
- الألياف الضوئية Fiber optic

الكابل المحورى

- يحتوى على موصل مركزي مصنوع من النحاس محاط بغلاف بلاستيكي مع درع مضفر فوقه.
- يغطي البلاستيك مثل كلوريد البولي فينيل (PVC المعروف باسم تفلون) هذا الدرع المعدني.
- غالبًا ما يُشار إلى الغطاء من نوع تفلون باسم plenum-rated coating الطلاء المصنف للعزل وغالبًا ما يكون إلزاميًا بموجب قانون الحرائق المحلي أو البلدي عندما يتم إخفاء الكابل في الجدران والأسقف.
- ينطبق تصنيف العزل على جميع أنواع الكابلات وهو بديل معتمد لجميع التركيبات الأخرى لغلاف الكابلات والعزل مثل التجميعات القائمة على البولي فينيل كلوريد.
- يتلخص الفرق بين الكابل المصنف للعزل والكابل غير المصنف في كيفية بناء كل منهما والمكان الذي يمكنك استخدامه فيه.
- يستخدم الموصل النحاسي لنقل الإشارات الإلكترونية.
- هناك أنواع مختلفة من الموصلات المستخدمة مع الكابل الموزعي.
- تستخدم عادةً في المواقف التالية:
  التركيبات اللاسلكية وتوصيل الهوائيات بالأجهزة اللاسلكية.
  تركيبات الإنترنت بالكابل وتوصيل الأسلاك في أماكن العملاء.

أشهر الأمثلة

كابل Ethernet 10Base2 أو thinnet هو كابل موزعي رقيق يوضح الشكل (20) مثالاً لهذا الكابل الموزعى.
هناك أنواع عديدة من هذا الكابل بمواصفات خاصة لكل نوع أشهر الأنواع المستخدمة حاليا RG-59 وRG-6.

موصلات (BNC)

تستخدم لتوصيل المحطات بالشبكة كما في الشكل (20) ويجب استخدام مقاومات إنهاء 50 أوم عند كل طرف من الكابل لتحقيق الأداء المناسب.

موصلات من النوع F

أحد أشكال الموصلات الموزعية المستخدمة في توصيلات إشارات التلفزيون.
من مزايا استخدام كابل الموزع هو وجود درع مضفر يوفر مقاومة للتلوث

الإلكتروني مثل التداخل الكهرومغناطيسي (EMI) وتداخل الترددات الراديوية (RFI) وأنواع أخرى من الإشارات الإلكترونية الضالة التي يمكن أن تشق طريقها إلى كابل الشبكة وتسبب مشاكل في الاتصال.

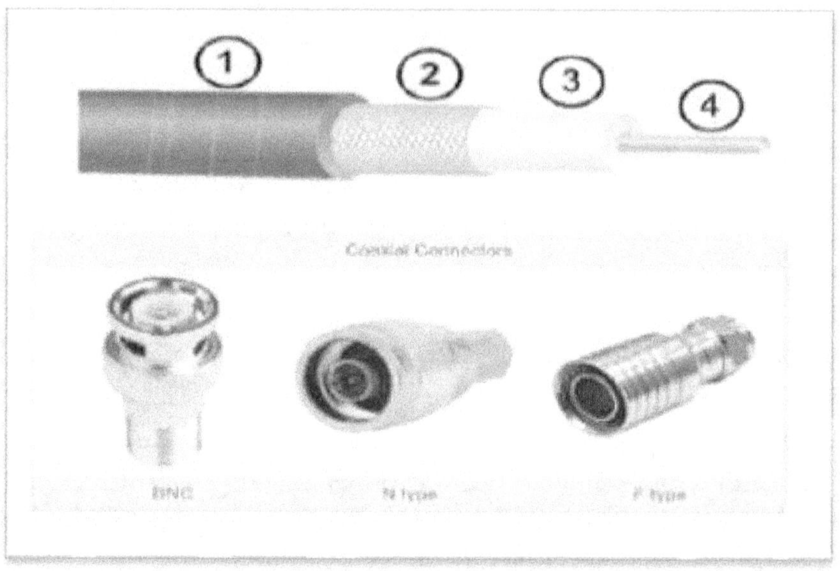

الشكل رقم (20) الكابل الموزعى و مكوناته من الداخل.
CCST Support Technician, Networking Exam, Todd Lammle.2024.

كابل مزدوج مجدول Twisted-Pair Cable

يتكون من عدة أسلاك معزولة بشكل فردي ملتوية معًا في أزواج. في بعض الأحيان يتم وضع درع معدني حولها ولهذا السبب يطلق عليها كابلات مجدولة محمية (STP).

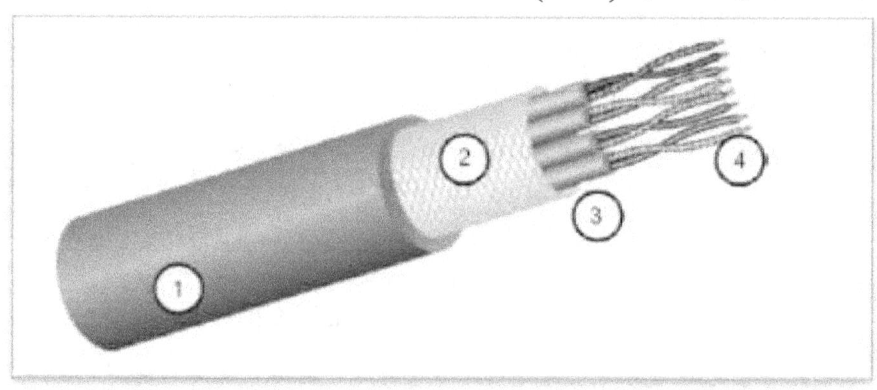

الشكل رقم (21) كابل مجدول محمي (STP).
Introduction to Networks Companion Guide (CCNAv7), 2020.

يسمى الكابل الذي لا يحتوي على درع خارجي كابلات مجدولة غير محمية (UTP).

يستخدم في شبكات Ethernet المجدولة الكابلات التالية:

10BaseT,   100BaseTX,   1000BaseTX,   10GBaseT
40GBaseT.

خصائص كابلات UTP

تتكون كابلات UTP من أربعة أزواج من الأسلاك النحاسية المشفرة بالألوان ملتوية معًا ومغلفة بغلاف بلاستيكي مرن ولا يتم استخدام أي حجب.

تعتمد كابلات UTP على الخصائص التالية للحد من التداخل:

الإلغاء: يستخدم كل سلك في زوج من الأسلاك قطبية معاكسة فيكون أحد السلكين سالبًا والآخر موجبًا.

يتم لف السلكين معًا وتلغي المجالات المغناطيسية بعضها البعض بشكل فعال وخارج EMI/RFI.

التباين في عدد اللفات لكل قدم في كل سلك فيتم لف كل سلك بمقدار مختلف مما يساعد على منع التداخل بين الأسلاك في الكابل.

كابل موزعى مزدوج Twinaxial Cable

- تُستخدم الكابلات الموزعية المزدوجة للاتصالات عالية السرعة لمسافات قصيرة مثل اتصالات إيثرنت بسرعة 10 و40 جيجابت في مركز البيانات. يُعرف الكابل الموزعي المزدوج أيضًا باسم twinax.

- تتمثل ميزة استخدام الكابل الموزعي المزدوج في أنه يوفر وفورات كبيرة في التكلفة مقارنة بكابلات الألياف الضوئية نظرًا لأن الكابلات الموزعية المزدوجة تعتمد على النحاس.

- إذا كانت المسافة 10 أمتار أو أقل فقد يكون استخدام هذه الكابلات وسيلة لتوفير تكاليف كبيرة.

كابل نحاسي مباشر التوصيل (DAC).

- ينتمى لعائلة الكابلات الموزعية المزدوجة.

- يحتوي DAC على موصلات في كل طرف من طرفي كابل نحاسي ثنائي الموزع بطول ثابت ~26-28 AWG يسمح بالاتصال المباشر بين الأجهزة عبر سلك نحاسي.

- يستخدم DAC مثله كمثل الكابلات المجدولة المحمية (SSTP) حجبًا كهرومغناطيسية حول الكابل النحاسي لزيادة السرعات والحفاظ على موثوقية الاتصال.

كابلات Ethernet

يتم وصف أنواع كابلات Ethernet باستخدام رمز يتبع هذا التنسيق:
.N <Signaling> X

يشير N إلى معدل الإشارة بالميجابت في الثانية.

<Signaling> يرمز إلى نوع الإشارة سواء النطاق الأساسي أو النطاق العريض.

X هو معرف فريد لنظام كابلات Ethernet معين.

مثال شائع: 100Base*X*

- يخبرنا الرقم 100 أن سرعة النقل هي 100 ميجا بت.
- يمكن أن تعني قيمة X عدة أشياء مختلفة على سبيل المثال T هو اختصار لـ twisted-pair.
- هذا هو المعيار لتشغيل Ethernet بسرعة 100 ميجا بت عبر زوجين (أربعة أسلاك) من الفئة 5 و5e و6 وa6 و7 و8 UTP.

التوصيل ومنع التداخل

- لماذا تكون الأسلاك في هذا النوع من الكابلات ملتوية؟
- لأن الإشارات الكهرومغناطيسية التي يتم توصيلها على أسلاك نحاسية قريبة من بعضها البعض داخل الكابل تسبب ما يسمى التداخل.
- إن لف سلكين معًا كزوج يقلل من التداخل بل ويحمي حتى من التداخل من مصادر خارجية.

مزايا كابلات الإيثرنت

هذا النوع من الكابلات هو الأكثر شيوعًا اليوم للأسباب التالية:

- إنه أرخص من أنواع الكابلات الأخرى.
- من السهل التعامل معه.
- يسمح بمعدلات نقل كانت مستحيلة قبل 10 سنوات.

فئات كابل UTP:

الفئة 1 زوجان من الأسلاك الملتوية (أربعة أسلاك).
أقدم نوع ويدعم إشارات الصوت فقط في نطاق التردد 1 ميجا هرتز.

الفئة 2 أربعة أزواج من الأسلاك الملتوية (ثمانية أسلاك).
ويتعامل مع ما يصل إلى 4 ميجا بايت في الثانية مع حد تردد 10 ميجا هرتزوهو الآن قديم الطراز.

الفئة 3 أربعة أزواج من الأسلاك الملتوية (ثمانية أسلاك)
ثلاث لفات لكل قدم ويمكن لهذا النوع التعامل مع عمليات الإرسال حتى 16 ميجا هرتز.

الشكل رقم (22) كابل UTP

الفئة 4 أربعة أزواج من الأسلاك الملتوية (ثمانية أسلاك) مصنفة لـ 20 ميجا هرتز قديم الطراز أيضًا.

الفئة 5 أربعة أزواج من الأسلاك المجدولة (ثمانية أسلاك) تستخدم لـ **100BaseTX** ومصنفة لـ 100 ميجا هرتز.

الفئة e5 (المحسنة) أربعة أزواج من الأسلاك المجدولة (ثمانية أسلاك) يوصى بها لـ **1000BaseT** (توصيلات رباعية الأزواج) مصنفة لـ 100 ميجا هرتز وقادرة على التعامل مع التشويش الناتج عن الإرسال على كل زوج على الأزواج الأربعة في نفس الوقت وهي ميزة مطلوبة لشبكة جيجابت إيثرنت.

لا ينبغي استخدام أي فئة أقل من e5 في بيئات الشبكات الحالية.

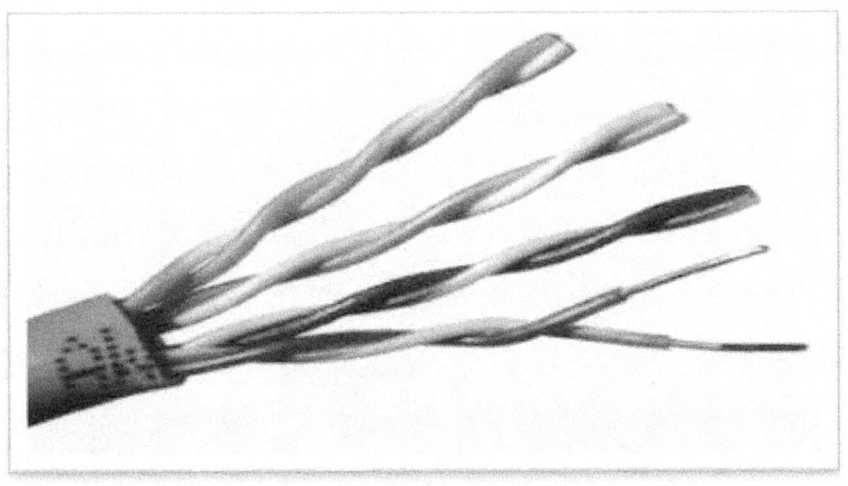

الشكل رقم (23) الفئة e5 (المحسنة) أربعة أزواج من الأسلاك المجدولة.

CCST Support Technician, Networking Exam, Todd Lammle.2024.

الفئة 6 أربعة أزواج من الأسلاك المجدولة (ثمانية أسلاك)

تستخدم لـ **1000BaseTX** (ثنائية الأزواج) مصنفة لـ 250 ميجا هرتز.

أصبحت الفئة 6 معيارًا في يونيو 2002.

تستخدمها عادةً ككابل رافع لتوصيل الطوابق.

الفئة A6 (المعززة) تتميز بتردد 500 ميجا هرتز

ذات خصائص تداخل محسّنة مما يسمح بتشغيل **10GBaseT** لمسافة تصل إلى 100 متر (كابل Cat 6 الأساسي له طول أقصى مخفض عند استخدامه لـ **10GBaseT**يعمل موصل Cat 6A من ISO/IEC بتردد 500 ميجاهرتز ويوفر ضعف الطاقة (3 ديسيبل) لموصل Cat 6A الذي يتوافق مع مواصفات EIA/TIA.

لاحظ أن 3 ديسيبل تعادل زيادة بنسبة 100 بالمائة في تقليل ضوضاء التداخل في الطرف القريب.

الفئة 7

تسمح بشبكة إيثرنت بسرعة 10 جيجابت على مسافة 100 متر من الكابلات النحاسية.

يحتوي الكابل على أربعة أزواج من الأسلاك النحاسية الملتوية تمامًا مثل المعايير السابقة.

الفئة 8

تم تطويرها لمعالجة السرعة المتزايدة باستمرار لشبكة إيثرنت وإضافة دعم لنقل 25 جيجابت و40 جيجابت بمسافة 30 مترًا وهو مثالي لعمليات نشر مراكز البيانات.

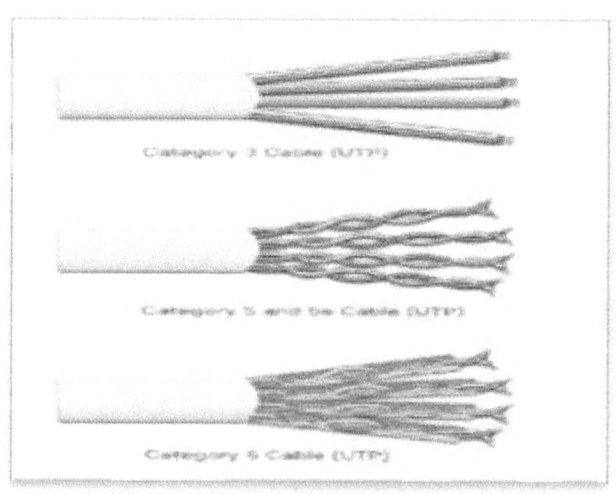

الشكل رقم (24) فئات كابلات UTP
Introduction to Networks Companion Guide (CCNAv7), 2020.

توصيل كابل UTP

يستخدم موصل مقبس مسجل **Registered Jack** (RJ) وهو موصل مألوف بالنسبة لك لأن معظم الهواتف تتصل به.
الموصل RJ-11 يستخدم مع كابل الهواتف التي تستخدم أربعة أسلاك.
الموصل RJ-45 يحتوي على أربعة أزواج (ثمانية أسلاك) كما هو موضح في الشكل

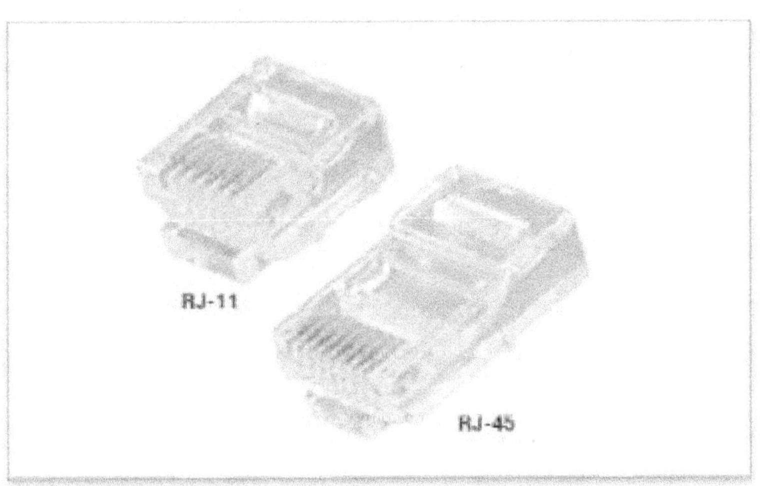

الشكل رقم (25) يبين موصلات RJ-11 وRJ-45
CCST Support Technician, Networking Exam, Todd Lammle.2024.

طريقة توصيل الكابلات

في أغلب الأحيان يستخدم كابل UTP موصلات RJ وتستخدم أداة تجعيد لربطها بالكابل، تمامًا كما تفعل مع موصلات BNC. والفرق الوحيد هو أن القالب الذي يحمل الموصل له شكل مختلف.
تحتوي أدوات التجعيد عالية الجودة على قوالب قابلة للتبديل لكلا النوعين من الكابلات.
لا نستخدم RJ-11 للشبكات المحلية (LANs) لكننا نستخدمها لاتصالات خط المشترك الرقمي (DSL) في المنزل.
يوجد نوع آخر من موصلات النحاس، يسمى RJ-48c، الذي يشبه تمامًا موصل RJ-45. هذا القابس مشابه جدًا لموصل RJ-45 من حيث أنه يحتوي على أربعة أزواج من الأسلاك، ولكنها موصلة بشكل مختلف وتستخدم في ظروف مختلفة. يستخدم موصل RJ-45 بشكل أساسي في شبكات LAN ذات المسافات القصيرة (عادةً ما تصل إلى 100 متر)، بينما يتم استخدام نوع الأسلاك RJ-48c مع اتصال T1، وهو شبكة منطقة

واسعة بعيدة المدى (WAN). بالإضافة إلى ذلك، لحماية الإشارة في موصل RJ-48c، تكون الأسلاك عادةً محمية، بينما يستخدم موصل RJ-45 أسلاكًا غير محمية.

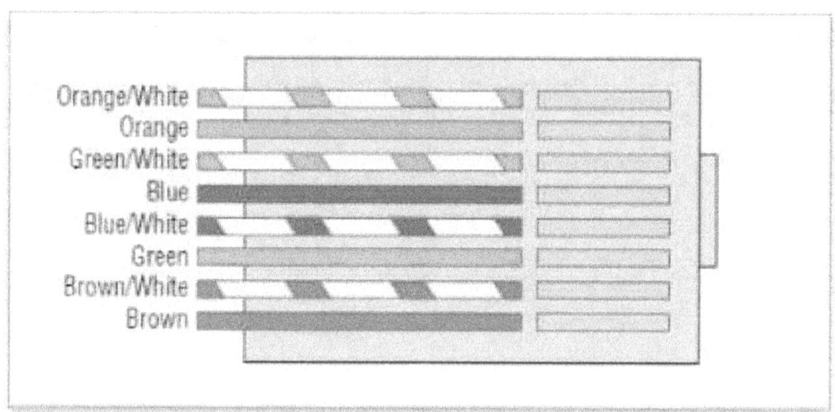

الشكل رقم (26) التوصيلات في موصل RJ-45 ، معيار T568B
.CCST Support Technician, Networking Exam, Todd Lammle.2024

مقارنة بين الكابلات

- فى حالة شبكات معدلات بيانات أسرع من 100 ميجابت في الثانية عبر UTP تأكد من أن جميع المكونات مُصنفة لتقديم ذلك وكن حذرًا حقًا عند التعامل مع جميع المكونات.

- عند سحب كابل Cat 5e سيؤدي ذلك إلى تمدد عدد اللفات داخل الغلاف مما يجعل ملصق Cat 5e الموجود على الجزء الخارجي من الكابل غير صالح.

- تحتوي كابلات Cat 6 على عمود بلاستيكي لمنع مشكلات التمدد.

- تحتوي المعايير الأحدث مثل 7 و8 على درع معدني في الكابل لمنع هذه المشكلات.

- انتبه إلى أن نظام الكابلات Cat 5e/6/7/8 الحقيقي يستخدم مكونات مصنفة من النهاية إلى النهاية كابلات توصيل من محطة العمل إلى لوحة الحائط، وكابل من لوحة الحائط إلى لوحة التوصيل وكابلات توصيل من لوحة التوصيل إلى الموزع أو المبدل.

كابل الألياف الضوئية

- يتكون كابل الألياف الضوئية من الزجاج أو البلاستيك وينقل الإشارات في هيئة ضوء.

- غالبًا ما يوجد كابل الألياف الضوئية في الشبكات الأساسية لأن النطاق

الترددي العريض الخاص به فعال من حيث التكلفة.

- تستخدم بعض شركات التلفزيون الكابلي مزيجًا من الألياف الضوئية والكابل الموزعي وبالتالي إنشاء شبكة هجينة.
- تستخدم شبكات LAN مثل شبكة FX-Base100 (Fast Ethernet) وشبكة Base-X1000 كابل الألياف الضوئية.

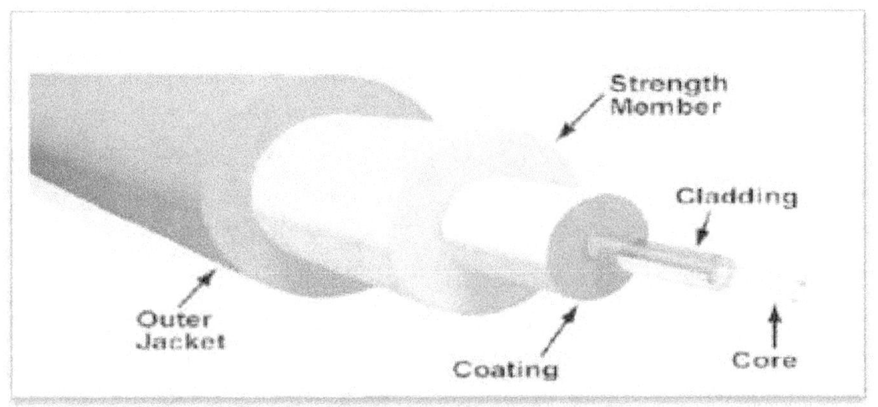

الشكل رقم (27) كابل الألياف الضوئية.
Computer Networks (R15A0513) Lecture Notes, 2020.

مزايا الألياف الضوئية

يتميز كابل الألياف الضوئية بالعديد من المزايا مقارنة بالكابل المعدني (المجدول أو الموزعي) أهمها النطاق ترددي أعلى.

تضاؤل الإشارة

- مسافة نقل الألياف الضوئية أكبر بكثير من تلك الخاصة بالوسائط الموجهة الأخرى.
- يمكن أن تعمل الإشارة لمدة 50 كم دون الحاجة إلى التجديد.
- نحتاج إلى مكررات كل 5 كم للكابل الموزعي أو المزدوج المجدول.

الحصانة ضد التداخل الكهرومغناطيسي.

- لا يمكن للضوضاء الكهرومغناطيسية أن تؤثر على كابلات الألياف الضوئية.
- مقاومة المواد المسببة للتآكل. الزجاج أكثر مقاومة للمواد المسببة للتآكل من النحاس.

خفة الوزن

كابلات الألياف الضوئية أخف وزناً بكثير من كابلات النحاس.

مناعة أكبر للتنصت

كابلات الألياف الضوئية أكثر مناعة للتنصت من كابلات النحاس.

تخلق كابلات النحاس تأثيرات هوائي يمكن التنصت عليها بسهولة.

عيوب الألياف الضوئية

- انتشار الضوء أحادي الاتجاه.
- إذا احتجنا إلى اتصال ثنائي الاتجاه فنحن بحاجة إلى كابلين.
- الكابلات والواجهات أغلى نسبيًا من تلك الخاصة بالوسائط الموجهة الأخرى.
- إذا لم يكن الطلب على النطاق الترددي مرتفعًا فغالبًا لا يمكن تبرير استخدام الألياف الضوئية.

كابل الألياف الضوئية أحادي الوضع (SMF)

- هو وسيلة عالية السرعة وطويلة المدى تتكون من خيط واحد وأحيانًا خيطين من الألياف الزجاجية التي تحمل الإشارات.
- هو نوع كابل الألياف المستخدم لتغطية مسافات طويلة يمكنه نقل البيانات لمسافة تصل إلى 90 ضعفًا من الألياف متعددة الأوضاع بمعدل أسرع أي من 40 إلى 80 كيلومترًا حسب جهاز الإرسال والاستقبال المستخدم!

كابل الألياف الضوئية متعدد الأوضاع (MMF)

- يوفر كابل الألياف الضوئية متعدد الأوضاع نطاقًا تردديًا عاليًا بسرعات عالية على مسافات متوسطة (تصل إلى حوالي 3000 قدم) ولكن بعد ذلك يمكن أن يكون غيرمنضبط.
- هذا هو السبب في أن كابل الألياف الضوئية متعدد الأوضاع يستخدم داخل منطقة أصغر مثل مبنى واحد و يمكن استخدام كابل الألياف الضوئية متعدد الأوضاع بين المباني.
- يتوفر كابل الألياف الضوئية متعدد الأوضاع في شكل زجاجي أو بلاستيكي مما يجعل التركيب أسهل كثيرًا ويزيد من مرونة التركيب.

موصلات كابلات الألياف

- هناك العديد من موصلات الألياف المختلفة التي يمكن استخدامها في تركيبات الألياف البصرية.
- سأغطي موصلات الألياف الأكثر شيوعًا المستخدمة في الشبكات اليوم.
- كل موصل له فائدة أو غرض في ومن المهم معرفة الاختلافات المرئية بين موصلات الألياف والأسماء الخاصة بكل منها.

الموصل ذو الطرف المستقيم (ST)

يُستخدم عادةً مع الألياف أحادية الوضع SMF.

يعد الموصل أحد أكثر الموصلات شيوعًا حتى الآن مع الألياف البصرية لتوصيلات شبكة WAN على SMF.

يعمل الكابل على نحو مماثل لموصل BNC فهو عبارة عن آلية على شكل حربة يمكنك لفها وتثبيتها في موضعها كما فى الشكل (28).
تتمثل فائدة هذا الكابل في أنه لن يتحرر بمرور الوقت بسبب آلية القفل الموجبة.

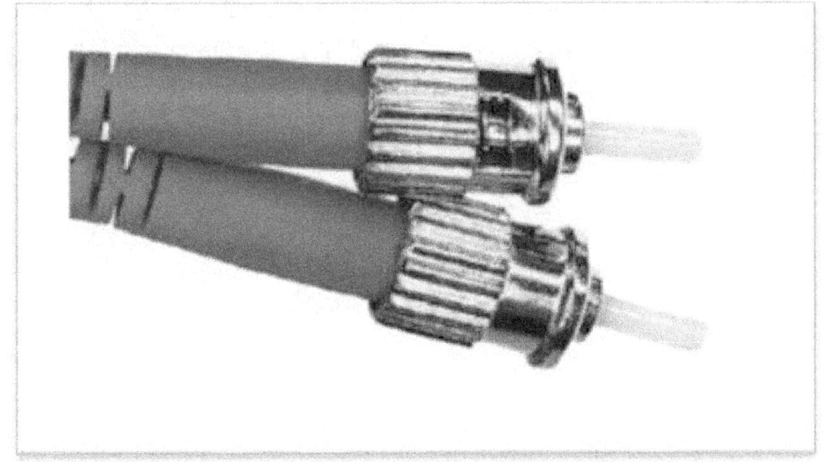

الشكل رقم (28) الموصل ذو الطرف المستقيم (ST)
.CCST Support Technician, Networking Exam, Todd Lammle.2024

موصل المشترك (SC)

- موصل المشترك (أو المربع) (SC) هو موصل مربع به حلقة عائمة تحتوي على كابل الألياف الضوئية كما هو موضح في الشكل (29) يأتي الكابل مع مشبك بلاستيكي يثبت كابلات الإرسال والاستقبال بشكل آمن للإدخال.

- تسمح لك هذه المشابك عمومًا بتفكيك أطراف الكابل بحيث يمكن تبديل كابلات الإرسال والاستقبال.

- يستخدم في تركيبات SMF وMMF ولكنه أكثر شيوعًا في تركيبات MMF.

- موصل SC أكبر فى المقاسات من معظم الموصلات الحديثة لذلك بدأ استبداله في التركيبات الجديدة.

- يعمل الكابل بآلية اقتران بالدفع/السحب.

موصلات الألياف الضوئية صغيرة الحجم

- تسمح بوجود المزيد من نهايات الألياف الضوئية في نفس مقدار المساحة مقارنة بنظيراته ذات الحجم القياسي.

- الإصدارات الثلاثة الأكثر شيوعًا هي:

  - مقبس النقل الميكانيكي المسجل(MT-RJ أو MTRJ) الذي صممته شركة AMP.

- الموصل المحلي (LC)، الذي صممته شركة Lucent
- موصل الدفع المتعدد الألياف (MPO) الذي طورته ورخصته مجموعة NTT.

■ موصل الألياف الضوئية MT-RJ أول موصل ألياف ضوئية صغير الحجم يتم استخدامه على نطاق واسع وهو بحجم ثلث حجم موصلات SC وST التي يحل محلها في أغلب الأحيان.

فوائد موصل الألياف صغير الحجم

■ حجم صغير
■ خيوط TX وRX في موصل واحد
■ مبدل لقطبية واحدة
■ أطراف مُنهية مسبقًا لا تتطلب تلميعًا أو إيبوكسي
■ سهل الاستخدام

يوضح الشكل (29) مثالاً لموصل الألياف الضوئية MT-RJ.

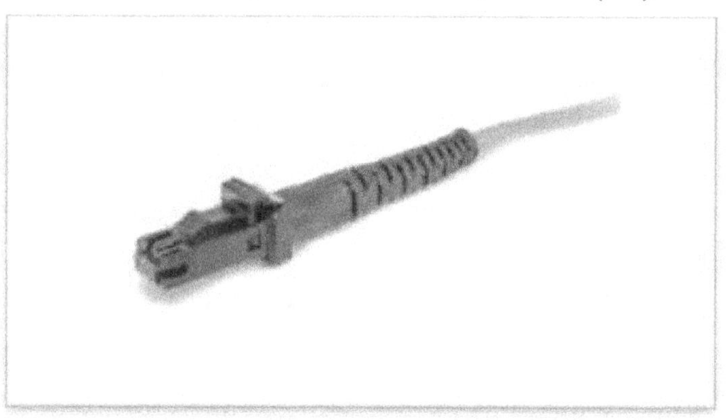

الشكل رقم (29) موصل الألياف الضوئية صغير الحجم.

CCST Support Technician, Networking Exam, Todd Lammle.2024.

الموصل المحلي (LC)

موصل من طراز RJ فهو يحتوي على مانع زنبركي مشابه للموصل RJ الذي يسمح بتثبيته في مكانه.

■ أصبح موصل LC موصلًا شائعًا للكابل نظرًا لحجمه.
■ وهذا يسمح بكثافة أكبر للمنافذ على المبدل.
■ يوجد الموصل عادةً في كابلات MMF وSMF الضوئية.
■ لا يمكن تفكيك الكابل مثل موصل SC انظر الشكل (30) وبالتالي لا يمكن تبديل خطوط الألياف الضوئية من جانب إلى جانب.
■ يعتبر LC نمطًا أحدث من موصلات الألياف الضوئية SFF التي

تسبق MT-RJ.

- شائع الاستخدام بشكل خاص مع محولات (FCs) Fibre Channel وهو معيار يستخدم لشبكات منطقة التخزين السريعة ومحولات Gigabit Ethernet.

Fibre Channel (FC)

- FC هو بروتوكول نقل بيانات عالي السرعة للغاية يعمل عادةً بسرعة 2- جيجابت في الثانية، و4 جيجابت في الثانية، و8 جيجابت في الثانية، و16 جيجابت في الثانية، و32 جيجابت في الثانية).

- وهو مختلف عن أي نوع آخر من بروتوكولات نقل التخزين.

- يستخدم FC فى أنظمة تخزين البيانات التى تسمى شبكات منطقة التخزين (SANs).

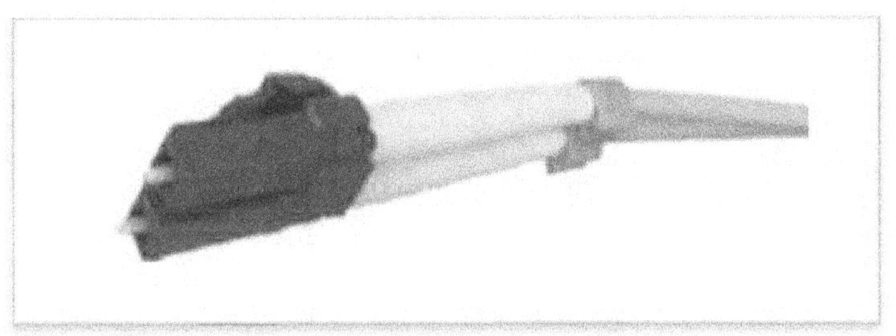

الشكل رقم (30) مثال موصل LC.
CCST Support Technician, Networking Exam, Todd Lammle.2024.

بروتوكول Fibre Channel

- يعد نوعًا شائعًا للاتصال في شبكة SAN الخاصة بالمؤسسة.

- تستخدم أجهزة الإرسال والاستقبال FC-Transceivers ووحدات Ethernet الضوئية بروتوكولات مختلفة.

- ينتمي جهاز الإرسال والاستقبال FC إلى بروتوكول Fibre Channel الذي لا يتبع نموذج OSI.

- تستخدم وحدات Ethernet الضوئية معيار IEEE 802.3 للاتصالات المادية القائمة على تبديل الرزم في شبكة LAN.

- يوضح الشكل (11) مثالاً لموصل LC.

موصل MPO

- ينتشر عادةً من موصل واحد إلى موصلات LC متعددة لتوفير 10 جيجابت في الثانية إلى 100 جيجابت في الثانية لكل اتصال.

- هذا يوفر واجهة واحدة من لوحة توزيع الألياف إلى أجهزة إرسال واستقبال متعددة FC-Transceivers في مبدل الشبكة.

245

- يتمتع موصل الألياف الضوئية LC بمزايا مماثلة لموصلات MT-RJ وغيرها من موصلات نوع SFF ولكن من الأسهل توصيله.
- يستخدم حشوة خزفية تمامًا كما تفعل موصلات الألياف الضوئية ذات الحجم القياسي.
- يعد موصل الألياف المتعددة المزود بدفعة واحدة موصلًا آخر للألياف الضوئية عالية الكثافة من نوع SFF يوفر 2 أو 8 أو 12 أو 24 اتصالاً بالألياف الضوئية في موصل واحد، كما هو موضح في الشكل (31).

الشكل رقم (31) موصل MPO
CCST Support Technician, Networking Exam, Todd Lammle.2024.

ملخص الفصل

- يقدم هذا الفصل أساسًا قويًا يمكنك من خلاله بناء معرفتك بالشبكات أثناء قراءة هذا الكتاب.
- لقد تعلمت ما هي الشبكة بالضبط وتعرفت على مقدمة لبعض المكونات المتضمنة في بناء الشبكة.
- كما تعلمت أن المكونات المطلوبة لبناء شبكة ليست كل ما تحتاجه.
- إن فهم الأنواع المختلفة من طرق توصيل الشبكة مثل الكابل الموزعي والكابل المزدوج المجدول والكابلات الألياف أمر بالغ الأهمية!

أساسيات الإمتحان

- تعرف على طوبولوجيات الشبكة.
- تعرف على أسماء وأوصاف طوبولوجيات الشبكة.
- كن على دراية بالفرق بين الشبكات المادية (ما يراه البشر) والشبكات

المنطقية (ما "تراه" المعدات).

- تعرف على مزايا وعيوب طوبولوجيات الشبكة.
- من المهم أن تعرفما الذي تقدمه كل طوبولوجيا.
- إن معرفة الخصائص المختلفة لكل طوبولوجيا تساعدك أثناء استكشاف الأخطاء وإصلاحها.
- فهم مصطلحي LAN وWAN.
- تحتاج إلى فهم متى تستخدم LAN ومتى تستخدم WAN.
- تُستخدم LAN لتوصيل مجموعة من المضيفين معًا وتُستخدم WAN لتوصيل شبكات LAN المختلفة معًا.
- فهم الأنواع المختلفة من الكابلات المستخدمة في شبكات اليوم.
- نادرًا ما يتم استخدام الكابل الموزعي (بخلاف مودمات الكابلات) ولكن الكابلات المجدولة وكابلات الألياف الضوئية شائعة جدًا في شبكات اليوم.

أسئلة المراجعة

تم تصميم الأسئلة التالية لاختبار فهمك لمادة هذا الفصل.

لمزيد من المعلومات حول كيفية الحصول على أسئلة إضافية يرجى زيارة www.lammle.com/ccst.

يمكنك العثور على إجابات هذه الأسئلة في الملحق "إجابات أسئلة المراجعة".

1. لماذا يستخدم مسؤول الشبكة كابلا مصنفًا للاستخدام في الأماكن المغلقة أثناء التثبيت؟ (اختر إجابتين.)

أ. له درجة حرارة احتراق منخفضة.

ب. له درجة حرارة احتراق عالية.

ج. يقلل من الغازات السامة المنبعثة أثناء الحريق.

د. ليس عرضة لأي تداخل.

2. أي من أنواع كابلات Ethernet المجدولة غير المحمية التالية شائعة الاستخدام؟

أ. BaseT10

ب. BaseTX100

ج. BaseTX1000

د. كل ما سبق

3. في أي من الفئات التالية لا يتم تصنيف كابل UTP؟

أ. الفئة 2

ب. الفئة 3

ج. الفئة 5هـ

د. الفئة 9

4. ما نوع الموصل الذي يستخدمه كابل UTP عادةً؟

أ. BNC

ب. ST

ج. RJ-45

د. SC

5. أي مما يلي يوفر أطول مسافة تشغيل للكابل؟

أ. الألياف أحادية الوضع

ب. الألياف متعددة الأوضاع

ج. الفئة 3 من UTP

د. الكابل الموزعي

6. في طوبولوجيا النجمة الفيزيائية ماذا يحدث عندما تفقد محطة عمل اتصالها الفيزيائي بجهاز آخر؟

أ. تنكسر الحلقة، وبالتالي لا يمكن لأي جهاز التواصل.

ب. تفقد محطة العمل هذه فقط قدرتها على التواصل.

ج. تفقد محطة العمل والجهاز المتصل بها الاتصال ببقية الشبكة.

د. لا يمكن لأي جهاز التواصل لأنه يوجد الآن جزأين غير منتهيين للشبكة.

7. لماذا يكون كابل الألياف الضوئية محصنًا ضد التداخل الكهرومغناطيسي (EMI) وتداخل الترددات الراديوية (RFI)؟

أ. لأنه ينقل الإشارات التناظرية باستخدام الكهرباء

ب. لأنه ينقل الإشارات التناظرية باستخدام نبضات ضوئية

ج. لأنه ينقل الإشارات الرقمية باستخدام نبضات ضوئية

د. لأنه ينقل الإشارات الرقمية باستخدام الكهرباء

8. ما نوع الكابل الذي ينقل الأضواء من طرف إلى طرف؟

أ. كابل موزعي

ب. الألياف الضوئية

ج. كابل UTP

د. الفئة 2

9. ما هو الفرق الرئيسي بين الألياف أحادية الوضع (SMF) والألياف متعددة الأوضاع (MMF)؟

أ. الإشارات الكهربائية.

ب. عدد أشعة الضوء.

ج. عدد الإشارات الرقمية.

د. يمكن تشغيل وضع الإشارة هذا
على مسافة أقصر.

10. ما نوع الكابل الذي يجب استخدامه إذا كنت بحاجة إلى تشغيل كابل
أطول من 100 متر؟

أ. الفئة 5هـ

ب. الفئة 6

ج. الألياف الضوئية

د. الكابل الموزعي

11. ما هو اسم التجميع المنطقي لمستخدمي الشبكة ومواردها؟

أ. شبكة واسعة النطاق

ب. شبكة محلية

ج. شبكة MPLS

د. شبكة مضيفة

12. لديك شبكة بها شبكات محلية متعددة وتريد الاحتفاظ بها منفصلة ولكن
مع ربطها معًا حتى تتمكن جميعها من الوصول إلى الإنترنت. أي مما يلي
هو الحل الأفضل؟

أ. استخدام عناوين IP ثابتة.

ب. إضافة المزيد من الموزعات.

ج. تنفيذ المزيد من المبدلات.

د. تثبيت جهاز توجيه.

13. ما الفرق بين شبكة محلية وشبكة واسعة النطاق؟

أ. تتطلب شبكة واسعة النطاق جهاز توجيه.

ب. تغطي شبكة واسعة النطاق مناطق جغرافية أكبر.

ج. يمكن لشبكة واسعة النطاق الاستفادة من نقل البيانات الخاص أو العام.

د. كل ما سبق.

14. أي مما يلي يعد مثالاً على شبكة محلية؟

أ. عشرة مبانٍ متصلة ببعضها البعض من خلال اتصالات إيثرنت عبر
كابلات الألياف الضوئية

ب. عشرة أجهزة توجيه متصلة ببعضها البعض من خلال دوائر MPLS

ج. جهازان توجيه متصلان بدائرة تسلسلية

د. كمبيوتر متصل بجهاز كمبيوتر آخر حتى يتمكنا من مشاركة الموارد

الفصل الثامن: التقنيات اللاسلكية Wireless

الشبكات اللاسلكية

تأتي الشبكات اللاسلكية بأشكال عديدة وتغطي مسافات مختلفة وتوفر نطاقًا واسعًا من سعات النطاق الترددي اعتمادًا على النوع الذي تم تثبيته.
الشبكة اللاسلكية النموذجية اليوم هي امتداد لشبكة LAN Ethernet حيث تستخدم المضيفات اللاسلكية عناوين التحكم في الوصول إلى الوسائط (MAC) وعناوين IP مثلما هو الحال في شبكة LAN السلكية.
يوضح الشكل (1) شبكة LAN لاسلكية بسيطة ونموذجية.

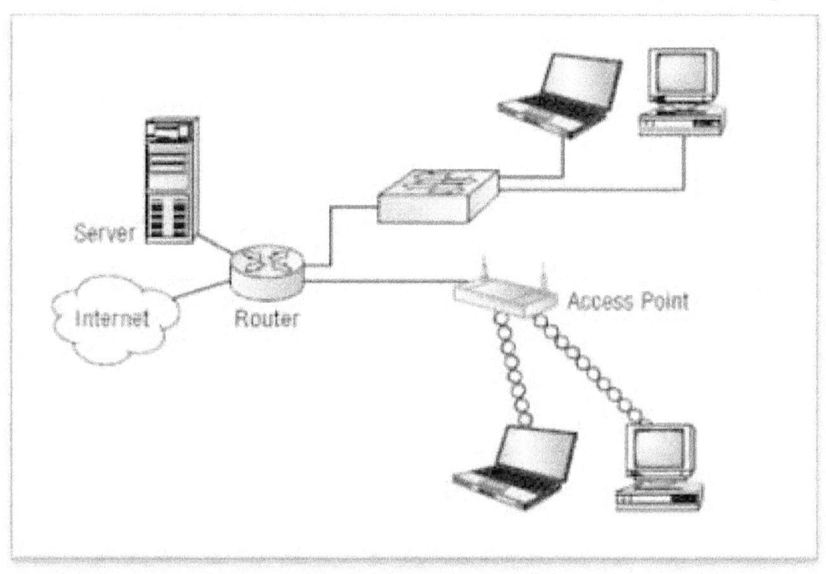

الشكل (1) الشبكات اللاسلكية امتداد لشبكات LAN الموجودة لدينا.
CCST Support Technician, Networking Exam, Todd Lammle.2024.

الشبكات اللاسلكية تغطي مجموعة من المسافات بدءا من شبكات المنطقة الشخصية قصيرة المدى (PANs) إلى شبكات المنطقة الواسعة (WANs) التي تغطي مسافات طويلة.
يوضح الشكل (2) كيف تبدو أنواع الشبكات اللاسلكية المختلفة والمسافات ذات الصلة التي ستوفر لها التغطية في عالم اليوم.

الشبكات الشخصية اللاسلكية

تعمل الشبكة الشخصية اللاسلكية (PAN) في منطقة صغيرة جدًا وتربط أجهزة مثل الفئران ولوحات المفاتيح وأجهزة المساعد الرقمي الشخصي

(PDA) وسماعات الرأس والهواتف المحمولة وأجهزة الكمبيوتر.
يزيل ذلك فوضى الكابلات التى عانينا منها في الماضي.
تقنية البلوتوث تعتبر نوع من الشبكات الشخصية اللاسلكية أكثر شيوعًا.
تستهلك الشبكات الشخصية اللاسلكية طاقة منخفضة وتغطي مسافات قصيرة
و صغيرة.

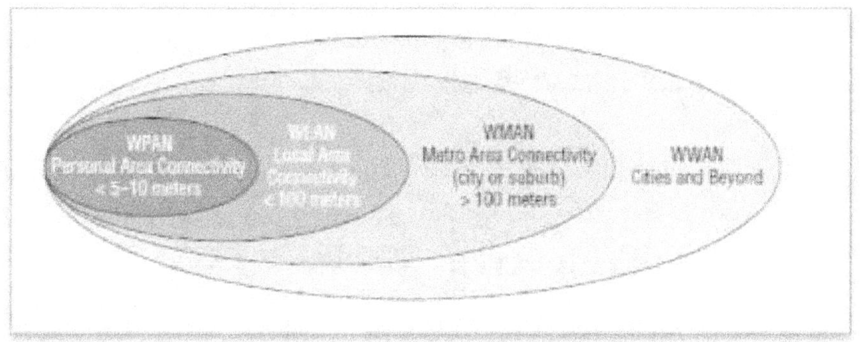

الشكل (2) أنواع الشبكات اللاسلكية.
CCST Support Technician, Networking Exam, Todd Lammle.2024.

يمكن تمديد هذه الشبكات لتغطية حوالي 30 قدمًا كحد أقصى ولكن معظم
الأجهزة الموجودة على الشبكة الشخصية اللاسلكية ذات مدى قصير مما يجعلها
مناسبة للمكاتب الصغيرة والاستخدامات المنزلية.
لا تتداخل أجهزة PAN مع الشبكات اللاسلكية الأخرى لكن عليك التعامل مع
المخاوف الأمنية المعتادة.

شبكات المنطقة المحلية اللاسلكية WLAN

تم إنشاء شبكات LAN اللاسلكية (WLAN) لتغطية مسافات أطول وتقديم
نطاق ترددي أعلى من شبكات PAN.
تعتبر أكثر أنواع الشبكات اللاسلكية شيوعًا المستخدمة اليوم.
كان معدل البيانات في أول شبكة WLAN يصل إلى 2 ميجابت في الثانية و
تمتد لمسافة 300-200 قدم حسب المنطقة وكانت تسمى 802.11.
المعدلات النموذجية المستخدمة اليوم أعلى: 11 ميجابت في الثانية لـ IEEE
802.11b و54 ميجابت في الثانية لـ g/a802.11.
الوضع المثالي لشبكة WLAN هو أن يتصل العديد من المستخدمين بالشبكة
في وقت واحد وقد يسبب هذا تداخلًا وتصادمات لأن مستخدمي الشبكة
يتنافسون جميعًا على نفس النطاق الترددي.
تستخدم شبكات WLAN مثل شبكات PAN نطاق تردد غير مرخص مما
يعني أنه لا يتعين عليك الدفع مقابل نطاق التردد من أجل الإرسال.

251

شبكات المناطق الحضرية اللاسلكية WMAN

تغطي شبكات المناطق الحضرية اللاسلكية (WMANs) منطقة جغرافية كبيرة إلى حد ما مثل المدينة أو الضاحية الصغيرة.

أصبحت شائعة بشكل متزايد مع طرح المزيد من المنتجات في قطاع شبكات WLAN مما يتسبب في انخفاض سعرها.

شبكات WMANs منخفضة التكلفة توفر الإنفاق مقارنة بالخطوط المستأجرة ولكن لكي تعمل شبكتك اللاسلكية طويلة المسافة المخفضة يجب أن يتحقق خط رؤية إشارة بين كل مركز أو مبنى.

تعد توصيلات الألياف الضوئية مثالية لبناء شبكة أساسية فائقة الصلابة.

شبكة WMAN بديل جيد واقتصادي لتغطية مكان مثل الحرم الجامعي.

الشبكات اللاسلكية واسعة النطاق Wireless Wide Area Networks

من الأمثلة الجيدة على شبكات WWAN أحدث شبكات الهاتف الخلوي والتي يمكنها نقل البيانات بسرعة جيدة جدًا.

ولكن على الرغم من أن شبكات WWAN يمكنها بالتأكيد تغطية مساحة كبيرة إلا أنها لا تزال غير سريعة بما يكفي لتحل محل شبكات WLAN المنتشرة في كل مكان

من الإيجابيات لصالح نمو وتطوير شبكات WWAN أنها تلبي الكثير من متطلبات الأعمال وتنمو التكنولوجيا في اتجاه يجعل الحاجة إلى هذا النوع من الشبكات اللاسلكية بعيدة المدى أقوى.

الأجهزة اللاسلكية الأساسية Basic Wireless Devices

الشبكات اللاسلكية البسيطة (WLANs) أقل تعقيدًا من نظيراتها السلكية لأنها تتطلب مكونات أقل.

كى تعمل الشبكة اللاسلكية الأساسية بشكل صحيح كل ما تحتاجه هو جهازان رئيسيان: نقطة وصول لاسلكية وبطاقة واجهة شبكة لاسلكية (NIC).

نقاط الوصول اللاسلكية متوفرة مثل الموزع أو المبدل في الغالبية العظمى من الشبكات السلكية.

تحتوي التقنيات اللاسلكية أيضًا على جهاز يربط جميع الأجهزة اللاسلكية معًا يُعرف باسم نقطة الوصول اللاسلكية (AP) يحتوي على هوائي أو أكثر.

يوضح الشكل (3) مثالاً لوحدة وصول لاسلكية من Cisco والتي تصادف أنها واحدة من نقاط الوصول المفضلة لدي شخصيًا.

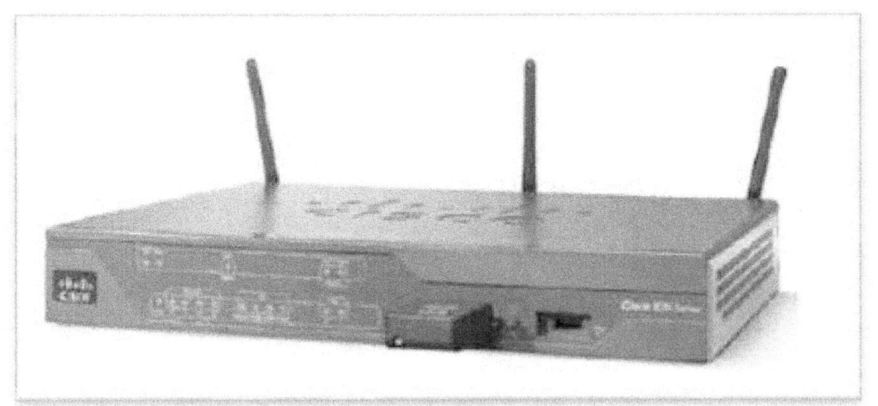

الشكل (3) مثال لنقطة وصول لاسلكية من Cisco
.CCST Support Technician, Networking Exam, Todd Lammle.2024

خصائص نقاط الوصول Wireless Access Points

■ تعمل نقاط الوصول كنقطة اتصال مركزية للمحطات اللاسلكية تمامًا مثل المبدل أو الموزع داخل شبكة سلكية.

■ تحتوي نقاط الوصول على هوائي واحد على الأقل على الأرجح اثنان.

■ تعمل نقاط الوصول كجسر للشبكة السلكية مما يمنح المحطة اللاسلكية إمكانية الوصول إلى الشبكة السلكية و/أو الإنترنت.

■ تأتي نقاط الوصول SoHo بنوعين: نقطة الوصول المستقلة والموجه اللاسلكي router ويمكنها أن تتضمن وظائف مثل ترجمة عناوين الشبكة (NAT) وبروتوكول تكوين المضيف الديناميكي (DHCP).

عمل نقاط الوصول

● نقاط الوصول أذكى بالتأكيد من الموزعات لأنها لا تنشئ مجالات تصادم لكل منفذ كما يفعل المبدل.

● تعتبر بوابة توجيه حركة مرور الشبكة إلى العمود الفقري السلكي أو العودة إلى عالم اللاسلكي.

● الاتصال بالشبكة السلكية مرة أخرى يسمى نظام التوزيع (DS) كما أنه يحتفظ بمعلومات عنوان MAC داخل إطارات 802.11.

● هذه الإطارات قادرة على استيعاب ما يصل إلى أربعة عناوين MAC ولكن ذلك فقط عندما يكون نظام التوزيع اللاسلكي مستخدما.

● تحتفظ نقطة الوصول بجدول ربط يمكنك عرضه من برنامج الويب المستخدم لإدارة نقطة الوصول.

● جدول الربط قائمة بجميع محطات العمل المتصلة بنقطة الوصول أو

المرتبطة بها و يتم سردها حسب عناوين MAC الخاصة بها.

- من بين ميزات نقاط الوصول الرائعة الأخرى هي أن أجهزة التوجيه اللاسلكية يمكنها العمل كموجهات NAT ويمكنها أيضًا تنفيذ عنونة DHCP لمحطات العمل.

- هناك نوعان من نقاط الوصول في عالم Cisco: مستقلة وخفيفة الوزن.

- نقطة الوصول المستقلة يتم تكوينها وإدارتها وصيانتها بمعزل عن جميع نقاط الوصول الأخرى الموجودة في الشبكة.

- نقطة الوصول خفيفة الوزن يتم تكوينها من جهاز مركزي يسمى وحدة التحكم اللاسلكية (WLC).

- يوجد نوع آخر من نقاط الوصول يتضمن جهاز توجيه مدمجًا يمكنك استخدامه كموجهات NAT لتوصيل العملاء السلكيين واللاسلكيين بالإنترنت وهي من النوع الموضح في الشكل (3).

بطاقة واجهة الشبكة اللاسلكية Wireless Network Interface Card

الشكل (4) بطاقة واجهة شبكة لاسلكية

CCST Support Technician, Networking Exam, Todd Lammle.2024.

يحتاج كل مضيف إلى بطاقة واجهة شبكة لاسلكية (NIC) لتوصيله بشبكة لاسلكية.

تُستخدم البطاقة اللاسلكية الموضحة في الشكل (4) في الكمبيوتر المحمول أو الكمبيوتر المكتبي وتحتوي جميع أجهزة الكمبيوتر المحمولة تقريبًا على بطاقات لاسلكية متصلة باللوحة الأم أو مدمجة فيها.

الهوائيات اللاسلكية Wireless Antennas

تعمل الهوائيات اللاسلكية مع كل من أجهزة الإرسال والاستقبال. يوجد فئتان عريضتان من الهوائيات في السوق اليوم: هوائيات متعددة الاتجاهات (أو من نقطة إلى نقاط متعددة) واتجاهية (أو من نقطة إلى نقطة). الشكل (3) يقدم مثال للهوائيات متعددة الاتجاهات المرفقة بنقطة الوصول Cisco 800.

عادةً ما توفر هوائيات Yagi نطاقًا أكبر من الهوائيات متعددة الاتجاهات ذات الكسب المكافئ. لماذا؟ لأن هوائيات Yagi تركز كل طاقتها في اتجاه واحد. يجب أن توزع الهوائيات متعددة الاتجاهات نفس مقدار الطاقة في جميع الاتجاهات في نفس الوقت.

مبادئ الشبكات اللاسلكية Wireless Principles

سأتناول أنواعًا مختلفة من الشبكات التي ستتعامل معها و/أو تصممها وتنفذها مع نمو شبكاتك اللاسلكية:

- IBSS
- BSS
- SSID
- ESS

مجموعة الخدمات الأساسية المستقلة IBSS (Ad Hoc)

- أسهل طريقة لتثبيت أجهزة 802.11 اللاسلكية.
- يمكن لبطاقات الشبكة اللاسلكية (أو الأجهزة الأخرى) الاتصال مباشرة دون الحاجة إلى نقطة وصول.
- من الأمثلة الجيدة على ذلك جهازي كمبيوتر محمولين مثبت عليهما بطاقات شبكة لاسلكية.
- بمجرد وضعهما ضمن نطاق 40-20 مترًا من بعضهما البعض فسوف "يريان" بعضهما البعض وسيكونان قادرين على الاتصال على افتراض أنهما يشتركان في بعض معلمات التكوين الأساسية.
- قد يتمكن أحد أجهزة الكمبيوتر من مشاركة اتصال الإنترنت مع بقية الأجهزة في مجموعتك.
- يتم إعداد البطاقتين للعمل في وضع Ad Hoc فيمكنهما الاتصال ونقل الملفات بعد إتمام إعدادات الشبكة الأخرى مثل البروتوكولات لتمكين ذلك.
- يسمي هذا مجموعة الخدمات الأساسية المستقلة (IBSS) التي تتولد بمجرد اتصال جهازين لاسلكيين.

الشكل (5) مثال لشبكة لاسلكية مخصصةلاحظ أنه لا توجد نقطة وصول! لا تتوسع الشبكة المخصصة المعروفة أيضًا باسم نظير إلى نظير بشكل جيد ولا أوصي بها بسبب مشكلات التصادم والتنظيم في شبكات الشركات اليوم. مع التكلفة المنخفضة لنقاط الوصول لن تحتاج إلى هذا النوع من الشبكات بعد الآن على أي حال باستثناء ربما في منزلك وربما حتى هناك. الشبكات المخصصة غير آمنة إلى حد كبير لذلك يجب إيقاف تشغيل إعداد AdHoc قبل الاتصال بشبكتك السلكية.

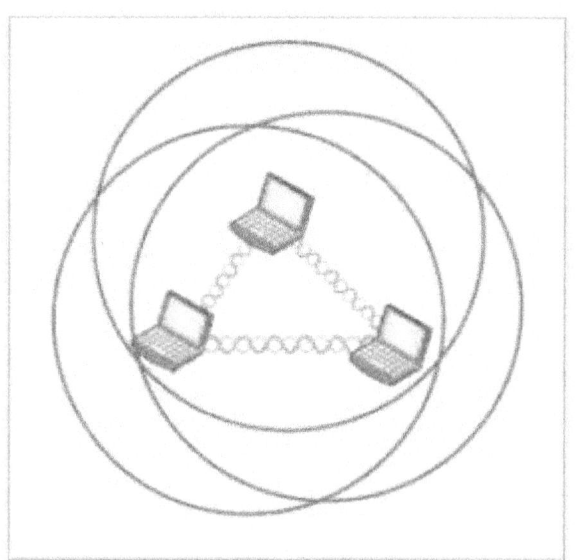

الشكل (5)شبكة لاسلكية خاصة لا توجد نقطة وصول!

CCST Support Technician, Networking Exam, Todd Lammle.2024.

مجموعة الخدمات الأساسية (BSS)

- مجموعة الخدمات الأساسية (BSS) هي المنطقة أو الخلية التي تحددها الإشارة اللاسلكية التي تخدمها نقطة الوصول.
- يمكن أيضًا تسميتها بمنطقة الخدمة الأساسية (BSA) المصطلحان BSS وBSA قابلان للتبادل.
- يوضح الشكل (6) نقطة وصول توفر BSS للمضيفين في المنطقة ومنطقة الخدمة الأساسية (الخلية) التي تغطيها نقطة الوصول.
- لا تتصل نقطة الوصول بشبكة سلكية في هذا المثال ولكنها توفر إدارة الإطارات اللاسلكية حتى تتمكن المضيفات من التواصل.
- عكس الشبكة المخصصة تتوسع هذه الشبكة بشكل أفضل ويمكن لعدد أكبر من المضيفين التواصل لأن نقطة الوصول تدير جميع اتصالات الشبكة.

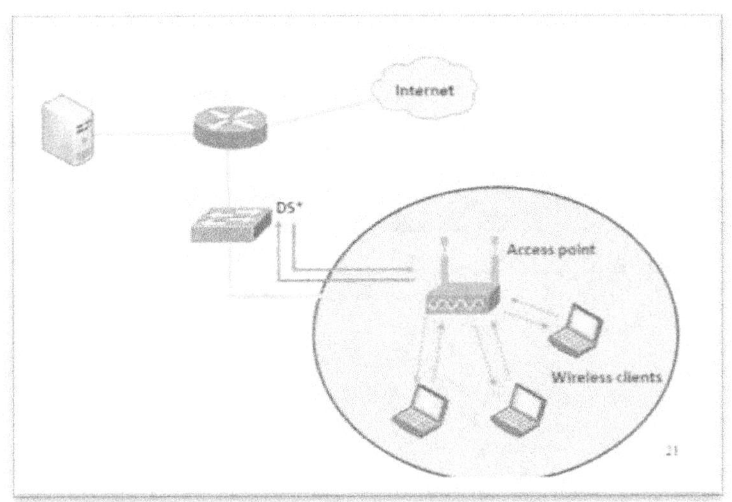

الشكل (6) مجموعة الخدمة الأساسية/منطقة الخدمة الأساسية

CCST Support Technician, Networking Exam, Todd Lammle.2024.

مجموعة الخدمات الأساسية للبنية الأساسية

- في وضع البنية الأساسية تتواصل بطاقات الشبكة اللاسلكية فقط مع نقطة وصول بدلاً من التواصل مباشرةً مع بعضها البعض كما تفعل عندما تكون في وضع ad hoc.

- يجب أن تمر جميع الاتصالات بين المضيفين و كذلك أي اتصال سلكي فى الشبكة عبر نقطة الوصول.

- تذكر هذه الحقيقة المهمة: في وضع البنية الأساسية يظهر العملاء اللاسلكيون لبقية الشبكة كما لو كانوا مضيفين سلكيين قياسيين.

- يوضح الشكل (6) شبكة لاسلكية نموذجية في وضع البنية الأساسية.

- انتبه بشكل خاص إلى نقطة الوصول و أنها متصلة أيضًا بالشبكة السلكية.

- يُطلق على هذا الاتصال من نقطة الوصول إلى الشبكة السلكية نظام التوزيع (DS) وهو الطريقة التي تتواصل بها نقاط الوصول مع بعضها البعض حول المضيفين في BSA.

- تتواصل نقاط الوصول المستقلة الأساسية مع بعضها امن خلال DS فقط.

- قبل تكوين عميل فى وضع البنية الأساسية اللاسلكية تحتاج إلى فهم معرف مجموعة الخدمة (SSID) وهو معرف فريد مكون من 32 حرفًا يمثل شبكة لاسلكية معينة ويحدد BSS.

- يمكن تكوين جميع الأجهزة المشتركة في شبكة لاسلكية معينة بنفس SSID.

- في بعض الأحيان تحتوي نقاط الوصول على SSIDs متعددة.

257

معرف مجموعة الخدمة Service Set ID

- من الناحية الفنية معرف مجموعة الخدمة (SSID) هو اسم أساسي يحدد منطقة الخدمة الأساسية (BSA) التي يتم إرسالها من نقطة الوصول.
- من الأمثلة الجيدة على ذلك "Linksys" أو "Netgear".
- ربما تكون قد رأيت هذا الاسم على مضيفنا عند البحث عن شبكة لاسلكية.
- هذا هو الاسم الذي ترسله نقطة الوصول لتحديد شبكة WLAN التي يمكن لمحطة العميل الربط بها.
- يمكن أن يصل طول SSID إلى 32 حرفًا.
- يتم تعريف SSID كتسلسل من 1 إلى 32 أوكتيت يمكن لكل منها أن تأخذ أي قيمة.
- يتم تكوين SSID على نقطة الوصول ويمكن بثه إلى العالم الخارجي أو إخفاؤه.
- إذا تم بث SSID عندما تستخدم المحطات اللاسلكية برنامج العميل الخاص بها للبحث عن الشبكات اللاسلكية ستظهر الشبكة في قائمة يتم تحديدها بواسطة SSID الخاص بها.
- إذا تم إخفاء SSID فلن يظهر في القائمة على الإطلاق أو سيظهر على أنه "شبكة غير معروفة" اعتمادًا على نظام التشغيل الخاص بالعميل.
- يتطلب SSID المخفي تكوين محطة العميل بملف تعريف لاسلكي بما في ذلك SSID من أجل الاتصال.
- هذا المطلب يتجاوز أي خطوات مصادقة عادية أخرى أو أساسيات أمان.
- تربط نقطة الوصول عنوان MAC بهذا ال SSID.
- يمكن أن يكون عنوان MAC لواجهة الراديو نفسها – يسمى معرف مجموعة الخدمة الأساسية (BSSID) – أو يمكن اشتقاقه من عنوان MAC لواجهة الراديو إذا تم استخدام معرفات SSID متعددة.
- يُطلق على الأخير أحيانًا عنوان MAC افتراضي ويُشار إليه أيضًا باسم معرف مجموعة الخدمة الأساسية المتعددة (MBSSID) كما هو موضح في الشكل (7).

ملاحظات على الشكل

- هناك شيئان يجب عليك ملاحظتهما حقًا في هذا الشكل:
- أولاً يوجد "معرف مجموعة الخدمات الأساسية للمقاول" و"معرف مجموعة الخدمات الأساسية للمبيعات"
- ثانيًا يرتبط كل إسم من أسماء معرفات مجموعة الخدمات بعنوان MAC افتراضي منفصل تم تعيينه بواسطة نقطة الوصول.

- معرفات مجموعة الخدمات هذه افتراضية ولن يؤدي التقسيم بهذه الطريقة إلى تحسين أداء شبكتك اللاسلكية أو نقطة الوصول.
- تقسيم مجالات التصادم أو مجالات البث لا يجب أن يتم عن طريق إنشاء المزيد من معرفات مجموعة الخدمات على نقطة الوصول فلديك المزيد من المضيفين الذين يتشاركون نفس شبكة اللاسلكى الراديو نصف المزدوج.
- السبب في إنشاء معرفات مجموعة خدمات متعددة على نقطة الوصول هو إمكانية تعيين مستويات مختلفة من الأمان لكل عميل يتصل بنقطة الوصول الخاصة بك.

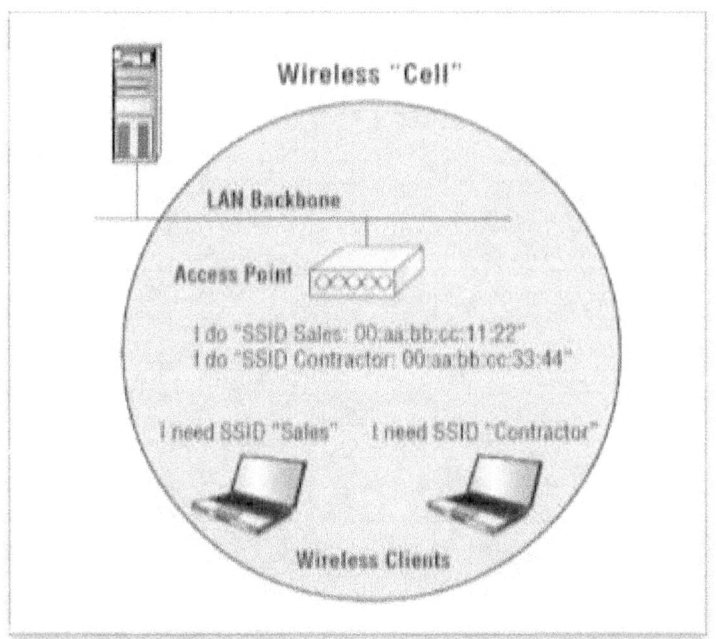

الشكل (7) شبكة تحتوي على MBSSIDs تم تكوينها على نقطة وصول.
CCST Support Technician, Networking Exam, Todd Lammle.2024.

مجموعة الخدمة الممتدة Extended Service Set

- من الجيد أن تعرف أنه إذا قمت بتعيين جميع نقاط الوصول الخاصة بك على نفس SSID فيمكن لعملاء الأجهزة اللاسلكية المحمولة التجول بحرية داخل نفس الشبكة.
- هذا هو التصميم الأكثر شيوعًا للشبكة اللاسلكية التي ستجدها في إعدادات الشركات اليوم.
- يؤدي القيام بذلك إلى إنشاء ما يسمى بمجموعة الخدمة الممتدة (ESS)

والتي توفر تغطية أكبر من نقطة وصول واحدة وتسمح للمستخدمين بالتجوال من نقطة وصول واحدة إلى أخرى دون فصل مضيفهم عن الشبكة.

- يمنحنا هذا التصميم القدرة على التحرك بسلاسة إلى حد ما من نقطة وصول إلى أخرى.

- يوضح الشكل (8) نقطتي وصول تم تكوينهما بنفس SSID في مكتب وبالتالي إنشاء شبكة ESS.

- لكي يتمكن المستخدمون من التجوال في جميع أنحاء الشبكة اللاسلكية ـ من نقطة وصول إلى أخرى دون فقدان اتصالهم بالشبكة ـ يجب أن تتداخل جميع نقاط الوصول بنسبة 20 بالمائة من إشارتها أو أكثر مع خلايا جيرانها.

- لتحقيق ذلك تأكد من ضبط القنوات (التردد) على كل نقطة وصول بشكل مختلف.

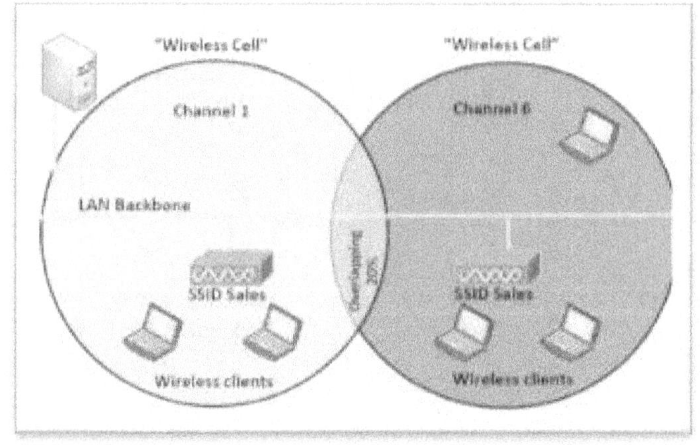

الشكل (8) شبكة مجموعة الخدمات الموسعة(ESS)

.CCST Support Technician, Networking Exam, Todd Lammle.2024

قنوات Wi-Fi غير المتداخلة Nonoverlapping

- في كل من نطاق التردد 2.4 جيجاهرتز و5 جيجاهرتز يتم تعريف القنوات بالمعايير.

- تستخدم معايير(802.11, 802.11b, and 802.11g) نطاق 2.4 جيجاهرتز المعروف أيضًا باسم النطاق الصناعي والعلمي والطبي (ISM).

- يستخدم معيار (802.11a) نطاق 5 جيجاهرتز.

- عندما تعمل نقطتا وصول في نفس المنطقة على نفس القناة أو حتى

قناة مجاورة فسوف تتداخلان مع بعضهما البعض.

- يؤدي التداخل إلى خفض الإنتاجية.
- لذلك فإن إدارة القناة لتجنب التداخل أمر بالغ الأهمية لضمان التشغيل الموثوق.
- يفحص هذا القسم القضايا التي تؤثر على إدارة القناة.

نطاق 2.4 جيجاهرتز

- يوجد ضمن نطاق 2.4 جيجاهرتز(ISM) 11 قناة معتمدة للاستخدام في الولايات المتحدة و13 في أوروبا و14 في اليابان.
- يتم تحديد كل قناة من خلال ترددها المركزي ولكن تذكر أن الإشارة موزعة بعرض 22 ميجاهرتز.
- يوجد 11 ميجاهرتز على جانب واحد من التردد المركزي و11 ميجاهرتز على الجانب الآخر وبالتالي فإن كل قناة تتعدى على القناة المجاورة لها حتى القنوات الأخرى الأبعد عنها بدرجة أقل.

يبين الشكل (9) تداخل القنوات داخل الولايات المتحدة وتعتبر القنوات 1 و6 و11 فقط غير متداخلة.

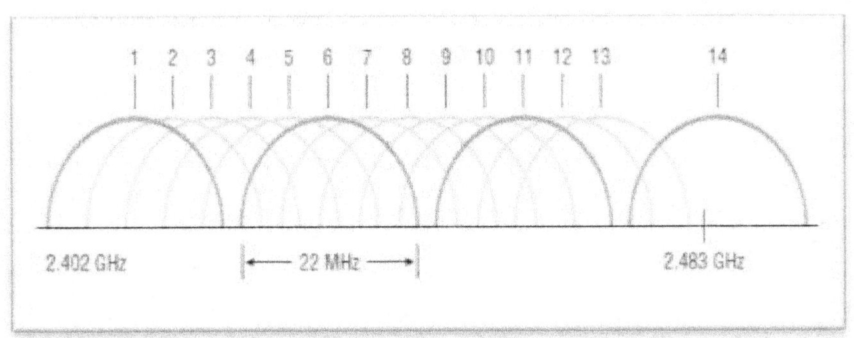

الشكل (9) نطاق 2.4 جيجاهرتز وقنوات بعرض 22 ميجاهرتز
CCST Support Technician, Networking Exam, Todd Lammle.2024.

تداخل القنوات Interference

- عندما يكون لديك نقطتا وصول في نفس المنطقة تعملان على قنوات متداخلة فإن التأثير يعتمد على ما إذا كانتا على نفس القناة أو على قنوات مجاورة.
- عندما تكون نقطتا الوصول على نفس القناة فسوف تسمعان بعضهما البعض ويذعنان لبعضهما البعض عند الإرسال.
- يرجع هذا إلى المعلومات المرسلة في رأس كل رزمة لاسلكية والتي تأمر جميع المحطات في المنطقة (بما في ذلك أي نقاط وصول) بالامتناع عن

الإرسال حتى يتم تلقي الإرسال الحالي.

- تؤدي نقاط الوصول هذه المهمة استنادًا جزئيًا إلى حقل المدة.
- والنتيجة النهائية هي أن كلتا الشبكتين ستكونان أبطأ لأنهما ستقسمان إرسالهما إلى نوافذ من الفرص للإرسال بينهما.

نطاق 5 جيجاهرتز (802.11ac)

يستخدم (802.11a) تردد 5 جيجاهرتز الذي ينقسم إلى ثلاثة نطاقات غير مرخصة تسمى نطاقات البنية التحتية للمعلومات الوطنية غير المرخصة (UNII).

يوجد نطاقان متجاوران ولكن هناك فجوة تردد بين النطاق الثاني والثالث. تُعرف هذه النطاقات باسم UNII-1 وUNII-2 وUNII-3 وهى نطاقات UNII الدنيا والمتوسطة والعليا على التوالي.

يستضيف كل من هذه النطاقات قنوات منفصلة كما هو الحال في ISM.

يحدد تنقيح المعيار 802.11a موقع النقطة المركزية لكل تردد بالإضافة إلى المسافة التي يجب أن توجد بين ترددات النقطة المركزية لكنه فشل في تحديد العرض الدقيق لكل تردد.

القنوات تتداخل فقط مع القناة المجاورة التالية لذلك من الأسهل العثور على قنوات غير متداخلة في المعيار(802.11a).

في النطاق السفلي لـ UNII تكون النقاط المركزية متباعدة بمقدار 10 ميجا هرتز وفي النطاقين الآخرين تكون الترددات المركزية متباعدة بمقدار 20 ميجا هرتز.

يوضح الشكل (10) تداخل نطاقات UNII (الأعلى والأسفل) مقارنة بنطاق 2.4 جيجا هرتز (الوسط).

أرقام القنوات في النطاق السفلي لـ UNII هي 36 و40 و44 و48. وفي النطاق الأوسط لـ UNII تكون القنوات 52 و56 و60 و64. والقنوات في UNII-3 هي 149 و153 و157 و161.

2.4 جيجا هرتز / 5 جيجا هرتز (802.11n)

يعتمد (802.11n) على معايير 802.11 السابقة عن طريق إضافة مدخلات متعددة ومخرجات متعددة (MIMO) تستخدم أجهزة إرسال وهوائيات استقبال متعددة لزيادة معدل نقل البيانات ونطاقها.

يمكن لمعيار(802.11n) أن يسمح بثمانية هوائيات ولكن معظم نقاط الوصول الحالية تستخدم أربعة إلى ستة هوائيات فقط. ويسمح هذا الإعداد بمعدلات بيانات أعلى بكثير من تلك التي يتيحها معيار 802.11a/b/g.

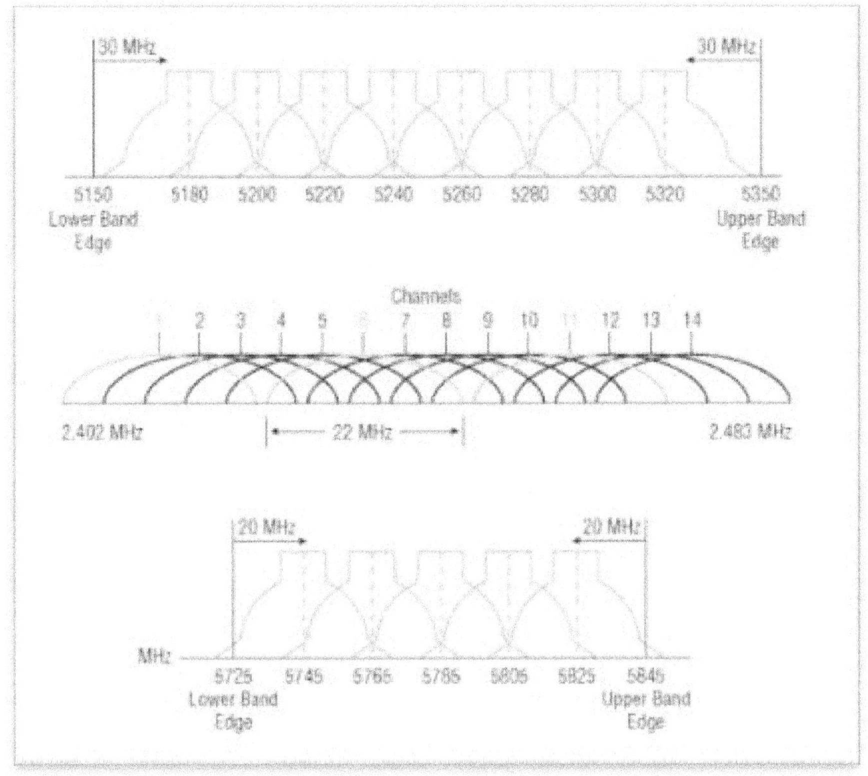

الشكل (10) نطاق 5 جيجاهرتز وقنوات بعرض 20 ميجاهرتز

CCST Support Technician, Networking Exam, Todd Lammle.2024.

عناصر تحسين الأداء

تم دمج العناصر الثلاثة الحيوية التالية في (802.11n) لتحسين الأداء:

■ في الطبقة المادية، يتم تغيير طريقة إرسال الإشارة، مما يسمح للانعكاسات والتداخلات بأن تصبح ميزة بدلاً من أن تكون مصدرًا للتدهور.

■ يتم دمج قناتين بعرض 20 ميجاهرتز لزيادة الإنتاجية.

■ في طبقة MAC، يتم استخدام طريقة مختلفة لإدارة نقل الرزم.

من المهم أن تعرف أن 802.11nغير متوافق حقًا مع 802.11b, 802.11g أو 802.11a ، ولكنه مصمم ليكون متوافقًا مع الإصدارات السابقة.

يحقق 802.11n التوافق مع الإصدارات السابقة من خلال تغيير طريقة إرسال الإطارات بحيث يمكن فهمها بواسطة 802.11a/b/g.

فيما يلي قائمة ببعض المكونات الأساسية لـ 802.11nوالتي تلخص معًا السبب الذي يجعل الناس يزعمون أنه أكثر موثوقية ويمكن التنبؤ بها:

263

قنوات 40 ميجا هرتز

يستخدم (802.11g and 802.11a) قنوات 20 ميجا هرتز ويستخدمان نغمات على جوانب كل قناة لا يتم استخدامها لحماية الناقل الرئيسي.

وهذا يعني أن 11 ميجا بايت في الثانية تظل غير مستخدمة وتضيع في الأساس.

يجمع 802.11n بين ناقلتين لمضاعفة السرعة من 54 ميجا بايت في الثانية إلى أكثر من 108.

أضف تلك الـ 11 ميجا بايت في الثانية المهدرة التي تم إنقاذها من النغمات الجانبية وستحصل على إجمالي 119 ميجا بايت في الثانية!

كفاءة MAC

تتطلب بروتوكولات 802.11 تأكيدا بكل إطار.

يمكن لبروتوكول 802.11n تمرير العديد من الرزم قبل أن يكون التأكيد مطلوبًا مما يوفر عليك قدرًا هائلاً من النفقات العامة.

وهذا ما يسمى بالتأكيد الكتلي.

إدخال متعدد وإخراج متعدد

يتم إرسال العديد من الإطارات بواسطة العديد من الهوائيات عبر العديد من المسارات ثم يتم إعادة دمجها بواسطة مجموعة أخرى من الهوائيات لتحسين الإنتاجية ومقاومة المسارات المتعددة.

وهذا ما يسمى بالإرسال المتعدد المكاني.

Wi-Fi 6 (802.11ax)

إذن، ما هو Wi-Fi 6 وهل هو أسرع من Wi-Fi5؟

الجيل السادس من Wi-Fi مع ما يكفي من التغييرات لمنحنا ضعف السرعة ولكن الوقت وحده هو الذي سيخبرنا صحة ذلك من عدمه.

إن القول بأن 802.11ax وWi-Fi 6 هما نفس الشيء سيكون صحيحًا بالتأكيد وهو تسويق رائع الآن لمصنعي Wi-Fi.

يوضح الشكل (11) الإختلاف عن (Wi-Fi 5) 802.11ac

أول شيء يجب أن تلاحظه هو:

المعيار802.1ax يستخدم كل من 2.4 و5 جيجاهرتز.

بينما يستخدم 802.1ac التردد 5جيجاهرتز فقط

يحتوي 802.1ax على المزيد من رموز OFDM وتعديل أعلى مما يوفر معدلات بيانات متفوقة.

	802.11ac	802.11ax
BANDS	5 GHz	2.4 GHz and 5 GHz
CHANNEL BANDWIDTH	20 MHz, 40 MHz, 80 MHz, 80+80 MHz & 160 MHz	20 MHz, 40 MHz, 80 MHz, 80+80 MHz & 160 MHz
FFT SIZES	64, 128, 256, 512	256, 512, 1024, 2048
SUBCARRIER SPACING	312.5 kHz	78.125 kHz
OFDM SYMBOL DURATION	3.2 us + 0.8/0.4 us CP	12.8 us + 0.8/1.6/3.2 us CP
HIGHEST MODULATION	256-QAM	1024-QAM
DATA RATES	433 Mbps (80 MHz, 1 SS)	600.4 Mbps (80 MHz, 1 SS)
	6933 Mbps (160 MHz, 8 SS)	9607.8 Mbps (160 MHz, 8 SS)

الشكل (11) مقارنة بين Wi-Fi5 و 802.11ax
CCST Support Technician, Networking Exam, Todd Lammle.2024.

فوائد تقنية Wi-Fi 6 الحديثة

■ تعديل أكثر كثافة باستخدام تعديل سعة التربيع 1024 (QAM) مما يتيح زيادة السرعة بنسبة تزيد عن 35 بالمائة

■ جدولة تعتمد على الوصول المتعدد بتقسيم التردد المتعامد (OFDMA) لتقليل النفقات العامة ووقت الاستجابة

■ إشارات قوية عالية الكفاءة لتحسين التشغيل عند مؤشر قوة الإشارة المستقبلة (RSSI) الأقل بشكل ملحوظ

■ جدولة أفضل وعمر بطارية أطول للجهاز مع وقت الاستيقاظ المستهدف (TWT)

التداخل

إن أحد العوامل التي تؤثر على أداء الاتصال اللاسلكي هو التداخل الخارجي. ولأن بروتوكولات 802.11 اللاسلكية تعمل في نطاقات 900 ميجاهرتز و2.4 جيجاهرتز و5 جيجاهرتز فقد يأتي التداخل من مصادر عديدة.

وتشمل هذه المصادر الأجهزة اللاسلكية مثل البلوتوث والهواتف اللاسلكية والهواتف المحمولة وشبكات LAN اللاسلكية الأخرى وأي جهاز آخر ينقل ترددات الراديو (RF) بالقرب من نطاقات التردد التي تستخدمها بروتوكولات

802.11. وحتى أفران الميكروويف وهي عدو كبير لبروتوكولات b802.11
و g802.11 يمكن أن تكون مذنبة خطيرة!

مقارنات النطاق والسرعة

يوضح الجدول 8.1 مقارنات النطاق لكل معيار 802.11 ويوضح هذه
النطاقات المختلفة باستخدام بيئة مكتب مفتوح داخلي كعامل.
(سنستخدم إعدادات الطاقة الافتراضية.)

TABLE 8.1 Range and speed comparisons

Standard	802.11b	802.11a	802.11g	802.11n	802.11ac	802.11ax
Speed	11 Mbps	54 Mbps	54 Mbps	300 Mbps	1 Gbps	3.5+ Gbps
Frequency	2.4 GHz	5 GHz	2.4 GHz	2.4/5 GHz	5 GHz	2.4/5/6 GHz
Range (in feet)	100–150	25–75	100–150	>230	>230	Unknown

الجدول (1) مقارنة المدى و السرعة لكل معيار 802.11
CCST Support Technician, Networking Exam, Todd Lammle.2024.

Cellular Technologies التقنيات الخلوية

تنفيذ التقنيات والتكوينات اللاسلكية الخلوية والمتنقلة المناسبة يتطلب وضع
التقنيات و الخيارات التالية فى الإعتبار:

GSM

يعتبر النظام العالمي للاتصالات المتنقلة (GSM) نوعًا من الهواتف الخلوية
التي تحتوي على شريحة وحدة هوية المشترك (SIM).
تحتوي هذه الشرائح على جميع المعلومات حول المشترك ويجب أن تكون
موجودة في الهاتف حتى يعمل.
أحد المخاطر المرتبطة بهذه الهواتف هو استنساخ الهاتف الخلوي وهي عملية
يتم فيها عمل نسخ من شريحة SIM مما يسمح لمستخدم آخر بإجراء مكالمات
كمستخدم أصلي.
يتم استخدام المفتاح السري المشفر (باستخدام مبدل سري عام) عند إجراء
المصادقة بين الهاتف والشبكة.

FDMA

يعد الوصول المتعدد بتقسيم التردد (FDMA) أحد تقنيات التعديل المستخدمة
في الشبكات اللاسلكية الخلوية.

يقسم FDMA نطاق التردد إلى نطاقات ويخصص نطاقًا لكل مشترك. تم استخدام هذه التقنية في شبكات الهاتف الخلوي G1.

TDMA

تقنية الوصول المتعدد بتقسيم الوقت (TDMA) تزيد من السرعة أعلى من FDMA من خلال تقسيم القنوات إلى فترات زمنية وتخصيص فترات للمكالمات و يساعد هذا أيضًا في منع التنصت على المكالمات.

CDMA

تقوم تقنية الوصول المتعدد بتقسيم الشفرة (CDMA) بتعيين رمز فريد لكل مكالمة أو إرسال وينشر البيانات عبر الطيف الترددى مما يسمح للمكالمة بالاستفادة من جميع الترددات.

G3

تعتبر تقنية الجيل الثالث (G3) من شبكات البيانات الخلوية بمثابة تغيير حقيقي مقارنة بـ G1 وG2 سمحت للقواعد بتشغيل الهواتف الذكية وتحقيق سرعات بيانات قابلة للاستخدام (نوعًا ما)، ولكن 2 ميجابت في الثانية كان نطاقًا ترددًيا كبيرًا في التسعينيات ووفر حقًا بداية تطبيقات الهواتف الذكية، مما أدى إلى المزيد من الأبحاث والتقنيات و وفرة التطبيقات التي لدينا الآن.

G2

تتعامل شبكات G2 مع المكالمات الهاتفية والرسائل النصية الأساسية وكميات صغيرة من البيانات عبر بروتوكول يسمى MMS. عندما ظهرت تقنية الجيل الثالث أصبح الوصول إلى عدد من تنسيقات البيانات الأكبر حجمًا أكثر سهولة، مثل صفحات HTML ومقاطع الفيديو والموسيقى - ولم يكن هناك مجال للتراجع!

G4

تقنية الجيل الرابع من معايير السرعة والاتصال لشبكات البيانات الخلوية. ساعدت السرعات حقًا في نشر الهواتف الذكية بين العملاء حيث وفرت سرعة من 100 ميجابت في الثانية حتى 1 جيجابت في الثانية ولكن يجب أن تكون في نقطة اتصال مجهزة بتقنية الجيل الرابع لتحقيق السرعة القصوى.

LTE

تم تسمية معظم شبكات الجيل الرابع (LTE) بالتطور طويل الأمد أو G4 LTE.

على الرغم من أن تقنية الجيل الخامس قد استحوذت على السوق وأن تقنية

الجيل السادس ظهرت إلا أن تقنية الجيل الرابع لا تزال سائدة في العديد من الأسواق.

حددت هيئات معايير الهاتف الخلوي الحد الأدنى للسرعات لتقنية الجيل الرابع لم تتمكن الأجهزة أبدًا من الوصول إلى هذه السرعات على الرغم من أن شركات الاتصالات الخلوية تنفق الملايين في محاولة الحصول عليها.

G5

G5 يرمز إلى "الجيل الخامس" من تقنية الهاتف الخلوي هو معيار لخدمة الاتصالات المحمولة أسرع بكثير من تقنية G4 الحالية 100 مرة.

يرجع ذلك إلى أن تقنية الجيل الخامس تستخدم نطاق تردد أعلى من الطيف اللاسلكي، يُسمى الموجة المليمترية، والذي يسمح بنقل البيانات بسرعة أكبر بكثير من النطاق الترددي المنخفض المخصص لتقنية الجيل الرابع.

ومع ذلك لا تنتقل إشارات الموجة المليمترية لمسافات بعيدة، لذا فأنت بحاجة إلى المزيد من الهوائيات المتباعدة عن بعضها البعض بشكل أقرب من الجيل الثالث والرابع اللاسلكيين السابقين.

يوضح الجدول 8.2 المقارنات بين الجيل الثالث والرابع والخامس.

Technology	3G	4G	5G
Deployment	1990	2000	2014
Bandwidth	2 Mbps	200-1000 Mbps	1-10 Gbps
Standards	WCDMA, CDMA-2000	CDMA, LTE, WiMAX	OFDM, MIMO, nm Waves
Technology	CDMA/IP	Unified IP, LAN/WAN	Unified IP, LAN/WAN

الجدول (2) مقارنة بين أجيال التقنيات الخلوية.
CCST Support Technician, Networking Exam, Todd Lammle.2024.

التقنيات التي تسهل إنترنت الأشياء

لقد أدخلت تقنيات إنترنت الأشياء (IoT) وهو أحدث مصطلح رائج في مجال تكنولوجيا المعلومات جميع أنواع الأجهزة إلى الشبكة (والإنترنت) التي لم تكن موجودة من قبل.

أدخلت التقنية جميع الأجهزة فى الخدمة مثل الثلاجات وأنظمة الإنذار وأنظمة خدمات المباني والمصاعد وأنظمة الطاقة مجهزة الآن بأجهزة استشعار متصلة بالشبكة تسمح لنا بمراقبة هذه الأنظمة والتحكم فيها من الإنترنت.

تعتمد هذه الأنظمة على العديد من التقنيات لتسهيل عملياتها تتضمن ما يلي:

Z-Wave

Z-Wave هو بروتوكول لاسلكي يستخدم في أتمتة المنزل.

يستخدم شبكة تعتمد على موجات راديو منخفضة الطاقة للتواصل من جهاز إلى آخر.

يمكن للأجهزة السكنية والأجهزة الأخرى مثل أدوات التحكم في الإضاءة وأنظمة الأمان وأجهزة ضبط الحرارة والنوافذ والأقفال وحمامات السباحة وفتاحات أبواب المرآب استخدام هذا النظام.

ANT +Ant+

هو بروتوكول لاسلكي آخر لمراقبة بيانات المستشعر مثل معدل ضربات قلب الشخص أو ضغط إطارات الدراجة بالإضافة إلى التحكم في أنظمة مثل الإضاءة الداخلية أو جهاز التلفزيون.

تم تصميم ANT+ وصيانته بواسطة تحالف ANT+، الذي تملكه شركة Garmin.

بلوتوث

تستخدم بعض الأنظمة تقنية البلوتوث التي تعتبر شبكة منطقة شخصية (PAN).

تعمل تقنية البلوتوث في نطاق 2.4 جيجاهرتز و قد تسبب بعض التداخل مع 802.11b/g إلا أنها منخفضة الطاقة حقًا.

تتمثل فكرة شبكة المنطقة الشخصية في السماح للعناصر الشخصية مثل لوحات المفاتيح والفئران والهواتف بالاتصال بجهاز الكمبيوتر الشخصي/الكمبيوتر المحمول/الشاشة/التلفزيون لاسلكيًا بدلاً من الاضطرار إلى استخدام أي أسلاك على الإطلاق على مسافات قصيرة تصل إلى 30 قدمًا.

تقنية البلوتوث ساعدتنا حقًا بشكل كبير في مكاتبنا وخاصة في سياراتنا!

NFC

تستخدم بعض الأنظمة تقنية الاتصال قريب المدى (NFC).

لكي تعمل تقنية NFC يجب أن يكون الهوائي الفعلي أصغر من الطول الموجي في كل من المرسل والمستقبل.

مع تقنية NFC يكون حجم الهوائي ربع حجم الطول الموجي تقريبًا مما يعني أن الهوائي يمكنه إنشاء مجال كهربائي أو مجال مغناطيسي ولكن ليس مجالًا كهرومغناطيسيًا.

يمكن استخدام تقنية NFC للاتصال اللاسلكي بين الأجهزة مثل الهواتف الذكية

و/أو الأجهزة اللوحية ولكن يجب أن تكون بالقرب من الجهاز الذي ينقل التردد اللاسلكي لالتقاط الإشارة ـ قريبًا جدًا. سيكون أحد الأمثلة الجيدة هو عندما تقوم بتمرير هاتفك فوق رمز الاستجابة السريعة QR code.

(IR)

تستخدم بعض الأنظمة الأشعة تحت الحمراء يمكننا استخدام الأشعة تحت الحمراء للتواصل على مسافة قصيرة مع أجهزتنا مثل الأجهزة التي تدعم تقنية البلوتوث لكنها ليست شائعة الاستخدام مثل البلوتوث في البنية التحتية للشبكة. على عكس Wi-Fi والبلوتوث لا يمكن للإشارات اللاسلكية بالأشعة تحت الحمراء اختراق الجدران وتعمل فقط في خط البصر.

أخيرًا، المعدلات بطيئة للغاية ومعظم عمليات النقل لا تتجاوز 115 كيلوبت في الثانية ما يصل إلى 4 ميجابت في الثانية في يوم جيد حقًا!

RFID

تقنية RFID قد تكون معروفة بشكل أكبر فى أنظمة تتبع الأصول إلا أنها يمكن استخدامها أيضًا في إنترنت الأشياء.

يتم إعطاء الكائنات علامة RFID بحيث يمكن التعرف عليها بشكل فريد.

تسمح علامة RFID للكائن بالتواصل لاسلكيًا بأنواع معينة من المعلومات.

يتم تضمين الكائنات الذكية مع كل من علامة RFID ومستشعر لقياس البيانات.

يمكن للمستشعر التقاط التقلبات في درجة الحرارة المحيطة أو التغيرات في الكمية أو أنواع أخرى من المعلومات.

802.11

تم مناقشة تقنية 802.11 سابقًا في هذا الفصل.

الأمان اللاسلكي

من أساسيات الأمان عملية المصادقة التى تحدد المستخدم و/أو الجهاز بشكل فريد مميز.

عملية تشفير المعلومات تحقق الحماية بدرجة كافية بحيث تصبح غير قابلة للقراءة من قبل أي شخص يحاول التقاط الإطارات الخام.

المصادقة والتشفير

حددت لجنة IEEE 802.11 نوعين من المصادقات: المصادقة المفتوحة والمصادقة بمبدل السر المشترك.

لا تتضمن المصادقة المفتوحة أكثر من توفير SSID الصحيح ولكنها الطريقة الأكثر شيوعًا المستخدمة اليوم.

مع المصادقة بمبدل مشترك ترسل نقطة الوصول إلى جهاز العميل رزمة

تحدي نصية والتي يجب على العميل بعد ذلك تشفيرها باستخدام مبدل Wired
Equivalent Privacy (WEP) الصحيح والعودة إلى نقطة الوصول.
بدون المفتاح الصحيح ستفشل عملية المصادقة ولن يُسمح للعميل بالربط بنقطة
الوصول.
يوضح الشكل 8.12 عملية المصادقة باستخدام المفتاح المشترك.

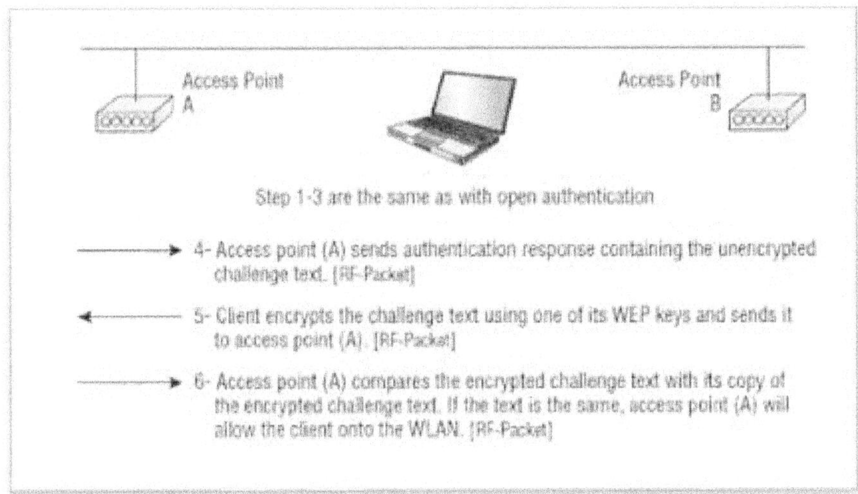

الشكل (12) عملية المصادقة باستخدام المفتاح المشترك.
CCST Support Technician, Networking Exam, Todd Lammle.2024.

لا تزال عملية المصادقة باستخدام المفتاح المشترك غير آمنة لأن كل ما يتعين
على الشخص السيئ القيام به للالتفاف عليها هو اكتشاف تحدي النص العادي،
وهو نفس التحدي المشفر بمفتاح WEP، ثم فك تشفير مفتاح WEP.
ليس من المستغرب أن عملية المصادقة باستخدام المفتاح المشترك لا تُستخدم
في شبكات WLAN اليوم.
يتم شحن جميع منتجات شبكات LAN اللاسلكية المعتمدة من Wi-Fi في
وضع "الوصول المفتوح"، مع إيقاف تشغيل ميزات الأمان الخاصة بها.
على الرغم من أن الوصول المفتوح أو عدم وجود أمان يبدو مخيفًا إلا أنه
مقبول تمامًا في الأماكن مثل النقاط الساخنة العامة. لكنه بالتأكيد ليس خيارًا
لمنظمة مؤسسية كما أنه ليس فكرة جيدة لشبكة منزلك الخاصة أيضًا!
يوضح الشكل (13) عملية الوصول المفتوح.
يمكنك أن ترى أن طلب المصادقة قد تم إرساله و"التحقق منه" بواسطة نقطة
الوصول.
ولكن عند استخدام المصادقة المفتوحة أو ضبطها على "لا شيء" في وحدة
التحكم اللاسلكية فمن المؤكد إلى حد كبير عدم رفض الطلب.

WEP

هذه التقنية مبدل إضافى مع المصادقة المفتوحة حتى إذا كان العميل قادرًا على إكمال المصادقة والربط بنقطة وصول، فإن استخدام WEP يمنع العميل من إرسال واستقبال البيانات من نقطة وصول ما لم يكن العميل لديه مبدل WEP الصحيح.

يتكون مبدل WEP من 40 أو 128 بت، وفي شكله الأساسي، يتم تعريفه بشكل ثابت عادةً بواسطة مسؤول الشبكة على نقطة الوصول وعلى جميع العملاء الذين يتواصلون مع نقطة الوصول.

عند استخدام مفاتيح WEP الثابتة يجب على مسؤول الشبكة تنفيذ المهمة الشاقة المتمثلة في إدخال نفس المفاتيح على كل جهاز في شبكة WLAN.

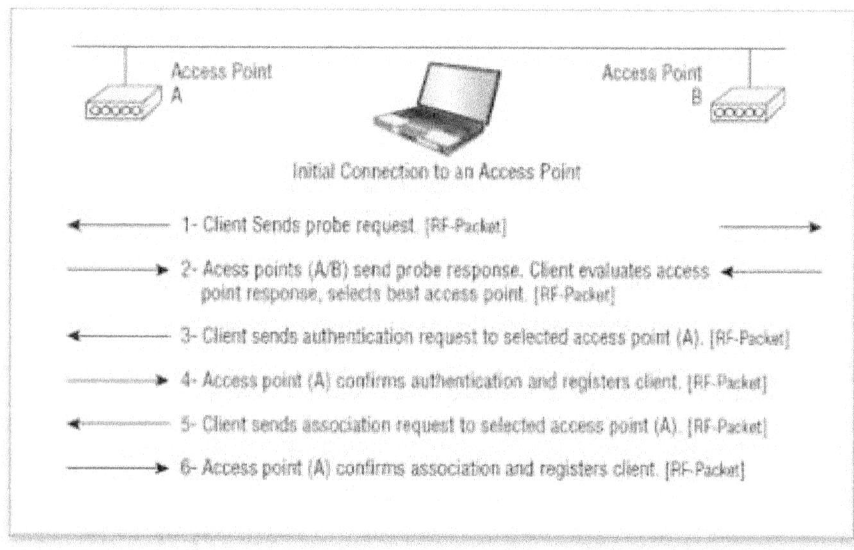

الشكل (13) عملية الوصول المفتوح.
CCST Support Technician, Networking Exam, Todd Lammle.2024.

من الواضح أن لدينا الآن حلولاً لهذه المشكلة لأن التعامل معها يدويًا سيكون مستحيلًا إداريًا في شبكات الشركات اللاسلكية الضخمة اليوم!

WPA وWPA2: نظرة عامة

تم إنشاء Wi-Fi Protected Access (WPA) وWPA2 استجابةً للعيوب التي شابت WEP.

كان WPA بمثابة إجراء مؤقت اتخذته Wi-Fi Alliance لتوفير أمان أفضل حتى أنهى IEEE معيار 802.11i.

الاختلافات المهمة بين WPA وWPA2.

- كل منهما في الأساس شكل آخر من أشكال الأمان الأساسي الذي يعد في الحقيقة مجرد إضافة إلى المواصفات.
- مبدل WPA/WPA2 المشترك مسبقًا (PSK) هو أفضل شكل من أشكال الأمان اللاسلكي من أي طريقة أمان لاسلكي أساسية أخرى تحدثت عنها حتى الآن.
- WPA هو معيار تم تطويره بواسطة Wi-Fi Alliance يوفر معيارًا للمصادقة وتشفير شبكات WLAN يهدف إلى حل مشكلات الأمان المعروفة.
- يأخذ المعيار في الاعتبار هجمات AirSnort و man-in-the-middle WLAN المشهورة.
- يستخدم WPA2 لمساعدتنا في التعامل مع مشكلات الأمان اليوم لأننا نستطيع استخدام تشفير Advanced Encryption Standard (AES) الذي يوفر تخزينًا مؤقتًا للمبدلات أفضل من WPA.
- WPA يتطلب تحديث للبرنامج في حين يتطلب WPA2 تحديثًا للأجهزة ولكن سن الصعب أن تجد جهاز كمبيوتر محمولًا أو أي جهاز كمبيوتر شخصي اليوم لا يحتوي على دعم WPA2 المدمج.
- يتحقق PSK من هوية المستخدمين من خلال كلمة مرور أو رمز تعريف غالبًا ما يُطلق عليه عبارة مرور على كل من جهاز العميل ونقطة الوصول.
- يحصل العميل على حق الوصول إلى الشبكة فقط إذا كانت كلمة المرور الخاصة به تتطابق مع كلمة مرور نقطة الوصول.
- يوفر PSK مادة تشفير يستخدمها بروتوكول سلامة المفتاح المؤقت (TKIP) أو AES لتوليد مبدل تشفير لكل رزمة من البيانات المنقولة.

Wi-Fi Protected Access WPA

تم تصميم WPA لتقديم طريقتين للمصادقة في التنفيذ.

الأولى تسمى WPA Personal أو WPA (PSK) تم تصميمها للعمل باستخدام عبارة مرور للمصادقة لكنها تعمل على تحسين مستوى الحماية للمصادقة وتشفير البيانات أيضًا.

يستخدم WPA PSK نفس التشفير تمامًا مثل WPA Enterprise يحل PSK محل الفحص على خادم RADIUS لجزء المصادقة.

الضعف الوحيد المعروف في WPA PSK يكمن في تعقيد كلمة المرور أو المفتاح المستخدم في نقطة الوصول والمحطات.

إذا كان من السهل تخمينه فقد يكون عرضة لما يُعرف باسم هجوم القاموس.

يستخدم هذا النوع من الهجوم ملف قاموس يجرب عددًا كبيرًا من كلمات المرور حتى يتم العثور على المطابقة الصحيحة.

وبالتالي فإن هذا يستغرق وقتًا طويلاً جدًا بالنسبة للمخترق.

الاختلاف الكبير في WPA3 هو كيفية منع هجوم القاموس.

يجب استخدام WPA PSK بشكل أساسي في بيئة مكتب صغير أو مكتب منزلي (SOHO) وفي بيئة مؤسسية فقط عندما لا تدعم قيود الجهاز مثل هواتف الصوت عبر بروتوكول الإنترنت (VoIP) مصادقة RADIUS.

WPA2 Enterprise

بغض النظر عما إذا كان يتم استخدام WPA أو WPA2 أثناء الاتصال الأولي بين المحطة ونقطة الوصول يتفق الطرفان على متطلبات أمان مشتركة.

وبعد هذا الاتفاق تحدث سلسلة الأنشطة المهمة التالية المتعلقة بالمفتاح (بهذا الترتيب المحدد):

1. يستخرج خادم المصادقة مبدلا يسمى مفتاح الماستر الزوجي (PMK). سيظل هذا المفتاح كما هو طوال الجلسة.

يتم استخراج نفس المفتاح على المحطة. ينقل الخادم مبدل الماستر الزوجي إلى نقطة الوصول حيث تكون هناك حاجة إليه.

2. تسمى الخطوة التالية المصافحة الرباعية.

والغرض منها هو استخراج مبدل آخر يسمى مبدل الماستر الزوجي (PTK). تحدث هذه الخطوة بين نقطة الوصول والمحطة وتتطلب الخطوات الأربع التالية:

أ. ترسل نقطة الوصول رقمًا عشوائيًا يُعرف باسم nonce إلى المحطة.

ب. باستخدام هذه القيمة مع PMK تنشئ المحطة مبدلا يستخدم لتشفير nonce يسمى snonce يتم إرساله بعد ذلك إلى نقطة الوصول.

ويتضمن إعادة تأكيد لمعلمات الأمان التي تم التفاوض عليها سابقًا.

كما يحمي سلامة هذا الإطار باستخدام MIC.

يعد هذا التبادل الثنائي الاتجاه للأرقام العشوائية جزءًا مهمًا من عملية توليد المفتاح.

ج. الآن بعد أن حصلت نقطة الوصول على nonce العميل فسوف تولد مبدلا للإرسال أحادي البث مع المحطة. وترسل nonce مرة أخرى إلى المحطة مع مبدل المجموعة المعروف باسم مبدل المجموعة المؤقت بالإضافة إلى تأكيد لمعاملات الأمان.

د. تؤكد الرسالة الرابعة ببساطة لنقطة الوصول أن المفاتيح المؤقتة (TKs) موجودة.

802.11i

على الرغم من أن WPA2 تم بناؤه مع وضع معيار 802.11i في الاعتبار فقد تمت إضافة الميزات التالية عند التصديق على المعيار:

■ قائمة بأساليب EAP التي يمكن استخدامها مع المعيار.

■ AES-CCMP للتشفير بدلاً من RC4.

■ إدارة مفاتيح أفضل يمكن تخزين المفتاح الرئيسي مؤقتًا مما يسمح بوقت إعادة اتصال أسرع للمحطة.

WPA3

في عام 2018 أعلن تحالف Wi-Fi عن WPA3 الجديد وهو معيار أمان Wi-Fi ليحل محل WPA2

لقد خدمنا معيار WPA2 جيدًا لكنه موجود منذ عام 2004! سيعمل WPA3 على تحسين بروتوكول WPA2 من خلال المزيد من ميزات الأمان تمامًا كما تم تصميم WPA2 لإصلاح WPA.

الممتع في WPA3 هو التسمية المستخدمة لتعريف المصافحة و الثغرات الأمنية.

أولاً تذكر أن WPA2 يستخدم PSK ولكن تم ترقية WPA3 إلى تشفير 128 بت ويستخدم نظامًا يسمى المصادقة المتزامنة للمساواة (SAE). يُشار إلى هذا باسم مصافحة Dragonfly.

يفرض هذا النظام تفاعل الشبكة عند تسجيل الدخول حتى لا يتمكن المتسللون من نشر هجوم قاموس عن طريق تنزيل التقطيع التشفيرية الخاصة به ثم تشغيل برنامج فك التشفير لكسرها.

الأمر الأكثر متعة هو أن الثغرات الأمنية المعروفة في WPA3 تسمى Dragonblood.

السبب وراء ظهور هذه الثغرات الأمنية Dragonblood بالفعل هو أن الحماية في WPA2 لم تتغير كثيرًا في WPA3 - على الأقل ليس بعد.

الأسوأ من ذلك أن WPA3 متوافق مع الإصدارات السابقة مما يعني أنه إذا أراد شخص ما مهاجمتك فيمكنه ببساطة استخدام WPA2 في هجوم لخفض مستوى نظامك المتوافق مع WPA3 إلى WPA2!

يتضمن Wi-Fi Protected Access security مثل WPA2 حلولاً للشبكات الشخصية والمؤسسية.

WPA3 يقدم بعض الميزات الجديدة الرائعة التي تمهد الطريق لمزيد من المصادقة القوية والقوة التشفيرية المعززة.

كما يساعد في حماية الشبكات من خلال الحفاظ على المرونة والأمان.

الخصائص المشتركة بين جميع شبكات WPA3

- تستخدم أحدث أساليب الأمان.
- لا تسمح بالبروتوكولات القديمة.
- تتطلب استخدام إطارات الإدارة المحمية (PMF).

تتمتع شبكات Wi-Fi بمستويات مختلفة من تحمل المخاطر وفقًا للنوع والوظيفة.

بالنسبة للأجهزة غير العامة أو المنزلية أو المؤسسية يوفر لنا WPA3 بعض الأدوات الرائعة لإيقاف هجمات تخمين كلمة المرور.

كما يعمل WPA3 مع بروتوكولات أمان متفوقة للشبكات التي تتطلب أو تريد درجة أعلى من الحماية.

WPA3 متوافق مع الإصدارات السابقة ويوفر إمكانية التشغيل المتبادل مع أجهزة WPA2 ولكن هذا في الواقع خيار للشركات التي تطور أجهزة معتمدة فقط.

WPA3-Personal

كيف يبدو الأمر وكأنك قادر على حماية المستخدمين الأفراد بشكل جدي؟ يوفر WPA3-Personal هذه الإمكانية من خلال تقديم مصادقة قوية تعتمد على كلمة المرور عبر المصادقة المتزامنة للمساواة (SAE).

وهذا يمثل ترقية كبيرة لمبدل WPA2 المشترك مسبقًا (PSK) ويعمل بشكل جيد حقًا حتى عندما يختار المستخدمون كلمات مرور بسيطة وسهلة الاختراق! يحبط WPA3 أيضًا محاولات المتسللين لاختراق كلمات المرور عبر هجمات القاموس.

تتضمن بعض الامتيازات الإضافية ما يلي:

- اختيار كلمة المرور الطبيعية:

يسمح WPA3 للمستخدمين باختيار كلمات مرور أسهل للتذكر.

- سهولة الاستخدام:

يوفر WPA3 حماية معززة دون تغيير في طريقة اتصال المستخدمين بالشبكة.

- سرية التوجيه:

يحمي WPA3 حركة البيانات حتى إذا تم اختراق كلمة المرور بعد نقل البيانات.

WPA3-Enterprise

تكتسب الشبكات اللاسلكية من جميع الأنواع قدرًا كبيرًا من الأمان باستخدام

WPA3 ولكن الشبكات التي تحتوي على بيانات حساسة مثل الشبكات التابعة للمؤسسات المالية والحكومات وحتى الشركات تحصل على دفعة قوية حقًا! يعمل WPA3-Enterprise على تحسين كل ما يقدمه WPA2، بالإضافة إلى أنه يبسط حقًا كيفية تطبيق بروتوكولات الأمان في جميع شبكاتنا.

يمنحنا WPA3-Enterprise خيار استخدام بروتوكولات أمان 192 بت بأقل قوة بالإضافة إلى بعض أدوات التشفير الرائعة جدًا لتأمين الأشياء بإحكام!

قائمة الطرق التي يعزز بها WPA3 الأمان:

■ تنبيه ميزه رائعة: يستخدم WPA3 نظامًا يسمى بروتوكول توفير أجهزة Wi-Fi (DPP) الذي يسمح للمستخدمين باستخدام علامات NFC أو رموز QR للسماح للأجهزة على الشبكة.

■ تشفير موثق: بروتوكول وضع جالوا/كاونتر بطول 256 بت (-GCMP 256).

■ اشتقاق المفتاح وتأكيده: وضع مصادقة الرسائل المجزأة بطول 384 بت (HMAC) مع خوارزمية التقطيع الآمنة (HMAC-SHA384).

■ إنشاء المفتاح والمصادقة عليه: تبادل منحنى ديفي-هيلمان الإهليلجي (ECDH) وخوارزمية التوقيع الرقمي للمنحنى الإهليلجي (ECDSA) باستخدام منحنى إهليلجي بطول 384 بت.

■ حماية إطار الإدارة القوية: بروتوكول سلامة البث/البث المتعدد بطول 256 بت (256-BIP-GMAC).

■ يضمن وضع الأمان 192 بت الذي توفره WPA3-Enterprise استخدام المجموعة الصحيحة من أدوات التشفير ويضع خط أساس ثابت للأمان داخل شبكة WPA3.

عمل WPA3 على تحسين دعم المصادقة المفتوحة في 802.11 من خلال تزويدنا بشيء يسمى التشفير اللاسلكي الانتهازي (OWE).

والفكرة وراء خيار تعزيز OWE هي تقديم اتصال تشفير للشبكات التي لا تحتوي على كلمات مرور.

يعمل هذا عن طريق إعطاء كل جهاز على الشبكة مبدله الفريد.

ينفذ هذا شيئًا يسمى حماية البيانات الفردية (IDP) يكون مفيدًا أيضًا للشبكات المحمية بكلمة مرور لأنه حتى إذا حصل المهاجم على كلمة مرور الشبكة فلن يتمكن من الوصول إلى أي بيانات مشفرة أخرى!

كل شيء على ما يرام لقد قمنا بتغطية WPA وWPA2 والآن WPA3. ولكن كيف تتم مقارنتها؟

يوضح الجدول 8.3 هذه المقارنات.

Security Type	WPA	WPA2	WPA3
Enterprise Mode: Business, education, government	Authentication: IEEE 802.1X/EAP	Authentication: IEEE 802.1X/EAP	Authentication: IEEE 802.1X/EAP
	Encryption: TKIP/MIC	Encryption: AES-CCMP	Encryption: GCMP-256
Personal Mode: SOHO, home, and personal	Authentication: PSK	Authentication: PSK	Authentication: SAE
	Encryption: TKIP/MIC	Encryption: AES-CCMP	Encryption: AES-CCMP
	128-bit RC4 w/TKIP encryption	128-bit AES encryption	128-bit AES encryption
	Ad hoc not supported	Ad hoc not supported	Ad hoc not supported

الجدول (3) مقارنة بين WPA و WPA2وWPA3
.CCST Support Technician, Networking Exam, Todd Lammle.2024

ملخص الفصل

- بدأ هذا الفصل باستكشاف الأساسيات والأساسيات لكيفية عمل الشبكات اللاسلكية.
- انطلاقًا من هذا الأساس قدمت لك بعد ذلك أساسيات التردد اللاسلكي ومعايير معهد مهندسي الكهرباء والإلكترونيات.
- ناقشت معيار 802.11 منذ بدايته وحتى تطوره إلى المعايير الحالية والمستقبلية وتحدثت عن اللجان الفرعية التي أنشأتها.
- أدى ذلك إلى مناقشة أمن الشبكات اللاسلكية أو بالأحرى عدم الأمان في معظمه والتي وجهتنا منطقيًا نحو معايير WPA وWPA2 وWPA3.
- وأخيرًا انتهى الفصل بالنظر إلى كيفية الاتصال بالشبكات اللاسلكية واستكشاف أخطائها وإصلاحها لأجهزة نقاط النهاية المختلفة.

أساسيات الإمتحان

- فهم مواصفات IEEE 802.11a. يعمل a802.11 في طيف 5 جيجاهرتز وإذا كنت تستخدم امتدادات h802.11 فلديك 23 قناة غير متداخلة.
- يمكن أن يعمل a802.11 بسرعة تصل إلى 54 ميجابت في الثانية ولكن فقط إذا كنت على مسافة أقل من 50 قدمًا من نقطة الوصول.
- فهم مواصفات IEEE 802.11b. يعمل IEEE 802.11b في نطاق 2.4 جيجاهرتز وله ثلاث قنوات غير

متداخلة.

ويمكنه التعامل مع مسافات طويلة ولكن فقط بمعدل بيانات أقصى يصل إلى 11 ميجابت في الثانية.

- فهم مواصفات IEEE 802.11g. IEEE 802.11g هو الأخ الأكبر لـ 802.11b ويعمل في نفس نطاق 2.4 جيجاهرتز ولكنه يتمتع بمعدل بيانات أعلى يبلغ 54 ميجابت في الثانية إذا كنت على مسافة أقل من 100 قدم من نقطة الوصول.

- تعرف على مكونات IEEE 802.11n. يستخدم 802.11n قنوات بعرض 40 ميجاهرتز لتوفير المزيد من النطاق الترددي ويوفر كفاءة MAC مع إقرارات الكتلة ويستخدم MIMO للسماح بمعدل نقل أفضل ومسافة أعلى بسرعات عالية.

- تعرف على الفرق بين WPA3-Personal وWPA3-Enterprise.

- يمنحنا WPA3-Personal القدرة على تقديم مصادقة قائمة على كلمة المرور عبر المصادقة المتزامنة للمساواة (SAE). وهذا يعد ترقية كبيرة من مبدل WPA2 المشترك مسبقًا (PSK).

- يوفر WPA3-Enterprise أيضًا خيار استخدام بروتوكولات أمان ذات قوة دنيا 192 بت بالإضافة إلى أدوات تشفير.

- تعرف على كيفية تكوين أنظمة التشغيل المختلفة للاتصال اللاسلكي والأمان.

- تعرف على كيفية تكوين أنظمة التشغيل Windows وMacOS وLinux وApple وAndroid للاتصال اللاسلكي بالإضافة إلى الأمان اللاسلكي.

أسئلة المراجعة

تم تصميم الأسئلة التالية لاختبار مدى فهمك لمادة هذا الفصل. لمزيد من المعلومات حول كيفية الحصول على أسئلة إضافية، يرجى زيارة www.lammle.com/ccst.

يمكنك العثور على إجابات هذه الأسئلة في الملحق "إجابات أسئلة المراجعة".

1. ما نوع التشفير الذي يستخدمه WPA3 الخاص بالمؤسسات؟

أ. AES-CCMP

ب. GCMP-256

ج. PSK

د. TKIP/MIC

2. ما هو نطاق التردد لمعيار IEEE 802.11b؟

279

أ. 2.4 جيجابت في الثانية

ب. 5 جيجابت في الثانية

ج. 2.4 جيجاهرتز

د. 5 جيجاهرتز

3. ما هو نطاق التردد لمعيار IEEE 802.11a؟

أ. 2.4 جيجابت في الثانية

ب. 5 جيجابت في الثانية

ج. 2.4 جيجاهرتز

د. 5 جيجاهرتز

4. ما هو نطاق التردد لمعيار IEEE 802.11g؟

أ. 2.4 جيجابت في الثانية

ب. 5 جيجابت في الثانية

ج. 2.4 جيجاهرتز

د. 5 جيجاهرتز

5. لقد انتهيت فعليًا من تثبيت نقطة وصول على سقف مكتبك. على الأقل ما هي المعلمة التي يجب تكوينها على نقطة الوصول للسماح لعميل لاسلكي بالعمل عليها؟

أ. AES

ب. PSK

ج. SSID

د. TKIP

هـ. WEP

و. 802.11i

6. ما نوع التشفير الذي يستخدمه WPA2؟

أ. AES-CCMP

ب. PPK عبر IV

ج. PSK

د. TKIP/MIC

7. كم عدد القنوات غير المتداخلة المتاحة مع 802.11b؟

أ. 3

ب. 12

ج. 23

د. 40

8. أي مما يلي يتميز بمقاومة مدمجة لهجمات القاموس؟

أ. WPA

ب. WPA2

ج. WPA3

د. AES

هـ. TKIP

9. ما هو الحد الأقصى لمعدل البيانات لمعيار 802.11a؟

أ. 6 ميجابت في الثانية

ب. 11 ميجابت في الثانية

ج. 22 ميجابت في الثانية

د. 54 ميجابت في الثانية

10. ما هو الحد الأقصى لمعدل البيانات لمعيار 802.11g؟

أ. 6 ميجابت في الثانية

ب. 11 ميجابت في الثانية

ج. 22 سيجابت في الثانية

د. 54 ميجابت في الثانية

11. ما هو الحد الأقصى لمعدل البيانات لمعيار 802.11b؟

أ. 6 ميجابت في الثانية

ب. 11 ميجابت في الثانية

ج. 22 ميجابت في الثانية

د. 54 ميجابت في الثانية

12. استبدلت WPA3 المصادقة المفتوحة الافتراضية بأي من التحسينات التالية؟

أ. AES

ب. OWL

ج. OWE

د. TKIP

13. لا يمكن لعميل لاسلكي الاتصال بـ BSS802.11 b/g باستخدام بطاقة لاسلكية b/g، ولا يسرد قسم العميل في نقطة الوصول أي عملاء WLAN نشطين. ما السبب المحتمل لهذا؟

أ. تم تكوين القناة غير الصحيحة على العميل.

ب. عنوان IP الخاص بالعميل موجود على شبكة فرعية خاطئة.

ج. لدى العميل مبدل مشترك مسبقًا غير صحيح.

د. تم تكوين SSID بشكل غير صحيح على العميل.

14. ما الميزات التي أضافها WPA لمعالجة نقاط الضعف المتأصلة الموجودة في WEP؟
(اختر إجابتين.)
أ. خوارزمية تشفير أقوى
ب. خلط المفاتيح باستخدام المفاتيح الزمنية
ج. مصادقة المفاتيح المشتركة
د. متجه تهيئة أقصر
هـ. عداد لكل تسلسل إطار
15. أي من طرق التشفير اللاسلكية التالية تعتمد على خوارزمية تشفير RC4؟
(اختر إجابتين.)
أ. WEP
ب. CCKM
ج. AES
د. TKIP
هـ. CCMP
16. أنشأ عاملان اتصالاً لاسلكيًا مباشرةً بين أجهزة الكمبيوتر المحمولة اللاسلكية الخاصة بهما.
ما نوع الطوبولوجيا اللاسلكية التي أنشأها هذان الموظفان؟
أ. BSS
ب. SSID
ج. IBSS
د. ESS
17. أي من العبارات التالية تصف معيار الأمان اللاسلكي الذي يحدده WPA؟
(اختر إجابتين.)
أ. يحدد استخدام مبدلات التشفير الديناميكية التي تتغير طوال وقت اتصال المستخدم.
ب. يتطلب أن تستخدم جميع الأجهزة نفس مبدل التشفير.
ج. يمكنه استخدام مصادقة PSK.
د. يجب استخدام المفاتيح الثابتة.
18. أي تصميم لشبكة LAN اللاسلكية يضمن عدم فقدان العميل اللاسلكي المتنقل للاتصال
عند الانتقال من نقطة وصول إلى أخرى؟

أ. استخدام المبدلات ونقاط الوصول المصنعة من قبل نفس الشركة

ب. تداخل تغطية الخلية اللاسلكية بنسبة 15 بالمائة على الأقل

ج. تكوين جميع نقاط الوصول لاستخدام نفس القناة

د. استخدام تصفية عنوان MAC للسماح لعنوان MAC الخاص بالعميل بالمصادقة مع

نقاط الوصول المحيطة

19. تقوم بتوصيل نقطة الوصول الخاصة بك وهي مضبوطة على الجذر. ماذا يعني معرف مجموعة الخدمة الممتدة؟

أ. أن يكون لديك أكثر من نقطة وصول واحدة وهي في نفس SSID متصلة بواسطة

نظام توزيع

ب. أن يكون لديك أكثر من نقطة وصول واحدة وهي في SSID منفصلة متصلة بواسطة

نظام توزيع

ج. أن يكون لديك نقاط وصول متعددة ولكنها موضوعة فعليًا في مبانٍ مختلفة

د. أن يكون لديك نقاط وصول متعددة ولكن إحداها هي نقطة وصول مكررة

20. ما هي المعلمات الأساسية التالية التي يجب تكوينها على نقطة وصول لاسلكية؟

(اختر ثلاثة.)

أ. طريقة المصادقة

ب. قناة RF

ج. RTS/CTS

د. SSID

هـ. مقاومة تداخل الموجات الدقيقة

الفصل التاسع: أجهزة Cisco

مؤشرات الحالة

يجب أن تكون على دراية بعملية إقلاع مبدلات Cisco لذا دعنا نستعرض أحد مبدلات Cisco النموذجية ونفهم أضواء الحالة أو الإشارات الضوئية.
يوضح الشكل (1) مبدل Cisco Catalyst.

الشكل (1) مبدل Cisco Catalyst.
.CCST Support Technician, Networking Exam, Todd Lammle.2024

منفذ وحدة التحكم لمبدلات Catalyst يوجد عادةً في الجزء الخلفي من المبدل. توجد وحدة التحكم فى مبدل 3560 القديم ذو الثمانية منافذ في المقدمة مباشرةً لتسهيل الاستخدام.

عند تشغيل المبدل سوف يومض الضوء العلوي عند اكتمال POST بنجاح يتحول مؤشر LED للنظام إلى اللون الأخضر الثابت ولكن إذا فشل POST فسوف يتحول إلى اللون الكهرماني.

الزر السفلي يشير إلى إشارة توفر الطاقة عبر Ethernet (PoE).

يمكنك رؤية ذلك بالضغط على زر Mode (الوضع).

PoE هي ميزة رائعة تتيح لتشغيل نقطة الوصول أو الهاتف بمجرد توصيلهما بالمبدل باستخدام كابل Ethernet.

الاتصال بجهاز Cisco

يمكنك الاتصال بجهاز توجيه أو مبدل Cisco بطرق مختلفة لتكوينه والتحقق من تكوينه والتحقق من الإحصائيات.

أول مكان تتصل به هو منفذ وحدة التحكم.

منفذ وحدة التحكم عادةً اتصال من نوع RJ-45 (وحدة نمطية ذات 8 دبابيس) يقع في الجزء الخلفي من جهاز التوجيه.

قد يتم تعيين كلمة مرور أو لا يتم تعيينها افتراضيًا.

يمكن أيضًا الاتصال بجهاز توجيه Cisco من خلال منفذ مساعد يتيح لك تكوين

أوامر المودم بحيث يمكن توصيل المودم بجهاز التوجيه.
هذه ميزة تتيح لك الاتصال بجهاز توجيه بعيد وتوصيله بالمنفذ المساعد إذا كان جهاز التوجيه معطلاً وتحتاج إلى تكوينه خارج النطاق (أي من خارج الشبكة).
الطريقة الثالثة للاتصال بجهاز توجيه Cisco هي الاتصال داخل النطاق in-band من خلال برنامج محاكاة طرفية مع (SSH) Secure Shell و استخدام Telnet على الرغم من أنه غير موصى به لأنه غير آمن.
(in-band) يعني الاتصال داخل النطاق لتكوين جهاز التوجيه من خلال الشبكة على عكس الاتصال خارج النطاق out-of-band).
Telnet هو برنامج محاكاة طرفية يمكنك استخدامه للاتصال بأي واجهة نشطة على جهاز التوجيه مثل منفذ Ethernet أو المنفذ التسلسلي.
سأناقش شيئًا يسمى (SSH) Secure Shell لاحقًا في هذا الفصل وهو طريقة أكثر أمانًا للاتصال داخل النطاق أي من خلال الشبكة.
يوضح الشكل (2) جهاز توجيه معياري من سلسلة Cisco.
انتبه جيدًا إلى جميع أنواع الواجهات والاتصالات المختلفة.

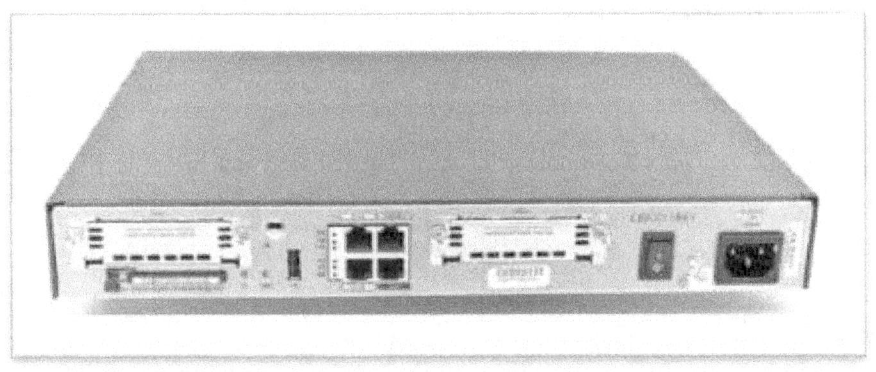

الشكل(2) جهاز توجيه معياري من سلسلة Cisco.
.CCST Support Technician, Networking Exam, Todd Lammle.2024
يحتوي هذا الموجه على وحدة تحكم واحدة واتصال مساعد واحد عبر موصلات RJ-45.
جهاز توجيه آخر أريد التحدث عنه هو سلسلة 1000 الأحدث (انظر الشكل (3).
حل هذا الموجه محل سلسلة 2900 ويشار إليه باسم جهاز توجيه الخدمات المتكاملة (ISR) بسبب خدمات الأمان المضمنة.
تتوفر أنواع متعددة من الوحدات لأجهزة التوجيه الأحدث من سلسلة 1000.
توفر هذه الموجهات منافذ SD-WAN وGigabit LAN وWAN مدمجة، وPoE، وLTE، وG6، وWi-Fi 6، والمزيد!

ستحصل على بعض المزايا الرائعة مقابل أموالك مع 1000ما لم تبدأ في إضافة الكثير من الواجهات والخيارات الإضافية إليه.

عليك أن تدفع مقابل كل واحدة من هذه الميزات الصغيرة الجميلة ويمكن أن تبدأ الأشياء حقًا في التراكم بسرعة!

قبل أن تتمكن من البدء في إضافة كابلات مثل كابلات التوصيل وكابلات الطاقة إلى جهاز تحتاج إلى التفكير في وضع جهاز التوجيه و/أو المبدل.

عادةً ستستخدم رفًا في غرفة خادم أو مركز بيانات للأجهزة أو الأجهزة ولكن في الطوبولوجيات الأصغر قد لا تكون هناك حاجة إلى تخطيط الرف ويمكن تثبيت الأجهزة على الحائط أو على رف في خزانة الشبكة.

يوضح الشكل (4) توضيحًا لإضافة جهاز Cisco إلى رف موجود في خزانة أو مركز بيانات.

دعنا نتحدث عن الاتصال بالمنافذ المختلفة على جهاز Cisco.

الشكل (3)

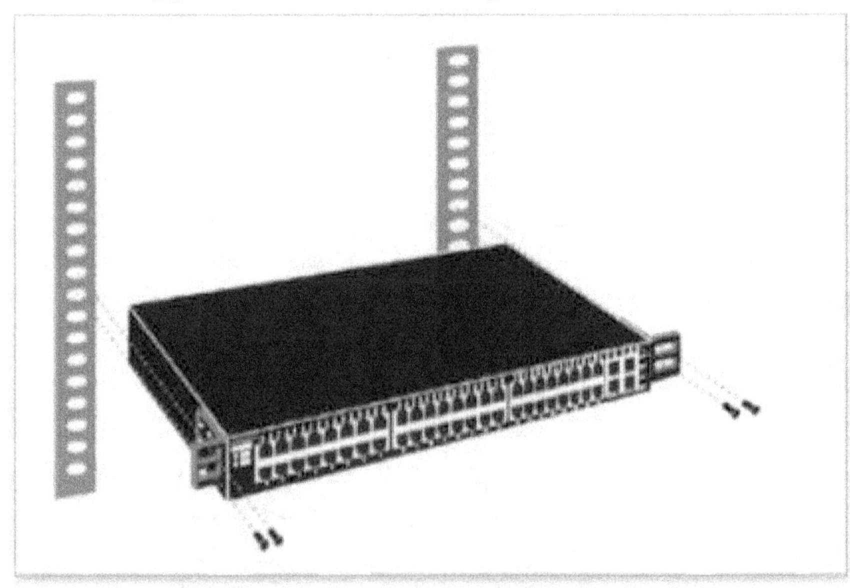

الشكل (4) إضافة جهاز Cisco إلى رف

المنافذ والكابلات المادية

تحتوي أجهزة التوجيه والمبدلات من Cisco على مجموعة من المنافذ ذات الشكل الصغير (SFP) والناقل التسلسلي العالمي (USB) ومنافذ الطاقة عبر الإيثرنت (PoE).
لنبدأ بالمنفذ الأكثر استخدامًا، وهو منفذ وحدة التحكم.

منفذ وحدة التحكم

يمكنك الاتصال بجهاز Cisco لتكوينه والتحقق من تكوينه والتحقق من الإحصائيات.
على الرغم من وجود طرق مختلفة لذلك، فإن المكان الأول الذي تتصل به عادةً هو منفذ وحدة التحكم.
ويعتبر هذا منفذًا خارج النطاق لأنك لا تصل إلى هذا المنفذ بالمرور عبر الشبكة بل يجب عليك التوصيل مباشرة بالجهاز للوصول إلى هذا المنفذ.

كابل ملفوف

على الرغم من عدم استخدام الكابل الملفوف لاتصالات إيثرنت يمكنك استخدام كابل إيثرنت ملفوف لتوصيل واجهة EIA-TIA 232 المضيفة بمنفذ الاتصالات التسلسلية (COM) لوحدة التحكم في جهاز التوجيه.
بعض موصلات EIA-TIA 232 سلكية مما يسمح لك باستخدام كابل Ethernet مشترك للاتصال بالمضيف.
إذا كان لديك جهاز توجيه أو مبدل Cisco فستستخدم كابلا ملفوفًا لتوصيل جهاز الكمبيوتر الشخصي أو جهاز Mac أو جهاز مثل iPad بأجهزة Cisco.
يستخدم الكابل الملفوف ثمانية أسلاك لتوصيل الأجهزة التسلسلية.
يوضح الشكل (5) الأسلاك الثمانية المستخدمة في الكابل الملفوف.

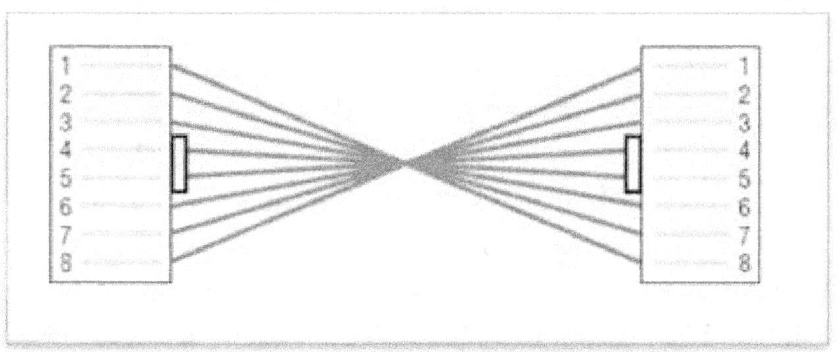

الشكل (5) الأسلاك الثمانية المستخدمة في الكابل الملفوف.
CCST Support Technician, Networking Exam, Todd Lammle.2024.

ربما تكون الكابلات الملفوفة هي أسهل الكابلات التي يمكن صنعها لأنك ما عليك سوى قطع الطرف من أحد جانبي الكابل المستقيم ثم قلبه ثم وضعه مرة أخرى باستخدام موصل جديد بالطبع.

حسنًا بمجرد توصيل الكابل الصحيح من جهاز الكمبيوتر الخاص بك بمنفذ وحدة التحكم في جهاز التوجيه أو المبدل من Cisco يمكنك بدء تشغيل برنامج محاكاة مثل PuTTY أو SecureCRT لإنشاء اتصال وحدة تحكم وتكوين الجهاز.

اضبط التكوين كما هو موضح في الشكل(6).

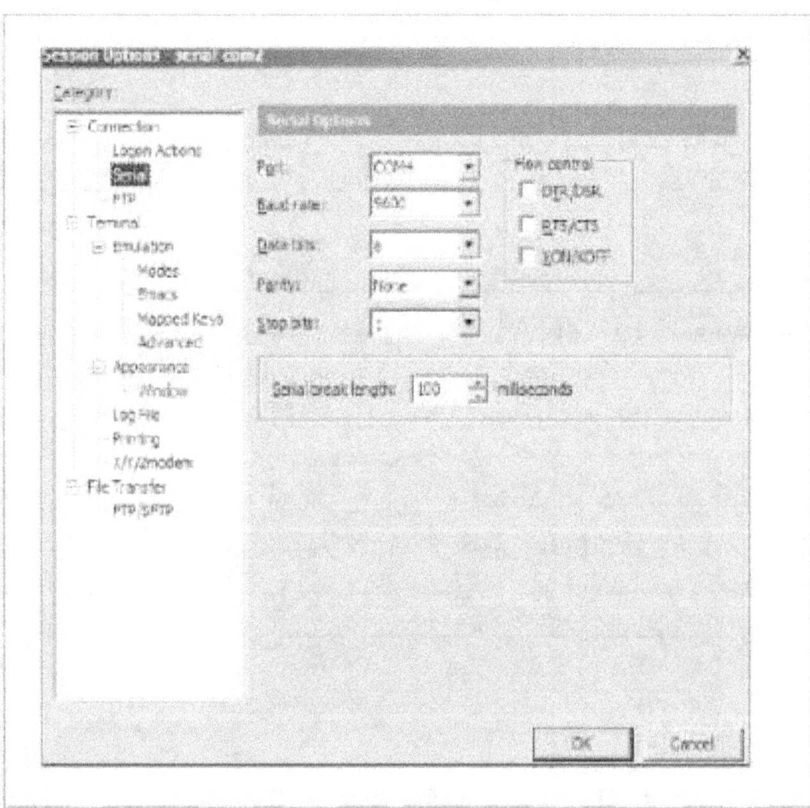

الشكل (6) واجهة ضبط التكوين

CCST Support Technician, Networking Exam, Todd Lammle.2024.

لاحظ أن معدل الباود مضبوط على 9600، وبتات البيانات مضبوطة على 8، والتكافؤ مضبوط على لا شيء، وأنه لم يتم تعيين أي خيارات للتحكم في التدفق. في هذه المرحلة، عندما تنقر فوق "اتصال" وتضغط على مبدل الإدخال، يجب أن تكون متصلاً بمنفذ وحدة التحكم بجهاز Cisco.

يوضح الشكل (7) مبدلا به منفذا وحدة تحكم.

288

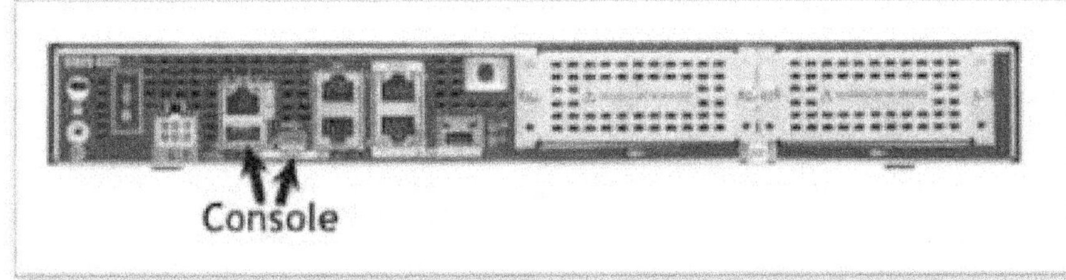

الشكل (7) مبدل به منفذا وحدة تحكم.

.CCST Support Technician, Networking Exam, Todd Lammle.2024

لاحظ أن هذا المبدل به اتصالان لوحدة التحكم: اتصال RJ-45 أصلي نموذجي ووحدة تحكم USB من النوع B الصغير الأحدث.

تذكر أن منفذ USB الجديد يحل محل منفذ RJ-45 إذا حدث وقمت بتوصيلهما في نفس الوقت، ويمكن أن تصل سرعة منفذ USB إلى 115200 كيلوبت في الثانية وهو أمر رائع إذا كان عليك استخدام Xmodem لتحديث نظام التشغيل IOS. لقد رأيت حتى بعض الكابلات التي تسمح لأجهزة iPhone وiPad بالاتصال بهذه المنافذ USB الصغيرة!

منفذ وحدة التحكم هو عادةً اتصال معياري RJ-45 مكون من 8 دبابيس يقع إما في الجزء الأمامي أو الخلفي للجهاز وقد يكون أو لا يكون هناك كلمة مرور مضبوطة عليه بشكل افتراضي.

المنفذ التسلسلي

في اتصالات الشبكة يعني التسلسلي إرسال بت تلو الآخر إلى السلك أو الألياف وتفسيره بواسطة بطاقة شبكة أو نوع آخر من الواجهات على الطرف الآخر. وفقًا لهذا التعريف يمكنك الآن أن تستنتج أننا لم نعد نستخدم هذه المنافذ. كل 1 أو 0 كان يُقرأ بشكل منفصل ثم يُدمج مع الآخرين لتكوين البيانات. وهذا يختلف كثيرًا عن الاتصال المتوازي حيث تُرسل البتات في مجموعات ويجب قراءتها معًا لفهم الرسالة التي تمثلها.

من الأمثلة الجيدة على الكابل المتوازي كابل الطابعة القديم الذي تم استبداله بمنفذ USB كما سأتحدث بعد دقيقة.

كانت المنافذ التسلسلية رائجة في التسعينيات وحتى العقد الأول من القرن الحادي والعشرين ولكنها لم تعد مستخدمة أو نادرًا ما تستخدم.

يوضح الشكل (8) جهاز توجيه Cisco 2500 قديمًا به منفذان تسلسليان ومنفذ إيثرنت بسرعة 10 ميجابت في الثانية.

كان هذا جهاز توجيه شائعًا للغاية لأكثر من 10 سنوات! يتيح لك جهاز التوجيه القديم البسيط استخدام اتصال تسلسلي (T1، على سبيل المثال).

كما كانت هناك تكوينات أخرى متوفرة أيضًا مع هذا الموجه.

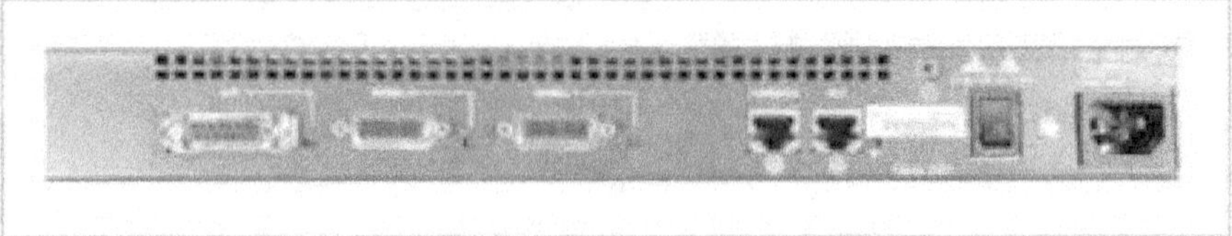

الشكل (8) جهاز توجيه Cisco 2500
CCST Support Technician, Networking Exam, Todd Lammle.2024.

هذا المنفذ الآخر عبارة عن منفذ واجهة وحدة مرفقة (AUI) يسمح لك بالاتصال بشبكة كابل موزعي إيثرنت بسرعة 10 ميجابت في الثانية ثم في النهاية يمكننا استخدام جهاز إرسال واستقبال يسمح لنا بالاتصال بكابل RJ- 45 ذي زوج ملتوي.

الناقل التسلسلي العالمي

الناقل التسلسلي العالمي (USB) هو الآن الناقل التسلسلي المدمج في معظم اللوحات الأم. عادةً ما تحصل على أربع واجهات USB خارجية كحد أقصى ولكن يمكن لمحولات الإضافة زيادة ذلك إلى ما يصل إلى 16 واجهة تسلسلية. يمكن لـ USB في الواقع توصيل ما يصل إلى 127 جهازًا خارجيًا كحد أقصى وهو ناقل محيطي أكثر مرونة بكثير من الناقل التسلسلي أو المتوازي.

يستخدم USB لتوصيل الطابعات والماسحات الضوئية ومجموعة من أجهزة الإدخال الأخرى مثل لوحات المبدلات وعصي التحكم والفئران.

عند توصيل الأجهزة الطرفية USB يجب توصيلها إما مباشرةً بأحد منافذ USB على الكمبيوتر الشخصي أو بموزع USB متصل بأحد منافذ USB. يوضح الشكل (9) موصل USB.

يمكن ربط الموزعات معًا لتوفير اتصالات USB متعددة ولكن على الرغم من أنه يمكنك توصيل ما يصل إلى 127 جهازًا إلا أنه ليس من العملي حقًا القيام بذلك. يحتوي كل جهاز على قابس USB كما هو موضح في الشكل (10).

الشكل (9) موصل USB
CCST Support Technician, Networking Exam, Todd Lammle.2024.

290

الشكل (10) منفذ USB
.CCST Support Technician, Networking Exam, Todd Lammle.2024

منفذ الألياف الضوئية

كابل الألياف الضوئية ينقل الإشارات الرقمية باستخدام نبضات ضوئية بدلاً من الكهرباء وهو محصن ضد التداخل الكهرومغناطيسي (EMI) وتداخل الترددات الراديوية (RFI).

يسمح كابل الألياف الضوئية بنقل نبضات الضوء إما على قلب زجاجي أو بلاستيكي.

يسمح الكابل بنقل البيانات بسرعة كبيرة لقطع مسافات طويلة جدًا كما هو الحال في الاتصالات بين القارات و أصبح أكثر شيوعًا في شبكات Ethernet LAN نظرًا للسرعات العالية المتاحة.

أيضًا على عكس UTP فهو محصن ضد التداخل.

الألياف أحادية الوضع

الألياف أحادية الوضع (SMF) عبارة عن كابل عالي السرعة وطويل المدى يتكون من خيط واحد ـ وأحيانًا خيطين ـ من الألياف الزجاجية التي تحمل الإشارات.

تعد الثنائيات الباعثة للضوء (LED) والليزر مصادر الضوء المستخدمة مع SMF.

يتم نقل مصدر الضوء من طرف إلى طرف ويتم نبضه لإنشاء اتصال.

هذا هو نوع كابل الألياف المستخدم لتمديد مسافات طويلة حقًا لأنه يمكنه نقل البيانات لمسافة أبعد بمقدار 50 مرة من الألياف متعددة الأوضاع (MMF) بمعدل أسرع.

من الواضح أن تركيب SMF يمكن أن يكون صعبًا بعض الشيء نظرًا لأن

291

وسائط النقل مصنوعة من الزجاج.
نعم توجد طبقات خارجية تحمي قلب الزجاج ولكن لا يزال لا ينبغي تجعيد الكابل أو ضغطه حول أي زوايا ضيقة.

كابل الألياف الضوئية متعدد الأوضاع

يستخدم كابل الألياف الضوئية متعدد الأوضاع (MMF) الضوء أيضًا لتوصيل الإشارة ولكن الضوء يتشتت على مسارات عديدة أثناء انتقاله عبر النواة وينعكس مرة أخرى.

يتم استخدام مادة خاصة تسمى الكسوة لتبطين النواة وتركيز الضوء عليها مرة أخرى.

يوفر كابل الألياف الضوئية متعدد الأوضاع نطاقًا تردديًا عاليًا بسرعات عالية على مسافات متوسطة (تصل إلى حوالي 3000 قدم) ولكن بعد ذلك يمكن أن يكون غير متسق حقًا.

هذا هو السبب في أن كابل الألياف الضوئية متعدد الأوضاع يستخدم غالبًا في منطقة أصغر من مبنى واحد بينما يمكن استخدام كابل الألياف الضوئية متعدد الأوضاع بين المباني.

يتوفر كابل الألياف الضوئية متعدد الأوضاع في شكل زجاجي أو بلاستيكي مما يجعل التثبيت أسهل كثيرًا ويزيد من مرونة التثبيت.

هناك حوالي 70 موصلًا مختلفًا للألياف وتستخدم شركة Cisco عددًا قليلاً منها بالإضافة إلى موصلات خاصة لاستخدامها ستحتاج إلى كابل الألياف الضوئية متعدد الأوضاع.

الشكل (11) جهاز إرسال واستقبالCisco GLC-T 1000BaseT
CCST Support Technician, Networking Exam, Todd Lammle.2024.

SFPs

تشير كلمة SFP إلى عامل الشكل الصغير القابل للتوصيل والمعروف أيضًا باسم mini-gbic (محول واجهة جيجابت).

وحدة SFP هي ببساطة جهاز إرسال واستقبال معياري صغير يتم توصيله بمنفذ SFP على مبدل شبكة أو خادم.

تمكن منافذ SFP على المبدل مع وحدات SFP المبدل/الموجه من الاتصال بكابلات الألياف الضوئية وEthernet من أنواع وسرعات مختلفة.

يوضح الشكل (11) جهاز إرسال واستقبال
Cisco GLC-T 1000BaseT Gigabit RJ-45 SFP
يوضح الشكل (12) جهاز إرسال واستقبال fiber transceiver
Cisco GLC-LH-SMD 1000BaseLX/LH SFP

الشكل (12) جهاز إرسال واستقبال Cisco GLC-LH-SMD
CCST Support Technician, Networking Exam, Todd Lammle.2024.

منافذ إيثرنت

ستجد منفذ إيثرنت في أي نوع من معدات الشبكات في جميع أنحاء العالم وفي كل أنواع معدات الشركات المصنعة.

إن مناقشة كابلات إيثرنت أمر مهم، خاصة إذا كنت تخطط لاجتياز امتحانات سيسكو. تحتاج حقًا إلى فهم الأنواع الثلاثة التالية من الكابلات:

■ كابل مستقيم

■ كابل كروس أوفر

■ كابل ملفوف (تم تناوله مسبقًا في قسم "منفذ وحدة التحكم")

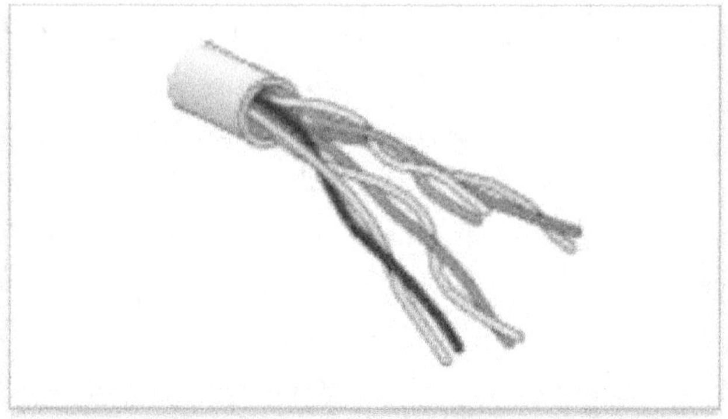

الشكل (13)

تناقش الأقسام التالية كل نوع من أنواع الكابلات، ولكن دعونا أولاً نلقي نظرة على أكثر كابلات Ethernet شيوعًا اليوم، وهو كابل UTP المحسن من الفئة 5، كما هو موضح في الشكل (13).

يمكن أن تكون الفئة 5 مصطلحًا قديمًا لنوع الكابل الذي كان موجودًا لفترة طويلة، ولكن كابل UTP المحسن من الفئة 5 لا يزال هو ما يستخدمه معظم الأشخاص لأنه الأسهل في التثبيت.

يمكن لكابل UTP المحسن من الفئة 5 التعامل مع سرعات تصل إلى جيجابت، بمسافة تصل إلى 100 متر.

عادةً، تستخدم هذا الكابل بسرعة 100 ميجابت في الثانية والفئة 6 للجيجابت، ولكن الفئة 5 المحسن مُصنف لسرعات الجيجابت، والفئة 6 مُصنفة لسرعات 10 جيجابت في الثانية! ومع ذلك، قد يكون للكابل Cat 6 بعض قيود المسافة.

الشكل (14)توصيل كابل مستقيم

كابل مستقيم

يستخدم الكابل المستقيم لتوصيل الأجهزة التالية:

■■ المضيف بالمبدل أو الموزع

■■ الموجه بالمبدل أو الموزع

يتم استخدام أربعة أسلاك في الكابل المستقيم لتوصيل أجهزة إيثرنت. من السهل نسبيًا إنشاء هذا النوع.

يوضح الشكل (14) الأسلاك الأربعة (زوجان) المستخدمة في كابل إيثرنت مستقيم.

لاحظ أنه يتم استخدام الدبابيس 1 و2 و3 و6 فقط. ما عليك سوى توصيل الدبابيس 1 ـ 1 و2 ـ 2 و3 ـ 3 و6 ـ 6، وستتمكن من الاتصال بالشبكة في وقت قصير. ومع ذلك، تذكر أن هذا سيكون كابلا مخصصًا لشبكة إيثرنت بسرعة 100/10 ميجابت في الثانية فقط ولن يعمل مع تقنيات جيجابت أو الصوت أو شبكات LAN أو WAN الأخرى، لذا كان هذا للتوضيح فقط في هذه المرحلة، حيث سيكون لديك دائمًا 8 دبابيس (أربعة أزواج) متصلة ببعضها البعض.

الشكل (15) كابل كروس أوفر

.CCST Support Technician, Networking Exam, Todd Lammle.2024

كابل كروس أوفر

يمكن استخدام كابل كروس أوفر لتوصيل الأجهزة التالية:

■■ مبدل بمبدل

■■ موزع بموزع

■■ مضيف بمضيف

■■ موزع بمبدل

■■ موجه مباشر بالمضيف

■■ موجه بموجه

تُستخدم نفس الأسلاك المستخدمة في الكابل المستقيم في كابل كروس أوفرما

عليك سوى توصيل دبابيس مختلفة معًا. يوضح الشكل 9.15 كيفية استخدام الأسلاك في كابل إيثرنت كروس أوفر.

لاحظ أنه بدلاً من توصيل 1 بـ 1، و2 بـ 2، وما إلى ذلك، فإننا هنا نوصل الدبابيس 1 بـ 3 و2 بـ 6 على كل جانب من الكابل.

يوضح الشكل (16) بعض الاستخدامات النموذجية للكابلات المستقيمة والكابلات المتقاطعة.

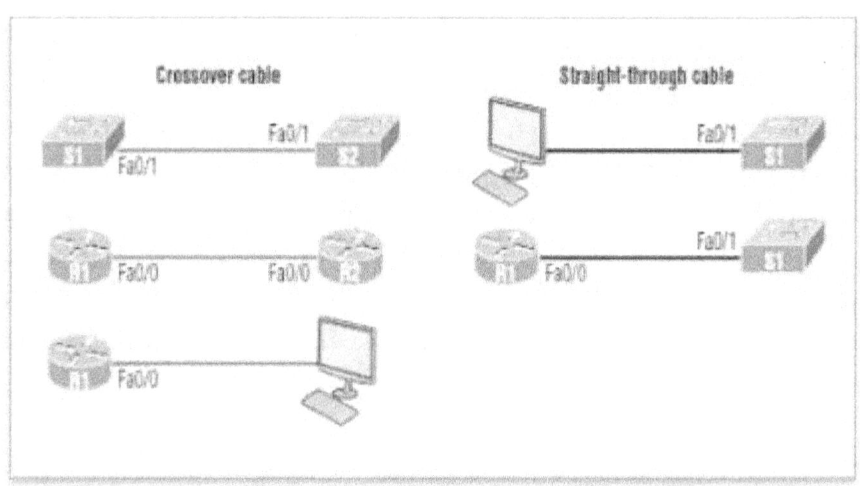

الشكل (16) بعض الاستخدامات النموذجية للكابلات
CCST Support Technician, Networking Exam, Todd Lammle.2024.

أمثلة كروس اوفر في الشكل (16)

منفذ التبديل إلى منفذ التبديل

منفذ Ethernet لجهاز توجيه إلى منفذ Ethernet لجهاز توجيه

منفذ Ethernet لجهاز توجيه إلى منفذ Ethernet للكمبيوتر الشخصي.

أمثلة التوصيل المستقيم المباشر

منفذ Ethernet للكمبيوتر الشخصي إلى منفذ التبديل

منفذ Ethernet لجهاز التوجيه إلى منفذ التبديل.

توصيلات جيجابت UTP (1000Base-T)

في الأمثلة السابقة لتوصيلات UTP 10Base-T و100Base-T تم استخدام زوجين من الأسلاك فقط، ولكن هذا ليس جيدًا بما يكفي لنقل جيجابت إيثرنت UTP.

تتطلب توصيلات UTP 1000Base-T (الشكل 17) أربعة أزواج من الأسلاك وتستخدم إلكترونيات أكثر تقدمًا بحيث يمكن لكل زوج في الكابل

الإرسال في وقت واحد.
توصيلات جيجابت متطابقة تقريبًا مع مثال 100/10 السابق باستثناء استخدام الزوجين الآخرين في الكابل.

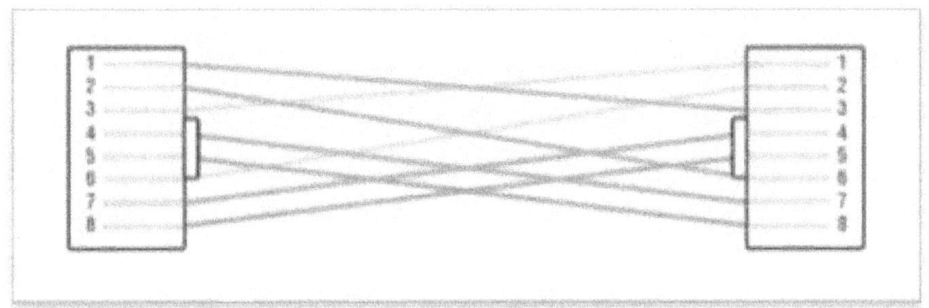

الشكل (17) توصيلات جيجابت
CCST Support Technician, Networking Exam, Todd Lammle.2024.

بالنسبة للكابل المستقيم، لا يزال الأمر 1 إلى 1، و2 إلى 2، وهكذا حتى الدبوس 8. وعند إنشاء كابل التقاطع جيجابت، لا يزال يتعين عليك عبور 1 إلى 3 و2 إلى 6، ولكنك ستضيف 4 إلى 7 و5 إلى 8 - الأمر المباشر تمامًا!

تقنية PoE

(+PoEو PoE) Power over Ethernet
تصف نظامًا لنقل الطاقة الكهربائية، جنبًا إلى جنب مع البيانات، إلى أجهزة بعيدة عبر كابل مجدول قياسي في شبكة Ethernet.
هذه التقنية مفيدة لتشغيل هواتف IP (Voice over IP، أوVoIP)، ونقاط الوصول إلى شبكة LAN اللاسلكية، وكاميرات الشبكة، ومبدلات الشبكة البعيدة، وأجهزة الكمبيوتر المدمجة، والأجهزة الأخرى.
هذه كلها مواقف يكون فيها توفير الطاقة بشكل منفصل غير مريح ومكلفًا وربما غير ممكن. والسبب الرئيسي وراء ذلك هو أنه يجب تركيب الأسلاك الرئيسية بواسطة كهربائيين مؤهلين ومرخصين من أجل تلبية المتطلبات القانونية و/أو التأمينية.
لقد أنشأ معهد مهندسي الكهرباء والإلكترونيات معيارًا لـ PoE يسمى af802.3. بالنسبة لـ PoE+، يشار إليه باسم at802.3. تصف هذه المعايير بدقة كيفية اكتشاف الجهاز المزود بالطاقة بالإضافة إلى طريقتين لتوصيل الطاقة عبر Ethernet إلى جهاز مزود بالطاقة. ضع في اعتبارك أن معيار +PoE، at802.3، يوفر طاقة أكبر من af802.3، المتوافق مع Gigabit Ethernet مع أزواج الأسلاك الأربعة بقوة 30 وات.
تحدث هذه العملية بطريقتين: إما عن طريق تلقي الطاقة من منفذ Ethernet

على مبدل (أو جهاز آخر قادر) أو عبر محقن طاقة. لاحظ أنه لا يمكنك استخدام كلا الطريقتين لإنجاز المهمة. وكن حذرًا هنا لأن القيام بذلك بشكل خاطئ يمكن أن يؤدي إلى مشاكل خطيرة! تأكد قبل الاتصال.

يوضح الشكل (18) مثالاً لجدار الحماية من الجيل التالي من Cisco (NGFW). يحتوي على ثمانية منافذ، يمكن توجيهها أو تبديلها، والمنفذان 7 و8 مدرجان كمنافذ PoE بقوة 0.6 أمبير.

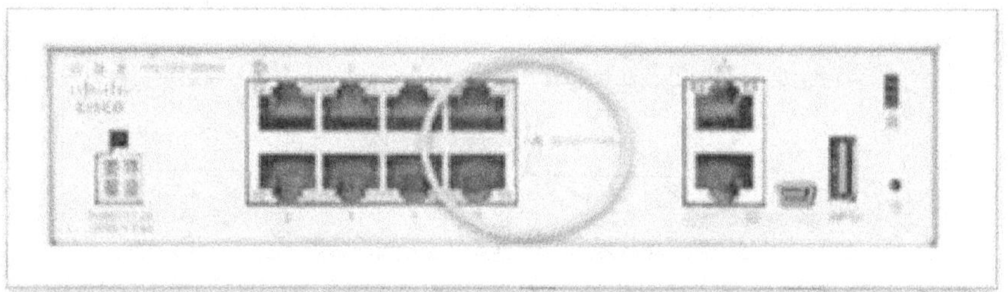

الشكل (18) جدار الحماية من الجيل التالي من Cisco
CCST Support Technician, Networking Exam, Todd Lammle.2024.

الوصول عن بُعد

يتناول هذا القسم كيفية الاتصال عن بُعد بأجهزتك. وسأصف محاكيات المحطات الطرفية، واتصالات سطح المكتب البعيد، وTelnet، و Secure Shell (SSH)، وشبكات VPN، ومحطات NMS، وMeraki. وسوف أناقش أيضًا كيفية استخدام البرامج النصية للوصول عن بُعد.

محاكيات المحطات الطرفية تستنسخ محاكيات المحطات الطرفية وظائف محطة الكمبيوتر التقليدية لتزويد المستخدمين بالوصول إلى مضيف محلي أو بعيد. يعرض المحاكي نافذة محطة طرفية لتبدو وكأنها متصلة مباشرة بالعميل. تم تصميم معظم محاكيات المحطات الطرفية لاستخدامات محددة وتعمل فقط مع أنظمة تشغيل محددة. تستخدم الشركات هذه الأدوات للوصول إلى البيانات والبرامج على الأجهزة البعيدة أو الخوادم أو الحواسيب المركزية.

أنا شخصيًا أحب SecureCRT، وأعرف الكثير من الأشخاص الذين يحبون ويستخدمون PuTTY أيضًا، ولكن هناك حرفيًا مئات من محاكيات المحطات الطرفية للاختيار من بينها.

بوابة سطح المكتب البعيد/بروتوكول سطح المكتب البعيد

هناك أوقات تحتاج فيها إلى إجراء اتصال عن بُعد بجهاز ما لإجراء استكشاف الأخطاء وإصلاحها ولكنك بعيد جدًا عن ذلك. تم تصميم برنامج الاتصال للسماح لك بإجراء اتصال بجهاز ما، ورؤية سطح المكتب، وتنفيذ أي إجراء يمكنك تنفيذه إذا كنت تجلس أمامه.

بوابة سطح المكتب البعيد (RDG أو بوابة RD) هي دور خادم Windows يوفر اتصالاً مشفرًا آمنًا بالخادم عبر RDP.

بروتوكول سطح المكتب البعيد (RDP) هو بروتوكول خاص طورته شركة Microsoft. فهو يتيح لك الاتصال بجهاز كمبيوتر آخر وتشغيل البرامج، وهو ما يشبه إلى حد ما الغرض الذي تم إنشاء Telnet من أجله، إلا أنه بدلاً من الحصول على موجه واجهة سطر الأوامر، كما تفعل مع Telnet، تحصل على واجهة المستخدم الرسومية الفعلية (GUI) للكمبيوتر البعيد. تحتاج إلى بوابة سطح مكتب بعيد وعميل RDP.

أعادت Microsoft تسمية خدماتها الطرفية إلى خدمات سطح المكتب البعيد. الاسم الرسمي لعميل Microsoft هو اتصال سطح المكتب البعيد، والذي كان يسمى عميل خدمات المحطة الطرفية. يستخدم RDP منفذ TCP 3389، لذا تأكد من فتح هذا المنفذ على جدار الحماية الخاص بك إذا لزم الأمر.

بعد إنشاء اتصال، يرى المستخدم نافذة طرفية هي في الأساس نافذة مُهيأة مسبقًا تبدو وكأنها سطح مكتب Windows أو سطح مكتب نظام تشغيل آخر. من هناك، يمكن للمستخدم على جهاز الكمبيوتر العميل الوصول إلى التطبيقات والملفات المتاحة له باستخدام سطح المكتب البعيد.

كمثال على كيفية استخدامي لهذا البروتوكول، أستخدم عميل RDP لطلابي في فصول Cisco المختلفة حتى يتمكنوا من الوصول إلى جهاز كمبيوتر بعيد يعمل ببوابة RDP في مركز البيانات الخاص بي. ومن هناك، يمكنهم تكوين مجموعة الأدوات المستخدمة لمختبرات الفصول الدراسية.

Telnet

Telnet أحد أول معايير الإنترنت وهو عبارة عن بروتوكولات متغيرة تخصصه محاكاة الطرفيات.

يسمح للمستخدم على جهاز عميل بعيد يسمى عميل Telnet بالوصول إلى موارد خادم Telnet من أجل الوصول إلى واجهة سطر الأوامر.

يحقق Telnet هذا من خلال سحب أمر سريع على خادم Telnet وجعل جهاز العميل يبدو وكأنه جهاز طرفي متصل مباشرة بالشبكة المحلية.

من العيوب الرئيسية أنه لا تتوفر تقنيات تشفير داخل بروتوكول Telnet لذا يجب إرسال كل شيء بنص واضح بما في ذلك كلمات المرور!

يوضح الشكل (19) مثالاً لعميل Telnet يحاول الاتصال بخادم Telnet. هذه المحطات الطرفية المحاكية هي من نوع وضع النص ويمكنها تنفيذ إجراءات محددة مثل عرض القوائم التي تمنح المستخدمين الفرصة لاختيار الخيارات والوصول إلى التطبيقات على الخادم المزيف.

يبدأ المستخدمون جلسة Telnet بتشغيل برنامج عميل Telnet ثم تسجيل الدخول إلى خادم Telnet.

يستخدم Telnet اتصـال بيانات 8 بت وموجهًا للبايتات عبر منفذ TCP 23 مما يجعله شاملاً للغاية.

لا يزال قيد الاستخدام اليوم لأنه سهل الاستخدام وله تكلفة تشغيل منخفضة للغاية، ولكن مرة أخرى نظرًا لإرسال كل شيء بنص واضح، لا يُنصح باستخدامه في الإنتاج.

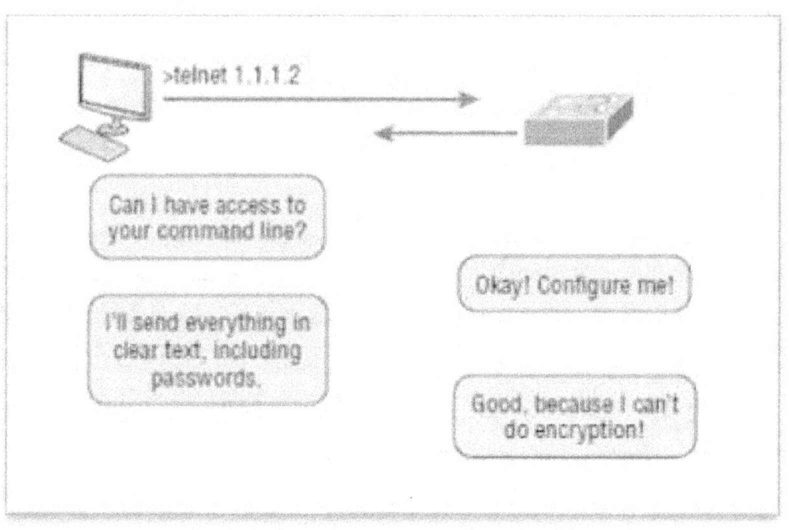

الشكل (19) الاتصال بخادم Telnet
CCST Support Technician, Networking Exam, Todd Lammle.2024.

كجزء من مجموعة بروتوكولات TCP/IP يعد Telnet بروتوكول محطة طرفية افتراضية يسمح لك بإجراء اتصالات بالأجهزة البعيدة وجمع المعلومات وتشغيل البرامج.

بعد تكوين أجهزة التوجيه والمبدلات الخاصة بك، يمكنك استخدام برنامج Telnet لإعادة تكوينها و/أو التحقق منها دون استخدام كابل وحدة التحكم. يمكنك تشغيل برنامج Telnet عن طريق كتابة telnet من أي موجه أوامر (Windows أو Cisco) ولكنك تحتاج إلى تعيين كلمات مرور VTY على أجهزة IOS لكي يعمل.

يمكنك إصدار أمر telnet من أي موجه أوامر لجهاز التوجيه أو المبدل.
في الكود التالي أحاول استخدام telnet من المبدل 1 إلى المبدل 3 الموجود على عنوان IP الوجهة 10.100.128.8:

```
SW-1#telnet 10.100.128.8
Trying 10.100.128.8 ... Open

Password required, but none set

[Connection to 10.100.128.8 closed by foreign host]
```

تذكر أن منافذ VTY مهيأة افتراضيًا لتسجيل الدخول مما يعني أنه يتعين علينا إما تعيين كلمات مرور VTY أو استخدام أمر عدم تسجيل الدخول.

ملاحظة

إذا لم تتمكن من الدخول إلى جهاز ما باستخدام Telnet فقد يكون السبب هو عدم تعيين كلمة المرور على الجهاز البعيد.

من المحتمل أن تكون قائمة التحكم في الوصول تقوم بتصفية جلسة Telnet.

كلمة مرور Telnet

لتعيين كلمة مرور وضع المستخدم للوصول إلى Telnet في جهاز التوجيه أو المبدل استخدم الأمر line vty. عادةً ما تحتوي محولات IOS على 15 سطرًا، ولكن أجهزة التوجيه التي تعمل بإصدار Enterprise تحتوي على عدد أكبر بكثير. أفضل طريقة لمعرفة عدد الأسطر لديك هي استخدام علامة الاستفهام، على النحو التالي:

```
Todd(config)#line vty 0 ?
<1-15> Last Line number
<cr>
Todd(config)#line vty 0 15
Todd(config-line)#password telnet
Todd(config-line)#login
```

ماذا سيحدث إذا حاولت الاتصال عبر Telnet بجهاز ليس لديه كلمة مرور VTY مضبوطة؟

ستتلقى رسالة خطأ تفيد برفض الاتصال لأن كلمة المرور غير مضبوطة.

إذا حاولت الاتصال عبر Telnet بجهاز تبديل واستقبلت رسالة مثل الرسالة

التالية التي تلقيتها من Switch B، فهذا يعني أن جهاز التبديل ليس لديه كلمة مرور VTY مضبوطة:

```
Todd#telnet SwitchB
Trying SwitchB (10.0.0.1)...Open
Password required, but none set
[Connection to SwitchB closed by foreign host]
Todd#
```

بإمكانك التغلب على هذه المشكلة وإخبار المبدل بالسماح باتصالات Telnet دون كلمة مرور باستخدام الأمر no login:

```
SwitchB(config-line)#line vty 0 15
SwitchB(config-line)#no login
```

لا أوصي بالتأكيد باستخدام أمر عدم تسجيل الدخول للسماح باتصالات Telnet بدون كلمة مرور.

بعد تكوين أجهزة IOS باستخدام عنوان IP يمكنك استخدام برنامج Telnet لتكوين أجهزة التوجيه والتحقق منها بدلاً من الاضطرار إلى استخدام كابل وحدة التحكم. يمكنك استخدام برنامج Telnet عن طريق كتابة telnet من أي موجه أوامر (DOS أو Cisco).

إذا كنت تريد عرض الاتصالات من جهاز التوجيه أو التبديل إلى جهاز بعيد، فما عليك سوى استخدام أمر show session. في هذه الحالة، قم بإدخال telnet في كل من مبدلي SW-3 (عنوان IP 10.100.128.8) وSW-2 (عنوان IP 10.100.128.9) من SW1:

```
SW-1#sh sessions
Conn Host Address Byte Idle Conn Name
1 10.100.128.9 10.100.128.9 0 10.100.128.9
* 2 10.100.128.8 10.100.128.8 0 10.100.128.8
SW-1#
```

هل لاحظت وجود علامة النجمة (*) بجوار الاتصال 2؟ هذا يعني أن الجلسة 2 كانت آخر جلسة اتصلت بها.

يمكنك العودة إلى جلستك الأخيرة بالضغط على Enter مرتين. يمكنك أيضًا العودة إلى أي جلسة عن طريق كتابة رقم الاتصال ثم الضغط على Enter.

بروتوكول Secure Shell

يقوم بروتوكول Secure Shell (SSH) بإعداد جلسة آمنة تشبه بروتوكول Telnet عبر اتصال TCP/IP قياسي ويتم استخدامه للقيام بأشياء مثل تسجيل الدخول إلى الأنظمة وتشغيل البرامج على الأنظمة البعيدة ونقل الملفات من نظام إلى آخر. ويقوم بكل هذا مع الحفاظ على اتصال مشفر.

يوضح الشكل (*20) عميل SSH يحاول الاتصال بخادم SSH. يجب على العميل إرسال البيانات مشفرة.

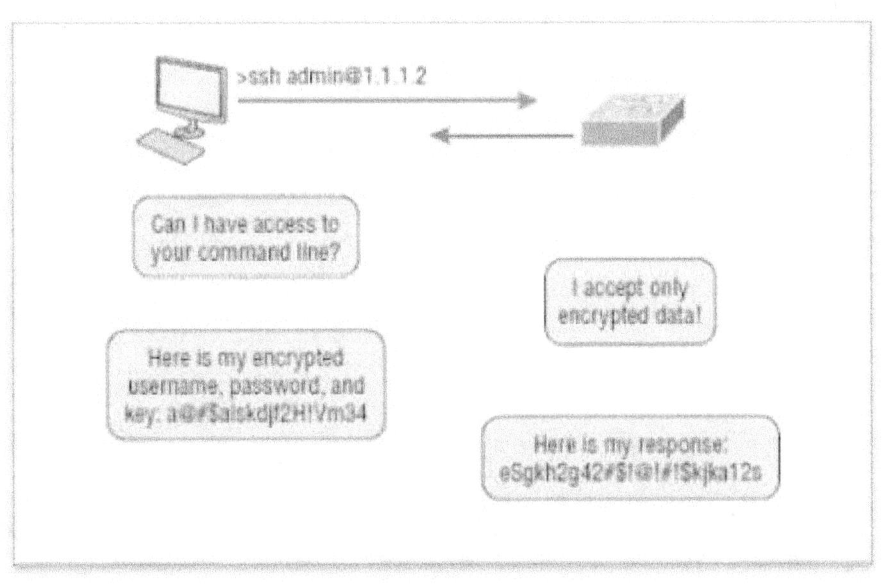

الشكل (20) الاتصال بخادم SSH.
CCST Support Technician, Networking Exam, Todd Lammle.2024.

يمكنك التفكير في SSH باعتباره بروتوكول الجيل الجديد الذي يُستخدم الآن بدلاً من بروتوكولي rsh وrlogin القديمين وغير المستخدمين على الإطلاق حتى Telnet.

أوصي بشدة باستخدام (SSH) Secure Shell بدلاً من Telnet لأنه ينشئ جلسة أكثر أمانًا.

يستخدم تطبيق Telnet دفق بيانات غير مشفر لكن SSH يستخدم مبدلات تشفير لإرسال البيانات حتى لا يتم إرسال اسم المستخدم وكلمة المرور

الخاصين بك بشكل واضح ومعرضين للخطر من قبل أي شخص مخترق!
الشبكات الخاصة الافتراضية

تسمح الشبكة الخاصة الافتراضية (VPN) بإنشاء شبكات خاصة مما يوفر الخصوصية ونفق البروتوكولات non-TCP/IP protocols.

تُستخدم شبكات VPN يوميًا لمنح المستخدمين البعيدين والشبكات المختلفة إمكانية الاتصال عبر وسيط عام مثل الإنترنت بدلاً من استخدام وسائل أكثر تكلفة ودائمة.

إن شبكات VPN سهلة الفهم بالفعل لأنها تقع بين شبكة LAN وشبكة WAN في الأساس، يتصل جهاز الكمبيوتر الخاص بك على إحدى شبكات LAN بشبكة LAN بعيدة مختلفة ويستخدم مواردها عن بُعد.

التحدي عند استخدام شبكات VPN هو الأمان!

قد يبدو هذا كثيرًا مثل توصيل شبكة LAN (أو شبكة LAN افتراضية [VLAN]) بشبكة WAN ولكن VPN أكثر من ذلك بكثير.

إليك الفرق الرئيسي:

تربط شبكة WAN النموذجية شبكتين LAN بعيدتين أو أكثر معًا باستخدام جهاز توجيه وشبكة شخص آخر مثل مزود خدمة الإنترنت الخاص بك.

يرى المضيف المحلي وجهاز التوجيه هذه الشبكات كشبكات بعيدة وليس شبكات محلية أو موارد محلية.

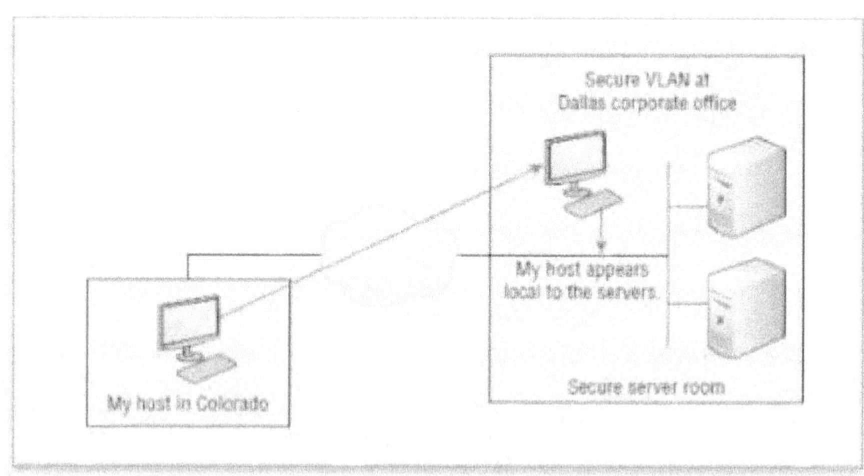

الشكل (21) استخدام اتصال VPN من كولورادو إلى تكساس.
CCST Support Technician, Networking Exam, Todd Lammle.2024.

في الواقع شبكة VPN المضيف المحلي جزءًا من الشبكة البعيدة باستخدام رابط WAN الذي يربطك بشبكة LAN البعيدة.

ستجعل شبكة VPN المضيف الخاص بك يبدو وكأنه محلي بالفعل على الشبكة البعيدة.

هذا يعني أنك تحصل على حق الوصول إلى موارد شبكة LAN البعيدة كما أن هذا الوصول آمن للغاية.

يوضح الشكل (21) استخدام اتصال VPN من كولورادو إلى تكساس.

هذا يسمح لي بالوصول إلى خدمات الشبكة البعيدة والخوادم كما لو كان مضيفي موجودًا هناك على نفس شبكة VLAN.

لماذا يعتبر ذلك مهما جدًا؟ لأن خوادمي في تكساس آمنة ولا يُسمح إلا للمضيفين على نفس شبكة VLAN بالاتصال بها واستخدام موارد هذه الخوادم".

تسمح لي شبكة VPN بالاتصال بهذه الموارد بالاتصال محليًا بشبكة VLAN من خلال شبكة VPN عبر شبكة WAN.

أنظمة إدارة الشبكة

على الرغم من أن بروتوكول إدارة الشبكة البسيط (SNMP) ليس بالتأكيد أقدم بروتوكول إلا أنه لا يزال قديمًا جدًا نظرًا لأنه تم إنشاؤه في عام 1988 (RFC 1065).

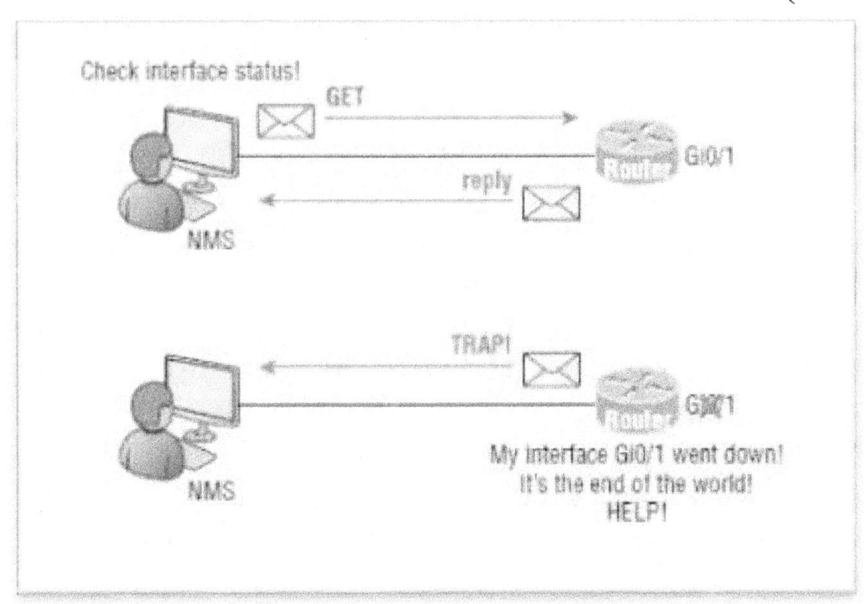

الشكل (22) رسالة SNMP TRAP
CCST Support Technician, Networking Exam, Todd Lammle.2024

SNMP هو بروتوكول طبقة تطبيق يوفر تنسيق رسالة للوكلاء على مجموعة متنوعة من الأجهزة للتواصل مع محطات إدارة الشبكة (NMSs).

تشمل الأمثلة Cisco Prime و HP OpenView.

يرسل الوكلاء رسائل إلى محطة NMS التي تقرأ بعد ذلك المعلومات من قاعدة بيانات مخزنة على NMS تسمى قاعدة معلومات الإدارة (MIB).

يقوم NMS بشكل دوري باستعلام أو استطلاع وكيل SNMP على جهاز لجمع وتحليل الإحصائيات عبر رسائل GET.

سترسل الأجهزة الطرفية التي تعمل بوكلاء SNMP رسالة SNMP TRAP إلى NMS إذا حدثت مشكلة (انظر الشكل22).

يمكنك أيضًا استخدام SNMP لتزويد الوكلاء برسائل SET.

بالإضافة إلى استطلاع الإحصائيات يمكن لـ SNMP تحليل المعلومات وتجميعها في تقرير أو حتى رسم بياني.

عند تجاوز الحدود يتم تشغيل عملية تنبهك بالحدث.

تُستخدم أدوات الرسم البياني لمراقبة إحصائيات وحدة المعالجة المركزية لأجهزة Cisco مثل أجهزة التوجيه الأساسية.

يجب مراقبة وحدة المعالجة المركزية باستمرار ويمكن لـ NMS رسم الإحصائيات بيانيًا.

يتم إرسال الإشعارات عند تجاوز أي حد قمت بتعيينه.

الشبكة المُدارة عبر السحابة (Meraki)

الجديد في المدينة هو القدرة على إدارة أجهزة الشبكة من السحابة.

تتمثل فائدة طريقة الإدارة هذه في أنه بدلاً من استخدام واجهة سطر الأوامر لتكوين الجهاز يقوم الجهاز بتسجيل نفسه في بوابة السحابة.

بمجرد تسجيل الجهاز يمكنك إجراء جميع عمليات التكوين من بوابة السحابة باستخدام متصفح ويب أو باستخدام البرامج النصية ولكن سأتحدث عن ذلك لاحقًا.

في الواقع لا تحتوي الحلول المُدارة عبر السحابة مثل Cisco Meraki على واجهة سطر أوامر على الإطلاق!

يوضح الشكل (23) تكوين منفذ التبديل في Meraki.

يمكنك أن ترى أن العديد من المفاهيم التي تمت مناقشتها في هذا الكتاب، مثل شبكات VLAN أو الجذع، لا تزال موجودة، ولكن يمكنك تكوينها عن طريق ملء مربعات النص أو تحديد الزر المناسب.

لا يزال يتعين عليك فهم ما تفعله ما عليك سوى تكوينها بشكل مختلف عما فعلته حتى الآن.

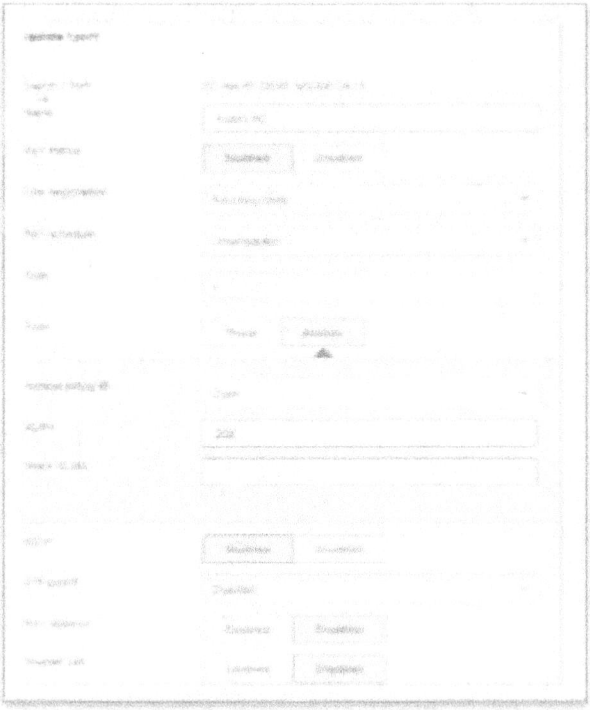

الشكل (23) تكوين منفذ التبديل في Meraki
CCST Support Technician, Networking Exam, Todd Lammle.2024.

تقدم مجموعة منتجات Meraki من شركة Cisco مجموعة واسعة من الحلول بما في ذلك المبدلات وجدران الحماية وحتى كاميرات الأمان.
يعد تكوين Meraki أكثر انسيابية بكثير من تكوين أخيه الأكبر، Cisco.

البرامج النصية

تعتبر الأتمتة موضوعًا ساخنًا الآن لأن تكوين أجهزة الشبكة يدويًا يصبح في النهاية أمرًا مملًا بعد تكوين واجهة افتراضية للمحول (SVI) على المبدل بضعة آلاف من المرات على مدار حياتك المهنية.

والأمر الأكثر أهمية هو أن التكوين اليدوي قد يكون محفوفًا بالمخاطر لأن كل سطر تكتبه في جهاز التوجيه له إمكانية أن تفسد عن طريق الخطأ شيئًا ما ينتهي به الأمر إلى خلق مشاكل.

ربما تفسد قائمة التحكم في الوصول التي تقوم بإنشائها وتمنع الوصول إلى كل شيء أو ربما تقوم بإغلاق الواجهة الخاطئة أو ربما تقوم بتسجيل الدخول إلى الجهاز الخطأ ولصق التكوين لجهاز آخر بالكامل.

يمكن أن تساعدك البرامج النصية في التغلب على الملل والأخطاء من خلال

307

السماح لك بدفع التكوين إلى العديد من الأجهزة في وقت واحد؛ ومع ذلك، إذا أفسدت البرنامج النصي الخاص بك، فسوف ينتهي بك الأمر إلى إتلاف جميع الأجهزة بدلاً من الجهاز الذي كنت تقوم بتكوينه يدويًا! تعد البرمجة النصية في حد ذاتها موضوعًا ضخمًا مع خيارات لا حصر لها.

هناك لغات برمجة نصية/برمجية مثل Python، ووحدات تحكم الشبكة مثل Cisco's DNA Center، وحلول إدارة التكوين مثل Ansible كلها مغطاة بمزيد من التفاصيل في دليل دراسة CCNA.

الكود الأطول القادم هو مثال على نص برمجي Python يتصل بثلاثة أجهزة توجيه ويُظهر الناتج من الأمر التالي والذي يُظهر جميع الواجهات مع عناوين IP المعينة:

show ip interface brief | exclude unass

من المهم ملاحظة أن اختبار CCST يتطلب منك فقط معرفة أن البرمجة النصية موجودة لن ترغب Cisco في معرفة ما إذا كان بإمكانك كتابة نص برمجي أو أي شيء من هذا القبيل.

أوامر العرض في جهاز Cisco

في هذا القسم سأستعرض أوامر Cisco router و switch الأساسية الشائعة

show running-config

فلنبدأ بأمر Cisco CLI الشائع show running-config.
للتحقق من التكوين في ذاكرة الوصول العشوائي الديناميكية (DRAM) استخدم الأمر show running-config
(sh run للاختصار) والذي يوفر التكوين الحالي الذي يستخدمه الجهاز:

```
Router#show running-config
Building configuration...
Current configuration : 877 bytes
!
version 15.0
```

بعد ذلك يجب عليك التحقق من التكوين المخزن في ذاكرة الوصول العشوائي غير المتطايرة (NVRAM) والتي هي في الأساس ذاكرة وصول عشوائي لا يتم حذفها عند إيقاف تشغيل الجهاز أو إعادة تشغيله.
لمعرفة ذلك استخدم الأمر show startup-config (sh start للاختصار):

```
Router#sh start
Using 877 out of 724288 bytes
!
! Last configuration change at 04:49:14 UTC Fri Mar 7 2019
!
version 15.0
```

كما هو موضح في الناتج التالي، من خلال نسخ ملف running-config إلى NVRAM كنسخة احتياطية، فإنك تضمن إعادة تحميل ملف -running config دائمًا في حالة إعادة تشغيل جهاز التوجيه.
بدءًا من نظام التشغيل IOS 12.0، سيُطلب منك اسم الملف الذي تريد استخدامه.

```
Router#copy running-config startup-config
Destination filename [startup-config]?[enter]
Building configuration...
[OK]
```

لحذف ملف startup-config على جهاز التوجيه أو المبدل Cisco، استخدم الأمر era startup-config:

```
Todd#erase startup-config
Erasing the nvram filesystem will remove all configuration files!
Continue? [confirm][enter]
[OK]
Erase of nvram: complete
*Mar 7 17:55:20.485: %SYS-7-NV_BLOCK_INIT: Initialized the geometry of nvram
Todd#reload
System configuration has been modified. Save? [yes/no]:n
Proceed with reload? [confirm][enter]
*Mar 7 17:55:31.079: %SYS-5-RELOAD: Reload requested by console.
Reload Reason: Reload Command.
```

يقوم هذا الأمر بحذف محتويات NVRAM على المبدل والموجه.
إذا كتبت reload أثناء وجودك في وضع الامتياز ورفضت حفظ التغييرات فسيتم إعادة تحميل المبدل أو الموجه وسينتقل إلى وضع الإعداد نظرًا لعدم وجود تكوين على الجهاز.

show cdp neighbors

يوفر أمر إظهار الجوار من نوع cdp (sh cdp nei للاختصار) معلومات حول الأجهزة المتصلة بشكل مباشر.

من المهم أن تتذكر أن رزم CDP لا تمر عبر مبدل Cisco وأنك ترى فقط ما هو متصل بشكل مباشر.

وهذا يعني أنه إذا كان جهاز التوجيه الخاص بك متصلاً بمبدل، فلن ترى أيًا من أجهزة Cisco المتصلة بهذا المبدل!

يُظهر الإخراج التالي أمر إظهار الجوار من نوع cdp:

```
SW-3#sh cdp neighbors
Capability Codes: R - Router, T - Trans Bridge, B - Source Route Bridge
S - Switch, H - Host, I - IGMP, r - Repeater, P - Phone,
D - Remote, C - CVTA, M - Two-port Mac Relay Device ID Local Intrfce Holdtme
Capability Platform Port ID
SW-1 Fas 0/1 150 S I WS-C3560- Fas 0/15
SW-1 Fas 0/2 150 S I WS-C3560- Fas 0/16
SW-2 Fas 0/5 162 S I WS-C3560- Fas 0/5
SW-2 Fas 0/6 162 S I WS-C3560- Fas 0/6
```

يمكنك أن ترى أن SW-3 متصل مباشرة بكابل وحدة تحكم بمبدل SW-3 وأن SW-3 متصل مباشرة بمبدلين آخرين. يتيح لي CDP معرفة من هم جيراني المتصلون مباشرة وجمع معلومات عنهم.

من مبدل SW-3 يمكنك أن ترى أن هناك اتصالين بـ SW-1 واتصالين بـ SW-2.

يتصل SW-3 بـ SW-1 بالمنفذين Fas 0/1 وFas 0/2 وهناك اتصالات بـ SW-2 بالواجهات المحلية Fas 0/5 وFas 0/6.

كل من مبدلي SW-1 وSW-2 عبارة عن مبدلات 3650.

يستخدم SW-1 المنفذين Fas 0/15 وFas 0/16 للاتصال بـ SW-3.

يستخدم SW-2 المنفذين Fas 0/5 وFas 0/6.

باختصار يُظهِر معرف الجهاز اسم المضيف المُكوَّن للجهاز المتصل وأن الواجهة المحلية هي واجهتنا وأن معرف المنفذ هو واجهة الجهاز البعيد المتصلة مباشرةً.

تذكر أن كل ما يمكنك عرضه هو الأجهزة المتصلة مباشرةً!

يلخص الجدول (1) المعلومات التي يعرضها الأمر show cdp neighbours لكل جهاز.

Field	Description
Device ID	The hostname of the device directly connected.
Local Interface	The port or interface that CDP packets are received on.
Holdtime	The amount of time the router will hold the information before discarding it if no more CDP packets are received.
Capability	The capability of the neighbor—the router, switch, or repeater. The capability codes are listed at the top of the command output.
Platform	The type of Cisco device directly connected. In the previous output, the SW-3 shows that it's directly connected to two 3560 switches.
Port ID	The neighbor device's port or interface that CDP packets are multicast from.

الجدول (1)
CCST Support Technician, Networking Exam, Todd Lammle.2024.

هناك أمر آخر من شأنه أن يوفر لك معلومات عن الجوار وهو الأمر show cdp neighbours detail (أو show cdp nci dc باختصار).

يمكن تشغيل الأمر show cdp neighbours detail على كل من أجهزة التوجيه والمبدلات.

ويعرض معلومات تفصيلية عن كل جهاز متصل بالجهاز الذي تقوم بتشغيل الأمر عليه.

أمر توثيق طوبولوجيا الشبكة باستخدام CDP

كما يشير عنوان هذا القسم، سأوضح لك الآن كيفية توثيق شبكة مثالية باستخدام CDP. ستتعلم تحديد أنواع أجهزة التوجيه المناسبة وأنواع الواجهات وعناوين IP للواجهات المختلفة باستخدام أوامر CDP فقط والأمر show running-config

ويمكنك فقط الدخول إلى وحدة التحكم في جهاز التوجيه Lab_A لتوثيق الشبكة.

سيتعين عليك تعيين عنوان IP التالي في كل نطاق لأي أجهزة توجيه بعيدة ستستخدم الشكل (24) لاستكمال التوثيق.

يمكنك أن ترى أن لديك جهاز توجيه بأربع واجهات: واجهتا Fast Ethernet وواجهتان تسلسليتان. أولاً، حدد عناوين IP لكل واجهة باستخدام الأمر show running-config:

Lab_A#sh running-config

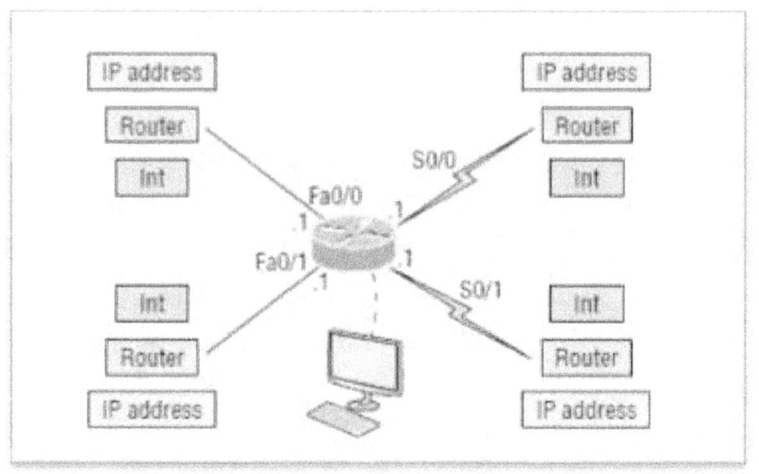

الشكل (24) توثيق طوبولوجيا الشبكة باستخدام CDP
CCST Support Technician, Networking Exam, Todd Lammle.2024.

لديك الآن قدر كبير من المعلومات! باستخدام كل من الأمرين

show running-config

وshow cdp neighbours

يمكنك معرفة كافة عناوين IP لجهاز التوجيه Lab_A بالإضافة إلى أنواع أجهزة التوجيه المتصلة بكل من روابط جهاز التوجيه Lab_A وجميع واجهات أجهزة التوجيه البعيدة.

وباستخدام كافة المعلومات التي تم جمعها من الأمرين

show running-config

وshow cdp neighbours

يمكنك الآن إنشاء الطوبولوجيا الموضحة في الشكل (25).

بروتوكول اكتشاف طبقة ربط البيانات

قبل الابتعاد عن CDP أحتاج إلى مناقشة بروتوكول اكتشاف يوفر الكثير من نفس المعلومات التي يوفرها CDP ولكنه يعمل في شبكات متعددة الموردين. لقد أنشأ معهد مهندسي الكهرباء والإلكترونيات بروتوكول اكتشاف موحد جديد يسمى AB802.1 لاكتشاف اتصال التحكم في الوصول إلى المحطات والوسائط.

يسمى بروتوكول اكتشاف طبقة الربط (LLDP).

يحدد LLDP قدرات اكتشاف أساسية ولكن تم تحسينه أيضًا لمعالجة تطبيق الصوت على وجه التحديد ويسمى هذا الإصدار LLDP-MED (اكتشاف نقطة نهاية الوسائط).

312

LLDP وLLDP-MED غير متوافقين.

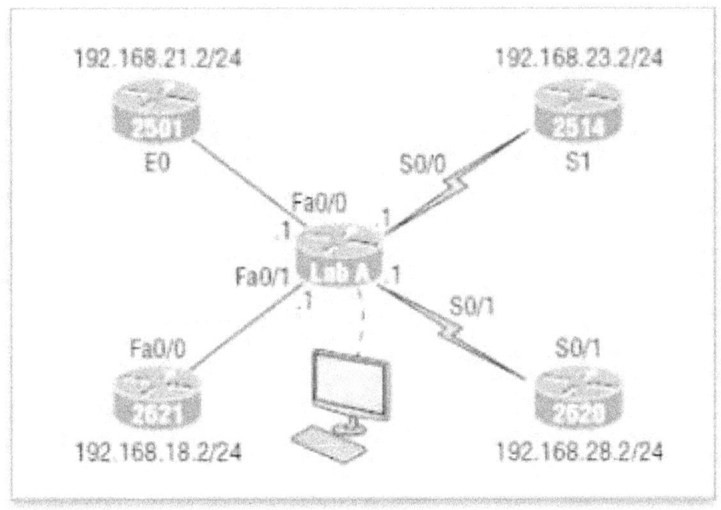

الشكل (25)

.CCST Support Technician, Networking Exam, Todd Lammle.2024

show ip route

من خلال استخدام الأمر show ip route على جهاز التوجيه.
يمكنك رؤية جدول التوجيه (خريطة الشبكة) الذي استخدمه مخرج جهاز
التوجيه الاتخاذ قرارات إعادة التوجيه.

show version

يمكنك رؤية القيمة الحالية لسجل التكوين باستخدام الأمر show version
(sh version أو show ver) للاختصار.

show inventory

يعرض أمر عرض المخزون قائمة بالمكونات المحددة في الهيكل.
إذا لم يتم تحديد أي مكونات عند تشغيل الأمر فسيتم سرد جميع المكونات.
يقوم هذا الأمر أيضًا باسترداد وعرض معلومات المخزون الخاصة بكل منتج
من منتجات Cisco في شكل معرف جهاز عالمي (UDI).
معرف الجهاز العالمي هو مزيج من ثلاثة عناصر بيانات منفصلة:
معرف المنتج (PID) ومعرف الإصدار (VID) والرقم التسلسلي (SN).
معرف المنتج هو الاسم الذي يمكن طلب المنتج به وقد تم تسميته تاريخيًا باسم
المنتج أو رقم القطعة.
هذا هو الرقم الذي ستستخدمه لطلب قطعة غيار.

313

show switch

يوفر أمر show switch معلومات حول switch stacks رصات مجموعات أجهزة التبديل.

show mac-address-table

عندما يصل إطار إلى واجهة تبديل تتم مقارنة عنوان الجهاز الوجهة بقاعدة بيانات MAC لإعادة التوجيه/التصفية.

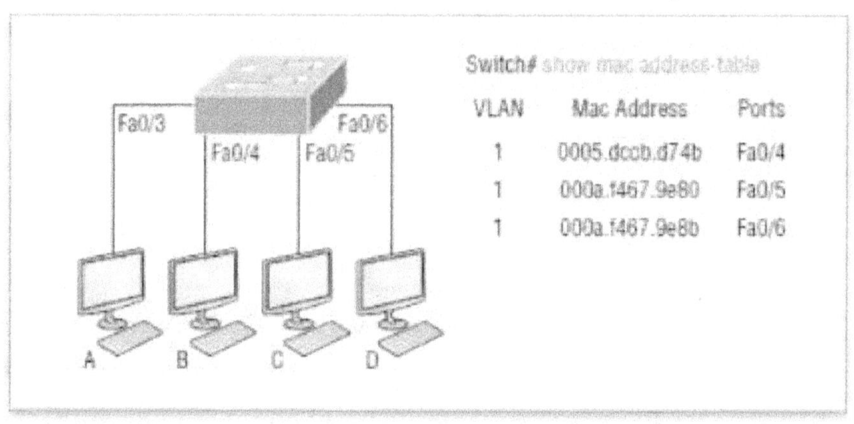

الشكل (26)
CCST Support Technician, Networking Exam, Todd Lammle.2024.

إذا كان عنوان الجهاز الوجهة معروفًا ومدرجًا في قاعدة البيانات، يتم إرسال الإطار فقط من واجهة الخروج المناسبة.

لن يقوم المبدل بإرسال الإطار إلى أي واجهة باستثناء واجهة الوجهة مما يحافظ على النطاق الترددي على أجزاء الشبكة الأخرى.

تسمى هذه العملية تصفية الإطار.

و إذا لم يتم إدراج عنوان الجهاز الوجهة في قاعدة بيانات MAC والمعروفة أيضًا باسم جدول ذاكرة المحتوى القابلة للعنونة (CAM) فسيتم غمر الإطار من جميع الواجهات النشطة باستثناء الواجهة التي تم استقباله عليها.

إذا أجاب الجهاز على الإطار المغمور يتم تحديث قاعدة بيانات MAC بعد ذلك بموقع الجهاز واجهته الصحيحة.

إذا أرسل مضيف أو خادم بثًا على شبكة LAN فسيقوم المبدل افتراضيًا بغمر الإطار من جميع المنافذ النشطة باستثناء منفذ المصدر.

تذكر أن المبدل ينشئ مجالات تصادم أصغر لكنه يظل دائمًا مجال بث كبير بشكل افتراضي.

يوضح الشكل (26) المضيف A يرسل إطار بيانات إلى المضيف D ما الذي

تعتقد أن المبدل سيفعله عندما يستقبل الإطار من المضيف A؟
دعنا نفحص الشكل (27) للعثور على الإجابة.
نظرًا لأن عنوان MAC الخاص بالمضيف A ليس موجودًا في جدول التوجيه/التصفية فسوف يضيف المبدل عنوان المصدر والمنفذ إلى جدول عناوين MAC، ثم يقوم بإعادة توجيه الإطار إلى المضيف D.

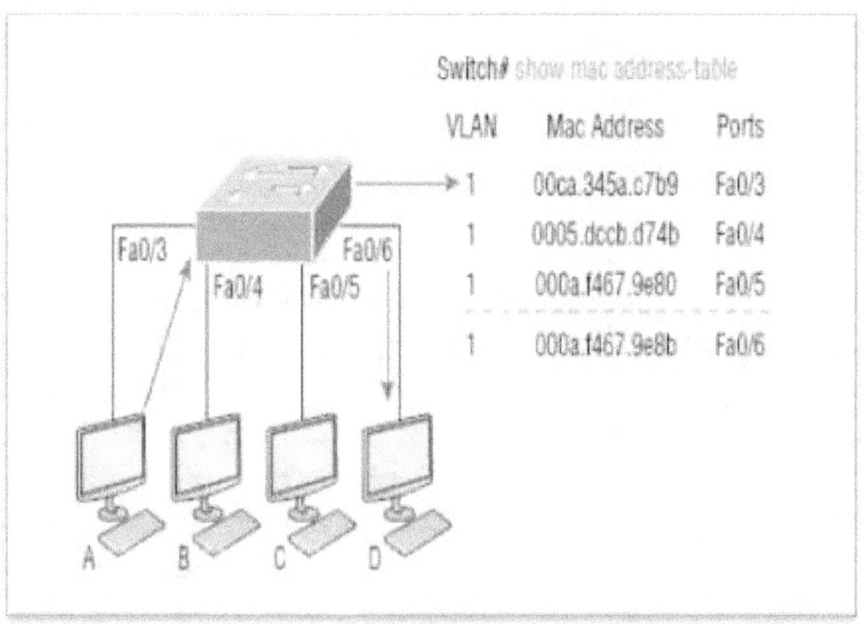

الشكل (27)
CCST Support Technician, Networking Exam, Todd Lammle.2024.
من المهم أن تتذكر أن عنوان MAC المصدر يتم فحصه دائمًا أولاً للتأكد من وجوده في جدول CAM.
بعد ذلك إذا لم يتم العثور على عنوان MAC الخاص بالمضيف D في جدول التوجيه/التصفية فإن المبدل كان سيغمر الإطار بجميع المنافذ باستثناء المنفذ Fa0/3 لأن هذا هو المنفذ المحدد الذي تم استقبال الإطار عليه.
الآن دعنا نلقي نظرة على الناتج الناتج عن استخدام أمر show mac address-table:
Switch#sh mac address-table
لنفترض أن المبدل السابق استقبل إطارًا بعناوين MAC التالية:
عنوان MAC المصدر: 0005.dccb.d74b
عنوان MAC الوجهة: 000a.f467.9e8c
الجدول التالى يبين جدول عناوين MAC كما يراها المبدل.

315

```
Switch#sh mac address-table
Vlan Mac Address Type Ports]]>
____ ______________ _______ _____
   1 0005.dccb.d74b DYNAMIC Fa0/1
   1 000a.f467.9e80 DYNAMIC Fa0/3
   1 000a.f467.9e8b DYNAMIC Fa0/4
   1 000a.f467.9e8c DYNAMIC Fa0/3
   1 0010.7b7f.c2b0 DYNAMIC Fa0/3
   1 0030.80dc.460b DYNAMIC Fa0/3
   1 0030.9492.a5dd DYNAMIC Fa0/1
   1 00d0.58ad.05f4 DYNAMIC Fa0/1
```

كيف سيتعامل المبدل مع هذا الإطار؟ الإجابة الصحيحة هي أن عنوان MAC الوجهة سيتم العثور عليه في جدول عناوين MAC وسيتم إعادة توجيه الإطار فقط من المنفذ Fa0/3.

لا تنس أبدًا أنه إذا لم يتم العثور على عنوان MAC الوجهة في جدول إعادة التوجيه/التصفية، فسيتم إعادة توجيه الإطار خارج جميع منافذ المبدل باستثناء المنفذ الذي تم استلامه عليه في الأصل في محاولة لتحديد موقع جهاز الوجهة.

show interface

يكشف الأمر x show interface عن عنوان الأجهزة والعنوان المنطقي وطريقة التغليف بالإضافة إلى الإحصائيات المتعلقة بالتصادمات كما هو موضح فى لقطة الإخراج التالية :

```
Router#sh int f0/0
FastEthernet0/0 is up, line protocol is up
  Hardware is MV96340 Ethernet, address is 001a.2f55.c9a8 (bia 001a.2f55.c9a8)
  Internet address is 192.168.1.33/27
  MTU 1500 bytes, BW 100000 Kbit, DLY 100 usec,
     reliability 255/255, txload 1/255, rxload 1/255
  Encapsulation ARPA, loopback not set
  Keepalive set (10 sec)
  Auto-duplex, Auto Speed, 100BaseTX/FX
  ARP type: ARPA, ARP Timeout 04:00:00
  Last input never, output 00:02:07, output hang never
  Last clearing of "show interface" counters never
  Input queue: 0/75/0/0 (size/max/drops/flushes); Total output drops: 0
  Queueing strategy: fifo
  Output queue: 0/40 (size/max)
  5 minute input rate 0 bits/sec, 0 packets/sec
  5 minute output rate 0 bits/sec, 0 packets/sec
```

ملحوظة

يعرض أمر show interface الواجهات interfaces بصيغة الجمع و يبين المعاملات والإحصائيات القابلة للتكوين لجميع الواجهات على جهاز التوجيه.

فحص لقطة الإخراج من محلل الشبكة

سيُظهر لك أمر show interfaces
ما إذا كنت تتلقى أخطاءً على الواجهة وسيُظهر لك أيضًا وحدة الإرسال القصوى (MTU).

وحدة MTU هي الحد الأقصى لحجم الرزمة المسموح بنقلها على هذه الواجهة وعرض النطاق الترددي (BW) مخصص للاستخدام مع بروتوكولات التوجيه و 255/255 يعني أن الموثوقية مثالية! الحمل هو 255/1 مما يعني عدم وجود حمل.

بالاستمرار في فحص لقطة الإخراج هل يمكنك معرفة عرض النطاق الترددي للواجهة؟

حسنًا بخلاف الإشارة السهلة إلى أن الواجهة تسمى واجهة "FastEthernet"، يمكنك أن ترى أن عرض النطاق الترددي هو 100000 كيلوبت أي 100000000. تعني وحدة Kbit إضافة ثلاثة أصفار أي 100 ميجابت في الثانية أو Fast Ethernet. سيكون الجيجابت 1,000,000 كيلوبت في الثانية. تأكد من عدم تفويتك لأخطاء الإخراج والتصادمات، والتي تظهر 0 في لقطة الإخراج.

إذا كانت هذه الأرقام تتزايد فهذا يعني أن لديك نوعًا من مشكلة في طبقة الربط الفيزيائي أو طبقة ربط البيانات.

تحقق من الاتصال الثنائي! إذا كان لديك جانب واحد بنصف اتصال ثنائي وجانب آخر بكامل الاتصال الثنائي، فستعمل واجهتك، وإن كان ذلك بطيئًا حقًا وستزداد هذه الأرقام بسرعة!

إن الإحصائية الأكثر أهمية لأمر show interface هي إخراج الخط وحالة بروتوكول ربط البيانات.

أظهر الإخراج أن FastEthernet 0/0 قيد التشغيل
وأن بروتوكول الخط قيد التشغيل
و الواجهة قيد التشغيل في الطبقتين 1 و2
Router#sh int fa0/0
FastEthernet0/0 قيد التشغيل وبروتوكول الخط قيد التشغيل.

Troubleshooting with the show interfaces Command

استكشاف الأخطاء وإصلاحها باستخدام أمر show interfaces
دعونا نلقي نظرة على مخرجات أمر show interfaces مرة أخرى حيث
توجد بعض الإحصائيات المهمة في لقطة الإخراج التالية:

```
275496 packets input, 35226811 bytes, 0 no buffer
    Received 69748 broadcasts (58822 multicasts)
    0 runts, 0 giants, 0 throttles
    0 input errors, 0 CRC, 0 frame, 0 overrun, 0 ignored
    0 watchdog, 58822 multicast, 0 pause input
    0 input packets with dribble condition detected
2392529 packets output, 337933522 bytes, 0 underruns
    0 output errors, 0 collisions, 1 interface resets
    0 babbles, 0 late collision, 0 deferred
    0 lost carrier, 0 no carrier, 0 PAUSE output
    0 output buffer failures, 0 output buffers swapped out
```

قد يكون من الصعب معرفة من أين تبدأ عند استكشاف أخطاء واجهة ما
وإصلاحها، ولكن يجب أن تبحث فورًا عن عدد أخطاء الإدخال وCRCs.
عادةً، سترى أن هذه الإحصائيات تزداد مع وجود خطأ مزدوج، ولكن قد
يكون ذلك مشكلة أخرى في الطبقة المادية مثل أن الكابل قد يتلقى تداخلاً
مفرطًا أو قد تكون بطاقات واجهة الشبكة معطلة. عادةً، يمكنك معرفة ما إذا
كان الأمر تداخلاً عندما ينمو CRC وأخطاء الإدخال ولكن عدادات التصادم
لا تنمو.

قائمة إشارات الأخطاء

لا يوجد مخزن مؤقت No Buffer

هذا ليس رقمًا ترغب في رؤيته يتزايد. هذا يعني أنه ليس لديك أي مساحة
مخزن مؤقت متبقية للرزم الواردة. يتم تجاهل أي رزم يتم استلامها بمجرد
امتلاء المخازن المؤقتة. يمكنك معرفة عدد الرزم التي تم إسقاطها باستخدام
النتيجة المتجاهلة.

متجاهل Ignored

إذا كانت مخازن الرزم ممتلئة، فسيتم إسقاط الرزم.

سترى هذه الزيادة مع نتيجة عدم وجود مخزن مؤقت. عادةً، إذا كانت نتيجة عدم وجود مخزن مؤقت وتجاهل تتزايد، فهذا يعني أن لديك نوعًا من عاصفة البث على شبكة LAN الخاصة بك. يمكن أن يكون هذا ناتجًا عن بطاقة واجهة شبكة سيئة أو حتى تصميم شبكة سيىء.

الإطارات الصغيرة Runs

الإطارات الصغيرة هي الإطارات التي لم تفي بمتطلبات حجم الإطار الأدنى البالغ 64 بايت. عادةً ما يكون سببها التصادمات.

الإطارات العملاقة Giants

الإطارات العملاقة هي الإطارات المستلمة التي يزيد حجمها عن 1518 بايت.

أخطاء الإدخال Input Errors

هذا هو إجمالي العديد من العدادات: الأقزام، العمالقة، عدم وجود مخزن مؤقت، CRC، الإطار، التجاوز، والعدادات المتجاهلة.

CRC

في نهاية كل إطار يوجد حقل تسلسل فحص الإطارات frame check sequence (FCS) الذي يحمل الإجابة على فحص التكرار الدوري cyclic redundancy check (CRC). إذا كانت إجابة المضيف المستقبل على CRC لا تتطابق مع إجابة المضيف المرسل، فسيحدث خطأ CRC.

الإطار Frame

يزداد هذا الناتج عندما تكون الإطارات المستقبلة بتنسيق غير قانوني أو غير مكتملة.

عادةً يتزايد الناتج عند حدوث تصادم.

إخراج الرزم Packets Output

هو العدد الإجمالي للرزم (الإطارات) التي تم إعادة توجيهها من الواجهة.

أخطاء الإخراج Output Errors

هو العدد الإجمالي للرزم (الإطارات) التي حاول منفذ التبديل إرسالها ولكن حدثت بعض المشكلات بسببها.

التصادمات Collisions

عند إرسال إطار في وضع نصف مزدوج، تستمع بطاقة NIC على زوج الاستقبال للكابل بحثًا عن إشارة أخرى. إذا تم إرسال إشارة من مضيف آخر، فقد حدث تصادم.

لا ينبغي أن يتزايد هذا الناتج إذا كنت تقوم بتشغيل وضع مزدوج كامل.

إذا تم اتباع جميع مواصفات Ethernet أثناء تركيب الكابل، فيجب أن تحدث جميع الاصطدامات بحلول البايت 64 من الإطار. إذا حدث تصادم بعد 64 بايت، فإن عداد الاصطدامات المتأخرة يتزايد. سيتزايد هذا العداد في حالة عدم تطابق الواجهة المزدوجة.

show ip interface brief

إظهار واجهة IP باختصار

ربما يكون الأمر show ip interface Brief واحدًا من أفضل الأوامر التي يمكنك استخدامها على جهاز توجيه أو محول Cisco.

يوفر هذا الأمر نظرة عامة سريعة على واجهات الأجهزة، بما في ذلك العنوان المنطقي وحالة الواجهة في الطبقتين 1 و2:

```
Router#sh ip int brief
Interface           IP-Address      OK? Method Status                Protocol
FastEthernet0/0     unassigned      YES unset  up                    up
FastEthernet0/1     unassigned      YES unset  up                    up
Serial0/0/0         unassigned      YES unset  up                    down
Serial0/0/1         unassigned      YES unset  administratively down down
Serial0/1/0         unassigned      YES unset  administratively down down
Serial0/2/0         unassigned      YES unset  administratively down down
```

تذكر أن الإغلاق الإداري administratively down يعني أنك بحاجة إلى كتابة no shutdown لتمكين الواجهة.

لاحظ أن Serial0/0/0 قيد التشغيل/الإيقاف مما يعني أن الطبقة المادية جيدة ويتم استشعار اكتشاف الناقل ولكن لا يتم تلقي أي إشارات تنبيه من الطرف البعيد.

في شبكة غير إنتاجية مثل تلك التي أعمل بها يخبرنا هذا أنه لم يتم ضبط معدل الساعة.

التحقق باستخدام الأمر show ip interface

يوفر لك الأمر show ip interface معلومات حول تكوينات الطبقة 3 لواجهات جهاز التوجيه. Router#sh ip interface.

يتم تضمين حالة الواجهة وعنوان IP والقناع ومعلومات حول ما إذا كانت قائمة الوصول محددة على الواجهة ومعلومات IP الأساسية في هذا الإخراج.

```
FastEthernet0/0 is up, line protocol is up
   Internet address is 1.1.1.1/24
   Broadcast address is 255.255.255.255
   Address determined by setup command
   MTU is 1500 bytes
   Helper address is not set
   Directed broadcast forwarding is disabled
   Outgoing access list is not set
   Inbound  access list is not set
   Proxy ARP is enabled
   Security level is default
   Split horizon is enabled
[output cut]
```

مستوى الامتياز

تُستخدم مستويات الامتياز لمساعدتك في تحديد الأوامر التي يمكن للمستخدمين إصدارها بعد تسجيل الدخول إلى جهاز الشبكة.

هناك ثلاثة مستويات امتياز افتراضية في نظام التشغيل Cisco IOS:

المستوى 0

يسمح لك الوصول على مستوى الصفر بتشغيل خمسة أوامر فقط: تسجيل الخروج، وتمكين، وتعطيل، ومساعدة، وخروج.

المستوى 1

يوفر الوصول على مستوى المستخدم وصولاً محدودًا جدًا للقراءة فقط إلى جهاز التوجيه.

المستوى 15

يوفر الوصول على مستوى الامتياز التحكم الكامل في جهاز التوجيه.

تستخدم أجهزة Cisco IOS مستويات الامتياز لمزيد من الأمان التفصيلي وما يسمى بالتحكم في الوصول القائم على الدور (RBAC) بالإضافة إلى أسماء المستخدمين وكلمات المرور.

يوجد في المجموع 16 مستوى امتياز لوصول المسؤولين (0-15) على جهاز

توجيه أو مبدل Cisco يمكنك تكوينه حيث يكون 0 هو المستوى الأدنى و15 هو المستوى الأعلى.

تكوين مستوى الامتياز في Cisco

لتعيين مستويات الامتياز المحددة استخدم رقمًا عند الإشارة إلى اسم المستخدم وكلمة المرور للمستخدم لتعيين الامتياز كما يلى:

```
Router(config)#username todd privilege 0 secret ccst-network
Router(config)#username don privilege 15 secret ccst-devnet
Router(config)#username lammle secret ccst-video-series
```

أمر المساعدة The Help Command

يمكن أن تساعدك مميزات التحرير المتقدمة من Cisco أيضًا في تكوين جهاز التوجيه الخاص بك. إذا كتبت علامة استفهام (؟) عند أي موجه، فستحصل على قائمة بكل الأوامر المتاحة من هذا الموجه:

```
Switch#?
Exec commands:
access-enable
Create a temporary Access-List
entry
access-template
Create a temporary Access-List
entry
archive manage archive files
cd Change current directory
clear Reset functions
clock Manage the system clock
cns CNS agents
configure Enter configuration mode
connect Open a terminal connection
copy Copy from one file to another
debug Debugging functions (see also 'undebug')
delete Delete a file
diagnostic Diagnostic commands
dir List files on a filesystem
disable Turn off privileged commands
disconnect Disconnect an existing network connection
dot1x IEEE 802.1X Exec Commands
enable Turn on privileged commands
eou EAPoUDP
erase Erase a filesystem
exit Exit from the EXEC
--More-- ?
Press RETURN for another line, SPACE for another page, anything else to quit.
```

إذا لم تكن هذه المعلومات كافية بالنسبة لك، فيمكنك الضغط على مبدل المسافة للحصول على صفحة كاملة أخرى من المعلومات أو يمكنك الضغط على مبدل الإدخال للانتقال إلى أمر واحد في كل مرة.

ويمكنك أيضًا الضغط على مبدل Q أو أي مبدل آخر في هذا الصدد للخروج والعودة إلى موجه الأوامر.

لاحظ أنني كتبت علامة استفهام (؟) عند موجه الأوامر "المزيد"، وقد تلقيت الخيارات المتاحة لي من ذلك الموجه.

إليك اختصار: للعثور على الأوامر التي تبدأ بحرف معين استخدم الحرف وعلامة الاستفهام بدون مسافة بينهما على النحو التالي:

```
Switch#c?
cd clear clock cns configure
connect copy
Switch#c
```

هل لاحظت ذلك؟ بكتابة c؟ حصلت على استجابة تسرد جميع الأوامر التي تبدأ بحرف c.

لاحظ أيضًا أن موجه Switch#c يظهر مرة أخرى بعد عرض قائمة الأوامر.

الإكمال التلقائي

هو ميزة مفيدة يمكنك استخدامها لإنهاء كتابة أمر ما بالنيابة عنك.

الإكمال التلقائي بسيط مثل الضغط على مبدل Tab وسثُملأ خيارات سطر الأوامر تلقائيًا.

إذا كان هناك أكثر من خيار متاح يمكنك الضغط على مبدل Tab مرتين لعرض كل الخيارات الممكنة ويمكنك الاستمرار في الكتابة حتى يتبقى خيار مطابق واحد فقط.

إذا تم تعطيل الإكمال التلقائي بطريقة ما فاضغط على Ctrl+Shift+Space.

<h1 style="text-align:center">ملخص الفصل</h1>

- تناول هذا الفصل البنية الأساسية للشبكة وكيفية تشخيص المشكلات.
- لقد تعلمت كيفية النظر إلى جهاز Cisco أساسي وفهم بعض الإشارات البسيطة ومعناها، وكذلك القدرة على فهم أنواع مختلفة من الكابلات وكيفية استخدامها في التوصيل بالأجهزة باستخدام أنواع مختلفة من المنافذ.
- كما ناقش الفصل أيضًا طرقًا مختلفة لتوصيل أجهزة الشبكة والوصول إليها وتعلمت بعض أوامر Cisco IOS الأساسية التي توفر معلومات مفيدة عند محاولة البحث عن المشكلات وتشخيصها.

<h2 style="text-align:center">أساسيات الإمتحان</h2>

التمييز بين أنواع كابلات Ethernet وتحديد تطبيقها الصحيح.

- هناك ثلاثة أنواع من الكابلات التي يمكن إنشاؤها من كابل Ethernet وهي الكابلات المستقيمة (لتوصيل واجهة Ethernet للكمبيوتر الشخصي أو جهاز التوجيه بموزع أو مبدل).
- الكابلات المتقاطعة (لتوصيل الموزع بالموزع أو الموزع بمبدل، أو المبدل بمبدل أو الكمبيوتر الشخصي بكمبيوتر شخصي).
- الكابلات الملفوفة (لتوصيل وحدة تحكم من الكمبيوتر الشخصي بجهاز توجيه أو مبدل).
- تعرف على كيفية توصيل كابل وحدة تحكم من الكمبيوتر الشخصي إلى جهاز توجيه ومبدل.
- قم بتوصيل كابل ملفوف من منفذ COM الخاص بالمضيف إلى منفذ وحدة التحكم الخاص بجهاز التوجيه.
- ابدأ برنامج المحاكاة الخاص بك مثل PuTTY أو SecureCRT واضبط البتات في الثانية على 9600 وعرض التكافؤ 8 بت والتحكم في التدفق على None.

تعرف على كيفية توثيق طوبولوجيا الشبكة باستخدام CDP.

- باستخدام أوامر show cdp المختلفة ومخرجاتها يمكنك رسم شبكتك والحصول على معلومات حول جميع الأجهزة المتصلة مباشرة بما في ذلك الواجهات المتصلة، وإصدار IOS، وعنوان IP وأمر استكشاف الأخطاء وإصلاحها.
- تعرف على كيفية استخدام الوصول عن بُعد للاتصال بالأجهزة.
- يمكنك الاتصال عن بُعد بأجهزتك باستخدام محاكيات المحطة الطرفية

واتصالات سطح المكتب البعيد، وTelnet، و(SSH) Secure Shell وشبكات VPN، ومحطات NMS، وMeraki، والبرامج النصية.

تعرف على أوامر العرض المختلفة.

يجب أن تكون على دراية بالأوامر التالية:

- show running-config،
- show cdp neighbour،
- show switch،
- show interfaces،
- show ip interface brief،
- show mac address-table،
- show version،
- and show route.

أسئلة المراجعة

تم تصميم الأسئلة التالية لاختبار فهمك لمادة هذا الفصل. لمزيد من المعلومات حول كيفية الحصول على أسئلة إضافية، يرجى زيارة www.lammle.com/ccst.

يمكنك العثور على إجابات هذه الأسئلة في الملحق "إجابات أسئلة المراجعة".

1. أي أمر يمكنك استخدامه لتحديد عنوان IP لجار متصل مباشرة؟

أ. show cdp

ب. show cdp neighbours

ج. show cdp neighbours detail

د. show neighbour details

2. أي مما يلي هو بروتوكول شبكة مصمم كبديل آمن للأدوات المساعدة القائمة على الأوامر مثل Telnet؟

أ. SSL

ب. SSH

ج. STP

د. STFP

3. أي من الأوامر التالية يوفر نظرة عامة سريعة على جميع واجهات الجهاز،

بما في ذلك العنوان المنطقي وحالة الواجهة في الطبقتين 1 و2؟

أ. عرض تكوين التشغيل

ب. عرض العمليات

ج. عرض موجز واجهة IP

د. عرض جدول عناوين MAC

هـ. عرض الواجهات

4. بين أي الأنظمة يمكنك استخدام كبل يستخدم نمط توزيع الدبابيس الموضح هنا؟

أ. باستخدام اتصال من مبدل إلى مبدل

ب. باستخدام اتصال من جهاز توجيه إلى جهاز توجيه

ج. باستخدام اتصال من مضيف إلى مضيف

د. باستخدام اتصال من مضيف إلى مبدل

5. ما نوع الكابل الذي يستخدم مخطط التوصيل الموضح هنا؟

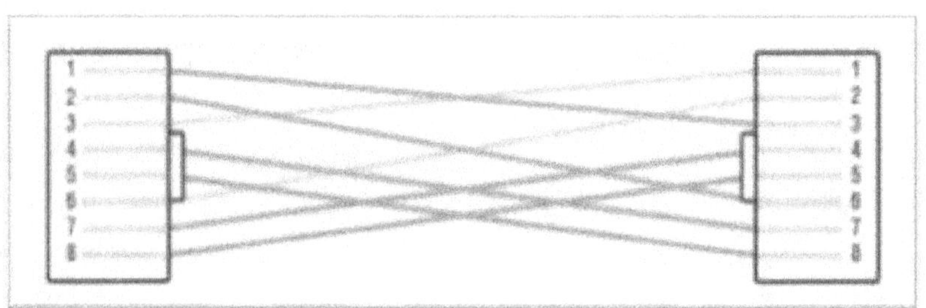

أ. الألياف الضوئية

ب. إيثرنت جيجابت كروس أوفر

ج. إيثرنت مباشر

إيثرنت سريع

د. محوري

6. ما نوع الكابل الذي يستخدم ترتيب الدبابيس الموضح هنا؟

أ. الألياف الضوئية

326

ب. الملفوف
ج. المستقيم
د. المتقاطع

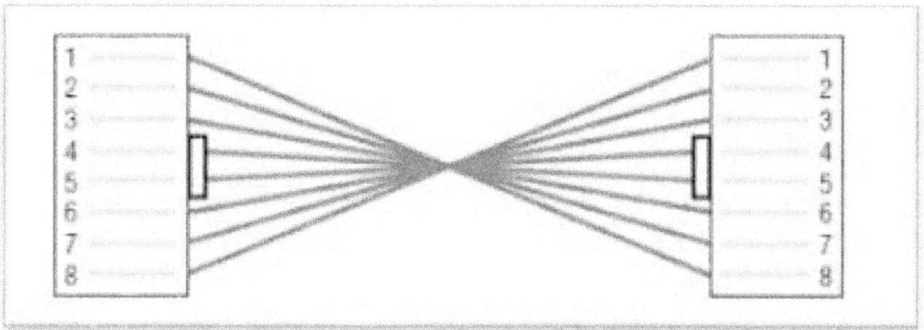

7. أي من الأوامر التالية يوفر هذا الإخراج؟

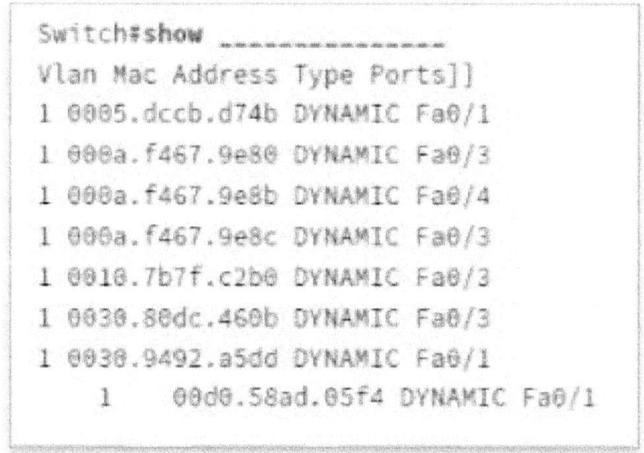

A. show interfaces
B. show mac address-table
C. show ip interface brief
D. show switch

8. أي من الأوامر التالية يوفر هذا الإخراج؟

```
Switch#show __________
Capability Codes: R - Router, T - Trans Bridge, B - Source Route Bridge
S - Switch, H - Host, I - IGMP, r - Repeater, P - Phone,
D - Remote, C - CVTA, M - Two-port Mac Relay Device ID Local Intrfce
Holdtme Capability Platform Port ID
SW-1 Fas 0/1 150 S I WS-C3560- Fas 0/15
SW-1 Fas 0/2 150 S I WS-C3560- Fas 0/16
SW-2 Fas 0/5 162 S I WS-C3560- Fas 0/5
SW-2 Fas 0/6 162 S I WS-C3560- Fas 0/6
```

A. show interfaces

B. show mac address-table

C. show ip interface brief

D. show cdp neighbors

E. show ip route

9. أي من تقنيات الوصول عن بعد التالية تسمح لك بالاتصال بموقع بعيد وإظهار المضيف الخاص بك وكأنه محلي على تلك الشبكة؟

A. Meraki

B. SSH

C. Virtual private network

D. Telnet

10. ما الأمر الذي ستقوم بتشغيله في الإخراج التالي لإظهار عنوان MAC الأساسي لمكدس التبديل، والأولوية ليصبح رئيسيًا، والإصدار، وحالة التبديل؟

```
3560-New#show __________
Switch/Stack Mac Address : 4ca6.4d28.2380
                                              H/W     Current
Switch#  Role   Mac Address     Priority Version State
------------------------------------------------------------
*1       Master 4ca6.4d28.2380      1        4     Ready

A. show interfaces
B. show mac address-table
C. show ip interface brief
D. show switch
```

الفصل العاشر: الأمان و الحماية

جدران الحماية

جدران الحماية هي حراس الأمن للشبكة وهي أهم شيء يجب تنفيذه. شبكات اليوم متصلة دائمًا بالإنترنت وهو الموقف الذي يجعل الأمان أمرًا بالغ الأهمية!

تحمي جدران الحماية موارد شبكة LAN من الغزاة الذين يجوبون الإنترنت بحثًا عن شبكات غير محمية.

تمنع في الوقت نفسه كل أو بعض أجهزة الكمبيوتر في شبكة LAN من الوصول إلى خدمات سرية أو خاصة معينة على الشبكة أو من مواقع ضارة أو مشبوهة على الإنترنت.

يمكنك استخدامها لتصفية الرزم بناءً على قواعد خاصة لتحديد نوع المعلومات المسموح بتدفقها داخل وخارج اتصال الإنترنت الخاص بالشبكة.

تعمل جدران الحماية على طبقات متعددة من نموذج OSI. يمكن لبعض جدران الحماية أن تعمل حتى طبقة التطبيق.

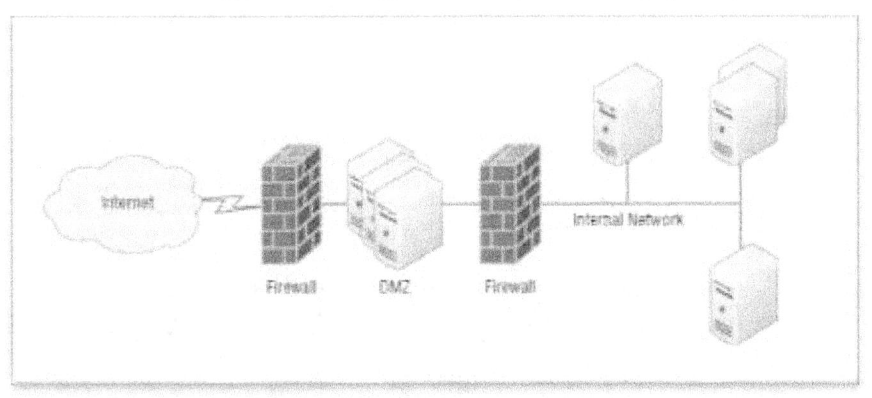

الشكل (1) جدران الحماية مع منطقة DMZ
CCST Support Technician, Networking Exam, Todd Lammle.2024.

يوفر جدار الحماية الأحدث من الجيل التالي (NGFW) من Cisco حماية الطبقة 7 ويسمى جدار الحماية الآمن Cisco أو Firepower.

يمكن أن يكون جدار الحماية إما "صندوقًا أسود" مستقلاً أو تنفيذًا برمجيًا يتم وضعه على خادم أو جهاز توجيه.

وفي كلتا الحالتين سيكون لجدار الحماية اتصالان على الأقل بالشبكة: واحد بالإنترنت (يُعرف بالجانب العام) وواحد بالشبكة (يُعرف بالجانب الخاص).

في بعض الأحيان يوجد جدار حماية ثانٍ كما هو موضح في الشكل(1).

يُستخدم جدار الحماية الثاني لتوصيل الخوادم والمعدات التي يمكن اعتبارها عامة وخاصة (مثل خوادم الويب والبريد الإلكتروني).

تُعرف هذه الشبكة الوسيطة باسم المنطقة منزوعة السلاح (DMZ) أو الشبكة الفرعية المحمية.

تُعد جدران الحماية خط الدفاع الأول للشبكة المتصلة بالإنترنت وبدونها تصبح أي شبكة متصلة بالإنترنت مفتوحة على مصراعيها لأي شخص يتمتع بقدر ضئيل من المعرفة الفنية ويسعى إلى استغلال موارد الشبكة المحلية و/أو الوصول إلى المعلومات الحساسة في شبكتك.

التحكم في الوصول إلى الشبكة

يستخدم المتسللون العديد من الأدوات المتاحة اليوم بهدف محدد يتمثل في إقناعنا بأنهم شخص آخر وقد تعرض الكثير منا أو يعرفون من تعرض لسرقة الهوية بفضل الأشرار الذين لديهم برامج التزييف المناسبة.

هذا يعني أنه من الضروري التحكم في من أو ما يمكنه الدخول إلى شبكتنا من خلال تحديد أجهزة الكمبيوتر والأفراد المحددين الذين لديهم الحق في الوصول إليها وإلى مواردها.

ولكن كيف نفعل هذا؟

سأغطي بعض الطرق الأساسية للسماح بأمان للأجهزة التي تريد منحها الوصول إلى شبكتك بالإضافة إلى طرق منع الأجهزة التي لا تريدها.

خط الدفاع الأول هو ما يسمى بالتصفية الأمنية أو طرق السماح للأشخاص بالوصول بأمان إلى مواردك باستخدام قائمة وصول.

تتكون هذه العملية من شقين وتتضمن التأكد (على أمل) من أن أجهزة الكمبيوتر المصرح لها فقط هي التي يمكنها الدخول إلى شبكتك والتأكد من تأمين البيانات التي ترسلها ذهابًا وإيابًا بين الشبكات بحيث لا يمكن اعتراضها وترجمتها من قبل الأشرار.

قوائم التحكم في الوصول

من النادر أن تجد شبكة هذه الأيام غير متصلة بالإنترنت.

من الواضح أن الإنترنت عبارة عن شبكة عامة يمكن لأي شخص الاتصال بها ولكن شبكة شركتك أو شبكتك الشخصية يجب أن تكون بالتأكيد شبكة خاصة.

تكمن المشكلة هنا في أنه في كل مرة تتصل فيها بالإنترنت من شبكة خاصة فإنك تكون عرضة على الفور للاختراقات الأمنية.

هنا يأتي دور ما نسميه جدار الحماية.

جدران الحماية هي في الأساس أدوات يمكنك تنفيذها لمنع أي مستخدمين غير

مصرح لهم يتجولون في الشبكات العامة من الوصول إلى شبكتك الخاصة.
توجد قوائم التحكم في الوصول (ACLs) عادةً على أجهزة التوجيه لتحديد الرزم المسموح لها بالتوجيه من خلالها استنادًا إلى عنوان بروتوكول الإنترنت (IP) المصدر أو الوجهة للجهاز الطالب.
قوائم التحكم في الوصول موجودة منذ عقود من الزمان ولها استخدامات أخرى بخلاف جدران الحماية.
يوضح الشكل (2) كيف تمنع قوائم التحكم في الوصول المستخدمين على الشبكة B من الوصول إلى الشبكة A.

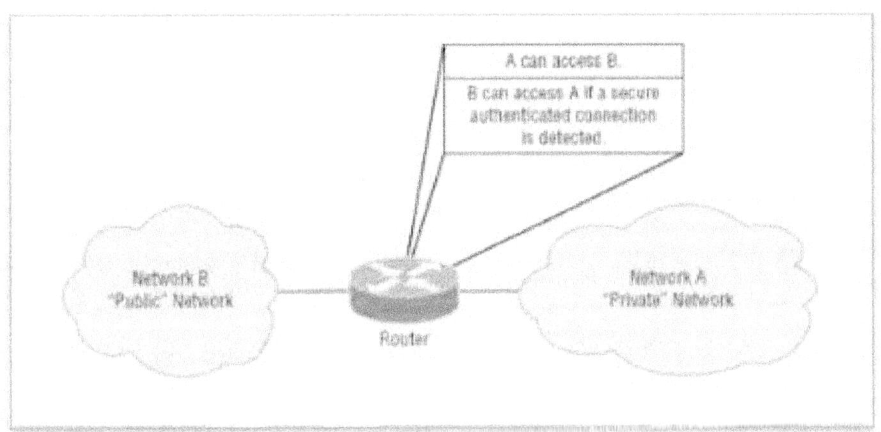

الشكل (2) قوائم التحكم
CCST Support Technician, Networking Exam, Todd Lammle.2024.

لاحظ أن المستخدمين في الشبكة A يمكنهم المرور عبر جهاز التوجيه إلى الشبكة B.
هجوم انتحال IP يحدث عندما يتظاهر شخص ما بوجود عنوان شبكة داخل جدار الحماية للوصول إلى الشبكة و يمكن أن يحدث أيضًا إذا تظاهر مستخدم في الشبكة B بأنه موجود في الشبكة A.
يمكنك إنشاء مجموعة واسعة من قوائم التحكم في الوصول من البسيطة إلى المعقدة اعتمادًا على ما تريد بالضبط.
أحد الأمثلة هو وضع قوائم تحكم في الوصول واردة وصادرة منفصلة على جهاز التوجيه لضمان أن البيانات التي تغادر شبكتك تأتي من مصدر مختلف عن البيانات التي تدخلها.
عند تكوين قوائم التحكم في الوصول بين الإنترنت وشبكتك الخاصة للتخفيف من مشاكل الأمان من الجيد تضمين الشروط الأربعة التالية:
■ رفض أي عناوين من شبكاتك الداخلية.

■ رفض أي عناوين مضيف محلي (127.0.0.0/8).

■ رفض أي عناوين خاصة محجوزة.

■ رفض أي عناوين في نطاق عناوين IP المتعددة (224.0.0.0/4).

لا ينبغي السماح لأي من هذه العناوين بالدخول إلى شبكة الإنترنت الخاصة.

يمكنك إنشاء مرشح يحظر دولة أو ولاية أو حتى موقعًا بناءً على عناوين IP!

تصفية المنافذ

يمكن استخدام قوائم التحكم في الوصول للتصفية استنادًا إلى أرقام المنافذ وكذلك عناوين IP.

تسمح معظم جدران الحماية افتراضيًا بالمنافذ المفتوحة التي تحددها فقط.

يعتبر ذلك نوع من الرفض الضمني (أي شيء غير مسموح به على وجه التحديد يتم رفضه).

عند إدارة جدار الحماية من المهم معرفة أرقام المنافذ لجميع حركة المرور التي يجب السماح بها من خلاله.

يعني ذلك أنه بالنسبة لبعض التطبيقات ستحتاج إلى قراءة وتعلم أرقام المنافذ المستخدمة.

يوضح هذا أيضًا سبب أهمية معرفة أرقام منافذ بروتوكولات الأمان مثل SSL و IPSec.

تتضمن إدارة جدار الحماية الناجحة الوعي بالمنافذ والسماح لها فقط بإبقاء الأشياء قيد التشغيل.

جدران الحماية من الجيل التالي

جدران الحماية من الجيل التالي (NGFWs) هي فئة من الأجهزة تحاول معالجة أوجه القصور في فحص حركة المرور والوعي بالتطبيق لجدار الحماية التقليدي دون إعاقة الأداء.

توفر هذه الجدران قائمة تحكم في الوصول ولكن على منشطات الفيروسات. تمر قائمة التحكم في الوصول (ACL) عبر الطبقة 7 وتوفر فحصًا عميقًا للرزم (DPI) باستخدام الاستخبارات الأمنية وأنظمة منع التطفل وحماية الملفات والبرامج الضارة والمزيد.

تتمتع جدران الحماية من الجيل التالي بالوعي بالتطبيق مما يعني أنها تستطيع التمييز بين التطبيقات المحددة بدلاً من السماح بدخول كل حركة المرور عبر منافذ الويب النموذجية.

علاوة على ذلك تفحص الرزم مرة واحدة فقط أثناء مرحلة فحص الرزم العميق (والتي تعد مطلوبة لاكتشاف البرامج الضارة والشاذة).

السرية والنزاهة والتوافر

إن المبادئ الأساسية الثلاثة للأمن هي السرية والنزاهة والتوافر (CIA) و يشار إليها غالبًا باسم ثالوث CIA.

تؤدي معظم مشكلات الأمن إلى انتهاك جانب واحد على الأقل من جوانب ثالوث CIA.

يساعد فهم مبادئ الأمن الثلاثة هذه في ضمان فعالية ضوابط الأمن والآليات التي يتم تنفيذها لتحمي أحد هذه المبادئ على الأقل.

السرية

لضمان السرية يجب منع الكشف عن البيانات أو المعلومات إلى جهات غير مصرح لها وكجزء من السرية يجب تحديد مستوى حساسية البيانات قبل وضع أي ضوابط وصول.

تتمتع البيانات ذات مستوى الحساسية الأعلى بضوابط وصول أكثر من البيانات ذات مستوى الحساسية الأقل.

يمكن استخدام التعريف والمصادقة والتفويض والتشفير للحفاظ على سرية البيانات.

النزاهة

تضمن النزاهة حماية البيانات من التعديل غير المصرح به أو تلف البيانات. الهدف من النزاهة هو الحفاظ على اتساق البيانات خاصة البيانات المخزنة في الملفات وقواعد البيانات والأنظمة والشبكات.

التوافر

يعني التوافر ضمان إمكانية الوصول إلى البيانات متى وأينما كانت هناك حاجة إليها و يجب السماح فقط للأفراد الذين يحتاجون إلى الوصول إلى البيانات بالوصول إلى تلك البيانات.

المجالان الرئيسيان المؤثران في التوافر

(1) عندما يتم تنفيذ هجمات تعطل أو تشل النظام

(2) عندما يحدث فقدان الخدمة أثناء الكوارث وبعدها.

تعد التقنيات التي توفر التسامح مع الأخطاء مثل RAID أو المواقع البديلة أو الإحتياطية المكررة أمثلة على الضوابط التي تساعد على تحسين التوافر.

طرق المصادقة

يتم استخدام مجموعة كاملة من مخططات المصادقة اليوم وعلى الرغم من أنه من المهم معرفة المخططات المختلفة وكيفية عملها، فإن كل هذه المعرفة لا

تساوي القوة إذا لم يتم تدريب مستخدمي الشبكة على كيفية إدارة أسماء حساباتهم وكلمات المرور الخاصة بهم بشكل صحيح.
في الأقسام التالية سنناقش أنظمة وتقنيات المصادقة.

المصادقة متعددة العوامل

تم تصميم المصادقة متعددة العوامل لإضافة مستوى إضافي من الأمان إلى عملية المصادقة من خلال التحقق من أكثر من سمة للمستخدم قبل السماح بالوصول إلى مورد.
يمكن التعرف على المستخدمين بإحدى الطرق الخمس التالية:

■ من خلال شيء يعرفونه (كلمة المرور)

■ من خلال شيء هم عليه (شبكية العين، بصمة الإصبع، التعرف على الوجه)

■ من خلال شيء يمتلكونه (بطاقة ذكية)

■ من خلال مكان تواجدهم فيه (الموقع)

■ من خلال شيء يفعلونه (السلوك)

تتمثل المصادقة الثنائية في اختبار عاملين من العوامل السابقة في حين تتمثل المصادقة متعددة العوامل في اختبار أكثر من عاملين من العوامل السابقة.
ومن الأمثلة على المصادقة الثنائية ضرورة استخدام بطاقة ذكية ورقم تعريف شخصي لتسجيل الدخول إلى الشبكة.
لن يكون امتلاك أي منهما بمفرده كافياً للمصادقة.
وهذا يحمي من فقدان البطاقة وسرقتها وكذلك فقدان كلمة المرور.
من الأمثلة على المصادقة متعددة العوامل ضرورة استخدام ثلاثة عناصر مثل البطاقة الذكية ورقم التعريف الشخصي واسم المستخدم وكلمة المرور.
ويمكن أن تتطور هذه العملية بقدر ما تتطلبه الحماية الأمنية.
في المواقف التي تتطلب مستوى عاليًا من الأمان قد تحتاج إلى بطاقة ذكية وكلمة مرور ومسح شبكية العين ومسح بصمة الإصبع.
والمقابل لكل هذا الأمان المتزايد هو عملية مصادقة غير مريحة للمستخدم والتكلفة العالية لأجهزة المصادقة البيومترية.

القياسات الحيوية

في سيناريوهات الأمان العالية التي تتطلب التكلفة الإضافية والجهد الإداري تعد القياسات الحيوية خيارًا قابلاً للتطبيق.
تستخدم الأجهزة البيومترية الخصائص الفيزيائية لتحديد هوية المستخدم.
أصبحت مثل هذه الأجهزة أكثر شيوعًا في بيئة الأعمال.
تتضمن الأنظمة البيومترية ماسحات اليد وماسحات شبكية العين وربما قريبًا ماسحات الحمض النووي.

للوصول إلى الموارد يجب عليك اجتياز عملية فحص جسدية.
في حالة ماسح اليد قد يشمل ذلك تحديد بصمات الأصابع والندوب والعلامات الموجودة على يدك.
تقارن ماسحات شبكية العين نمط شبكية العين لأنه فريد مثل بصمات الأصابع و يتم بنمط شبكي مخزن للتحقق من هويتك.
ستفحص ماسحات الحمض النووي جزءًا فريدًا من بنية الحمض النووي الخاص بك للتحقق من أنك الشخص الذي تدعيه.
مع مرور الوقت يتوسع تعريف القياسات الحيوية من مجرد تحديد السمات الفيزيائية لشخص ما إلى القدرة على وصف الأنماط في سلوكه.
لقد تم تحقيق تقدم حديث في إمكانية التحقق من هوية شخص ما بناءً على نمط المفتاح الذي يستخدمه عند إدخال كلمة المرور الخاصة به (مدة التوقف بين كل مفتاح وكمية الوقت الذي يتم فيه الضغط على كل مبدل وما إلى ذلك).
تحتاج الشركة التي تتبنى تقنيات القياسات الحيوية إلى النظر في الجدل الذي قد تواجهه.
(تعتبر بعض طرق المصادقة أكثر جدلا سن غيرها).
كما تحتاج إلى النظر في معدل الخطأ وأن الأخطاء يمكن أن تشمل الإيجابيات الخاطئة والسلبيات الخاطئة.

المصادقة والتفويض والمحاسبة

في مجال أمن الكمبيوتر يشير مصطلح AAA إلى المصادقة والتفويض والمحاسبة.
AAAA هو إصدار أكثر قوة يضيف التدقيق إلى المزيج.
AAA و AAAA ليسا بروتوكولين بل نماذج مفاهيمية منهجية لإدارة أمان الشبكة من خلال موقع مركزي واحد.
هناك تطبيقان شائعان لـ AAA وهما RADIUS وTACACS+.

خدمة المستخدم عن بعد للاتصال الهاتفي بالمصادقة

خدمة المستخدم عن بعد للاتصال الهاتفي بالمصادقة (RADIUS) ليست خادمًا للاتصال الهاتفي.
RADIUS هي خدمة مصادقة ومحاسبة تُستخدم للتحقق من المستخدمين عبر أنواع مختلفة من الروابط بما في ذلك الاتصال الهاتفي.
تستخدم العديد من شركات تقديم خدمات الإنترنت خادم RADIUS لتخزين أسماء المستخدمين وكلمات المرور لعملائها في مكان مركزي يتم من خلاله تكوين الاتصالات لتمرير طلبات المصادقة.
خوادم RADIUS عبارة عن خدمات مصادقة وتشفير تعتمد على العميل

والخادم وتحافظ على ملفات تعريف المستخدمين في قاعدة بيانات مركزية.

يتم استخدام RADIUS بالتزامن مع جدران الحماية وفي هذه الحالة يجب على المستخدم توفير اسم مستخدم وكلمة مرور عندما يريد الوصول إلى منفذ TCP/IP معين.

ثم يتصل جدار الحماية بخادم RADIUS للتحقق من بيانات الاعتماد المقدمة. إذا نجح التحقق يتم منح المستخدم حق الوصول إلى هذا المنفذ.

بروتوكول نظام التحكم في الوصول إلى المحطة الطرفية Plus

يعد بروتوكول نظام التحكم في الوصول إلى المحطة الطرفية Plus (TACACS+) أيضًا طريقة AAA وبديلاً لـ RADIUS.

قادر على إجراء مصادقة نيابة عن نقاط وصول لاسلكية متعددة أو خوادم RAS أو حتى مبدلات LAN القادرة على X802.1.

استنادًا إلى اسمه قد تعتقد أنه امتداد لبروتوكول TACACS (وهو كذلك في بعض النواحي) لكن الاثنين بالتأكيد غير متوافقين.

فيما يلي اختلافان رئيسيان بين TACACS+ وRADIUS:

■ يجمع RADIUS بين مصادقة المستخدم والتفويض في ملف تعريف واحد بينما يفصل TACACS+ بين الاثنين.

■ يستخدم TACACS+ بروتوكول TCP القائم على الاتصال لكن RADIUS يستخدم UDP بدلاً من ذلك.

على الرغم من أن كلاهما يستخدم بشكل شائع اليوم إلا أنه بسبب هذين السببين. **أسباب إعتبار TACACS+ أكثر استقرارًا وأمانًا من RADIUS.**

عند إغلاق جلسة TACACS+، يتم تسجيل المعلومات الموجودة في القائمة التالية أو حسابها:

هذه ليست قائمة كاملة فهي تهدف فقط إلى إعطائك فكرة عن نوع المعلومات المحاسبية التي يجمعها TACACS+:

■ وقت بدء الاتصال ووقت إيقافه

■ عدد البايتات المرسلة والمستلمة من قبل المستخدم

■ عدد الرزم المرسلة والمستلمة من قبل المستخدم

■ سبب الانقطاع

الوقت الوحيد الذي تكون فيه ميزة المحاسبة مرتبطة بالمال هو إذا كان مزود الخدمة الخاص بك يفرض عليك رسومًا بناءً على مقدار الوقت الذي أمضيته مسجلاً الدخول أو على مقدار البيانات المرسلة والمستلمة.

التشفير

في بعض الأحيان لا يمكن تجنب إرسال البيانات المالية للشركات وغيرها من أنواع البيانات الحساسة عبر الإنترنت.

لهذا السبب فإن القدرة على إخفاء أو تشفير تلك البيانات باستخدام تقنيات التشفير أمر حيوي للغاية لحمايتها من أعين المتطفلين من منافسي الشركة ولصوص الهوية أو أي شخص فضولي يريد إلقاء نظرة عليها.

بدون التشفير يتم تعريض ملفاتنا ومعلوماتنا الحساسة بشكل كامل للخطر مع مرور البيانات عبر الإنترنت.

يعمل التشفير عن طريق تشغيل البيانات (والتي يتم تمثيلها عند تشفيرها كأرقام) من خلال صيغة تشفير خاصة تسمى المفتاح الذي يحدده كل من أجهزة الإرسال والاستقبال المعينة.

وعندما تصل البيانات المشفرة إلى وجهتها المحددة يستخدم جهاز الاستقبال ذلك المفتاح لفك تشفير البيانات وإعادتها إلى شكلها الأصلي.

أهمية قوة التشفير

صنفت وكالة الأمن القومي (NSA) أدوات التشفير والصيغ المرتبطة بها على أنها ذخائر وأشرفت وكالة الأمن القومي على تنظيمها منذ ذلك الحين. إن الاحتمال الخطير المتمثل في أن الدول المعادية والإرهابيين والمجرمين قد يستخدمون الاتصالات المشفرة للتخطيط للجرائم دون أن يتم اكتشافهم هو السبب المقنع للقيام بذلك.

كيف نقيس بالضبط قوة خوارزمية التشفير؟

إحدى الطرق للقيام بذلك هي قياس قوة البت الخاصة بها.

حتى عام 1998 لم يكن من الممكن تصدير سوى البرامج ذات قوة 40 بت أو أقل ولكن اليوم تم رفع الحد إلى قوة 64 بت.

تصدير أي برنامج بطول مبدل أكبر من 64 بت يخضع للمراجعة بموجب لوائح إدارة التصدير (EAR) المطلوبة من قبل مكتب الصناعة والأمن التابع لوزارة التجارة الأمريكية.

وهذا لا يشمل التصدير إلى كل دولة لأن بعضها ـ مثل معظم تلك الموجودة في أوروبا الغربية بالإضافة إلى كندا وأستراليا واليابان ـ هي دول نثق بها في التكنولوجيا.

تذكر أن هذه اللوائح ليست موجودة لجعل الحياة صعبة؛ بل إنها موجودة لحمايتنا.

كلما زاد عدد البتات المشفرة كلما كان من الصعب فك الشفرة.

إن تشفير كلمات المرور المرسلة من محطة عمل إلى خادم عند تسجيل الدخول هو الحاجة الأساسية للشبكات الداخلية ويتم ذلك تلقائيًا بواسطة معظم أنظمة

تشغيل الشبكات اليوم.

ولكن الأدوات المساعدة القديمة مثل بروتوكول نقل الملفات (FTP) وTelnet لا تتمتع بالقدرة على تشفير كلمات المرور.

تمنح معظم أنظمة البريد الإلكتروني المستخدمين خيار تشفير رسائل البريد الإلكتروني الفردية (أو كلها) وتستخدم رزم البرامج التابعة لجهات خارجية مثل Pretty Good Privacy (PGP) من قبل أنظمة البريد الإلكتروني التي لا تأتي مع قدرات تشفير خاصة بها.

أنت تعرف بالفعل مدى أهمية التشفير لنقل البيانات عبر شبكات VPN.

من الواضح أن قدرة التشفير مهمة جدًا لمعاملات التجارة الإلكترونية والخدمات المصرفية عبر الإنترنت والاستثمار.

مبدل التشفير

هو في الأساس سلسلة عشوائية من الأحرف تُستخدم جنبًا إلى جنب مع خوارزمية التشفير.

الخوارزمية هي نفسها لجميع المعاملات ولكن المفتاح فريد لكل معاملة.

تتوفر مبدلات التشفير بنوعين: متماثل وغير متماثل.

مبدلات التشفير المتماثلة و غير المتماثلة

فى نظام التشفير بالمفتاح المتماثل يكون لدى كل من المرسل والمستقبل نفس المفتاح ويستخدمانه لتشفير وفك تشفير جميع الرسائل.

الجانب السلبي لهذه التقنية هو أنه يصبح من الصعب الحفاظ على أمان المفتاح. عندما تكون المفاتيح في كل طرف مختلفة يُطلق عليها مبدل غير متماثل أو عام.

سأتحدث عن ذلك مباشرة بعد مناقشة بعض معايير التشفير.

معيار تشفير البيانات

ابتكرت شركة IBM أحد أكثر المعايير استخدامًا: معيار تشفير البيانات (DES).

تم اعتماده كمعيار في عام 1977 من قبل حكومة الولايات المتحدة.

يستخدم معيار تشفير البيانات وظائف البحث والجدول وهو في الواقع يعمل بشكل أسرع كثيرًا من الأنظمة الأكثر تعقيدًا فهو يستخدم مبدلات 56 بت.

في الماضي كان DES معيارًا أمنيًا رائعًا ولكن طول مبدله الذي يبلغ 56 بت أثبت أنه قصير جدًا.

تم كسر المفتاح لأول مرة في يونيو 1997. وبعد عام تم كسر مبدل آخر في 56 ساعة فقط وفي يناير 1999 تم كسر مبدل DES في 22 ساعة و15

دقيقة! ليس آمنًا تمامًا، أليس كذلك؟ لقد كنا بحاجة بالتأكيد إلى شيء أقوى.

معيار تشفير البيانات الثلاثي

ظهر معيار تشفير البيانات الثلاثي (DES3 ويشار إليه أيضًا باسم TDES) تم تطويره في الأصل في أواخر السبعينيات وأصبح الطريقة الموصى بها لتنفيذ تشفير DES في عام 1999.

كما يوحي اسمه فإن DES3 هو في الأساس ثلاث طرق تشفير DES مُدمجة في طريقة واحدة.

لذا فإن DES3 يقوم بالتشفير ثلاث مرات ويسمح لنا باستخدام مبدل واحد أو مبدلين أو ثلاثة مبدلات منفصلة.

من الواضح أن استخدام مبدل واحد فقط هو الأقل أمانًا واختيار استخدام المفاتيح الثلاثة يمنحك أعلى مستوى من الأمان.

يبلغ طول مبدل TDES بثلاثة مبدلات 168 بت (56 × 3) ولكن نظرًا لنوع معقد من الهجوم يُعرف باسم الالتقاء في الوسط فإنه يوفر في الواقع112 بت فقط من الأمان.

وتزداد الأمور سوءًا مع مرور الوقت فرغم أن الإصدار ذي المفتاحين يبلغ حجم مبدله 112 بت فإنه في الواقع لا يزودك إلا بـ 80 بت من الأمان الفعال. هناك مشكلة أخرى تتعلق بمعيار التشفير DES3 وهي بطء عمله.

يعتقد المعهد الوطني للمعايير والتكنولوجيا (NIST) أن معيار التشفير DES3 لن يكون معيار تشفير فعالاً إلا حتى عام 2030 تقريبًا. حاليا يتم التخلص منه تدريجيًا لصالح أساليب أسرع مثل معيار التشفير المتقدم (AES).

معيار التشفير المتقدم

يعد معيار التشفير المتقدم (AES المعروف أيضًا باسم Rijndael) هو معيار التشفير "الرسمي" في الولايات المتحدة منذ عام 2002. وهو يحدد أطوال المفاتيح 128 و192 و256 بت.

قررت حكومة الولايات المتحدة أن الأمان الذي يبلغ 128 بت كافٍ لأشياء مثل المعاملات الآمنة وجميع المواد التي تعتبر سرية ولكن يجب تشفير جميع المعلومات السرية للغاية باستخدام مبدلات بطول 192 أو 256 بت.

أثبت معيار AES أنه من الصعب اختراقه بشكل مذهل ويستخدم أولئك الذين يحاولون اختراقه طريقة شائعة تتضمن ما يُعرف باسم هجوم القناة الجانبية. وهذا يعني أنه بدلاً من البحث عن الشفرة بشكل مباشر فإنهم يحاولون جمع المعلومات التي يريدونها من التنفيذ المادي لنظام الأمان.

يحاول المتسللون استخدام استهلاك الطاقة أو التسريبات الكهرومغناطيسية أو معلومات التوقيت (مثل عدد دورات المعالج المستغرقة لإكمال عملية التشفير) لإعطائهم أدلة حاسمة حول كيفية كسر نظام AES.

الشهادات

توفر الشهادة الرقمية لأى كيان مثل المستخدم بيانات الاعتماد لإثبات هويته وتربط هذه الهوية بمبدل عام.

يجب أن توفر الشهادة الرقمية الرقم التسلسلي والمصدر والموضوع (المالك) والمفتاح العام.

تتوافق شهادة X.509 مع معيار X.509. تحتوي شهادة X.509 على الحقول التالية:

- الإصدار
- الرقم التسلسلي
- معرف الخوارزمية
- الجهة المصدرة
- الصلاحية
- الموضوع
- معلومات المفتاح العام للموضوع
- خوارزمية المفتاح العام
- المفتاح العام للموضوع
- معرف فريد للجهة المصدرة (اختياري)
- معرف فريد للموضوع (اختياري)
- الامتدادات (اختياري) قدمت VeriSign لأول مرة فئات الشهادات الرقمية التالية:

- الفئة 1: للأفراد والمخصصة للبريد الإلكتروني.
  يتم حفظ هذه الشهادات بواسطة متصفحات الويب.
- الفئة 2: للمؤسسات التي يجب أن تقدم إثباتًا للهوية.
- الفئة 3: للخوادم وبرامج التوقيع التي يتم فيها التحقق المستقل والتحقق من الهوية والصلاحيات بواسطة سلطة التصديق المصدرة.

التلبيد أو الهضم بالتقسيم Hashes

التلبيد أو التقطيع طريقة الإختزال Hashing هي عملية تشفير تستخدم خوارزمية لاستخلاص قيمة من مجموعة من النصوص الواضحة للتحقق من أن المعلومات جاءت من حيث تدعى وأنها لم تتغير.
تستخدم التقطيع لتوفير سلامة البيانات ومصادقة المصدر.

سوف نناقش اثنتين من خوارزميات التقطيع الأكثر شهرة MD5 وSHA.

MD5

صمم رون ريفست خوارزمية تلخيص وتقطيع الرسائل MD5 وعلى الرغم من ثبوت بعض العيوب فيها تجعل الكثيرين يفضلون SHA (الموصوفة في القسم التالي) فإن هذه العيوب لا تعتبر قاتلة ولا تزال تستخدم على نطاق واسع لضمان سلامة الإرسال.

يتم إنشاء التقطيعة hash من النص الواضح ثم إرسالها مع رسالة النص الواضح.

في الطرف الآخر يتم إنشاء تقطيعة ثانية لبيانات النص الواضح باستخدام نفس الخوارزمية وإذا تطابقت التجزئتان فيُعتبر أن البيانات لم تتغير.

SHA

تعمل SHA التي نشرتها NIST كمعيار معالجة المعلومات الفيدرالية الأمريكية (FIPS) مثل أي تقطيع وتعتبر متفوقة على MD5.

Active Directory (الهوية)

تقنية (AD) Active Directory رائعة في مساعدتك على إدارة المستخدمين والأنظمة حيث تسجل أجهزة الكمبيوتر الخاصة بشركتك في مجال DNS خاص مستضاف على خادم Windows.

يُطلق على الخادم اسم وحدة تحكم المجال أو DC وتتمثل مهمته الرئيسية في إدارة جميع المستخدمين والمجموعات وأجهزة الكمبيوتر في نطاق AD فضلاً عن التعامل مع جميع عمليات المصادقة.

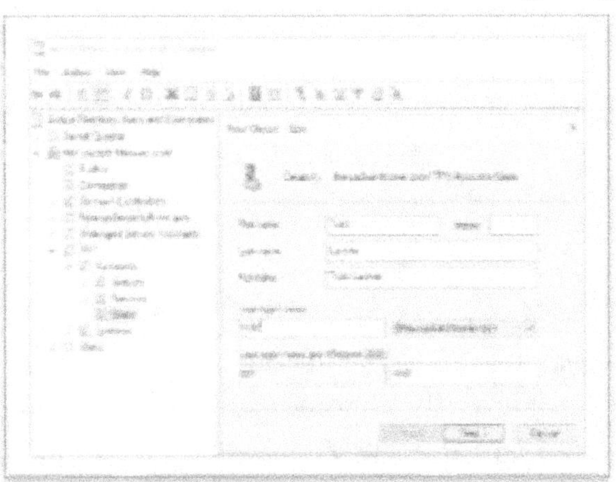

الشكل (3) إنشاء مستخدم Active Directory
CCST Support Technician, Networking Exam, Todd Lammle.2024.

بمجرد حصولك على نطاق Active Directory صالح للعمل فإن أول شيء عليك القيام به هو إنشاء مستخدم كما هو موضح في الشكل (3).

يمكنك تعيين اسم المستخدم وكلمة المرور بالإضافة إلى توفير بعض المعلومات الإضافية مثل الاسم الحقيقي للمستخدم واختياريًا بعض معلومات الاتصال.

إن وجود مستخدم أمر رائع ولكن لا يمكن أن يؤدي ذلك إلى أي شيء إلا إذا قمت بإضافته إلى مجموعة.

هناك العديد من المجموعات المضمنة في Active Directory والتي تسمح بمستويات مختلفة من الوصول إلى الموارد بدءًا من الحد الأدنى مع مجموعة مستخدمي المجال وحتى "مستويات أعلى" بالكامل مع مجموعة مسؤولي المجال ومع ذلك يمكنك إنشاء مجموعة جديدة و استخدامها لتسجيل الدخول إلى أجهزة الشبكة الخاصة بك.

يوضح الشكل (4) إضافة مستخدم إلى مجموعة.

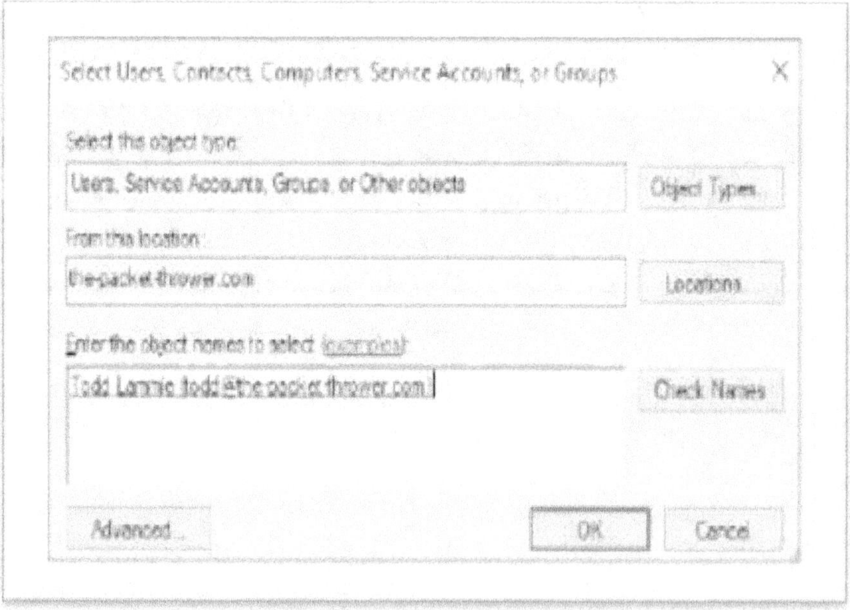

الشكل (4) إضافة مستخدم إلى مجموعة

CCST Support Technician, Networking Exam, Todd Lammle.2024.

يمكنك الآن تكوين أجهزة الشبكة الخاصة بك للتحدث مباشرة مع AD للمصادقة أو يمكنك استخدام خادم AAA مثل Identity Service Engine (ISE) من Cisco للاستعلام عن AD نيابةً عنك.

مصادقة محرك خدمة الهوية

يمنحك محرك خدمة الهوية (ISE) الخاص بخادم Cisco AAA خيارات حول كيفية التعامل مع التحكم في الوصول فهو يوفر إما قاعدة بيانات أمان محلية أو قاعدة بيانات بعيدة.

أجهزة سيسكو

تشغل أجهزة Cisco مثل (ASA) Adaptive Security Appliance أو Firepower Threat Defense (FTD) الجديدة قاعدة البيانات المحلية لمجموعة صغيرة من المستخدمين.

إذا كان لديك جهاز واحد أو جهازان فقط فيمكنك اختيار المصادقة المحلية من خلاله.

المصادقة المحلية وأمان الخط يوفران مستوى كافيًا من الأمان إذا كان لديك شبكة صغيرة إلى حد ما

لكن تخيل شبكة ضخمة حقًا بها على سبيل المثال 300 جهاز توجيه تتطلب مجموعة كاملة من الإدارة.

في كل مرة يتعين فيها تغيير كلمة مرور يجب تعديل مجموعة أجهزة التوجيه بالكامل أي 300 جهاز بشكل فردي لتعكس هذا التغيير بواسطة المسؤول.

هذا هو السبب بالضبط وراء كون استخدام خوادم الأمان أكثر ذكاءً إذا كانت شبكتك كبيرة حتى إلى حد ما.

توجد جميع بيانات الأمان البعيدة على خادم منفصل يشغل بروتوكول أمان AAA والذي يوفر خدمات لكل من معدات الشبكة ومجموعة كبيرة من المستخدمين.

توفر خوادم الأمان إدارة مركزية لأسماء المستخدمين وكلمات المرور.

عندما يريد جهاز التوجيه مصادقة مستخدم فإنه يجمع معلومات اسم المستخدم وكلمة المرور منه ويرسل هذه المعلومات إلى خادم الأمان ISE.

ثم يقارن خادم الأمان المعلومات التي تم إعطاؤها له بقاعدة بيانات المستخدم لمعرفة ما إذا كان ينبغي السماح للمستخدم بالوصول إلى جهاز التوجيه.

يتم تخزين جميع أسماء المستخدمين وكلمات المرور مركزيًا على زوج واحد أو مكرر من خوادم الأمان.

يوضح الشكل (5) عملية AAA المكونة من أربع خطوات.

بفضل الإدارة الموحّدة على جهاز واحد مثل هذا فإن إدارة ملايين المستخدمين تكون سهلة كأنها نزهة.

تدعم أجهزة توجيه Cisco ثلاثة أنواع من بروتوكولات خادم الأمان: RADIUS وTACACS+ وKerberos.

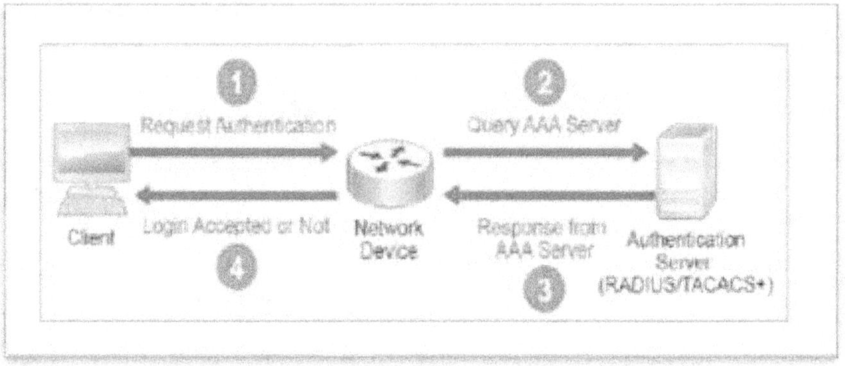

الشكل (5) عملية AAA المكونة من أربع خطوات
CCST Support Technician, Networking Exam, Todd Lammle.2024.

تعقيد كلمة المرور

يجب أن تتكون كلمات المرور القوية من 8 أحرف على الأقل (كلما زادت كان ذلك أفضل) ولكن لا ينبغي أن تزيد عن 15 حرفًا لتسهيل تذكرها.

يجب عليك تحديد الحد الأدنى لطول كلمات المرور لأن كلمة المرور القصيرة يسهل اختراقها.

يعتمد الحد الأقصى على قدرات نظام التشغيل لديك وقدرة المستخدمين على تذكر كلمات المرور المعقدة.

إليك ما أسميه القائمة الضعيفة لكلمات المرور لا تستخدمها أبدًا!

- كلمة المرور (لست أمزح ـ فالناس يفعلون ذلك بالفعل!)
- أسماء الأعلام
- اسم حيوانك الأليف
- اسم زوجتك
- أسماء أطفالك
- أي كلمة في القاموس
- رقم لوحة الترخيص
- تواريخ الميلاد
- تواريخ الذكرى السنوية
- اسم المستخدم الخاص بك
- كلمة الخادم
- أي نص أو ملصق على الكمبيوتر الشخصي أو الشاشة
- اسم شركتك
- مهنتك

■ لونك المفضل

■ أي من الكلمات أعلاه برقم بادئ

■ أي من الكلمات أعلاه برقم لاحق

■ أي من الكلمات أعلاه مكتوبة بشكل عكسي

هناك المزيد لكنك فهمت الفكرة وهذه هي حقًا كلمات المرور الأكثر شيوعًا والتي لا تحتاج إلى تفكير.

يوضح الشكل (6) إعدادات سياسة كلمة المرور على جهاز كمبيوتر يعمل بنظام التشغيل Windows.

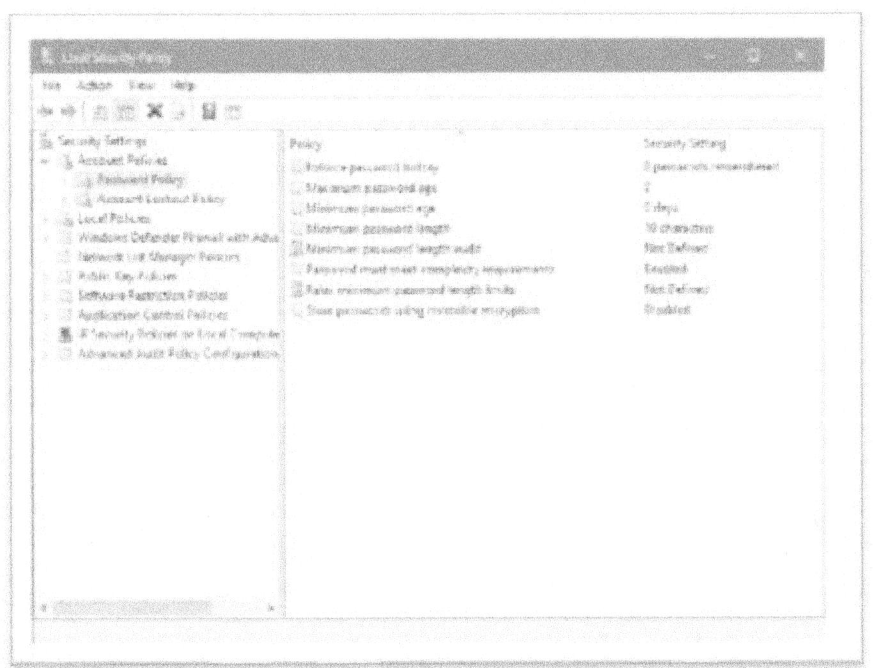

الشكل (6) إعدادات سياسة كلمة المرور

CCST Support Technician, Networking Exam, Todd Lammle.2024.

استخدام الأحرف لإنشاء كلمة مرور قوية

كلمات المرور القوية لا يجب أن تكون مكتوبة بلغة المايا القديمة حتى يصعب اختراقها.

تحتاج فقط إلى تضمين مجموعة من الأرقام والحروف والأحرف الخاصةهذا كل شيء.

الأحرف الخاصة ليست أحرفًا أو أرقامًا بل رموزًا مثل $ % ^ # @).

إليك مثالًا لكلمة مرور قوية: tqbf4#jotld.

تبدو وكأنها هراء ولكن هل تتذكر تلك الجملة الشهيرة "قفز الثعلب البني السريع فوق الكلب الكسول"؟

تستخدم كلمة المرور هذه الحرف الأول من كل كلمة في تلك الجملة مع وضع 4# في منتصفها. رائعة وقوية وسهلة التذكر.

يمكنك القيام بذلك باستخدام الاقتباسات المفضلة وكلمات الأغاني وما إلى ذلك مع وضع بضعة أرقام ورموز في المنتصف.

إذا كنت تريد اختبار قوة كلمات المرور للتأكد من أنها قوية ومحكمه فيمكنك استخدام أدوات التدقيق مثل برامج الاختراق التي تحاول تخمين كلمات المرور. من الواضح أنه إذا واجه هذا البرنامج صعوبة بالغة أو فشل في اختراق كلمة المرور فهذا يعني أن لديك كلمة مرور جيدة.

لا تستخدم كلمة عادية مسبوقة أو تنتهي بحرف خاص لأن برامج الاختراق الجيدة تزيل الأحرف الأولى والأخيرة أثناء محاولات فك التشفير.

التهديدات

خط الدفاع الأول في توفير المعلومات الاستخباراتية هو معرفة أنواع التهديدات الموجودة لأنك لا تستطيع أن تفعل أي شيء لحماية نفسك من شيء لا تعرف عنه شيئًا.

بمجرد فهم التهديدات يمكنك أن تبدأ في تصميم دفاعات لمكافحة الأشرار المتربصين في أعماق الفضاء الإلكتروني الذين ينتظرون الفرصة للهجوم.

هناك أربعة تهديدات أساسية لأمن الشبكات يجب أن تكون على دراية بها بالإضافة إلى القدرة على تحديد نوع المهاجم:

التهديدات غير المنظمة

هذه التهديدات تنشأ عادةً من أشخاص فضوليين قاموا بتنزيل معلومات من الإنترنت ويريدون أن يشعروا بالقوة التي توفرها لهم هذه المعلومات.

يمكن أن يكون بعض هؤلاء الأشخاص الذين يطلق عليهم اسم "أطفال البرامج النصية" سيئين للغاية ولكن معظمهم يفعلون ذلك فقط من أجل الاندفاع والإثارة وحقوق التباهي.

إنهم ليسوا متسللين موهوبين أو ذوي خبرة.

التهديدات المنظمة

هذا النوع من المتسللين أكثر تطورًا وكفاءة من الناحية الفنية وحسابًا. إنهم مكرسون لعملهم وعادة يفهمون تصميم الشبكة وكيفية استغلال نقاط الضعف في التوجيه والشبكة.

يمكنهم إنشاء نصوص اختراق تسمح لهم بالتغلغل عميقًا في أنظمة الشبكة ويميلون إلى تكرار الجرائم.

تأتي التهديدات المنظمة وغير المنظمة عادةً من الإنترنت.

التهديدات الخارجية

تأتي عادةً من أشخاص على الإنترنت أو من شخص وجد ثغرة في شبكتك من الخارج.

أصبحت هذه التهديدات الخطيرة منتشرة الآن بعد أن أصبح لجميع الشركات وجود على الإنترنت.

التهديدات الداخلية

تأتي هذه من المستخدمين على شبكتك وعادةً الموظفين.

ربما تكون هذه هي التهديدات الأكثر رعبًا على الإطلاق لأنها يصعب حقًا اكتشافها وإيقافها.

والأسوأ من ذلك نظرًا لأن هؤلاء المتسللين مصرح لهم بالتواجد على الشبكة فيمكنهم إحداث بعض الأضرار الجسيمة في وقت أقل لأنهم موجودون بالفعل ويعرفون طريقهم.

أضف ذلك إلى ملف تعريف الموظف أو المقاول الغاضب الساخط الذي يسعى للانتقام وستجد مشكلة حقيقية!

الثَغرات الأمنية

الثغرات الأمنية هي غياب التدابير المضادة أو وجود ضعف في التدابير المضادة المطبقة.

يمكن أن تحدث الثغرات الأمنية في البرامج أو الأجهزة أو الأفراد.

من أمثلة الثغرات الأمنية الوصول غير المقيد إلى مجلد على جهاز كمبيوتر.

تقوم معظم المؤسسات بتنفيذ تقييم للثغرات الأمنية لتحديد الثغرات الأمنية.

الثغرات الأمنية والتعرضات الشائعة

نظام تسجيل الثغرات الأمنية الشائعة (CVSS) هو نظام لتصنيف الثغرات الأمنية التي يتم اكتشافها بناءً على مقاييس محددة مسبقًا.

يضمن هذا النظام إمكانية التعرف بسهولة على الثغرات الأمنية الأكثر خطورة ومعالجتها بعد اجتياز اختبار الثغرات الأمنية.

ينتج عن استخدام نظام التصنيف قاعدة بيانات للثغرات الأمنية المعروفة تسمى الثغرات الأمنية والتعرضات الشائعة (CVE).

تشرف شركة MITRE Corporation على CVE ويصف كل إدخال ثغرة بالتفصيل باستخدام نظام الأرقام والحروف لوصف ما تشكله الثغرة من

خطر والبيئة التي تتطلبها لتحقيق النجاح وفي كثير من الحالات التخفيف المناسب.

يستخدم المتخصصون في الأمن هذا النظام لمشاركة المعلومات وإبلاغ بعضهم البعض عند اكتشاف CVEs جديدة.

Zero-Day

تستخدم برامج مكافحة الفيروسات ملفات تعريف تحدد البرامج الضارة المعروفة.

يجب تحديث هذه الملفات بشكل متكرر ولكن يمكن أتمتة عملية التحديث بحيث لا تتطلب أي مساعدة من المستخدم.

إذا تم إنشاء فيروس جديد لم يتم التعرف عليه من قبل في القائمة فلن تتم حمايتك حتى تتم إضافة تعريف الفيروس وتنزيل ملف التعريف الجديد.

تم تسمية يوم الصفر بسبب اكتشاف الهجوم في اليوم الأول لإطلاق الفيروس وبالتالي لا يوجد إصلاح معروف.

قد ينطبق هذا المصطلح أيضًا على خطأ في نظام التشغيل لم يتم تصحيحه.

الثغرات الأمنية

تحدث الثغرات الأمنية عندما يستغل أحد عملاء التهديد ثغرة أمنية ويستخدمها في شن هجوم.

عندما يستغل هجوم على ثغرة أمنية فى الشبكة فإن ذلك يشكل إدانة لفريق الشبكة حيث يمكن تحديد معظم الثغرات الأمنية والتخفيف من حدتها.

من الأمثلة الجيدة على الثغرات الأمنية المستغلة خادم Apache غير المصحح الذي تم اختراقه وأدى إلى خرق Equifax.

الهندسة الاجتماعية

أصبح المتسللون اليوم أكثر تطورًا مما كانوا عليه قبل 10 سنوات ولكن الأمر نفسه ينطبق على مسؤولي الشبكة.

معظم مسؤولي الأنظمة اليوم أمّنوا شبكاتهم بشكل جيد بما يكفي لجعل الوصول إليها صعبًا للغاية بالنسبة لأي شخص خارجي

لكن المتسللين قرروا تجربة طريق أسهل للحصول على المعلومات: لقد طلبوا المعلومات من مستخدمي الشبكة نفسها.

تحدث هجمات الهندسة الاجتماعية عندما يستخدم المهاجمون لغة يمكن تصديقها وسذاجة المستخدم للحصول على بيانات اعتماد المستخدم أو بعض المعلومات السرية الأخرى.

وأفضل إجراء مضاد ضد تهديدات الهندسة الاجتماعية هو توفير تدريب على

الوعي الأمني للمستخدم. يجب أن يكون هذا التدريب مطلوبًا ويجب أن يتم بشكل منتظم لأن تقنيات الهندسة الاجتماعية تتطور باستمرار.

التصيد الاحتيالي

التصيد الاحتيالي هو هجوم هندسي اجتماعي يحاول فيه المهاجمون معرفة المعلومات الشخصية بما في ذلك معلومات بطاقة الائتمان والبيانات المالية.
يتم تنفيذ هذا النوع من الهجوم عادةً من خلال تنفيذ موقع ويب مزيف يكاد يكون مطابقًا لموقع ويب شرعي.
يتم توجيه المستخدمين إلى هناك من خلال رسائل بريد إلكتروني مزيفة تبدو وكأنها تأتي من مصدر موثوق.
يدخل المستخدمون البيانات بما في ذلك بيانات الاعتماد على موقع الويب المزيف مما يسمح للمهاجمين بالتقاط أي معلومات تم إدخالها.
التصيد الاحتيالي هو هجوم يتم تنفيذه ضد هدف محدد من خلال التعرف على عادات الهدف واهتماماته.
أفضل دفاع هو تدريب المستخدمين على الوعي الأمني.

البرمجيات الخبيثة

البرمجيات الخبيثة (أو البرامج الضارة) هو مصطلح يصف أي برنامج يلحق الضرر بجهاز الكمبيوتر أو يحذف البيانات أو يتخذ إجراءات لم يأذن بها المستخدم.
هناك مجموعة واسعة من أنواع البرمجيات الخبيثة بما في ذلك تلك التي ربما سمعت عنها مثل الفيروسات.
تتطلب بعض أنواع البرمجيات الخبيثة مساعدة المستخدم للانتشار في حين أن البعض الآخر لا يتطلب ذلك.
الدودة هي نوع من البرمجيات الخبيثة التي يمكن أن تنتشر دون مساعدة المستخدم.
الدودة عبارة عن برنامج صغير يستخدم مثل الفيروسات لتوصيل حمولة.
إحدى الطرق للمساعدة في التخفيف من آثار الديدان هي وضع حدود على مشاركة البرامج وكتابتها وتنفيذها.
الحل الحقيقي هو نشر برامج مكافحة الفيروسات والبرامج الضارة على جميع الأجهزة في الشبكة.
تم تصميم هذا البرنامج لتحديد الفيروسات وأحصنة طروادة والديدان وحذفها أو على الأقل عزلها حتى يمكن إزالتها.

الفيروسات

الفيروسات التي تحمل أسماء جذابة مثل تشير نوبيل ومايكل أنجلو وميليسا وأنا أحبك وحشرة الحب ربما تكون أكثر التهديدات شهرة لأمن جهاز الكمبيوتر الخاص بك لأنها تحظى بتغطية إعلامية كبيرة مع تكاثرها وتسببها في أضرار جسيمة لمئات الأشخاص.

في أبسط أشكالها الفيروسات عبارة عن برامج صغيرة تتسبب في حدوث مجموعة متنوعة من الأشياء السيئة للغاية على جهاز الكمبيوتر الخاص بك والتي تتراوح من مجرد الإزعاج إلى التدمير الكامل.

يمكنها عرض رسالة أو حذف ملفات أو حتى إرسال كميات هائلة من البيانات غير ذات المعنى عبر شبكة لمنع الرسائل المشروعة.

السمة الرئيسية للفيروسات هي أنها لا تستطيع تكرار نفسها على أجهزة كمبيوتر أو أنظمة أخرى دون أن يقوم المستخدم بشيء مثل فتح مرفق قابل للتنفيذ في بريد إلكتروني لنشرها.

يوضح الشكل (7) مدى سرعة انتشار الفيروس عبر نظام البريد الإلكتروني.

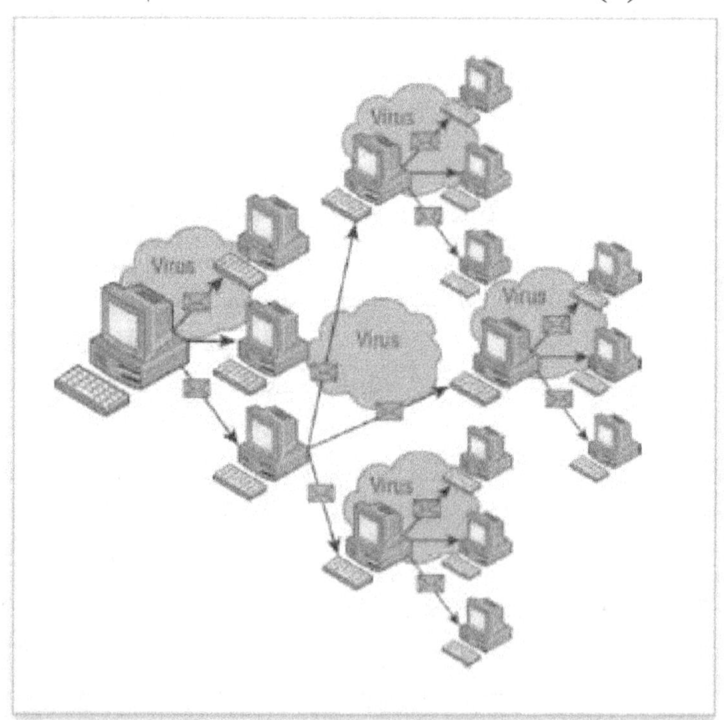

الشكل (7) مدى سرعة انتشار الفيروس عبر نظام البريد الإلكتروني.
CCST Support Technician, Networking Exam, Todd Lammle.2024.

هناك عدة أنواع مختلفة من الفيروسات ولكن أكثرها شيوعًا هي فيروسات الملفات وفيروسات الماكرو (ملفات البيانات) وفيروسات قطاع الإقلاع. يختلف كل نوع قليلاً في طريقة عمله وكيفية إصابته لنظامك وكما هو متوقع تهاجم العديد من الفيروسات التطبيقات الشائعة مثل Microsoft Word وExcel وPowerPoint لأن هذه البرامج سهلة الاستخدام لذا فمن السهل إنشاء فيروس لها.

على عكس هجمات رفض الخدمة (DoS) فإن كتابة فيروس فريد من نوعه يُعتبر تحديًا برمجيًا لذا فإن المحتال الذي يتمكن من ابتكاره لا يكتسب احترام مجتمع القرصنة فحسب بل ويحظى أيضًا بفرصة الاستمتاع بوهج جنون وسائل الإعلام الناتج عن إنشائه والاستمتاع بخمس عشرة دقيقة من الشهرة. هذا أيضًا سبب كبير في أن الفيروسات أصبحت أكثر تعقيدًا وصعوبة في القضاء عليها.

رفض الخدمة/رفض الخدمة الموزعة

إهجمات رفض الخدمة (DoS) تمنع المستخدمين من الوصول إلى الشبكة و/أو مواردها.

تُشن هجمات رفض الخدمة بشكل شائع ضد شبكة الإنترنت الداخلية لشركة كبيرة وخاصة مواقعها الإلكترونية.

على الرغم من أن هجمات رفض الخدمة سيئة إلا أن المتسللين لا يحترمون المتسللين الآخرين الذين ينفذونها لأنها سهلة الاستخدام حقًا.

هجمات DoS تأتي في مجموعة متنوعة من النكهات.

دعنا نتحدث عن بعضها الآن.

Ping of Death

يستخدم Ping في المقام الأول لمعرفة ما إذا كان الكمبيوتر يستجيب لطلبات IP.

عادةً عندما تقوم بـ ping على مضيف بعيد فإن ما تفعله في الواقع هو إرسال أربع رزم بروتوكول رسائل التحكم بالإنترنت (ICMP) بحجم طبيعي إلى المضيف البعيد لمعرفة ما إذا كانت متوفرة.

ولكن أثناء هجوم ping of death يتم إرسال رزمة ICMP ضخمة إلى ضحية المضيف البعيد مما يؤدي إلى إغراق مخزن الضحية بالكامل ويتسبب في إعادة تشغيل النظام أو تعليقه هناك بلا حول ولا قوة وغرقه.

يجب أن تعرف أن التصحيحات متاحة لمعظم أنظمة التشغيل لمنع هجوم ping of death من العمل.

هجمات الحرمان من الخدمة الموزعة

يمكن أن تصبح هجمات الحرمان من الخدمة (DoS) أكثر فعالية إذا تمكن المهاجم من تضخيمها من خلال تجنيد مساعدين في عملية الهجوم.
تشرح الأقسام التالية بعض المصطلحات والمفاهيم التي تنطبق على هجوم الحرمان من الخدمة الموزع (DDos).

شبكة الروبوتات/القيادة والتحكم

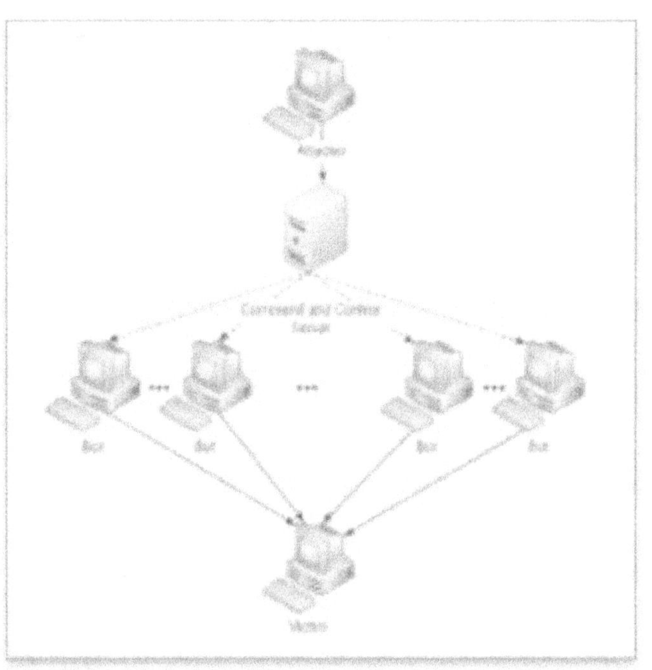

الشكل (8) هجمات الحرمان من الخدمة

.CCST Support Technician, Networking Exam, Todd Lammle.2024

شبكة الروبوتات هي مجموعة من البرامج المتصلة بالإنترنت بغرض تنفيذ مهمة بطريقة منسقة.

بعض شبكات الروبوتات مثل تلك التي تم إنشاؤها للحفاظ على التحكم في قنوات الدردشة عبر الإنترنت (IRC) قانونية في حين يتم إنشاء شبكات أخرى بشكل غير قانوني لفرض هجمات الحرمان من الخدمة الموزعة.

يمكن للمهاجم تجنيد وبناء شبكة روبوتات للمساعدة في تضخيم هجوم الحرمان من الخدمة كما هو موضح في الشكل (8).

الخطوات المتبعة في عملية بناء شبكة بوت نت هي كما يلي:

1. يرسل مشغل شبكة بوت نت فيروسات أو ديدان تكون حمولتها عبارة عن تطبيقات ضارة (روبوتات) تصيب أجهزة الكمبيوتر الخاصة بالمستخدمين العاديين.

2. تسجل الروبوتات الموجودة على أجهزة الكمبيوتر المصابة الدخول إلى خادم يسمى خادم الأوامر والتحكم (C&C) تحت سيطرة المهاجم.

3. في الوقت المناسب يرسل المهاجم من خلال خادم الأوامر والتحكم أمرًا إلى جميع الروبوتات لمهاجمة الضحية في نفس الوقت وبالتالي تضخيم تأثير الهجوم بشكل كبير.

ملخص الفصل

في هذا الفصل ناقشت مدى أهمية أمان الشبكة وكيف نما بشكل كبير خلال العقد الماضي.

بدأ الفصل بالأساسيات الثلاثة للأمان: السرية والنزاهة والتوافر (CIA) والتي يشار إليها غالبًا باسم ثالوث CIA.

كما تعلمت أيضًا عن AAA وRadius وTACACS+ والمصادقة والتشفير وتعقيدات كلمة المرور والتهديدات والثغرات الأمنية.

واختتم الفصل بمناقشة متعمقة حول هجمات رفض الخدمة (DoS).

أساسيات الإمتحان

تذكر ما هو CIA

CIA هي السرية والنزاهة والتوافر.

تعرف على TACACS+ وRADIUS TACACS+ هو بروتوكول خاص بشركة Cisco ويستخدم TCP ويمكنه فصل الخدمات.

RADIUS هي خدمة مصادقة ومحاسبة مفتوحة المعيار وتستخدم UDP ولا يمكنها فصل الخدمات.

تذكر ما هي الثغرة الأمنية.

الثغرة الأمنية هي غياب تدبير مضاد أو ضعف في تدبير مضاد موجود.

يمكن أن تحدث الثغرات الأمنية في البرامج أو الأجهزة أو الأفراد.

أسئلة المراجعة

تم تصميم الأسئلة التالية لاختبار فهمك لمادة هذا الفصل.

لمزيد من المعلومات حول كيفية الحصول على أسئلة إضافية يرجى زيارة www.lammle.com/ccst.

يمكنك العثور على إجابات هذه الأسئلة في الملحق "إجابات أسئلة المراجعة".

1. أي مما يلي صحيح بشأن TACACS+؟ (اختر اثنين.)

أ. TACACS+ هي آلية أمان خاصة بشركة Cisco.

ب. يستخدم TACACS+ بروتوكول UDP.

ج. يجمع TACACS+ بين خدمات المصادقة والتفويض كعملية واحدة بعد مصادقة المستخدمين يتم تفويضهم أيضًا.

د. يوفر TACACS+ دعمًا متعدد البروتوكولات.

2. أي مما يلي غير صحيح بشأن RADIUS؟

أ. RADIUS هو بروتوكول معياري مفتوح.

ب. يفصل RADIUS خدمات AAA.

ج. يستخدم RADIUS بروتوكول UDP.

د. يقوم RADIUS بتشفير كلمة المرور فقط في رزمة طلب الوصول من العميل إلى الخادم أما باقي الرزمة فهو غير مشفر.

3. أي مما يلي ليس بديلاً لكلمة المرور؟

أ. المصادقة متعددة العوامل (MFA)

ب. عمليات البحث عن البرامج الضارة

ج. القياسات الحيوية

د. الشهادات

4. أي مما يلي يعد من هجمات رفض الخدمة الشائعة؟ (اختر إجابتين.)

أ. CnC

ب. DDos

ج. MFA

د. Ping of death

5. أي مما يلي يعد من التهديدات المدرجة التي يجب أن تكون على دراية بها كخط دفاع أول في توفير CIA؟ (اختر أربعة.)

أ. التهديدات المنظمة

ب. التهديدات الخارجية

ج. التهديدات الداخلية

د. تهديدات البرامج الضارة

هـ. التهديدات غير المنظمة

6. ما أنواع بروتوكولات خادم الأمان التي تدعمها أجهزة توجيه Cisco؟ (اختر ثلاثة.)

أ. RADIUS

ب. Kerberos

ج. DIA

د. ‎+TACACS‎

7. أي مما يلي يصف الاستغلال؟

أ. الاستغلال هو عندما يستخدم برنامج مكافحة الفيروسات ملفات تعريف تحدد البرامج الضارة المعروفة.

ب. الاستغلال هو نظام لتصنيف الثغرات الأمنية التي يتم اكتشافها بناءً على مقاييس محددة مسبقًا.

ج. الاستغلال هو عندما يربك أحد المتسللين مستخدمًا داخليًا ويجعله يسلم بيانات اعتماده.

د. الاستغلال هو عندما يستغل وكيل التهديد ثغرة أمنية ويستخدمها لتنفيذ هجوم.

8. تم تصميم المصادقة متعددة العوامل لإضافة مستوى إضافي من الأمان إلى عملية المصادقة من خلال التحقق من أكثر من سمة للمستخدم قبل السماح بالوصول إلى مورد.

يمكن تحديد هوية المستخدمين بإحدى الطرق الخمس.

أي مما يلي يمكن أن يكون جزءًا من المصادقة متعددة العوامل؟ (اختر ثلاثة.)

أ. شيء يأكله المستخدم

ب. شيء يعرفه المستخدم

ج. شيء هو المستخدم

د. شيء يمتلكه المستخدم

9. ما هي العبارة الصحيحة فيما يلي حول قوائم التحكم في الوصول؟

أ. توجد عادةً على أجهزة التوجيه لتحديد الرزم المسموح لها بالتوجيه من خلالها استنادًا إلى عناوين بروتوكول الإنترنت (IP) المصدر أو الوجهة للجهاز الطالب.

ب. تعمل فقط على مبدلات الطبقة 2.

ج. تعمل فقط على الطبقات 3/4 وتعمل فقط على جدار الحماية الجديد من Cisco.

د. تستخدم عناوين MAC فقط لتصفية الرزم.

10. أي من العبارات التالية تصف جدار الحماية بشكل أفضل؟

أ. يوفر جدار الحماية وصولاً كاملاً إلى شبكتك الداخلية من الإنترنت بحيث يمكن للمحاسبة مثلا تحديث جداول البيانات المستخدمة لكشوف المرتبات.

ب. يحظر جدار الحماية جميع حركة المرور بحيث لا يتمكن الأشخاص من الخروج من الشبكة الداخلية دون وثيقة مكتوبة وموقعة من مدير التكنولوجيا.

ج. يحمي جدار الحماية شبكاتك الداخلية من أي شخص على الإنترنت، وفي الوقت نفسه يقوم بفحص حركة المرور المتجهة إلى الإنترنت.

د. يوفر جدار الحماية بيانات حيوية لجميع البيانات المتجهة من داخل الشبكة

إلى خارجها.

الفصل الحادي عشر: الحوسبة السحابية وإنترنت الأشياء

الحوسبة السحابية وتأثيرها على شبكة المؤسسة

- يخبرنا تاريخ دمج خوادمنا وإضفاء الطابع الافتراضي عليها أن هذا أصبح الطريقة الفعلية لتنفيذ الخوادم بسبب كفاءة الموارد الأساسية.
- يستخدم خادمان ماديان ضعف كمية الكهرباء التي يستخدمها خادم واحد ولكن من خلال المحاكاة الافتراضية يمكن لخادم مادي واحد استضافة جهازين افتراضيين ومن هنا يأتي التوجه الرئيسي نحو المحاكاة الافتراضية.
- بفضل ذلك يمكن مشاركة مكونات الشبكة ببساطة و بكفاءة أكبر.
- إن المستخدمين المتصلين بشبكة مزود الخدمة السحابية للتخزين أو التطبيقات لا يهتمون بالبنية الأساسية لأن الحوسبة عندما تصبح خدمة بدلاً من منتج فإنها تعتبر بعد ذلك موردًا عند الطلب كما في الشكل (1).

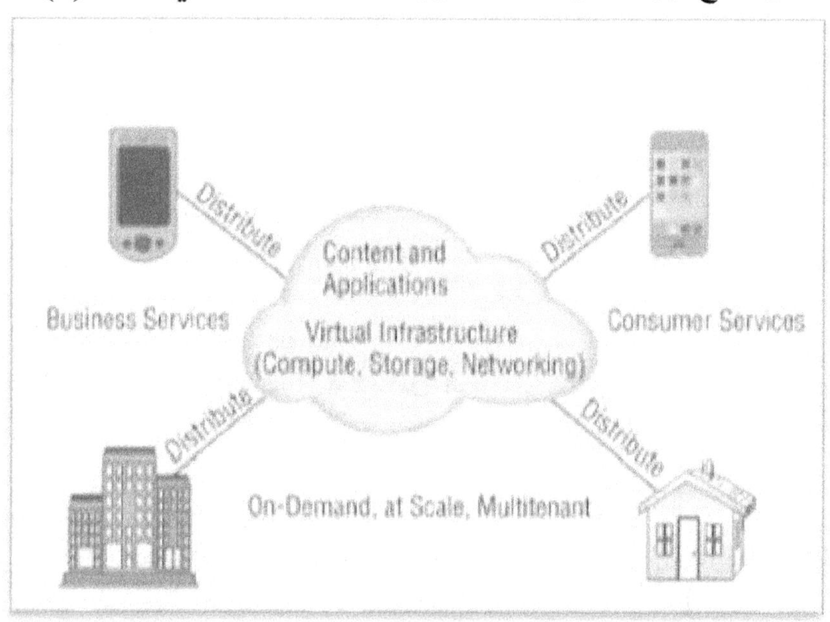

الشكل (1)

CCST Support Technician, Networking Exam, Todd Lammle.2024.

من الفوائد الكبيرة التي تقدمها خدمات السحابة المركزية/توحيد الموارد وأتمتة الخدمات والمحاكاة الافتراضية والتوحيد القياسي و غيرها الكثير الشكل(2) يوضح هذه المزايا.

356

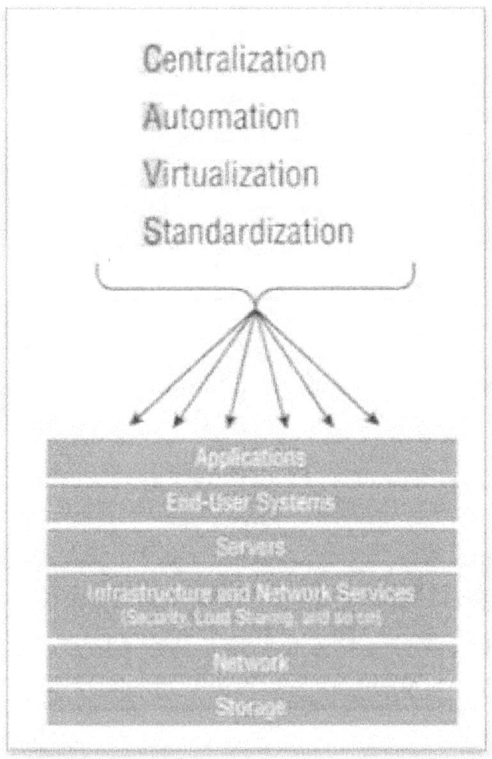

الشكل (2) مزايا الحوسبة السحابية.

CCST Support Technician, Networking Exam, Todd Lammle.2024.

تتمتع الحوسبة السحابية بالعديد من المزايا مقارنة بالاستخدام التقليدي لموارد الكمبيوتر.

فيما يلي المزايا التي تعود على منشئ أو مزود خدمة سحابية:

- خفض التكاليف، والتوحيد القياسي، والأتمتة
- الاستخدام العالي من خلال الموارد الافتراضية المشتركة
- إدارة أسهل
- نموذج عمليات في المكان

فيما يلي المزايا التي تعود على مستخدمي السحابة:

- توفير الموارد حسب الطلب والخدمة الذاتية
- دورات نشر سريعة
- فعالة من حيث التكلفة
- مظهر مركزي للموارد
- هندسة تطبيقات عالية التوفر وموسعة أفقيًا
- لا توجد نسخ احتياطية محلية

357

أهمية الخدمات السحابية

وجود موارد مركزية أمر بالغ الأهمية للقوى العاملة اليوم.
على سبيل المثال إذا قمت بتخزين مستنداتك محليًا على الكمبيوتر المحمول الخاص بك وسُرق الكمبيوتر المحمول الخاص بك فأنت في ورطة كبيرة ما لم تقم بنسخ احتياطية محلية مستمرة.

تجربة شخصية للخدمة السحابية

- باستخدام Google Drive وOneDrive وDropbox لجميع ملفاتي أصبحت هذه الملفات أفضل أصدقائي في النسخ الاحتياطي.
- إذا فقدت الكمبيوتر المحمول الخاص بي الآن فما عليّ سوى تسجيل الدخول من أي كمبيوتر من أي مكان إلى محركات الأقراص المنطقية لمزود الخدمة الخاص بي وسرعان ما أحصل على جميع ملفاتي مرة أخرى.
- هذا مثال بسيط لاستخدام الحوسبة السحابية وخاصة SaaS.
- توفر الحوسبة السحابية مشاركة الموارد وعمليات أقل تكلفة تنتقل إلى مستهلك السحابة وتوسيع نطاق الحوسبة والقدرة على إضافة خوادم جديدة بشكل ديناميكي دون المرور بعملية الشراء والنشر.

مفاهيم السحابة

- غالبًا ما تسمع مصطلحي السحابة العامة والسحابة الخاصة.
- يمكن اعتبار السحابة بمثابة بيئات حوسبة افتراضية حيث توجد خوادم وأجهزة كمبيوتر سطح مكتب افتراضية ويمكن للمستخدمين الوصول إليها.
- السحابة الخاصة هي تلك التي يتم فيها توفير هذه البيئة للمؤسسة من قبل جهة خارجية مقابل رسوم.
- يعد هذا حلاً جيدًا للشركة التي لا تمتلك الخبرة ولا الموارد اللازمة لإدارة سحابتها الخاصة ولكنها ترغب في الاستفادة من الفوائد التي توفرها الحوسبة السحابية:
  - زيادة الأداء
  - زيادة تحمل الأخطاء
  - التوافر المستمر
  - الوصول من أي مكان
- يمكن اعتبار هذه الأنواع من السحابات سحابات خارج الموقع أو عامة.
- بالنسبة للمؤسسة التي تمتلك الخبرة والموارد تكون السحابة الخاصة أو الموجودة في الموقع أفضل و أكثر أمانًا.

- يتمتع هذا الأسلوب بنفس الفوائد التي تتمتع بها السحابة العامة وقد يوفر تحكمًا أكثر دقة وخيارات أكثر للمؤسسة.
- تضع خدمة التخزين السحابي البيانات على خادم مركزي ولكن على عكس مركز البيانات الداخلي في شبكة المنطقة المحلية يمكن الوصول إلى البيانات من أي مكان وفي العديد من الحالات من مجموعة متنوعة من أنواع الأجهزة. توفر حلول السحابة عادةً التسامح مع الأخطاء وتوفير موارد الكمبيوتر الديناميكية (وحدة المعالجة المركزية والذاكرة والشبكة).

يمكن أن تختلف عمليات نشر السحابة في الطريقتين التاليتين:

- الكيان الذي يدير الحل
- النسبة المئوية للحل الإجمالي الذي يوفره البائع

الخيارات المتعلقة بالكيان الذي يدير الحل:

السحابة الخاصة:

حل مملوك ومُدار بواسطة شركة واحدة لاستخداماتها فقط.

السحابة العامة:

حل توفره جهة خارجية لشركة مستفيدة تفرغ التفاصيل للجهة الخارجية ولكنها تتخلى عن بعض التحكم وقد تتسبب في مشكلات أمنية.

السحابة الهجينة:

مزيج من الخاص والعام على سبيل المثال ربما تستخدم فقط مرافق المزود ولكنك لا تزال تدير البيانات بنفسك.

السحابة المجتمعية:

حل مملوك ومُدار بواسطة مجموعة من المنظمات التي تنشئ السحابة لغرض مشترك.

نماذج الخدمة السحابية

يمكن لموفري الخدمات السحابية أن يقدموا لك موارد مختلفة متاحة بناءً على احتياجاتك وميزانيتك.

يمكنك اختيار منصة شبكة نشطة فقط أو الاعتماد على موارد الشبكة ونظام التشغيل والتطبيق.

يوضح الشكل (3) نماذج الخدمة الثلاثة المتاحة اعتمادًا على نوع الخدمة التي تختار الحصول عليها من السحابة.

البنية الأساسية كخدمة (IaaS) تسمح للعميل بإدارة معظم الشبكة في حين لا تسمح البرمجيات كخدمة (SaaS) بأي إدارة من قبل العميل وتأتي المنصة كخدمة (PaaS) في مكان ما بين الاثنين.

من الواضح أن الخيارات يمكن أن تكون محددة وفقا لمعايير التكلفة لذا فإن أهم شيء هو أن يدفع العميل فقط مقابل الخدمات أو البنية الأساسية التي يستخدمها. دعونا نلقي نظرة على كل خدمة:

IaaS:

توفر IaaS البنية الأساسية الشبكة فقط و بيئة محاكاة افتراضية للمنصة حيث يتمتع العميل بأكبر قدر من القدرة على التحكم والإدارة.

يوفر البائع منصة الأجهزة أو مركز البيانات وتقوم الشركة بتثبيت وإدارة أنظمة التشغيل وأنظمة التطبيقات الخاصة بها.

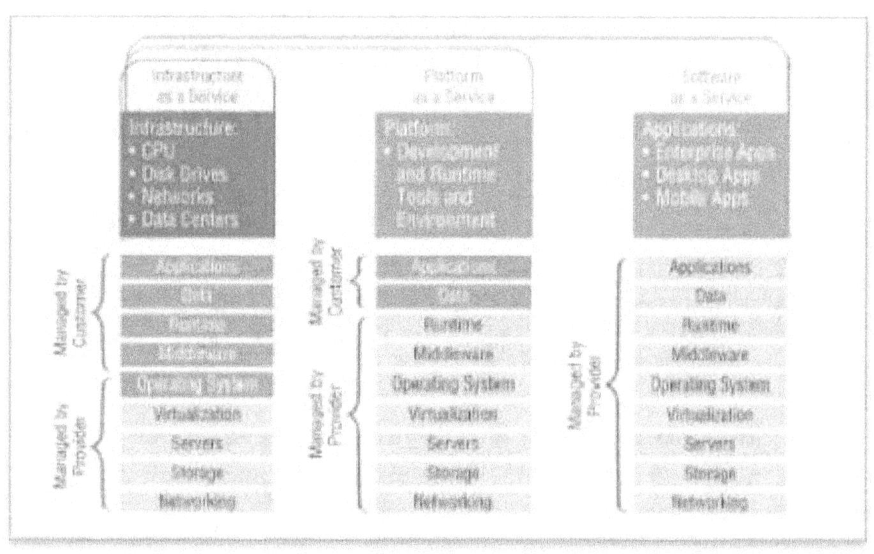

الشكل (3) خدمات الحوسبة السحابية.

CCST Support Technician, Networking Exam, Todd Lammle.2024.

PaaS:

توفر نظام التشغيل والشبكة.

يوفر البائع منصة الأجهزة أو مركز البيانات والبرنامج الذي يعمل على المنصة مما يسمح للعملاء بتطوير التطبيقات وتشغيلها وإدارتها دون تعقيد بناء وصيانة البنية الأساسية المرتبطة عادةً بتطوير وتشغيل تطبيق.

مثال على ذلك هو Windows Azure.

SaaS:

يوفر البرنامج ونظام التشغيل والشبكة المطلوبة أى يوفر البائع الحل الكامل يشمل نظام التشغيل وبرنامج البنية الأساسية والتطبيق.

يتكون SaaS من برامج تطبيقية شائعة مثل قواعد البيانات وخوادم الويب وبرامج البريد البريدي التي يستضيفها بائع SaaS.

يتمكن العميل من الوصول إلى هذا البرنامج عبر الإنترنت.

وبدلاً من أن يقوم المستخدمون بتثبيت البرنامج على أجهزة الكمبيوتر أو الخوادم الخاصة بهم يمتلك بائع SaaS البرنامج ويشغله على أجهزة الكمبيوتر في مركز البيانات الخاص به.

مثال على خدمات SaaS.

Microsoft Office 365

Amazon Web Services (AWS)

- بناءً على متطلبات عملك وميزانيتك يقوم مزودو الخدمات السحابية بتسويق مجموعة واسعة جدًا من منتجات الحوسبة السحابية بدءًا من العروض المتخصصة للغاية إلى مجموعة كبيرة من الخدمات.

- يتم تقديم سعر ثابت لك لكل خدمة تستخدمها مما يتيح لك بسهولة وضع الميزانية بحكمة للمستقبل.

- سيتعين عليك إنفاق قليل من المال على تدريب الموظفين ولكن مع الأتمتة يمكنك القيام بالمزيد مع عدد أقل من الموظفين لأن الإدارة ستكون أسهل وأقل تعقيدًا.

- يعمل على تحرير موارد الشركة للعمل على متطلبات الأعمال الجديدة ويسمح للشركة بأن تكون أكثر مرونة وإبداعًا على المدى الطويل.

طرق الاتصال

عند الاتصال بخادم افتراضي موجود في بيئة سحابية توجد عدة طرق لإجراء هذا الاتصال:

■ اتصالات الشبكة الخاصة الافتراضية (VPN): هذه هي الطريقة الأكثر مباشرة للاتصال.

مثال على ذلك السحابة الخاصة الافتراضية (VPC) من Amazon Web Services (AWS) والتي ستنشئ اتصال VPN بين شبكة مؤسستك بالكامل والسحابة الخاصة بها.

■ سطح المكتب البعيد: بينما يوصلك اتصال VPN بالشبكة الافتراضية يمكن أن يكون اتصال RDP مباشرًا بخادم.

إذا كان الخادم يعمل بنظام Windows تستخدم عميل سطح المكتب البعيد.

إذا كان الخادم يعمل بنظام Linux فمن المرجح أن يكون الاتصال اتصال SSH بسطر الأوامر.

■ بروتوكول نقل الملفات (FTP): يجب تمكين خادم FTP على الخادم

وبعد ذلك يمكنك استخدام عميل FTP أو العمل على سطر الأوامر. يكون هذا هو الأفضل عند إجراء عمليات تنزيل بيانات مجمعة.

■ وحدة التحكم عن بعد في VMware: تتيح لك هذه الوحدة تثبيت محرك أقراص DVD محلي على الخادم الافتراضي. وهذا مفيد لتحميل ملفات ISO أو أقراص التثبيت إلى الخادم السحابي.

التداعيات/الاعتبارات الأمنية

يمكن كتابة كتاب كامل عن التداعيات الأمنية للسحابة لكن أهم المخاوف التي تبرز فوق غيرها من بينها ما يلي:

■ في حين تحتوي السحابة بشكل متزايد على بيانات قيمة فإنها معرضة للهجمات تمامًا مثل البيئات المحلية.

تذكرنا حالات مثل حادثة Salesforce.com حيث وقع فني في فخ هجومتصيد احتيالي أدى إلى اختراق كلمات مرور العملاء.

■ يفشل العملاء في ضمان احتفاظ المزود ببياناتهم آمنة في البيئات المتعددة المستأجرين كما يفشلون في ضمان تعيين كلمات المرور وحمايتها وتغييرها بنفس الاهتمام بالتفاصيل التي قد يرغب فيها العميل.

■ لم يتم تطوير معيار محدد لتوجيه مقدمي الخدمة فيما يتعلق بخصوصية البيانات.

■ يختلف أمان البيانات بشكل كبير من بلد إلى آخر وليس لدى العملاء أي فكرة عن مكان وجود بياناتهم في أي وقت.

العلاقة بين الموارد المحلية والسحابية

عند مقارنة مزايا البيئات المحلية والسحابية والموارد الموجودة في كل منها تبرز عدة أمور:

■ تتطلب البيئة السحابية استثمارًا ضئيلًا للغاية في البنية الأساسية من جانب العميل في حين تتطلب البيئة المحلية استثمارًا في كل من المعدات والموظفين لإعدادها وإدارتها.

■ يمكن أن تكون البيئة السحابية قابلة للتوسع بشكل كبير وتتغير في أي لحظة بينما يتطلب توسيع البيئة المحلية أو توسعتها استثمارًا في كل من المعدات والموظفين.

تتضمن الاستثمارات في بيئات السحابة رسومًا شهرية بدلاً من النفقات الرأسمالية كما هو مطلوب في بيئة محلية.

■ في حين توفر البيئة المحلية التحكم الكامل للمنظمة، فإن السحابة تسلب بعضًا من هذا التحكم.

■ في حين أنك تعرف دائمًا مكان بياناتك في بيئة محلية فقد لا يكون هذا هو

الحال في السحابة وقد يتغير الموقع بسرعة.

■ العمل عن بُعد/العمل الهجين هو شيء يجب أن تكون كل شركة على دراية به وكيفية توفير الأمان بين الموارد المحلية وموارد السحابة.

أصبحت مواقع العمل المختلطة هي القاعدة الآن ولن تختفي.

بدون مزيج من الموارد المحلية والسحابية بما في ذلك أمان إحضار جهازك الخاص (BYOD) لم يكن هذا ممكنًا أبدًا.

آخر و أحدث خدمات السحابة

- أصبح مفهوم إنترنت الأشياء (IoT) هو حياتنا الآن ولن يختفي أبدًا.

- هناك مليارات من تطبيقات إنترنت الأشياء في العالم الحقيقي قيد الاستخدام الآن.

- يقدر إجمالي تطبيقات انترنت الأشياء بأكثر من 12.3 مليار في عام 2023.

- يشير نفس المصدر إلى أن هذا الرقم سينمو بنسبة 22 في المائة سنويًا بين الآن وعام 2025 مما ينتج عنه ما يقرب من 27.1 مليار شيء متصل بحلول ذلك الوقت.

- تُستخدم هذه الأشياء للشركات الاستهلاكية والشركات والتصنيع والصناعة (IIoT).

يوضح الشكل 11.4 مبدلا صناعيًا معززًا.

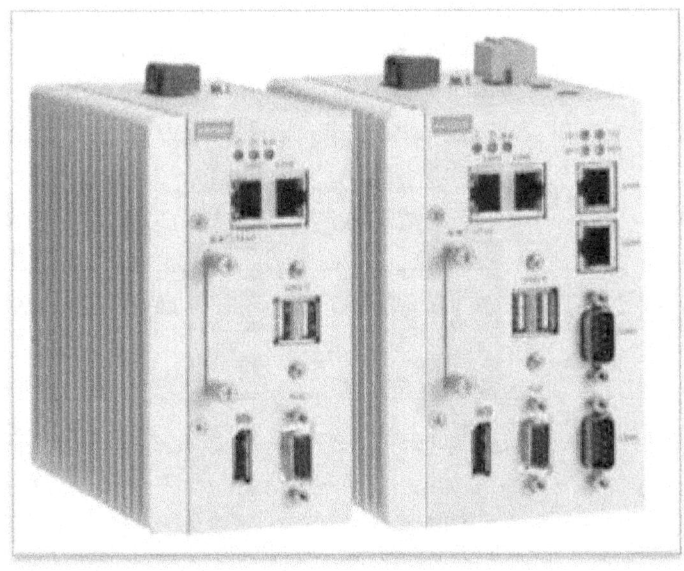

الشكل (3) خدمات الحوسبة السحابية.
CCST Support Technician, Networking Exam, Todd Lammle.2024.

يمكن لأي عمل تقريبًا الاستفادة من إنترنت الأشياء حيث يجلب أتمتة العمليات والتحليل والرؤية وإدارة الأسطول والأصول وتقليل العمالة ومراقبة الأداء إلى أي مؤسسة وبالنسبة للعديد من المؤسسات أصبح هذا إنجازًا رئيسيًا على طريق التحول الرقمي الكامل.

يستمر إنترنت الأشياء في اكتساب الزخم في التصنيع والنقل والمرافق حيث تساعد أجهزة الاستشعار وأجهزة إنترنت الأشياء الأخرى في إدارة الأساطيل والأصول الملموسة الأخرى.

لماذا أصبح إنترنت الأشياء رائجًا الآن؟

- كل شيء أصبح أكثر كفاءة ويوفر تطبيقات واسعة النطاق في الأسواق الرأسية بما في ذلك الزراعة وطاقة الطيران والرعاية الصحية والخدمات الطبية والخدمات اللوجستية والاتصالات وحتى المتنزهات الكبيرة مثل ديزني لاند حيث يمكنهم الآن تتبع الزوار ومتابعتهم.

- من الصعب التفكير في أي عمل لا يمكنه الاستفادة من إنترنت الأشياء.

- الآن إذا كنت تفكر في الأمان والخصوصية الآن يعد أمان المنزل أمرًا أساسيًا لإنترنت الأشياء الآن بالإضافة إلى أجهزة تعقب النشاط مثل كاميرات الفيديو المنزلية.

- لا تنسَ اكتشاف الحركة ونظارات الواقع المعزز.

- تستمر هذه القائمة في منزلك غسالات الصحون والثلاجات والغسالات والمجففات وأحواض الاستحمام وأجهزة التلفاز الذكية والساعات الذكية والسيارات والشاحنات وأنظمة التدفئة والتبريد وأجهزة اللياقة البدنية وأجهزة التتبع وأجهزة الإنذار بالحريق الذكية وأقفال الأبواب الذكية والدراجات الذكية هي أمثلة على المنتجات التي تدعم إنترنت الأشياء والتي ربما تكون لديك خبرة شخصية بها بالفعل.

- كل هذا رائع ومثير للقلق في نفس الوقت.

- إذا كانت الشركة تمتلك أسطولاً من السيارات أو إذا كنت تريد تتبع طفلك المراهق أثناء قيادته على سبيل المثال فإن إنترنت الأشياء هو الحل المناسب لك.

- يمكن لإنترنت الأشياء تتبع أي مركبة بحيث يمكنك معرفة مكان وجود تلك المركبة بالضبط في أي وقت وعدد الأميال التي قطعتها وتواريخ الخدمة بالإضافة إلى سرعة السيارة/الشاحنة.

تطبيقات VoIP-IoT

سوف تتشارك VoIP وIoT نفس البنية الأساسية لشبكة المؤسسة أو المنزل وهي شبكة IP مما يعني أنه يمكن دمجهما بسلاسة في عمليات مشتركة.

يوضح الشكل (5) هاتف VoIP لإنترنت الأشياء.
هناك العديد من التكاملات لتطبيقات VoIP و IoT وأكثرها فائدة هي كما يلي:
تكامل إدارة المباني

- يعد فهم إدارة المباني مهمة مهمة للشركات التجارية ويمكن أن تشمل الأمان والمراقبة وأجهزة إنذار الحرائق ومراقبة الأبواب والنوافذ والاتصالات ومراقبة البيئة.

- توفر أجهزة الاستشعار قراءات درجة الحرارة واكتشاف الحركة وحتى اكتشاف الصوت.

- يعد VoIP جزءًا مهمًا من إدارة المباني وقد تم تصميم إنترنت الأشياء مثل لمثل هذه الأمور الهامة.

الشكل (4) هاتف VoIP لإنترنت الأشياء
CCST Support Technician, Networking Exam, Todd Lammle.2024.
تكامل حالة المستخدم

- ربما يكون أحد أكثر التكاملات فائدة لـ VoIP و IoT هو حالة المستخدمين الآخرين والتي ستُعلم المستخدمين الآخرين بحالة الشخص الذين يحاولون الوصول إليه.

- توفر هذه الحالة معلومات حول توفرهم أو حتى رغبتهم في التواصل من خلال مكالمة أو بريد إلكتروني أو هاتف محمول مما قد يُدخل المزيد من التفصيل والأتمتة إلى عرض معلومات الحضور.

- يمكن أن يكون أحد الأمثلة مستخدمًا خارج المكتب أو ليس عند مكتبه وفي هذه الحالة يمكن لإنترنت الأشياء إعلام المستخدمين الآخرين بأنه لا يمكن الوصول إلى الشخص عبر هاتف مكتبه.

- انطلاقًا من إدارة المباني بالإضافة إلى حالة المستخدم فإن ما هو الأكثر أهمية حقًا هو البيانات المتراكمة والمخزنة بمرور الوقت.
- في بيئة العمل حيث تكون المخزونات وحالة التصنيع وسلاسل التوريد حيوية لصحة العمل فإن وجود هذه المعلومات في متناول يدك أمر مهم خاصة بالنسبة لوكلاء مركز الاتصال.
- يمكن أن يوفر إنترنت الأشياء هذه المعلومات للوكلاء في الوقت الفعلي مما يسمح لهم بالاستجابة بشكل مناسب للعملاء والشركاء على حدٍ سواء.
- يمكن أن تشكل أنظمة إدارة علاقات العملاء ومركز المساعدة وإحصاءات مركز الاتصال وبيانات إنترنت الأشياء معًا مجموعة أكثر ثراءً من البيانات المتراكمة التي يمكن ربطها ببعضها البعض واستيفائها لتقديم معلومات أكثر ثراءً لاتخاذ قرارات أكثر مسؤولية.

ملخص الفصل

- تناول هذا الفصل بالتفصيل الحوسبة السحابية، التي تستمر في التطور وتتحمل المزيد والمزيد من أعباء عمل تكنولوجيا المعلومات.
- لقد تعلمت عن نماذج الخدمة الأكثر شيوعًا، بما في ذلك البنية الأساسية كخدمة (IaaS) والمنصة كخدمة (PaaS) والبرمجيات كخدمة (SaaS).
- توفر الحوسبة السحابية معالجة وتخزينًا وموارد حوسبة افتراضية للمستخدمين عن بُعد، مما يجعل الموارد متاحة بشفافية بغض النظر عن اتصال المستخدم.
- لقد قمت أيضًا بتعريف مصطلح إنترنت الأشياء (IoT).
- يجمع إنترنت الأشياء بين شبكة من الأجهزة المتصلة والتكنولوجيا التي توفر في الأساس الاتصال بين أجهزة نقطة النهاية والسحابة.
- وأخيرًا ناقشت أجهزة إنترنت الأشياء وكيف يمكنها أن تساعدك وتؤثر على حياتك اليومية.
- تذكر أن أي شيء تقريبًا به مستشعر متصل به ويمكنه نقل البيانات من كائن إلى آخر أو إلى مستشعر آخر أو حتى إلى أشخاص عبر الإنترنت يُعرف باسم جهاز إنترنت الأشياء.

أساسيات الإمتحان

- مقارنة وتباين تقنيات السحابة.
- فهم الاختلافات بين IaaS و SaaS و PaaS.

- التعرف على بنيات السحابة الأساسية.
- إن وجود العديد من العملاء أو المجموعات المختلفة التي تشترك جميعها في مراكز بيانات مزود السحابة نفسه يُسمى تعدد المستأجرين.
- فهم أن المرونة هي القدرة على توسيع مواردك لأعلى ولأسفل عند الطلب وأن قابلية التوسع هي القدرة على تنمية نشر السحابة بشكل موثوق بناءً على الطلب.
- تعتمد السحابة العامة على الإنترنت للوصول.
- يمكن نشر اتصالات مباشرة خاصة للحصول على اتصالات آمنة وموثوقة ومنخفضة الخطر من مركز البيانات الخاص إلى عمليات السحابة الخاصة بك.
- فهم الأسباب المفيدة لتكامل إنترنت الأشياء وبروتوكول الصوت عبر الإنترنت (VoIP) يعد تكامل إدارة المباني وتكامل حالة المستخدم وتكامل بيانات بروتوكول الصوت عبر الإنترنت وإنترنت الأشياء من التكاملات المفيدة الثلاثة لإنترنت الأشياء وبروتوكول الصوت عبر الإنترنت.
- تذكر خيارات نشر السحابة.
- السحابة الخاصة: هذا هو الحل المملوك والمُدار من قبل شركة واحدة فقط لاستخدام تلك الشركة.
- السحابة العامة: هذا هو الحل الذي توفره جهة خارجية. إنها تنقل التفاصيل إلى جهة خارجية ولكنها تتخلى عن بعض التحكم وقد تؤدي إلى مشكلات أمنية.
- السحابة الهجينة: هي مزيج من الخاص والعام. على سبيل المثال ربما تستخدم فقط مرافق المزود ولكنك لا تزال تدير البيانات بنفسك.
- السحابة المجتمعية: هذا حل مملوك ومدار من قبل مجموعة من المنظمات التي تنشئ السحابة لغرض مشترك.

أسئلة المراجعة

تم تصميم الأسئلة التالية لاختبار فهمك لمواد هذا الفصل. لمزيد من المعلومات حول كيفية الحصول على أسئلة إضافية، يرجى زيارة
www.lammle.com/ccst.

يمكنك العثور على إجابات هذه الأسئلة في الملحق "إجابات أسئلة المراجعة".

1. عندما يوفر البائع منصة الأجهزة أو مركز البيانات وتقوم الشركة بتثبيت وإدارة أنظمة التشغيل وأنظمة التطبيقات الخاصة بها ما نوع الخدمة المستخدمة؟

أ. البرمجيات كخدمة

ب. البنية الأساسية كخدمة

ج. المنصة كخدمة

د. سطح المكتب كخدمة

2. أي من الأجهزة التالية لن يكون على الأرجح نقطة نهاية إنترنت الأشياء؟

أ. حوض الاستحمام

ب. السيارة المكشوفة

ج. مقص الأعشاب الكهربائي

د. الإضاءة الخارجية لمنزلك/مكتبك

3. أي من الفوائد الثلاثة التالية هي استخدام الحوسبة السحابية؟

أ. تحديثات أسرع للمستندات

ب. زيادة تحمل الأخطاء

ج. التوافر المستمر

د. الوصول من أي مكان

4. أي مما يلي من المزايا لمنشئ أو مزود خدمة سحابية؟

أ. النسخ الاحتياطية المحلية

ب. فعالة من حيث التكلفة/ مخفضة التكلفة

ج. موارد لامركزية

د. موارد مركزية

هـ. نشر أسرع

5. أي مما يلي من المزايا لمستخدمي السحابة؟

أ. توفير الموارد ذاتية الخدمة حسب الطلب

ب. دورات نشر أسرع

ج. لا توجد نسخ احتياطية محلية

د. أكثر تكلفة ولكنها تستحق ذلك

6. أي مما يلي هو الأكثر فائدة لدمج VoIP وIoT؟

أ. هواتف السيارات عن بعد من خلال سحابات خلايا إنترنت الأشياء

ب. تكامل إدارة المباني

ج. تكامل حالة المستخدم

د. تكامل بيانات VoIP وIoT

7. أي مما يلي يوفر البنية الأساسية للشبكة فقط؟

أ. IaaS

ب. PaaS

ج. SaaS

د. DaaS

8. أي مما يلي يوفر نظام التشغيل والبنية الأساسية للشبكة؟

أ. IaaS

ب. PaaS

ج. SaaS

د. DaaS

9. أي مما يلي يوفر البرنامج المطلوب ونظام التشغيل والشبكة؟

أ. IaaS

ب. PaaS

ج. SaaS

د. DaaS

10. أي مما يلي هو مزيج من السحابة الخاصة والعامة؟

أ. السحابة الخاصة

ب. السحابة العامة

ج. السحابة الهجينة

د. السحابة المجتمعية

الفصل الثاني عشر: استكشاف الأخطاء وإصلاحها

مركز المساعدة

يجب أن يكون لدى كل شركة مركز مساعدة حتى لو كان صغيرًا.

إن إنشاء مركز مساعدة مع إصدار التذاكر ليس بالمهمة السهلة إذا كنت تريد أن يكون فعّالًا ومنظمًا مع نقطة اتصال مركزية لفريقك أو عملائك.

لإدارة مركز مساعدة يجب أن تفهم العمل الذي تحاول إدارته من أجل المساعدة في صيانة الشبكة والتطبيقات والأجهزة.

بمجرد تحديد وتدوين متطلبات العمل لمركز المساعدة يجب أن تكون قادرًا على حل المشكلات بطريقة منظمة.

إذا لم تكن شركتك لديها دعم فني ذاتي الخدمة (أي يتم الاستعانة بمصادر خارجية) فإن تكلفة تذكرة مشكلة واحدة في المتوسط وفقًا لـ Informa Tech تتراوح من 22 دولارًا إلى 1015 دولارًا اعتمادًا على دعم البائع الذي تحتاجه. لذلك يعتبر إنشاء مركز مساعدة داخلي الحل الأفضل لشركتك.

المساعدة الذاتية و الدردشة

إن استخدام بوابة ذاتية يمكن للأشخاص الانتقال إليها عندما يواجهون مشكلة ما مفيد للغاية!

قد يحتوي البرنامج أو التطبيق على صفحة ويب ذاتية الخدمة للعملاء لتقديم التذاكر والبحث عن المشكلات المعروفة الحالية ومتابعة حالة تذاكرهم.

كما أن الدعم عبر الهاتف والدردشة أمر شائع جدًا أيضًا.

هناك دائمًا المزيد من المعلومات التي تحتاج إلى جمعها.

عندما تبدأ في استجواب المستخدمين أو الموظفين حول مشكلاتهم فأنت بحاجة إلى الاستماع بعناية إلى الإجابات.

قد تحتاج أحيانا إلى الذهاب للتحقق فعليًا أو الاتصال عن بُعد بجهاز.

أعمال مكتب المساعدة و التذاكر

الشكل (1) يوضح مخطط انسيابي نموذجي يمكن أن يساعد مهندس مكتب المساعدة في حل مشكلة ما.

بمجرد أن يتلقى مكتب المساعدة أو الفني تذكرة يجب القيام بأحد الإجراءات التالية:

تحديث التذكرة:

بمجرد معالجة مشكلة المستخدم يجب على الفني تحديث وإغلاق تذكرة المشكلة.

يعد تحديث حل التذكرة مهمًا لأنه يمكنه ملء قاعدة بيانات نظام التذاكر.
إذا تم الإبلاغ عن نفس المشكلة من قبل مستخدم آخر يمكن للفني المستجيب البحث في قاعدة البيانات لحل المشكلة بسرعة.
يمكن للمسؤولين تحليل التذاكر لتحديد المشكلات الشائعة وأسبابها من أجل القضاء على المشكلة عالميًا إذا أمكن.

تصعيد التذكرة:

بعض المشكلات أكثر تعقيدًا أو تتطلب الوصول إلى أجهزة لا يملك الفني بيانات اعتماد لها.
في هذه الحالات يجب على الفني تصعيد (إعادة توجيه) تذكرة المشكلة إلى فني أكثر خبرة.
من المهم أن تكون جميع الوثائق التي تم التقاطها من المستخدم واضحة وموجزة ودقيقة.
لاحظ أن هذه المعلومات والعملية ستختلف من شركة إلى أخرى.

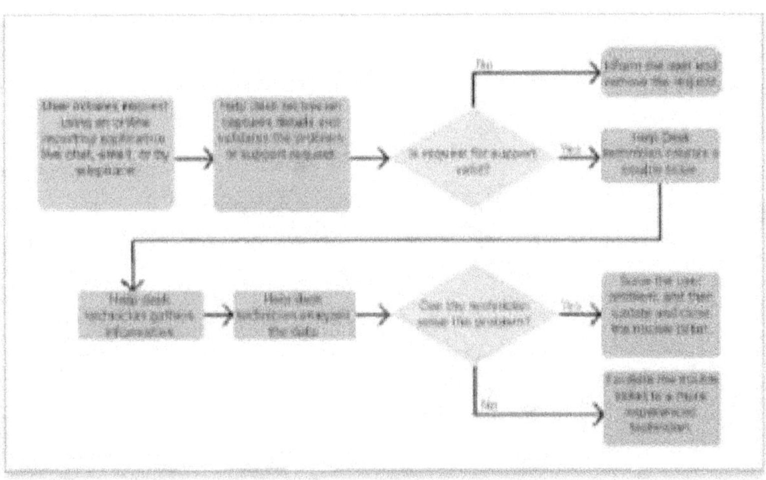

الشكل (1) مخطط مكتب المساعدة
CCST Support Technician, Networking Exam, Todd Lammle.2024.

سياسة الأمان

إن سياسة الأمان ضرورية لجميع الشركات.
يجب أن تكون سياسة محددة جيدًا ولا يمكن إنشاؤها إلا من خلال النظر في حركة المرور على الشبكة وتدفق التطبيقات.
للمساعدة في حماية كل من تكنولوجيا الشركة وبياناتها يجب توزيع سياسة الأمان على جميع الموظفين والعاملين.
في الشكل (2) يجب أن تغطي سياسة الأمان الخاصة بالمؤسسة ما يلي:

■ كيفية تحديد هوية المستخدمين والمصادقة عليهم
■ طول كلمة المرور وتعقيدها وفترة التحديث
■ ما السلوك المقبول على شبكة الشركة (AUP)
■ متطلبات الوصول عن بُعد وما إلى ذلك.
■ الصيانة
■ سياسة التعامل مع الحوادث

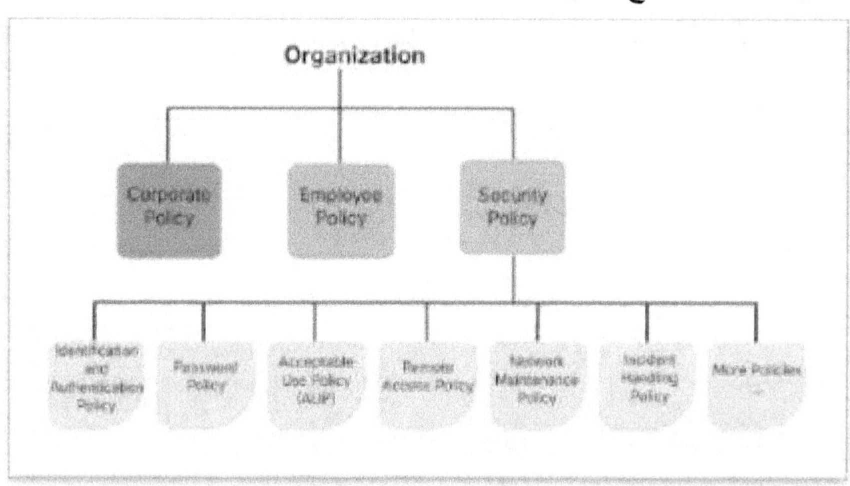

الشكل (2) سياسة الأمان

CCST Support Technician, Networking Exam, Todd Lammle.2024.

إن سياسة الأمان متغيرة ومتغيرة باستمرار.
بسبب الهجمات الجديدة والثغرات الأمنية المكتشفة يجب تحديث سياسة الأمان باستمرار حتى يوميًا إذا لزم الأمر.
للحفاظ على تشغيل الشبكة وكذلك تأمينها يجب أن يفهم فريق مكتب المساعدة وموظفو الشبكة ما يلي:

■ إجراءات التشغيل القياسية (SOP):
تحدد هذه الإجراءات خطوة بخطوة التي يجب إكمالها لأي مهمة معينة من أجل الامتثال لسياسة ما.

هناك إجراءات تشغيل قياسية يجب اتباعها عند تثبيت الخوادم ومعدات الشبكة الأخرى واستبدال أو ترقية أجهزة الشبكة وتثبيت (أو إلغاء تثبيت) التطبيقات وتعيين موظفين جدد وإنهاء خدمة الموظفين الحاليين والمزيد.

■ الإرشادات:
تغطي هذه المجالات التي لا يتم فيها تحديد إجراءات تشغيل قياسية.
يجب أن يكون لدى مكتب المساعدة إجراءات التشغيل القياسية والإرشادات في

جميع الأوقات عند التحدث عبر الهاتف أو التفاعل مع العميل. دعنا نلقي نظرة على التذاكر الآن.

التذاكر

التذكرة إبلاغ عن مشكلة تسمى أيضًا تذكرة مشكلة و قد تسمى تذكرة دعم في بعض الأحيان. عندما يواجه العميل أو الموظف مشكلة فسوف يتصل أو يدخل على الإنترنت أو يرسل بريدًا إلكترونيًا.

يمكنه تقديم معلومات حول المشكلة التي يبلغ عنها.

التذاكر مصممة لمساعدتك في إدارة مشاكل المستخدمين والطلبات والمشكلات الأخرى.

تساعد هذه العملية المستخدمين على الحصول على الدعم الذي يحتاجون إليه على الفور فضلاً عن المساعدة في عدم فقدان التذاكر.

عادةً يتم استخدام عنوان بريد إلكتروني مشترك لتلقي تذاكر المشكلات ولكن البوابة الموجودة على الخادم أكثر كفاءة.

تم تصميم الشكل (3) ليوضح تذكرة مشكلة نموذجية لمساعدتك على فهم المعلومات التي يجب أن تغطيها تذكرة مكتب المساعدة.

هذا النموذج من شركة Spiceworks والتي توفر برنامجًا مجانيًا لمكتب المساعدة لتذاكر المشكلات.

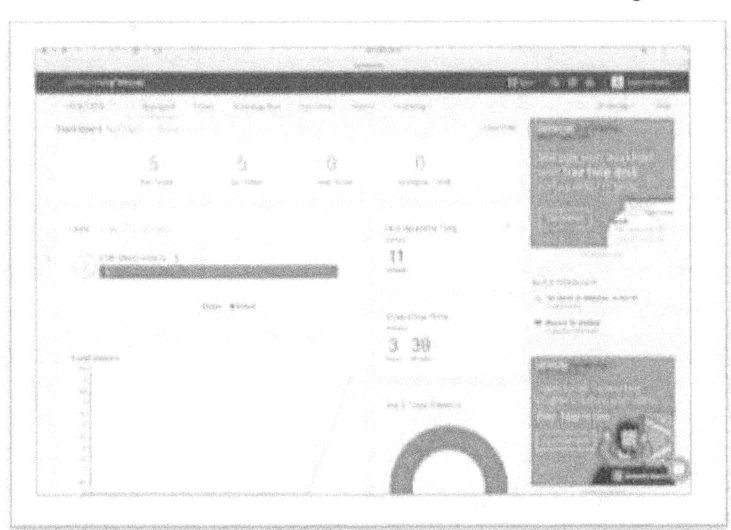

الشكل (3) نموذج خدمة التذاكر

عادةً ما يتم تخصيص تذاكر المشكلات داخل الشركة للمساعدة في التطبيقات الخاصة.

يمكن أن تكون الحقول المخصصة هي نظام التشغيل والمنصة وعنوان الشبكة وإصدار المتصفح وغيرها من الحقول المفيدة.
أخيرًا من المهم أن تكون مستمعًا جيدًا.
الطريقة الوحيدة لفهم المشكلة التي أبلغ عنها المستخدم أو العميل هي ممارسة مهارات الاستماع النشط.
تأكد من السماح للعميل بإخبار القصة كاملة عندما يبلغ عن مشكلة.

جمع المعلومات باستخدام وثائق الشبكة

إن إنشاء وثائق الشبكة هو أحد المهام المفضلة لدي في إدارة الشبكة.
نناقش التعرف على أحدث التقنيات الرائعة أو معالجة مشكلة صعبة وحلها.
مع كبر حجم الشبكات وتعقيدها يصبح من الصعب تذكر كل شيء.
بالإضافة إلى ذلك يعد وجود وثائق قوية حقًا في متناول اليد للرجوع إليها بعد أن أترك المشهد وأسلم الشبكة و المهام لآخرين و يعتبر ذلك جزءًا لا يتجزأ من الخدمة التي أقدمها لعملائي.
أعترف بأن إنشاء الوثائق ليس شيئًا يثير حماسي لكنى أعلم من التجربة أن وجودها أمر بالغ الأهمية عندما تظهر المشكلات بالنسبة لي وللفنيين والمسؤولين لدى عملائي الذين ربما لم يكونوا جزءًا من عملية التثبيت وببساطة ليسوا على دراية بالنظام.

استخدام SNMP

يستخدم بروتوكول إدارة الشبكة البسيط (SNMP) لجمع المعلومات من الأجهزة المتوافقة مع SNMP وإرسال الإعدادات إليها.
يجمع SNMP البيانات من خلال استطلاع الأجهزة الموجودة على الشبكة من محطة إدارة على فترات زمنية ثابتة أو عشوائية مما يتطلب منها الكشف عن معلومات معينة.
هذا عامل كبير يساعد حقًا في تبسيط عملية جمع المعلومات حول شبكة الإنترنت بالكامل.
يستخدم SNMP بروتوكول UDP أو TCP لنقل الرسائل ذهابًا وإيابًا بين نظام الإدارة والوكلاء الذين يعملون على الأجهزة المُدارة.
داخل رزم UDP (تسمى البيانات البرقية) توجد أوامر من نظام الإدارة إلى الوكيل.
يمكن استخدام هذه الأوامر إما للحصول على معلومات من الجهاز حول حالته (SNMP GetRequest) أو لإجراء تغيير في تكوين الجهاز (SetRequest).
إذا تم إرسال أمر GetRequest فسيستجيب الجهاز باستجابة SNMP.

إذا كانت هناك معلومة مثيرة للاهتمام بشكل خاص للمسؤول حول الجهاز فيمكن للمسؤول تعيين ما يسمى الفخ على الجهاز.

يوضح الشكل (4) كيفية قيام المضيف بتحديث محطة إدارة الشبكة (NMS) حول مشكلة يعاني منها.

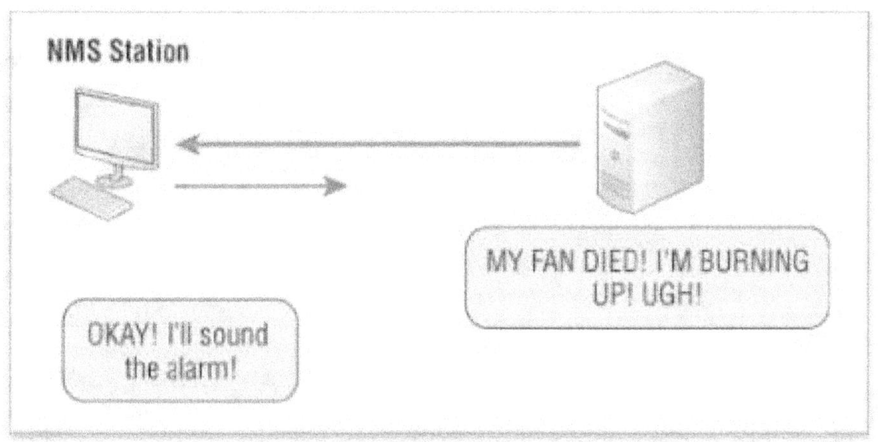

الشكل (4) إدارة الشبكة و حدوث مشكلة
CCST Support Technician, Networking Exam, Todd Lammle.2024.

طرق حفظ الوثائق

يجب إنشاء الوثائق الهامة و الاحتفاظ بها في مكان آمن بثلاثة أشكال على الأقل:

- نسخة إلكترونية يمكنك تعديلها بسهولة بعد إجراء تغييرات على التكوين
- نسخة مطبوعة في مجلد مخزنة في مكان يسهل الوصول إليه
- نسخة على محرك أقراص خارجي للاحتفاظ بها في مكان آمن حقًا (حتى خارج الموقع) في حالة حدوث أي شيء للاثنين الآخرين أو احتراق المبنى أو جزء منه بالكامل.

لماذا النسخة المطبوعة؟ حسنًا ماذا لو تعطل الكمبيوتر الذي يخزن النسخة الإلكترونية تمامًا واحترق في نفس الوقت الذي تتطور فيه أزمة كبرى؟ من حسن الحظ أن لديك هذه الوثائق الورقية في متناول اليد للرجوع إليها!

المخططات والرسوم البيانية

يمكن أن تكون المخططات عبارة عن رسومات تخطيطية بسيطة تم إنشاؤها أثناء العصف الذهني أو استكشاف الأخطاء وإصلاحها أثناء التنقل.

يمكن أن تكون أيضًا عبارة عن رسوم توضيحية عالية التفصيل ومُحسَّنة تم إنشاؤها باستخدام بعض رزم البرامج السريعة المتوفرة اليوم مثل

Microsoft Visio و SmartDraw
ومجموعة من برامج التصميم بمساعدة الكمبيوتر (CAD).
بعض الأنواع الأكثر تعقيدًا وخاصة برامج CAD باهظة الثمن للغاية.
ولكن أياً كانت الأداة التي تستخدمها لرسم صور حول شبكاتك فإنها تندرج بشكل أساسي في المجموعات التالية:

- مخططات/مخططات الأسلاك
- مخططات الشبكة المادية
- مخططات الشبكة المنطقية
- إدارة الأصول
- استخدام عنوان IP
- وثائق البائع

مخططات الأسلاك

إن الاتصال اللاسلكي هو بالتأكيد موجة المستقبل ولكن حتى الآن تمتلك أكثر الشبكات اللاسلكية اتساعًا عمودًا فقريًا سلكيًا تعتمد عليه لتوصيلها ببقية البشرية.

يتكون هذا الهيكل من وسائط مادية متصلة بالكابلات مثل الكابل المحوري والألياف والكابلات المجدولة.

ومن المدهش أن الكابلات المجدولة غير المحمية (UTP) هو الذي يتطلب أن يتم تصويره في الرسم التخطيطي وستدرك السبب في غضون دقيقة.

كمراجعة سريعة للفصل التاسع (يجب أن تكون على علم بهذه المعلومات بالفعل) سنبدأ بالاطلاع على الشكل (5) (لن تظهر ألوان الشكل في الكتاب المطبوع بل في الكتاب الإلكتروني فقط) والذي يوضح كيف تستخدم كابلات UTP موصل RJ-45. (RJ تعني مقبس مسجل.)

كما ترى الدبوس 1 على اليسار والدبوس 8 على اليمين لذا من الواضح أنه داخل كبل UTP الخاص بك تحتاج إلى التأكد من وصول الأسلاك الصحيحة إلى الدبابيس الصحيحة.

تحتوي كبلات التوصيل القياسية أو كبلات التصحيح على دبابيس بنفس الترتيب على كلا الموصلين.

إذا كنت تقوم بتوصيل جهاز كمبيوتر بجهاز كمبيوتر آخر مباشرةً فيجب أن تعلم بالفعل أنك بحاجة إلى كبل كروس أوفر يحتوي على موصل واحد بأسلاك مقلوبة.

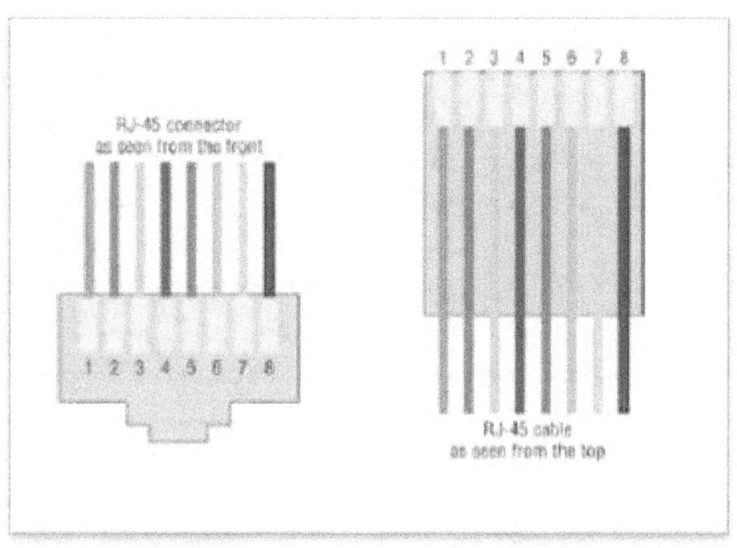

الشكل (5) كيف تستخدم كابلات UTP موصل RJ-45.
CCST Support Technician, Networking Exam, Todd Lammle.2024.

يطابق الجدول (1) ألوان السلك المرتبط بكل دبوس استنادًا إلى معيار الأسلاك
568B الخاص بتحالف صناعة الاتصالات ورابطة الصناعات الإلكترونية
(TIA/EIA).

Pin	Color
1	Orange/White
2	Orange
3	Green/White
4	Blue
5	Blue/White
6	Green
7	Brown/White
8	Brown

الجدول (1)
CCST Support Technician, Networking Exam, Todd Lammle.2024.

يتم تبديل الدبابيس 1 و3 والدبابيس 2 و6 لضمان توصيل منفذ الإرسال من بطاقة واجهة الشبكة (NIC) لجهاز كمبيوتر واحد بمنفذ الاستقبال على بطاقة واجهة الشبكة (NIC) لجهاز الكمبيوتر الآخر.

إذا كنت تستخدم 1000BaseT4 فإن جميع أزواج الأسلاك الأربعة تتقاطع في الطرف المقابل مما يعني أن الدبابيس 4 و7 والدبابيس 5 و8 تتقاطع أيضًا.

يوضح الشكل (6) توصيلات كابل UTP.

كانت كبلات كروس أوفر تُستخدم أيضًا لتوصيل أجهزة التوجيه والمبدلات والمحاور القديمة من خلال منافذ الربط الصاعد الخاصة بها.

من خلال مخططات توصيل الأسلاك يمكنك استكشاف أخطاء الشبكة واكتشاف مشاكل الاتصال بين مضيفين.

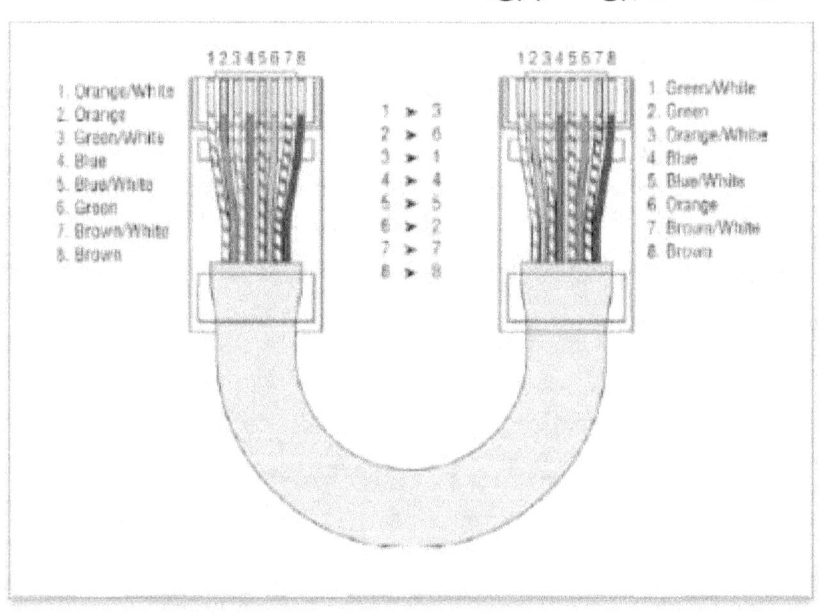

الشكل (6) توصيلات كابل UTP.

CCST Support Technician, Networking Exam, Todd Lammle.2024.

هناك سبب آخر يجعل رسم مخططات الأسلاك أمرًا بالغ الأهمية وهو أن جميع الأسلاك لابد وأن تتصل بموزع أو مبدل أو جهاز توجيه أو محطة عمل أو الحائط، فأنت بحاجة إلى معرفة من، وماذا، وأين، ومتى وكيف يتم توصيل الأسلاك بالإضافة إلى وضع العلامات على كل شيء خاصةعلى طرفي الكابلات.

مخطط الأسلاك يساعدنا على التمييز بين الأشخاص والأشياء.

التوصل إلى نظام تسمية جيد لجميع الأجهزة الموجودة في الرفوف سيكون ذا قيمة لا تقدر بثمن لضمان عدم تقاطع الأسلاك.

الوثائق والرسوم البيانية

- الحصول على شبكة رائعة يتطلب التخطيط الجيد قبل شراء جهاز واحد لها.

- يتضمن التخطيط تحليل تصميمك بدقة بحثًا عن العيوب المحتملة وتحسين التكوينات في كل مكان يمكنك من أجل تعظيم إنتاجية الشبكة وأدائها في المستقبل.

- ابدأ التخطيط بإنشاء مخطط يحدد بدقة جميع الأهداف ومتطلبات العمل للشبكة والرجوع إليه كثيرًا للتأكد من عدم تسليم شبكة لا تلبي احتياجات عميلك الحالية أو تفشل في تقديم القدرة على التوسع لتتناسب مع تلك الاحتياجات.

- إن رسم تصميمك وتدوين جميع المعلومات ذات الصلة يساعد حقًا في اكتشاف نقاط الضعف والأخطاء.

- إذا كان لديك فريق فتأكد من أن كل شخص فيه يحصل على فرصة فحص التصميم وتقييمه والحفاظ على خطة الشبكة هذه طوال مرحلة التثبيت.

- احتفظ بها بعد اكتمال التنفيذ أيضًا لأن امتلاكها سيمكنك من استكشاف أي مشكلات قد تنشأ بكفاءة بعد أن يكون كل شيء في مكانه.

- يجب أن تتضمن الوثائق عالية الجودة خط أساس لأداء الشبكة لمعرفة شكل "الوضع الطبيعي" من أجل اكتشاف المشكلات قبل أن تتطور إلى كوارث.

- لا تنس التحقق من أن الشبكة تتوافق مع جميع اللوائح الداخلية والخارجية وأنك قمت بتطوير وتفصيل إجراءات إدارة قوية وسياسات أمان لكي يراجعها ويتبعها مسؤولو الشبكة في المستقبل.

مخطط الشبكة المادية

- يحتوي مخطط الشبكة المادية على جميع الأجهزة المادية ومسارات الاتصال على شبكتك ويجب أن يصور بدقة كيف تتلاءم شبكتك ماديًا مع بعضها البعض بتفاصيل رائعة.

- يجب أن يسرد مخطط الشبكة الخاص بك ويوضح كل ما قد تحتاجه لإعادة بناء شبكتك بالكامل من الصفر إذا كان عليك ذلك.

- هناك نوع آخر من مخططات الشبكة المادية يتضمن مراجعة البرامج الثابتة لجميع المبدلات ونقاط الوصول في شبكتك.

- تذكربالإضافة إلى تفصيل شبكتك المادية بدقة يجب عليك أيضًا فهم الاتصالات وأنواع الأجهزة ومراجعات البرامج الثابتة الخاصة بها بوضوح.

- ستكون سعيدًا جدًا لأن لديك هذه الوثائق عند استكشاف الأخطاء

وإصلاحها! ستمنع الكثير من المعاناة وتمكنك من إصلاح أي مشكلة بشكل أسرع كثيرًا!

- إذا لم تتمكن من رسم مخطط لكل شيء فتأكد على الأقل من إدراج جميع أجهزة الشبكة.

- يمكن أن تتراوح المخططات الشبكية المادية من نماذج بسيطة مرسومة يدويًا إلى رموز معقدة تم إنشاؤها بواسطة رزم برامج مثل SmartDraw و OmniGraffle (المفضل لدي شخصيًا) و Visio و AutoCAD.

- لا تنس أبدًا عكس أي تغييرات تجريها على شبكتك الفعلية في مخطط الشبكة فمن الأفضل تحديث كل شيء أولا بأول.

مخطط الشبكة المنطقية

- توضح المخططات المادية كيفية تدفق البيانات فعليًا من منطقة واحدة في شبكتك إلى المنطقة التالية.

- مخطط الشبكة المنطقية يتضمن أشياء أخرى مثل البروتوكولات والتكوينات ومخططات العنونة وقوائم الوصول وجدران الحماية وأنواع التطبيقات وما إلى ذلك كل الأشياء التي تنطبق منطقيًا على شبكتك.

- المخططات تعكس أي تغييرات مادية تجريها على الشبكة (مثل إضافة أجهزة أو حتى مجرد كابل) على مخططك المادي فإنك ترسم التغييرات المنطقية (مثل إنشاء شبكة فرعية جديدة أو شبكة VLAN أو منطقة أمان) على مخطط الشبكة المنطقية.

- من المهم أن تحافظ على تحديث هذه الوثيقة المهمة للغاية.

استخدام عنوان IP

- توثيق مخطط عنونة IP الحالي مفيدًا للغاية خاصةً عندما تكون التغييرات مطلوبة.

- هذا ليس مفيدًا حقًا للفنيين الجدد فحسب بل إنه مفيد جدًا عند تحديد مشكلات عنونة IP التي يمكن أن تؤدي إلى مشاكل مستقبلية.

- في كثير من الحالات يتم تكوين عناوين IP على مدى فترة طويلة من الزمن دون تفكير أو تخطيط حقيقي على المستوى الكلي.

- يمكن أن تساعد الوثائق الحالية والصحيحة والمسؤولين في تحديد الشبكات غير المتجاورة (حيث يتم فصل الشبكات الفرعية لشبكة رئيسية بواسطة شبكة رئيسية أخرى) والتي يمكن أن تسبب مشكلات في بروتوكول التوجيه.

- يمكن أن يسهل تصميم عنوان IP المناسب أيضًا التلخيص مما يجعل جداول التوجيه أصغر حجمًا مما يسرع عملية التوجيه.

- لا يمكن اتخاذ أي من خيارات التصميم الحكيمة بدون توثيق عنوان IP المناسب.

وثائق البائعين

- غالبًا ما تحتوي اتفاقيات البائعين على بنود مفيدة تم التفاوض عليها أثناء عملية الشراء.
- كما تحتوي العديد منها أيضًا على تفاصيل مهمة تتعلق باتفاقيات مستوى الخدمة والمواعيد النهائية للضمانات.
- يجب تنظيم هذه المستندات وتخزينها بأمان للرجوع إليها في المستقبل.
- يمكن أن يكون إنشاء جدول بيانات أو أي شكل آخر من أشكال توثيق التتبع الذي ينبهك بالتواريخ المقبلة ذات الأهمية ميزة كبيرة!

عملية استكشاف الأخطاء وإصلاحها في سبع خطوات

أنشأت شركة Cisco عملية استكشاف الأخطاء وإصلاحها في سبع خطوات لفنيي مكتب المساعدة حتى يتسنى لهم اتباع نهج تدريجي للمساعدة في العثور على المشكلات وإصلاحها كما هو موضح في الشكل (7).

1. تحديد المشكلة.
2. جمع المعلومات.
3. تحليل المعلومات.
4. استبعاد الأسباب المحتملة.
5. اقتراح فرضية.
6. اختبار الفرضية.
7. حل المشكلة وتوثيق الحل.

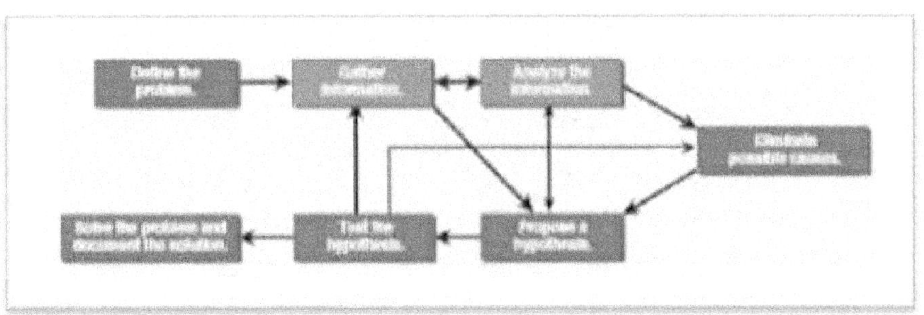

الشكل (7)
CCST Support Technician, Networking Exam, Todd Lammle.2024.

تحديد المشكلة

- بمجرد إنشاء تقرير تحتاج إلى تحديد المشكلة مثل التطبيق والموقع الفعلي

- والخوادم وأجهزة الشبكة وما إلى ذلك.
- يمكن أن تكون الأعراض عدم استجابة التطبيق أو بطء الشبكة أو عدم إمكانية الوصول إلى الإنترنت وما إلى ذلك.
- يمكنك إلقاء نظرة على رسائل وحدة التحكم SNMP NMS وSyslog
- للحصول على معلومات بالإضافة إلى جمع جميع شكاوى المستخدمين.
- هذا هو الوقت المناسب لطرح الأسئلة والتحقيق بشكل أكبر لتحديد موقع المشكلة.
- على سبيل المثال هل هذا جهاز واحد؟ فرع كامل؟ تطبيق معين؟ شبكة فرعية أو شبكة VLAN؟
- من المحتمل أن يتم تعيين تذاكر المشكلات إلى مهندس شبكة.
- يجب أن يكون لدى مكتب المساعدة نوع من برامج تذاكر المشكلات التي يمكنها أيضًا تتبع تقدم كل تذكرة.
- بالإضافة إلى ذلك قد يحتوي البرنامج أو التطبيق على صفحة ويب ذاتية الخدمة للعملاء/المستخدمين لتقديم التذاكر والبحث عن المشكلات المعروفة الحالية والحصول على حالة تذاكرهم.
- جمع المعلومات هذه خطوة مهمة في تحديد الخوادم والمضيفين وأجهزة التوجيه وما إلى ذلك التي قد تكون جزءًا أو كليًا من المشكلة.
- لإجراء هذه الخطوة يجب أن يكون لديك حق الوصول إلى الأجهزة المعنية،
- ويجب توثيق المعلومات حول هذه الأجهزة.
- في هذه المرحلة سيقوم أحد الفنيين أو موظفي مكتب المساعدة بجمع المزيد من الأعراض وتوثيقها.

تحليل المعلومات

- بعد جمع أكبر قدر ممكن من المعلومات يجب عليك النظر في جميع الأسباب المحتملة للمشكلة وتحديدها.
- يجب تفسير هذه المعلومات وتحليلها باستخدام الوثائق وخطوط الأساس للشبكة التي تم إنشاؤها في الماضي والبحث في الوثائق عبر الإنترنت الخاصة بالمصنعين المحتملين وإجراء عمليات بحث على الإنترنت والحصول على المشورة والمعلومات من المهندسين والفنيين الآخرين.

القضاء على الأسباب المحتملة

- عند الإبلاغ عن أسباب متعددة لمشكلة يجب عليك العمل بجد لتقليل المشاكل المحتملة على وجه السرعة لتحديد السبب المحتمل للتقارير بسرعة.
- لا يمكن تحديد معظم الحلول إلا من خلال الخبرة في استكشاف الأخطاء

وإصلاحها وهو أمر قيّم للغاية في التعرف بسرعة على السبب الأكثر احتمالية.

اقترح فرضية

- بعد العثور على سبب محتمل للمشاكل والإبلاغ عنه يجب عليك بعد ذلك العمل على إيجاد حل لهذه المشكلة.
- في هذه المرحلة تكون الخبرة في استكشاف الأخطاء وإصلاحها قيّمة للغاية عند اقتراح خطة للهجوم.

اختبر الفرضية

- من أجل اختبار الحلول الممكنة تحتاج إلى فهم مدى إلحاح المشكلة والتأثير الذي سيخلفه الحل على العمل.
- عند تنفيذ الحل هل سيتسبب في انقطاع الشبكة؟ هل يلزم إعادة تشغيل بعض البنية الأساسية الحرجة أو إعادة تكوينها أو إيقاف تشغيلها؟ قد تحتاج العديد من الحلول إلى نافذة تغيير يتم تنفيذها بعد ساعات العمل.
- إذا كانت هذه هي الحالة فيمكنك استخدام حل بديل حتى يمكن جدولة نافذة الوقت.

حل المشكلة

لقد حللت المشكلة. رائع! ماذا الآن؟

من المهم توثيق سبب المشكلة وحلها بشكل صحيح حيث يمكن أن يساعد ذلك موظفي مكتب المساعدة الآخرين وموظفي تكنولوجيا المعلومات عندما يحاولون منع وحل مشاكل مماثلة في المستقبل.

محلل الشبكة

بما أننا تحدثنا عن المشكلات والإبلاغ عنها وتحليلها وحلها يجب ان تعلم أن إحدى الأدوات التي يمكن أن تساعدك في تقديم الحلول هي محلل الشبكة. لنلق نظرة الآن على محلل الشبكة الأكثر شيوعًا.

Wireshark

عندما تحاول استكشاف مشكلة ما وإصلاحها من المفيد استخدام عدسة مكبرة لرؤية ما تفعله الرزم الفعلية.

يُطلق على هذا التقاط الرزم حيث تستخدم أداة مثل Wireshark لرؤية جميع الرزم التي تتدفق عبر اتصال شبكة الكمبيوتر الخاص بك.

بمجرد إجراء التقاط للصور تكون الخطوة التالية هي إجراء تحليل للرزم وهي طريقة رائعة للتحقق من أي أخطاء قد تفسر مشكلتك.

يسمح لك هذا بتحديد المشكلات التي قد لا تكون واضحة على الفور مثل إعادة

إرسال الرزم أو أخطاء أخرى.

تُعرف هذه العملية بإجراء تحليل للرزم لأنك تفحص البروتوكولات على مستوى الرزمة للعثور على مشكلات محتملة.

لكي يكون Wireshark مفيدًا تحتاج إلى فهم جيد لكيفية عمل البروتوكولات التي تبحث عنها.

لحسن الحظ يعد استخدام الأداة سهلًا إلى حد ما.

ما عليك سوى تنزيله من www.wireshark.org وتثبيته على جهاز الكمبيوتر الشخصي أو جهاز Mac ثم فتحه.

بمجرد تحميل Wireshark تحتاج إلى تحديد الواجهة التي تريد التقاط الرزمة عليها كما فى الشكل (8).

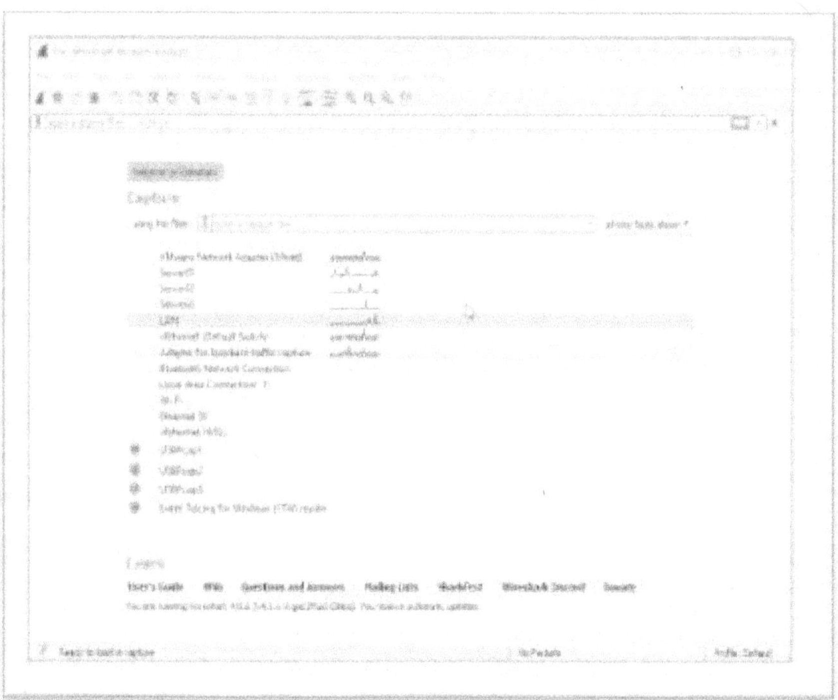

الشكل (8) واجهة برنامج Wireshark
CCST Support Technician, Networking Exam, Todd Lammle.2024.

إذا كان لديك عدة واجهات في جهاز الكمبيوتر الخاص بك فستحتاج إلى تحديد الواجهة التي تحتوي على حركة المرور التي ترغب في رؤيتها.

في هذه المرحلة يتم تشغيل التقاط الرزمة كما هو موضح في الشكل (9).

والخطوة التالية هي محاولة تكرار المشكلة التي تحاول إصلاحها مثل الانتقال إلى صفحة ويب لا تعمل أو فتح تطبيق لا يتصل بالشبكة بشكل صحيح.

384

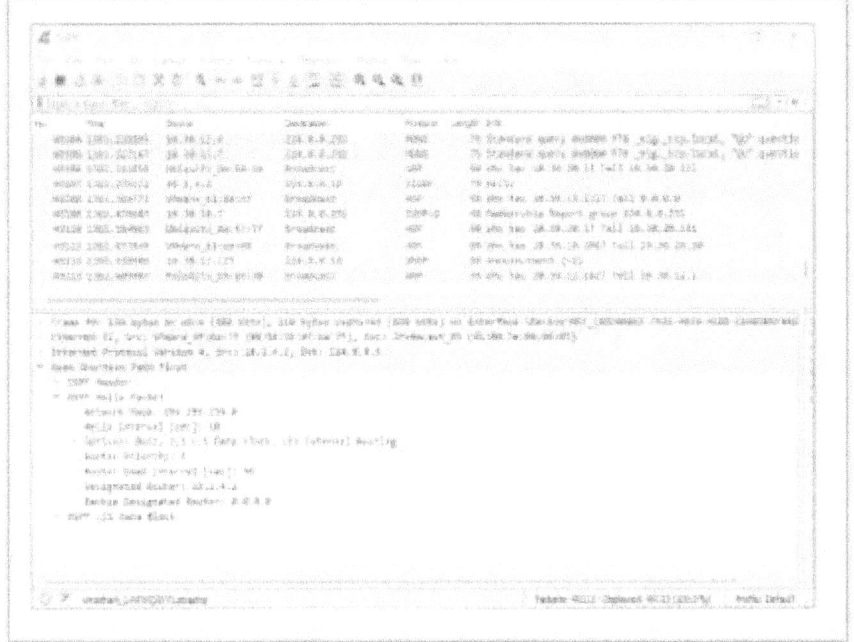

الشكل (9) لقطة متابعة الرزمة

CCST Support Technician, Networking Exam, Todd Lammle.2024.

الفلترة والحفظ

نظرًا لوجود عدد كبير من الرزم التي تمر عبر شاشتك يمكنك التركيز على ما تهتم به باستخدام الفلاتر.

هناك نوعان من الفلاتر يجب الانتباه إليهما فلاتر الالتقاط وفلاتر العرض. تتحكم فلاتر الالتقاط في ما سيلتقطه Wireshark بالفعل ولكن لا يُنصح باستخدامها عادةً في معظم الأوقات لأنك قد تستبعد عن طريق الخطأ حركة المرور من الالتقاط التي تحتاج إليها لمعرفة المشكلة.

يمكنك التركيزعلى فلتر العرض كنوع من قائمة التحكم في الوصول التي تعرض فقط الرزم التي تتطابق مع تعبيرك ويمكن أن تكون بسيطة مثل كتابة "http" لعرض رزم HTTP فقط.

و يمكن أن تكون أكثر تعقيدًا مثل استخدام 8080 == tcp.dstport الذي سيطابق رزم TCP المتجهة إلى منفذ الوجهة 8080.

بمجرد رضاك عن الفلتر ،يمكنك النقر فوق أي رزم تريدها للحصول على مزيد من التفاصيل حول محتويات الرزمة مع مراعاة أن CCST لا تتوقع منك أن تكون قادرًا على تحليل الرزم على هذا المستوى.

لدى Wireshark برنامج شهادة خاص بها يركز على فهم الرزم.

385

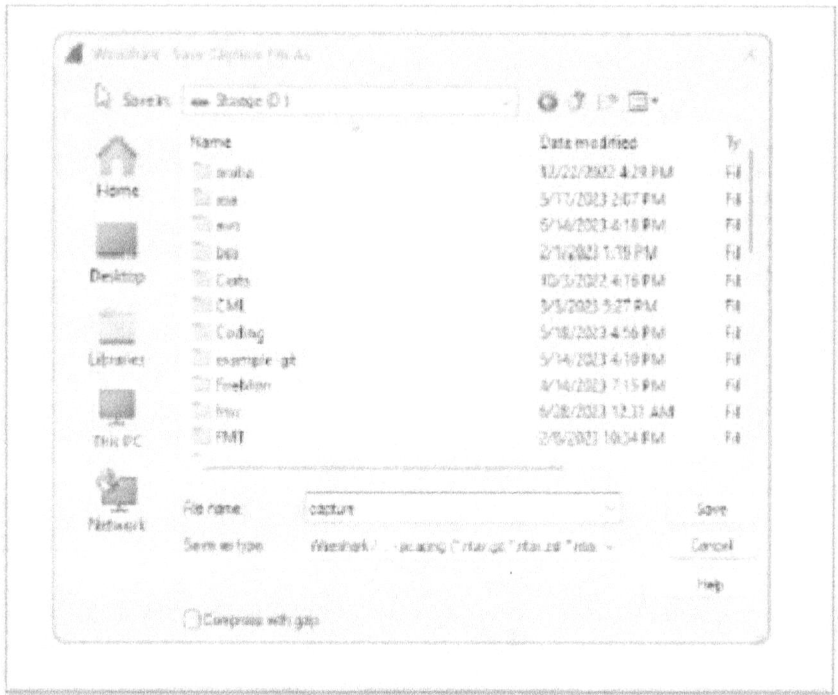

الشكل (10) حفظ اللقطة

CCST Support Technician, Networking Exam, Todd Lammle.2024.

أخيرًا بمجرد حصولك على الرزم التي تريدها يجب عليك حفظها كملفات pcap. أو pcapng. حتى يمكن مراجعتها لاحقًا أو مشاركتها مع أشخاص آخرين.

لحفظ عملية التقاط، تحتاج أولاً إلى إيقاف عملية الالتقاط بالضغط على زر المربع الأحمر أو بتحديد قائمة التقاط واختيار إيقاف.

حدد قائمة ملف واختر حفظ أو حفظ باسم كما هو موضح في الشكل (10).

الأوامر التشخيصية

تناول الفصل التاسع بعض أوامر IOS التي يمكنك استخدامها لجمع معلومات حول أجهزة Cisco.

من المهم تذكر هذه الأوامر لذا ارجع إلى هذا القسم وراجعه إذا لزم الأمر.

سيتناول القسم التالي الأوامر الأساسية التي يمكنك استخدامها للمساعدة في استكشاف أخطاء شبكتك وإصلاحها من جهاز كمبيوتر شخصي وجهاز IOS.

سأنتقل بعد ذلك إلى تعريف مصطلحات مثل النطاق الترددي والزمن الكامن والتأخير والإنتاجية وأخيرًا سأتطرق إلى الفرق بين اختبار السرعة وiPerf لنبدأ بتعريف أوامر استكشاف الأخطاء وإصلاحها الأساسية:

الأمر ping

يستخدم طلب صدى ICMP والردود لاختبار ما إذا كانت مجموعة عناوين IP للعقدة مهيأة ونشطة على الشبكة.

traceroute

يعرض traceroute قائمة الموجهات الموجودة على مسار إلى وجهة شبكة باستخدام مهلة زمنية TTL ورسائل خطأ ICMP. لاحظ أن traceroute لن يعمل من موجه الأوامر.

tracert

يؤدي tracert نفس وظيفة traceroute، ولكنه أمر Microsoft Windows ولن يعمل على موجه Cisco.

arp -a

يعرض arp -a تعيينات IP-to- MAC-addresses على جهاز كمبيوتر يعمل بنظام Windows.

show ip arp

يوفر show ip arp نفس وظيفة arp -a ولكنه يعرض جدول ARP على موجه Cisco.

مثل الأمرين traceroute و tracert، فإن الأمرين arp -a و show ip arp غير قابلين للتبادل من خلال Windows و Cisco.

ipconfig

يعرض لك ipconfig /all، الذي يُستخدم فقط من موجه أوامر Windows، تكوين شبكة الكمبيوتر.

يوفر مبدل all/ مزيدًا من المعلومات بما في ذلك تكوين DNS الخاص بك.

ifconfig

يستخدم الأمر ifconfig بواسطة MAC وLinux للحصول على تفاصيل عنوان IP للجهاز المحلي.

ipconfig getifaddr en0

يستخدم الأمر ipconfig getifaddr en0 للعثور على عنوان IP الخاص بك إذا كنت متصلاً بشبكة لاسلكية؛ استخدم en1 إذا كنت متصلاً بشبكة Ethernet لنظام MAC أو Linux.

جدران الحماية

قبل الانتقال إلى مناقشة بعض الأوامر السابقة بمزيد من التفصيل من المهم فهم كيفية تأثير جدران الحماية وتغيير النتائج من تشغيل وتنفيذ أوامر استكشاف الأخطاء وإصلاحها.

تمتلك شركة Cisco جدار حماية عالي الجودة للغاية اشترته من SourceFire في عام 2014 ويُسمى جدار الحماية الآمن Cisco Secure Firewall، والمعروف باسم Cisco Firepower.

يعتبر جدار حماية رائع من الجيل التالي (NGFW) يوفر فحص الرزم العميق (DPI) للطبقة 7.

توفر العديد من الشركات الآن وتبيع جدران الحماية من الجيل التالي وتقوم جميعها بفحص حركة المرور حتى الطبقة 7 لذا فهذه مناقشة عامة حول كيفية تسبب جدران الحماية في حدوث خلل في استكشاف الأخطاء وإصلاحها؛ فهي ليست خاصة بأجهزة Cisco.

يستخدم أمر استكشاف الأخطاء وإصلاحها ping طلب صدى ICMP وردود الصدى للتحقق مما إذا كان المضيف نشطًا على الشبكة! ومع ذلك، فإنه يمكن أن يسمح أيضًا لشخص ما ليس فقط بالعثور على مضيف ولكن أيضًا بإنشاء هجوم رفض الخدمة أو أكثر ومع وجود رزمة ICMP غير قابلة للوصول يتم استنزاف شبكتك.

مع ذلك مع وجود جدار حماية من المتوقع رفض معظم طلبات ICMP.
يوضح الشكل (11) تنبيهًا عندما يمنع جدار الحماية ICMP من الاستجابة لطلب صدى ICMP.

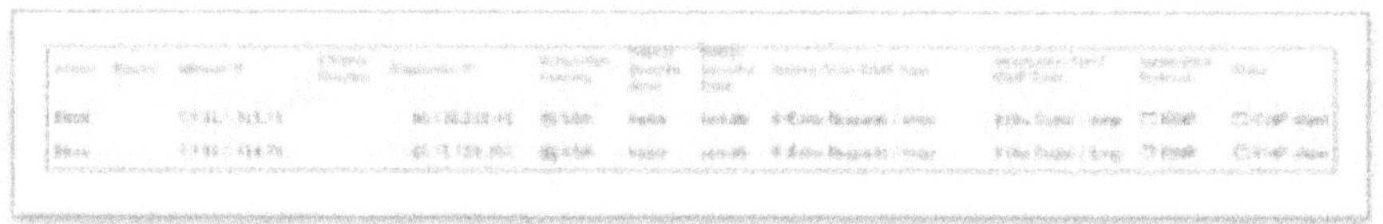

الشكل (11) تم حظر ICMP بواسطةCisco NGFW
CCST Support Technician, Networking Exam, Todd Lammle.2024.

أداة traceroute

يتم استخدامها مع بروتوكول ICMP لتتبع أو رسم مسار تسلكه الرزمة إلى وجهة.

وهي تؤدى ذلك باستخدام استجابات خطأ Time To Live (TTL).
عندما تغادر الرزمة مضيفًا عند تنفيذ traceroute، يتم تعيين TTL للرزمة الأولى على 1.

وهذا يعني أنها تنتقل إلى قفزة واحدة ثم تنتهي صلاحيتها ثم ترسل استجابة الخطأ هذه مرة أخرى إلى المضيف المرسل حيث حدث الخطأ.
سيتم إرسال الرزمة التالية مع TTL 2 وهكذا حتى تصل إلى الوجهة ما لم يتم حظرها في الطريق إلى أو من.
من خلال استخدام traceroute (tracert مع Microsoft) الذي يستخدم ICMP يمكنك رؤية المسار و المكان الذي تم فيه إسقاط رزمة IP:

C C:\Users\Todd Lammle>tracert 172.16.20.254

```
Tracing route to 172.16.20.254 over a maximum of 30 hops

  1     1 ms      1 ms     <1 ms   10.1.1.1
  2     *         *         *      Request timed out.
  3     *         *         *      Request timed
```

نظرًا لأنه يمكنك اختبار المضيف باستخدام أكثر من مجرد بروتوكول ICMP فيمكنك تكوين جدار حماية لمنع أي نوع من الطلبات والاستجابات التي تشعر بأنها غير صالحة أو تشكل خطرًا على شبكتك.
بعد أن تعرفنا على ذلك دعنا نستعرض أكثر أوامر استكشاف الأخطاء وإصلاحها استخدامًا.

الأمر IP Config

تكوين IP
من المعروف أنه في مرحلة ما من دراساتك لشركة Cisco ستحتاج إلى معرفة كيفية التحقق من عنوان IP وتغييره على نظام التشغيل الذي تستخدمه.
يعد القيام بذلك مفيدًا حقًا للمختبرات التي تستخدم أجهزة الكمبيوتر الشخصية للاختبار نظرًا لأنه يمكنك ضبط عنوان IP ليناسب بيئة المختبر الخاصة بك.
من الواضح أن إتقان هذا أمر حيوي في العالم الحقيقي لأن معظم الخوادم تستخدم عناوين IP ثابتة.
لن يتم تشغيل DHCP في كل شبكة فرعية وربما تحتاج إلى استكشاف أخطاء اتصال المستخدم النهائي وإصلاحها من وقت لآخر.

Windows 10

في أنظمة تشغيل Windows يمكنك تعيين عنوان IP من اتصالات الشبكة.
أسهل طريقة للوصول إلى هناك هي كتابة ncpa.cpl في شريط البحث أو من أمر التشغيل.
يمكنك أيضًا الوصول إلى هناك من خلال لوحة التحكم عن طريق تحديد مركز

الشبكة والمشاركة ثم تغيير إعدادات المبدل بمجرد الدخول ما عليك سوى النقر بزر الماوس الأيمن على محول الشبكة الذي تريد تعيين عنوان IP له ثم النقر فوق خصائص كما هو موضح في الشكل (12).
تحتوي صفحة الخصائص على مجموعة من المعلومات المتعلقة بالبروتوكول حول محول الشبكة يمكنك تعديلها.
في الوقت الحالي سأختار Internet Protocol Version 4 (TCP/IP) وانقر فوق خصائص كما هو موضح في الشكل (13)

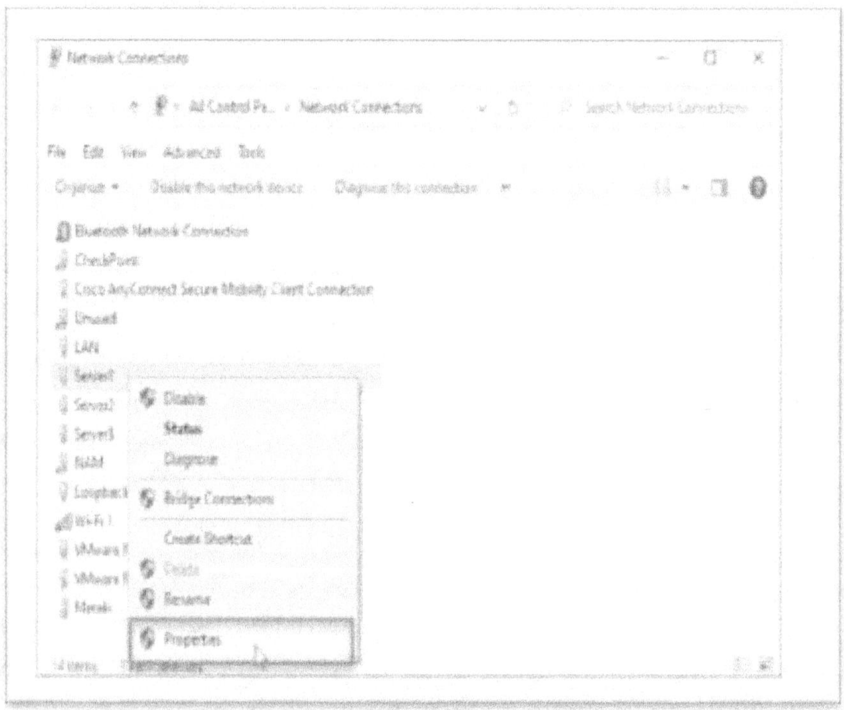

الشكل (12) خصائص محول الشبكة.

CCST Support Technician, Networking Exam, Todd Lammle.2024.

في (الشكل 14) يمكن تعيين معلومات عنوان IP (عنوان IP وقناع الشبكة الفرعية والبوابة الافتراضية التي سيستخدمها محول الشبكة).
عند تعيين عنوان IP بشكل ثابت يجب تعيين عنوان DNS المستخدم لحل أسماء النطاقات بشكل ثابت أيضًا ما لم يتمكن محول الشبكة من تعيينه عبر DHCP.
بعد أن تم تعيين عنوان IP و DNS لمحول الشبكة يمكنك الضغط على "موافق" لتطبيق التغييرات.
أقدم لك بعض العناصر المهمة ضمن علامة التبويب "خيارات متقدمة".

من الخيارات المتقدمة يمكنك إضافة عناوين IP إضافية ضمن الواجهة. يشبه ذلك إضافة عنوان IP ثانوي على واجهة جهاز توجيه Cisco حيث يمكنك إضافة عدد لا حصر له من عناوين IP الإضافية كما تريد.

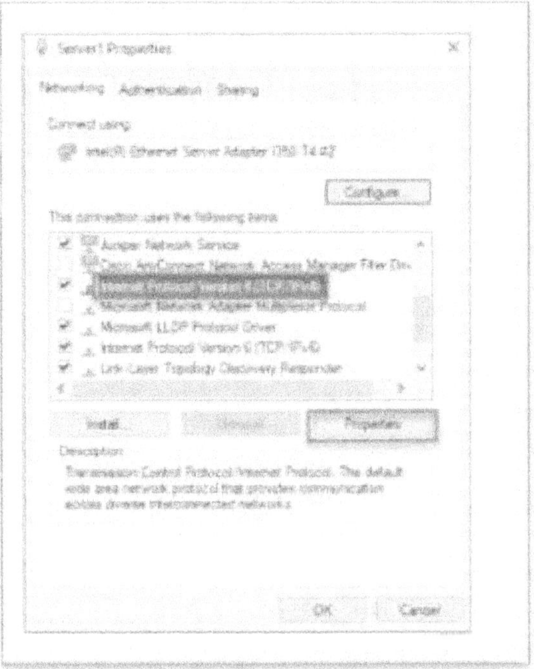

الشكل (13) Internet Protocol Version 4
CCST Support Technician, Networking Exam, Todd Lammle.2024.

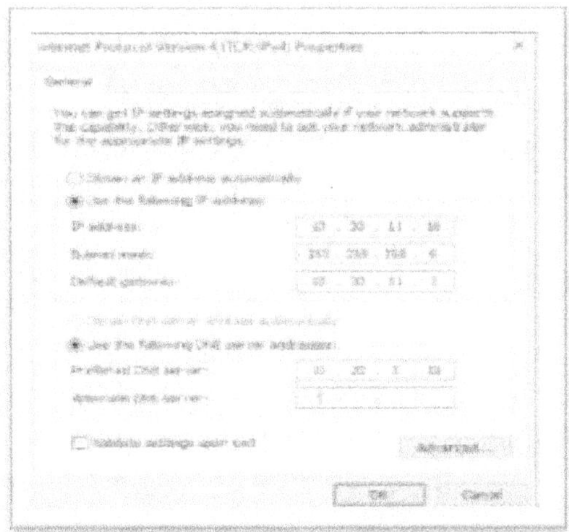

الشكل (14) ضبط عناوين IP وDNS
CCST Support Technician, Networking Exam, Todd Lammle.2024.

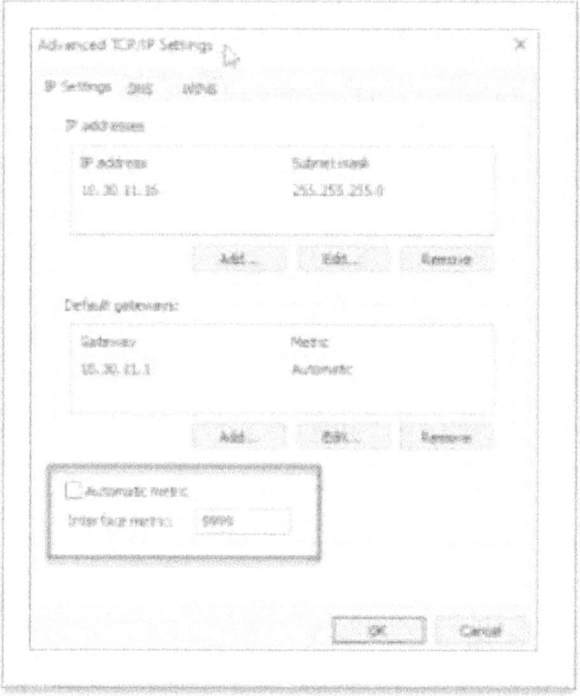

الشكل (15) علامة التبويب إعدادات IP

CCST Support Technician, Networking Exam, Todd Lammle.2024.

هذا مفيد حقًا لخوادم الويب حيث قد يرغب كل موقع ويب في الارتباط بعنوان IP مختلف على النظام.

يحتوي Windows مثل جهاز توجيه Cisco أيضًا على جدول توجيه.

إذا كان لديك عدة واجهات نشطة على جهاز الكمبيوتر الخاص بك فيمكنك اختيار ضبط مقياس الواجهة مما يجعله أكثر أو أقل مرغوبًا عندما يحتاج الكمبيوتر إلى اختيار واجهة لتوجيه حركة المرور خارجها.

الشيء الأخير الذي أريد الإشارة إليه هنا في الخصائص هو علامة التبويب DNS.

من هذا التبويب يمكنك اختيار إضافة المزيد من خوادم DNS إذا كان لديك أكثر من خادمين كما هو موضح في الشكل (16).

يمكن أيضًا اختيار إلحاق أسماء النطاقات باستعلامات DNS على سبيل المثال إذا كنت تريد إضافة "testlab.com" فما عليك سوى كتابة web01 للحصول على web01.testlab.com سيتم إلحاق الاسم.

بعد الانتهاء أضغط على "موافق" في جميع مربعات الحوار حتى تعود إلى شاشة "اتصالات الشبكة".

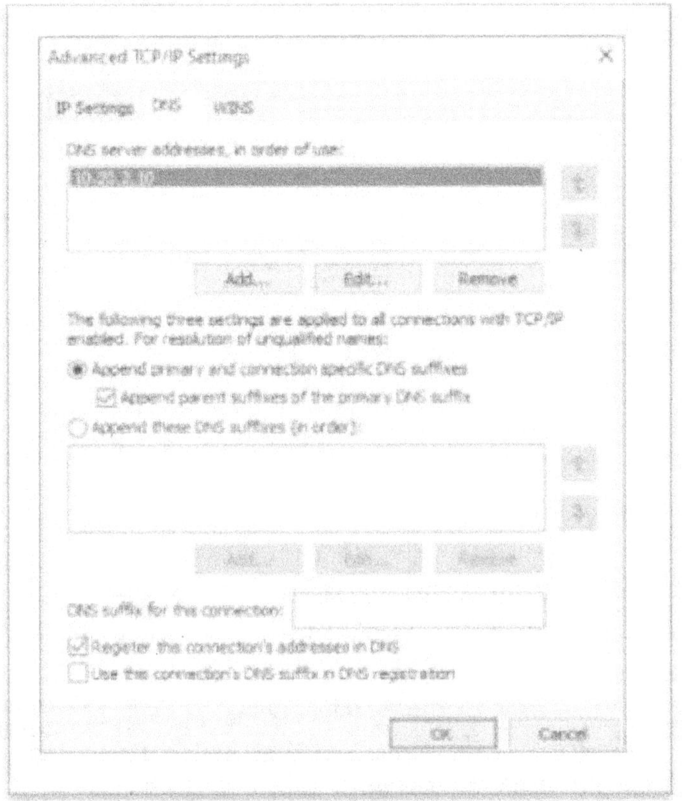

الشكل (16) علامة التبويبDNS
.CCST Support Technician, Networking Exam, Todd Lammle.2024

إذا أردت التحقق من تغيير عنوان IP من اتصالات الشبكة فما عليك سوى النقر نقرًا مزدوجًا فوق محول الشبكة ثم النقر فوق التفاصيل.

عند تعيين شبكة إلى خاص يكون جهاز الكمبيوتر الخاص بك قابلاً للاكتشاف للأجهزة الأخرى في الشبكة ويمكنك استخدام جهاز الكمبيوتر الخاص بك لمشاركة الملفات والطابعات.

استخدام شبكة عامة للشبكات التي تتصل بها عندما تكون في الخارج سيتم إخفاء جهاز الكمبيوتر الخاص بك من الأجهزة الأخرى على الشبكة ولن تتمكن من استخدام الكمبيوتر لمشاركة الملف والطابعة و هذا خارج عن موضوعنا.

يمكنك رؤية معلومات عنوان IP كما هو موضح في الشكل (17).

يمكنك أيضًا استخدام الأمر ipconfig للحصول على معلومات عنوان IP من موجه أوامر Windows.

سيمنحك هذا عنوان IP وقناع الشبكة الفرعية والبوابة الافتراضية لكل واجهة كما هو موضح في الشكل (18).

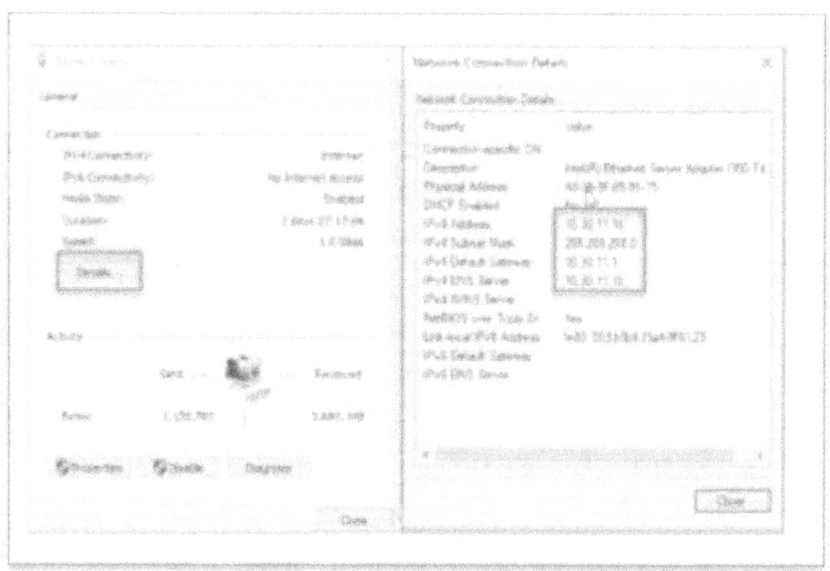

الشكل (17) التحقق من معلومات IP

.CCST Support Technician, Networking Exam, Todd Lammle.2024

الشكل (18) *ipconfig*

.CCST Support Technician, Networking Exam, Todd Lammle.2024

إذا كنت تريد التحقق من معلومات مثل خوادم DNS أيضًا فما عليك سوى استخدام الأمر ipconfig/all لرؤية كافة المعلومات حول محولات الشبكة على النظام كما هو موضح في الشكل (19).

الشكل (19) *ipconfig /all*
CCST Support Technician, Networking Exam, Todd Lammle.2024.

أنت تعلم أن طريقة ipconfig تعمل بشكل جيد لكنها أمر قديم.
الطريقة الجديدة للقيام بالأشياء في منتجات Microsoft هي استخدام
PowerShell بدلاً من CMD
الميزة الرئيسية هي أنه يمكنك تصفية الناتج الذي تحصل عليه بدلاً من الحصول
على جميع محولات الشبكة في كل مرة تكتب فيها ipconfig.
في PowerShell يمكنك استخدام الأمر Get-NetIPAddress
للحصول على عنوان IP وقناع الشبكة ويمكنني اختيار رؤية واجهة Server1
فقط وعناوين IPv4 فقط.
لاحظ أن PowerShell يركز أوامره بشكل كبير لذلك لن يرجع أي معلومات
بوابة افتراضية أو DNS.
لذلك ستحتاج إلى استخدام الأمر **Get-DnsClientServerAddress**
للحصول على معلومات DNS والأمر Get-NetRoute لرؤية معلومات
التوجيه كما هو موضح في الشكل (20).

395

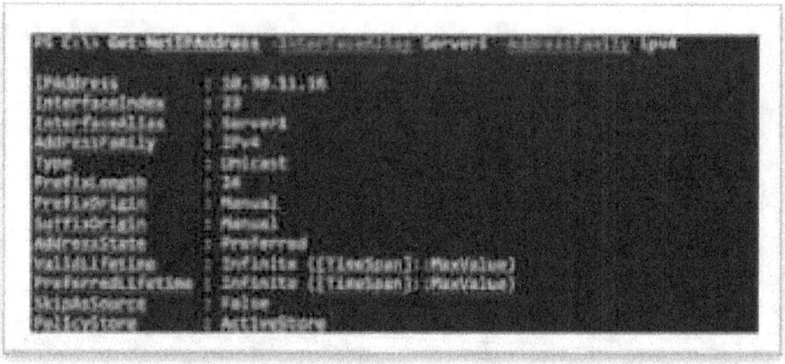

الشكل (20) PowerShell
CCST Support Technician, Networking Exam, Todd Lammle.2024.

النطاق الترددي وإنتاجية الشبكة

لمساعدتك في استكشاف مشكلات شبكاتك وإصلاحها تحتاج إلى فهم بعض المصطلحات الأساسية بما في ذلك النطاق الترددي والإنتاجية والزمن الكامن والتأخير.

يشير كل من النطاق الترددي والإنتاجية إلى أداء الشبكة ويتم استخدام المصطلحين بالتبادل على الرغم من أنه لا ينبغي أن يكونا كذلك حقًا. فيما يلي تعريف كل منهما:

■ النطاق الترددي Bandwidth هو السعة الإجمالية للوسائط المحدودة أو غير المحدودة.

■ معدل الإنتاجية Throughput هو مقدار البيانات التي يمكن نقلها في الوسائط.

يمكنك أن ترى كيف يمكن استخدام هذه المصطلحات بشكل متبادل.

تذكر أنه على الرغم من أن المصطلحين متشابهان إلا أنهما ليسا نفس الشيء. ولجعل الأمور أسوأ يمكن أيضًا إضافة زمن الوصول و/أو التأخير هنا لأن هذه المصطلحات تحدد السرعة التي يمكن أن تنتقل بها البيانات عبر الشبكة.

■ زمن الوصول Latency هو وقت الذهاب الذي تستغرقه الرزمة للانتقال من نقطة وجهتها إلى نقطة مصدرها.

■ التأخير Delay هو المدة التي تستغرقها البيانات للوصول إلى وجهتها.

ستجد عادةً أن الأشخاص يستخدمون مصطلحات النطاق الترددي والإنتاجية والزمن الكامن وحتى التأخير عند وصف سرعة الشبكة ومع ذلك يتم تعريف السرعة في المقام الأول بمقدار الزمن الكامن على الشبكة.

إذا كان زمن الوصول مرتفعًا لرابط فهذا يُشار إليه أيضًا باسم التأخير.

لا يؤثر النطاق الترددي والزمن الكامن عادةً على بعضهما البعض ولكن يمكن

396

استخدام الاثنين لتحليل أداء الشبكة ولن تلاحظ الكثير من زمن الوصول ما لم تكن تستخدم رابطًا ذا نطاق ترددي عالٍ.

نظرًا لأن شبكات النطاق الترددي العالي شائعة جدًا فعادةً ما يكون لدينا زمن وصول أقل أو منخفض أو تأخير بسيط مما يؤثر على سرعتنا.

هناك عدد هائل من الأماكن والطرق لاختبار النطاق الترددي والإنتاجية والزمن الكامن والتأخير في شبكاتك.

اختبارات السرعة و برنامج iPerf

تُستخدم اختبارات السرعة باستمرار الآن من قبل الجميع تقريبًا وفي كل شركة.

تتيح لك مواقع اختبار السرعة معرفة سرعة التنزيل والتحميل لديك بالإضافة إلى زمن الوصول والتأخير.

هذا شائع لأنك تحتاج فقط إلى استخدام مضيف قياسي داخل شبكتك لتقييم عرض النطاق الترددي للإنترنت واختبار اتصالاتك.

سيبحث العملاء عن أفضل خادم بناءً على موقعك ويختارون الخادم الذي يعتقدون أنه سيتمتع بأقل زمن وصول.

تذكر أن هذه خوادم عامة وتتعرض للحمل الزائد لذا من المهم إجراء الإمتحان عدة سرات على مواقع متعددة مختلفة.

يستخدم الناس اختبارات السرعة بسبب بساطتها.

ما عليك سوى فتح متصفح وبدأ الإمتحان.

في الماضي كانت هذه الإمتحانات غير عملية ولا تعمل بشكل جيد والآن أصبح الأمر أفضل.

تُستخدم الآن اختبارات السرعة الموثوقة والمفصلة.

يوضح الشكل (21) التفاصيل المتوفرة من الموقع www.fast.com الذي أنشأته Netflix لاختبار اتصالك بالإنترنت وهو موقع يعجبني كثيرا.

كما ذكرت هناك الكثير من المواقع المتاحة لذا اختر ما تود استخدامه.

تأكد من استخدام خوادم متعددة للحصول على أفضل نتيجة متوسطة.

موقع آخر أحبه هو https://speedof.me الذي يتميز بواجهة ومخرجات رسومية رائعة للغاية كما هو موضح في الشكل (22).

هناك مئات المواقع لاختبار السرعة أشهرها موقع

www.speedtest.net/apps/cli

إنه نفس الإمتحان حرفيًا ولكن مع مخرجات CLI.

يوفر عنوان URL في نهاية كل اختبار ليمنحك نتيجة واجهة مستخدم رسومية.

إذا كنت تريد المزيد من التفاصيل والخيارات فيما يتعلق بالنطاق الترددي ووقت الاستجابة فإن iPerf هي أداة تقيس أقصى نطاق ترددي ممكن في

شبكات IP.

يمكنك الوصول إلى iPerf على https://iperf.fr.

يقدم iPerf اختبارات مختلفة لبروتوكولات مختلفة (TCP/UDP/SCTP).

يقدم كل اختبار تقريرًا عن النطاق الترددي والخسارة والمعاملات الأخرى.

يمكنك استخدام IPv4 أو IPv6 مع iPerf.

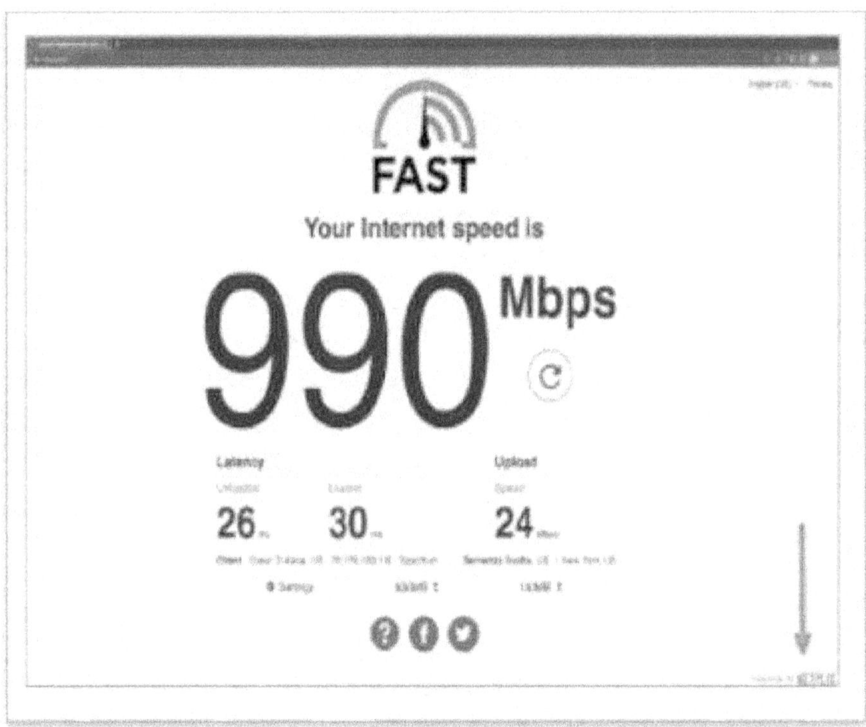

الشكل (21) Fast.com
CCST Support Technician, Networking Exam, Todd Lammle.2024.

ما هو الفرق بين اختبار السرعة وiPerf؟

الفرق الرئيسي بين البرنامجين هو أن اختبار السرعة لا يتطلب إعداد "خادم اختبار السرعة" بل يختار تلقائيًا خادمًا على الإنترنت.

يتطلب iPerf برنامج نقطة نهاية يجب تثبيته على خادم منفصل عادةً على شبكتك الخاصة وبالتالي هناك المزيد من النفقات الإدارية للبدء.

تعتمد نتائج اختبارات عرض النطاق الترددي لـ iPerf على القيم الثلاث التالية:

■ سرعة اتصال بطاقة واجهة شبكة العميل

■ عرض النطاق الترددي المتاح بين المصدر والوجهة

■ سرعة اتصال بطاقة واجهة شبكة الخادم.

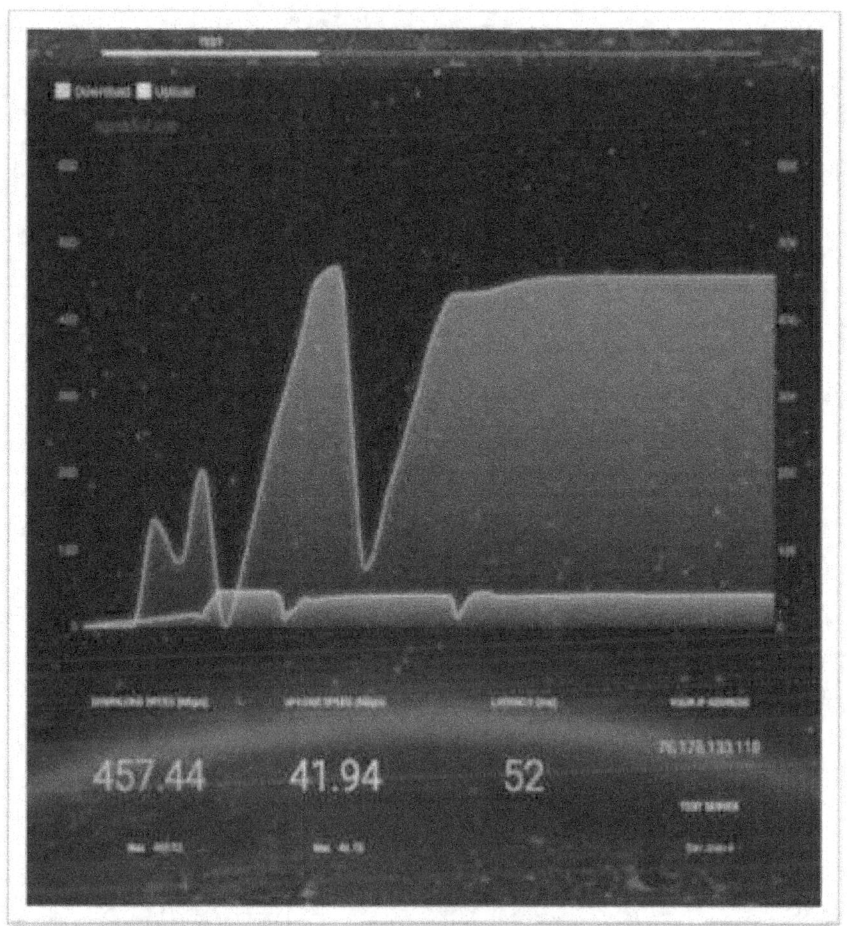

الشكل (22) لقطة من اختبار الشبكة من موقع speedof.me
CCST Support Technician, Networking Exam, Todd Lammle.2024.

ملخص الفصل

- بدأ هذا الفصل بمناقشة مكتب المساعدة، بما في ذلك غرضه وسياساته وإجراءاته وإصدار التذاكر والتوثيق وجمع المعلومات.
- عرضت لك عملية استكشاف الأخطاء وإصلاحها المكونة من سبع خطوات من شركة Cisco لموظفي مكتب المساعدة للعثور على المشكلات وحلها.
- قدم لك الفصل تعريفًا ببرنامج Wireshark وغرضه وكيفية استخدامه بالإضافة إلى حفظ ملف وفتحه.
- اختتم الفصل بإرشادك خلال بعض تقنيات استكشاف أخطاء IP والشبكات الأساسية المهمة من Cisco لضمان تزويدك بهذه المهارات الأساسية.

399

أساسيات الإمتحان

تذكر عملية استكشاف الأخطاء وإصلاحها المكونة من سبع خطوات من شركة Cisco.

لقد أنشأت شركة Cisco عملية استكشاف الأخطاء وإصلاحها المكونة من سبع خطوات التالية لفنيي مكتب المساعدة للعثور على المشكلات وإصلاحها:

1. تحديد المشكلة.
2. جمع المعلومات.
3. تحليل المعلومات.
4. استبعاد الأسباب المحتملة.
5. اقتراح فرضية.
6. اختبار الفرضية.
7. حل المشكلة وتوثيق الحل.

تعرف على أدوات استكشاف الأخطاء وإصلاحها التي يمكنك استخدامها من المضيف وجهاز توجيه Cisco.

يختبر الأمر ping 127.0.0.1 مجموعة عناوين IP المحلية لديك وtracert هو أمر Windows لتتبع المسار الذي تسلكه الرزمة عبر شبكة إنترنت إلى وجهة معينة.

تستخدم أجهزة توجيه Cisco الأمر traceroute أو trace للاختصار.

لا تخلط بين أوامر Windows وCisco.

على الرغم من أنها تنتج نفس الناتج إلا أنها لا تعمل من نفس المطالبات.

سيعرض الأمر ipconfig /all تكوين شبكة الكمبيوتر لديك من موجه DOS وسيعرض الأمر arp -a (مرة أخرى من موجه DOS) تعيين عنوان IP إلى عنوان MAC على جهاز كمبيوتر يعمل بنظام Windows.

تعرف على مصطلحات النطاق الترددي والإنتاجية والزمن الكامن.

يرتبط النطاق الترددي والإنتاجية ببيانات الشبكة.

يحدد النطاق الترددي للشبكة مقدار البيانات التي يمكن أن تنتقل في الشبكة في فترة زمنية.

يشير معدل نقل الشبكة إلى مقدار البيانات التي يتم نقلها فعليًا خلال فترة زمنية.

كما يتم الخلط أحيانًا بين النطاق الترددي والإنتاجية وبين زمن الوصول وهو أمر مفهوم لأن زمن الوصول يشير إلى السرعة التي تنتقل بها البيانات عبر الشبكة إلى وجهتها.

تعرف على الفرق بين iPerf واختبارات السرعة.

يتمثل الاختلاف الرئيسي بين البرنامجين في أن اختبار السرعة لا يتطلب

إعداد "خادم اختبار السرعة" بل إنه يختار تلقائيًا خادمًا على الإنترنت.
ومع ذلك يتطلب iPerf برنامج نقطة نهاية والذي يجب تثبيته على خادم منفصل عادةً على شبكتك الخاصة لذا فهناك المزيد من النفقات الإدارية للبدء.

أسئلة المراجعة

تم تصميم الأسئلة التالية لاختبار فهمك لمادة هذا الفصل.
لمزيد من المعلومات حول كيفية الحصول على أسئلة إضافية يرجى زيارة www.lammle.com/ccst.
يمكنك العثور على إجابات لهذه الأسئلة في الملحق "إجابات أسئلة المراجعة".

1. أي مما يلي يحدد مصطلح زمن الوصول؟

أ. يشير زمن وصول الشبكة إلى مقدار النطاق الترددي والتأخير على مدار فترة زمنية.

ب. يشير نطاق الشبكة إلى مقدار البيانات التي يمكن أن تنتقل في شبكة خلال فترة زمنية.

ج. يشير معدل نقل الشبكة إلى مقدار البيانات التي يتم نقلها فعليًا خلال فترة زمنية.

د. يشير زمن وصول الشبكة إلى السرعة التي تنتقل بها البيانات عبر الشبكة إلى وجهتها.

2. أي مما يلي يحدد مصطلح النطاق الترددي؟

أ. يشير نطاق الشبكة إلى مقدار زمن الوصول والتأخير على مدار فترة زمنية.

ب. يشير عرض النطاق الترددي للشبكة إلى مقدار البيانات التي يمكن أن تنتقل عبر الشبكة خلال فترة زمنية.

ج. يشير معدل نقل الشبكة إلى مقدار البيانات التي يتم نقلها فعليًا خلال فترة زمنية.

د. يشير زمن انتقال الشبكة إلى السرعة التي تنتقل بها البيانات عبر الشبكة إلى وجهتها.

3 أي مما يلي يحدد مصطلح معدل نقل البيانات؟

أ. يشير معدل نقل الشبكة إلى مقدار التأخير على مدار فترة زمنية.

ب. يشير عرض النطاق الترددي للشبكة إلى مقدار البيانات التي يمكن أن تنتقل عبر الشبكة خلال فترة زمنية.

ج. يشير معدل نقل الشبكة إلى مقدار البيانات التي يتم نقلها فعليًا خلال فترة زمنية.

د. يشير زمن انتقال الشبكة إلى السرعة التي تنتقل بها البيانات عبر الشبكة إلى وجهتها.

4. أي مما يلي يصف اختبار السرعة على النقيض من iPerf؟ (اختر اثنين.)

أ. يتطلب iPerf إعداد خادم اختبار السرعة.

ب. يتطلب اختبار السرعة إعداد خادم اختبار السرعة.

ج. يتطلب اختبار السرعة برنامج نقطة نهاية، والذي يجب تثبيته على خادم منفصل.

د. يتطلب iPerf برنامج نقطة نهاية، والذي يجب تثبيته على خادم منفصل.

5. أي من أوامر التشخيص التالية يوفر إخراجًا خطوة بخطوة للمسار الذي تسلكه الرزمة في طريقها إلى وجهة؟

أ. ping

ب. route print

ج. ipconfig /path

د. traceroute

6. أي من أوامر التشخيص التالية يوفر جدول التوجيه لمضيف Windows؟

أ. ping

ب. route print

ج. ipconfig /path

د. traceroute

7. أي من أوامر التشخيص التالية يوفر إخراجًا يخبرك بأن المضيف يعمل على الشبكة؟

أ. ping

ب. route print

ج. ipconfig /path

د. traceroute

8. أي من الأوامر التالية ستنفذها بعد تحليل مشكلة موصوفة في تذكرة مشكلة؟

أ. جمع المعلومات.

ب. حل المشكلة.

ج. حدد المشكلة.

د. استبعد الأسباب المحتملة.

9. ما أول شيء يجب عليك فعله بعد تحميل Wireshark على جهاز الكمبيوتر الخاص بك؟

أ. اقرأ الإطار الأول الذي تلقيته للتو.

ب. اختر الواجهة التي تريد تلقي الرزم عليها.

ج. افتح جميع رزم TCP والتي تعرض المشكلة دائمًا.

د. احفظ الملف.

10. أي مما يلي ستقوم به بعد اقتراح فرضية للمشكلة الموضحة في تذكرة المشكلة؟
أ. اختبر الفرضية.
ب. حل المشكلة.
ج. حدد المشكلة.
د. استبعد الأسباب المحتملة.

ملحق: إجابات أسئلة المراجعة

الفصل الأول: أساسيات الشبكات

1. ب. تعتمد محتويات وحدة بيانات البروتوكول (PDU) على وحدة بيانات البروتوكول لأنها تُنشأ بترتيب معين ومحتوياتها تستند إلى هذا الترتيب. ستحتوي الحزمة على عناوين IP ولكن ليس عناوين MAC لأن عناوين MAC غير موجودة حتى تصبح وحدة بيانات البروتوكول إطارًا.

2. ج. يجب عليك تحديد جهاز توجيه لتوصيل المجموعتين.

عندما تكون أجهزة الكمبيوتر في شبكات فرعية مختلفة كما هي الحال مع هاتين المجموعتين فستحتاج إلى جهاز يمكنه اتخاذ القرارات بناءً على عناوين IP. تعمل أجهزة التوجيه في الطبقة 3 من نموذج الربط بين الأنظمة المفتوحة (OSI) وتتخذ قرارات إعادة توجيه البيانات بناءً على معلومات الشبكات في الطبقة 3 وهي عناوين IP.

و هى تنشئ جداول توجيه ترشدها في إعادة توجيه حركة المرور من الواجهة المناسبة إلى الشبكة الفرعية المناسبة.

3. ج. سيؤدي استبدال المحور بمبدل إلى تقليل الاصطدامات وإعادة الإرسال مما سيكون له أكبر تأثير على تقليل الازدحام.

4. ب. تُستخدم وحدات تحكم شبكة LAN اللاسلكية لإدارة أي عدد من نقاط الوصول من بضع نقاط إلى آلاف النقاط.

تتم إدارة نقاط الوصول بالكامل من وحدة التحكم وتُعتبر نقاط وصول خفيفة الوزن أو غبية حيث لا تحتوي على أي تكوين على نقطة الوصول نفسها.

5. ج. تُستخدم جدران الحماية لتوصيل شبكة داخلية موثوقة مثل المنطقة منزوعة السلاح (DMZ) والتي تسمى أيضًا شبكة فرعية محمية بالشبكة الخارجية غير الموثوقة عادةً الإنترنت.

6. د. تكون طبقة التطبيق مسؤولة عن تحديد وإثبات توفر شريك الاتصال المقصود وتحديد ما إذا كانت الموارد الكافية للاتصال المقصود موجودة.

7. أ، د. تقسم طبقة النقل البيانات إلى أجزاء أصغر للنقل.

يتم تعيين رقم تسلسل لكل جزء حتى يتمكن الجهاز المستقبل من إعادة تجميع البيانات عند وصولها.

تتحمل طبقة الشبكة (الطبقة 3) مسؤوليتين رئيسيتين.

أولاً تتحكم هذه الطبقة في التوجيه المنطقي للأجهزة.

ثانيًا تحدد طبقة الشبكة أفضل مسار إلى شبكة وجهة معينة وتوجه البيانات بشكل مناسب.

8. ج. تحتوي طبقة ارتباط بيانات Ethernet الخاصة بـ IEEE على طبقتين فرعيتين طبقة فرعية للتحكم في وصول الوسائط (MAC) وطبقة فرعية للتحكم في الارتباط المنطقي (LLC).

9. ج. أصبحت نقاط الوصول اللاسلكية شائعة جدًا اليوم وستختفي في نفس الوقت تقريبًا الذي ستختفي فيه موسيقى الروك آند رول.

الفكرة وراء هذه الأجهزة (وهي أجهزة جسر الطبقة 2) هي توصيل المنتجات اللاسلكية بشبكة Ethernet السلكية.

ستنشئ نقطة الوصول اللاسلكية مجال تصادم واحد وعادةً ما تكون مجال بث مخصص لها أيضًا.

10. أ. تعمل المحاور على الطبقة المادية حيث لا تتمتع بالذكاء وترسل كل حركة المرور في جميع الاتجاهات.

الفصل الثانى: مقدمة إلى TCP/IP

1. ب. بروتوكول Secure Shell (SSH) ينشئ جلسة آمنة تشبه Telnet عبر اتصال TCP/IP قياسي ويتم استخدامه للقيام بأشياء مثل تسجيل الدخول إلى الأنظمة وتشغيل البرامج على الأنظمة البعيدة ونقل الملفات من نظام إلى آخر.

2. ب. بروتوكول تحليل العنوان (ARP) يستخدم للعثور على عنوان الأجهزة من عنوان IP معروف.

3. أ، ج، د. الإجابات المدرجة مأخوذة من نموذج OSI والسؤال المطروح حول مجموعة بروتوكولات TCP/IP (نموذج DoD). دعنا نبحث فقط عن الخطأ.

أولاً طبقة الجلسة ليست في نموذج TCP/IP ولا توجد أيضًا طبقات ربط البيانات والطبقات المادية.

وهذا يتركنا مع طبقة النقل (المضيف إلى المضيف في نموذج DoD) وطبقة الإنترنت (طبقة الشبكة في OSI) وطبقة التطبيق (التطبيق/العملية في DoD). تذكر أن أهداف CCENT يمكنها إدراج الطبقات كطبقات OSI أو طبقات DoD في أي وقت بغض النظر عن السؤال المطروح.

4. ج. يحتوي عنوان شبكة الفئة C على 8 بتات فقط لتحديد المضيفين: $2^8 - 2 = 254$.

5. أ، ب. يرسل العميل الذي يرسل رسالة DHCP Discover لتلقي عنوان IP بثًا في كل من الطبقة 2 والطبقة 3.
يكون بث الطبقة 2 عبارة عن Fs بالكامل في نظام سداسي عشري، أو FF:FF:FF:FF:FF:FF.

يكون بث الطبقة 3 255.255.255.255، مما يعني أي شبكات وجميع المضيفين.

DHCP بدون اتصال مما يعني أنه يستخدم بروتوكول بيانات المستخدم (UDP) في طبقة النقل والتي تسمى أيضًا طبقة المضيف إلى المضيف.

‫6. ب.‬ بالرغم من أن Telnet يستخدم بروتوكول TCP وبروتوكول IP (TCP/IP)، فإن السؤال يسأل تحديدًا عن الطبقة 4 ويعمل بروتوكول IP في الطبقة 3. يستخدم Telnet بروتوكول TCP في الطبقة 4.

‫7. RFC 1918.‬ يمكن استخدام هذه العناوين على شبكة خاصة ولكنها غير قابلة للتوجيه عبر الإنترنت.

‫8. ب، د، هـ.‬ يستخدم SMTP وFTP وHTTP بروتوكول TCP.

‫9. ج.‬ يبدأ نطاق عناوين البث المتعدد من 224.0.0.0 ويمر عبر 239.255.255.255.

‫10. أ.‬ يستخدم كل من FTP وTelnet بروتوكول TCP في طبقة النقل ومع ذلك، فإنهما بروتوكولان من طبقة التطبيقات لذا فإن طبقة التطبيقات هي أفضل إجابة لهذا السؤال.

‫11. ج.‬ الطبقات الأربع لنموذج DoD هي Application/Process وHost-to-Host وInternet وNetwork Access.
طبقة الإنترنت تعادل طبقة الشبكة في نموذج OSI.

‫12. ج، هـ.‬ نطاق العناوين الخاصة من الفئة A هو 10.0.0.0 حتى 10.255.255.255. ونطاق العناوين الخاصة من الفئة ب هو 172.16.0.0 حتى 172.31.255.255 ونطاق العناوين الخاصة من الفئة C هو 192.168.0.0 حتى 192.168.255.255.

‫13. ب.‬ الطبقات الأربع لـ stack TCP/IP (يُطلق عليها أيضًا نموذج DoD) هي التطبيق/العملية، والمضيف إلى المضيف (يُطلق عليه أيضًا النقل في الأهداف)، والإنترنت، والوصول إلى الشبكة/الارتباط.
طبقة المضيف إلى المضيف تعادل طبقة النقل في نموذج OSI.

‫14. ب، ج.‬ يتم استخدام ICMP للتشخيصات ورسائل عدم الوصول إلى الوجهة. يتم تضمين بروتوكول ICMP داخل مخططات بيانات IP ولأنه يستخدم في التشخيص، فإنه يزود المضيفين بمعلومات حول مشاكل الشبكة.

‫15. ج.‬ يتراوح نطاق عنوان الشبكة من الفئة B بين 128 و191.
وهذا يجعل نطاقنا الثنائي 10xxxxxx.

الفصل الثالث: تقسيم الشبكة Subnetting.

‫1. د.‬ A/27 ‫(255.255.255.224)‬ عبارة عن 3 بتات تشغيل و5 بتات

إيقاف. وهذا يوفر 8 شبكات فرعية كل منها بها 30 مضيفًا.

هل يهم إذا تم استخدام هذا القناع مع عنوان شبكة من الفئة A أو B أو C؟ لا يهم على الإطلاق.

لن يتغير عدد بتات الشبكة الفرعية أبدًا.

2. د. قناع 240 هو 4 بتات شبكة فرعية ويوفر 16 شبكة فرعية كل منها بها 14 مضيفًا. نحن بحاجة إلى المزيد من الشبكات الفرعية، لذا دعنا نضيف بتات الشبكة الفرعية. سيكون بت الشبكة الفرعية الإضافي قناع 248.

وهذا يوفر 5 بتات شبكة فرعية (32 شبكة فرعية) مع 3 بتات مضيف (6 مضيفين لكل شبكة فرعية). هذه هي الإجابة الأفضل.

3. ج. هذا سؤال بسيط جدًا. A /28 هو 255.255.255.240 مما يعني أن حجم الكتلة لدينا هو 16 في الثماني بتات الرابعة. 0، 16، 32، 48، 64، 80، إلخ. المضيف موجود في الشبكة الفرعية 64.

4. ج. عنوان CIDR لـ 19/ هو 255.255.224.0. هذا عنوان من الفئة B، لذا فهو 3 بتات شبكة فرعية فقط، ولكنه يوفر 13 بت مضيف، أو 8 شبكات فرعية، كل منها بها 8190 مضيفًا.

5. ب، د. يعني القناع 255.255.254.0 (23/) المستخدم مع عنوان من الفئة A أنه يوجد 15 بت شبكة فرعية و9 بتات مضيفة. حجم الكتلة في الثماني بتات الثالثة هو 2 (256 – 254). لذا، فإن هذا يجعل الشبكات الفرعية في الثماني بتات المثيرة للاهتمام 0، 2، 4، 6، إلخ، وصولاً إلى 254. يقع المضيف 10.16.3.65 في الشبكة الفرعية 2.0. الشبكة الفرعية التالية هي 4.0، لذا فإن عنوان البث للشبكة الفرعية 2.0 هو 3.255.

وعناوين المضيف الصالحة هي 2.1 إلى 3.254.

6. د. يحتوي 30/ بغض النظر عن فئة العنوان على 252 في الثماني بتات الرابعة.

وهذا يعني أن لدينا حجم كتلة 4 وأن شبكاتنا الفرعية هي 0، 4، 8، 12، 16، إلخ. من الواضح أن العنوان 14 موجود في الشبكة الفرعية 12.

7. د. يستخدم رابط نقطة إلى نقطة مضيفين اثنين فقط. يوفر قناع 30/، أو 255.255.255.252، مضيفين لكل شبكة فرعية.

8. ج. قناع 21/ هو 255.255.248.0، مما يعني أن لدينا حجم كتلة 8 في الثماني بتات الثالثة، لذا فإننا نحسب فقط بمقدار 8 حتى نصل إلى 66. الشبكة الفرعية في هذا السؤال هي 64.0. الشبكة الفرعية التالية هي 72.0، لذا فإن عنوان البث للشبكة الفرعية 64 هو 71.255.

9. أ. قناع 29/ (255.255.255.248)، بغض النظر عن فئة العنوان يحتوي على 3 بتات مضيف فقط. ستة هو الحد الأقصى لعدد المضيفين على شبكة

LAN هذه، بما في ذلك واجهة جهاز التوجيه.

10. ج. قناع 29/ هو 255.255.255.248، وهو حجم كتلة 8 في الثماني بتات الرابعة. الشبكات الفرعية هي 0، 8، 16، 24، 32، 40، إلخ. 192.168.19.24 هي الشبكة الفرعية 24، وبما أن 32 هي الشبكة الفرعية التالية، فإن عنوان البث للشبكة الفرعية 24 هو 31. 192.168.19.26 هي الإجابة الصحيحة الوحيدة.

11. أ. 29/ A (255.255.255.248) لها حجم كتلة 8 في الثماني بتات الرابعة. وهذا يعني أن الشبكات الفرعية هي 0، 8، 16، 24، إلخ. 10 في الشبكة الفرعية 8. الشبكة الفرعية التالية هي 16، لذا فإن 15 هو عنوان البث.

12. ب. تحتاج إلى 5 شبكات فرعية، كل منها تحتوي على 16 مضيفًا على الأقل. يوفر القناع 255.255.255.240 16 شبكة فرعية مع 14 مضيفًا وهذا لن يعمل. يوفر القناع 255.255.255.224 8 شبكات فرعية كل منها تحتوي على 30 مضيفًا. هذه هي الإجابة الأفضل.

13. ج. لا يمكنك الإجابة على هذا السؤال إذا لم تتمكن من تقسيم الشبكة الفرعية. يبلغ حجم كتلة 192.168.10.62 بقناع 255.255.255.192 64 في الثماني بتات الرابعة. يقع المضيف 192.168.10.62 في الشبكة الفرعية صفر وقد حدث الخطأ لأن الشبكة الفرعية ip-zero غير مفعلة على جهاز التوجيه.

14. أ. قناع 25/ هو 255.255.255.128. عند استخدام الثمانيات الثالثة والرابعة مع شبكة من الفئة B، يتم استخدامهما لتقسيم الشبكات الفرعية بإجمالي 9 بتات للشبكات الفرعية – 8 بتات في الثمانيات الثالثة وبت واحد في الثمانيات الرابعة. ونظرًا لوجود بت واحد فقط في الثمانيات الرابعة، فإن البت يكون إما متوقفًا أو مفعلاً، وهي قيمة 0 أو 128. يقع المضيف في السؤال في الشبكة الفرعية 0، والتي لها عنوان بث 127، نظرًا لأن 112.128 هي الشبكة الفرعية التالية.

15. ج. 28/ A هو قناع 255.255.255.240. الشبكة الفرعية الأولى هي 16 (تذكر أن السؤال ذكر عدم استخدام الشبكة الفرعية صفر) والشبكة الفرعية التالية هي 32، لذا فإن عنوان البث الخاص بنا هو 31. وهذا يجعل نطاق المضيف الخاص بنا 17–30. 30 هو آخر مضيف صالح.

الفصل الرابع: ترجمة عناوين الشبكة (NAT) وIPv6

1. د. يتم تمثيل عنوان IPv6 بثماني مجموعات من أربعة أرقام سداسية عشرية، كل مجموعة تمثل 16 بتًا (ثمانية بتات). يتم فصل المجموعات

بعلامات النقطتين (:). يحتوي الخيار أ على نقطتين مزدوجتين، ولا يحتوي الخيار ب على 8 حقول، ويحتوي الخيار ج على أحرف سداسية عشرية غير صالحة.

2. أ، ب، ج. من الأسهل الإجابة على هذا السؤال إذا قمت بإزالة الخيارات الخاطئة. أولاً، تكون الحلقة الراجعة ::1 فقط، مما يجعل الخيار د خاطئًا. الرابط المحلي هو FE80::/10، وليس 8/، ولا توجد عمليات بث.

3. أ، ب. تستخدم إعلانات جهاز التوجيه ICMPv6 النوع 134 ويجب أن يكون طولها 64 بتًا على الأقل.

4. ب، هـ، و. تحدد عناوين Anycast واجهات متعددة، وهو ما يشبه إلى حد ما عناوين البث المتعدد؛ ومع ذلك، فإن الفارق الكبير هو أن حزمة البث المباشر يتم تسليمها إلى عنوان واحد فقط ـ أول عنوان تجده محددًا من حيث مسافة التوجيه. يمكن أيضًا تسمية هذا العنوان واحدًا إلى واحد من بين العديد، أو واحدًا إلى الأقرب.

5. ج. عنوان الحلقة الراجعة مع IPv4 هو 127.0.0.1. مع IPv6، يكون هذا العنوان ::1.

6. ب، ج، هـ. من الميزات المهمة لـ IPv6 أنه يسمح بخيار التوصيل والتشغيل لأجهزة الشبكة من خلال السماح لها بتكوين نفسها بشكل مستقل. من الممكن توصيل عقدة بشبكة IPv6 دون الحاجة إلى، أي تدخل بشري. لا بنفذ IPv6 عمليات البث IP التقليدية.

7. أ، د. عنوان الحلقة الراجعة هو ::1؛ تبدأ عناوين الارتباط المحلية بـ FE80::/10؛ تبدأ عناوين الموقع المحلية بـ FEC0::/10؛ تبدأ العناوين العالمية بـ 200::/3؛ وتبدأ عناوين البث المتعدد بـ FF00::/8.

8. ج. يتم إرسال طلب جهاز التوجيه باستخدام عنوان البث المتعدد لجميع أجهزة التوجيه FF02::2. يمكن لجهاز التوجيه إرسال إعلان جهاز التوجيه إلى جميع المضيفين باستخدام عنوان البث المتعدد FF02::1.

9. أ، هـ. لا يستخدم IPv6 البث، والتكوين التلقائي هو ميزة من ميزات IPv6 تسمح للمضيفين بالحصول تلقائيًا على عنوان IPv6.

10. ب. تُستخدم عناوين البث المتعدد IPv6 للاتصال من واحد إلى أقرب، مما يعني أن عنوان البث المتعدد يستخدمه جهاز لإرسال البيانات إلى مستلم محدد (واجهة) هو الأقرب من مجموعة من المستلمين (الواجهات).

11. ب، د. لتقصير الطول المكتوب لعنوان IPv6، يمكن استبدال الحقول المتتالية من الأصفار بعلامات النقطتين المزدوجتين (::). في محاولة لتقصير العنوان بشكل أكبر، قد يتم أيضًا إزالة الأصفار الأولية. تمامًا كما هو الحال مع IPv4، يمكن أن تحتوي واجهة جهاز واحد على أكثر من عنوان؛ مع IPv6،

هناك أنواع أكثر من العناوين، وتنطبق نفس القاعدة. يمكن أن يكون هناك عناوين محلية للارتباط، وعالمية أحادية البث، ومتعددة البث، وأي عنوان مخصص لنفس الواجهة.

12. ب. لا توجد عمليات بث مع IPv6. يتم استخدام أحادي البث، ومتعدد البث، وأي عنوان، وعالمي، وأحادي البث المحلي للارتباط.

13. ب، د، و. NAT ليس مثاليًا، ولكن هناك بعض المزايا. فهو يحافظ على العناوين العالمية، مما يسمح لنا بإضافة ملايين المضيفين إلى الإنترنت بدون عناوين IP "حقيقية". وهذا يوفر المرونة في شبكاتنا المؤسسية. يمكن أن يسمح لك NAT أيضًا باستخدام نفس الشبكة الفرعية أكثر من مرة في نفس الشبكة دون شبكات متداخلة.

14. ج. مصطلح آخر لترجمة عنوان المنفذ (PAT) هو التحميل الزائد لترجمة عنوان المنفذ (NAT)، لأن هذه هي الكلمة الأساسية المستخدمة لتمكين ترجمة عنوان المنفذ (PAT).

15. أ. يعتبر العنوان المحلي الداخلي عنوان IP للمضيف على الشبكة الخاصة قبل الترجمة.

16. أ، ج، هـ. يمكنك تكوين ترجمة عنوان المنفذ (NAT) بثلاث طرق على جهاز توجيه Cisco: الترجمة الثابتة والديناميكية والتحميل الزائد لترجمة عنوان المنفذ (NAT).

17. أ، ج، هـ. ترجمة عنوان المنفذ (NAT) ليست مثالية ويمكن أن تسبب بعض المشكلات في بعض الشبكات، ولكن معظم الشبكات تعمل بشكل جيد. يمكن أن تتسبب ترجمة عنوان المنفذ (NAT) في حدوث تأخيرات ومشكلات في استكشاف الأخطاء وإصلاحها، ولن تعمل بعض التطبيقات.

الفصل الخامس: التوجيه IP Routing

1. ب. يستخدم أمر show ip route لعرض جدول التوجيه لجهاز التوجيه.

2. أ، ب. على الرغم من أن الخيار د يبدو صحيحًا تقريبًا، إلا أنه ليس كذلك؛ فخيار القناع هو القناع المستخدم على الشبكة البعيدة، وليس شبكة المصدر. نظرًا لعدم وجود رقم في نهاية المسار الثابت، فإنه يستخدم مسافة الإدارة الافتراضية 1.

3. ج، و. لا تُستخدم المفاتيح كبوابة افتراضية أو وجهة أخرى. لا علاقة للمفاتيح بالتوجيه. من المهم جدًا أن تتذكر أن عنوان MAC الوجهة سيكون دائمًا واجهة جهاز التوجيه. سيكون عنوان الوجهة للإطار، من HostA، عنوان MAC لواجهة Fa0/0 لجهاز التوجيه A. سيكون عنوان الوجهة للحزمة هو عنوان IP لبطاقة واجهة الشبكة (NIC) لخادم HTTPS. سيكون

رقم منفذ الوجهة في رأس المقطع بقيمة 443 (HTTPS).

4. ب. تستخدم البروتوكولات الهجينة جوانب كل من متجه المسافة وحالة الرابط ـ على سبيل المثال، EIGRP. ومع ذلك، يجب أن تعلم أن Cisco تطلق عادةً على EIGRP اسم بروتوكول توجيه متجه المسافة المتقدم. لا تنخدع بالطريقة التي تمت بها صياغة السؤال. نعم، أعلم أن عناوين MAC ليست في حزمة. يجب أن تقرأ السؤال بعناية لفهم ما يطلبه حقًا.

5. أ. نظرًا لأن عنوان MAC للوجهة مختلف عند كل قفزة، فيجب أن يستمر في التغير. أما عنوان IP، المستخدم لعملية التوجيه، فلا يتغير.

6. ب، ج. يرسل بروتوكول توجيه متجه المسافة جدول التوجيه الكامل الخاص به من جميع الواجهات النشطة على فترات زمنية دورية. ترسل بروتوكولات توجيه حالة الرابط تحديثات تحتوي على حالة روابطها الخاصة إلى جميع أجهزة التوجيه في الشبكة.

7. ب. يغير الرقم 150 في النهاية المسافة الإدارية الافتراضية (AD) من 1 إلى 150.

8. ب. تبلغ المسافة الإدارية (AD) في RIP 120، بينما تبلغ المسافة الإدارية في EIGRP 90، لذا يفضل جهاز التوجيه المسارات ذات المسافة الإدارية الأقل من 90 إلى نفس الشبكة.

9. د. يتطلب الاسترداد من مسار مفقود تدخلاً يدويًا من قبل شخص لاستبدال المسار المفقود.

10. أ، ب، ج. تتمثل المزايا في تقليل النفقات العامة على جهاز التوجيه والشبكة بالإضافة إلى زيادة الأمان.

الفصل السادس: التبديل Switching

1. د. فيما يلي قائمة بالطرق التي تبسط بها شبكات VLAN إدارة الشبكة:

■ تتم إضافة الشبكة ونقلها وتغييرها بسهولة بمجرد تكوين منفذ في شبكة VLAN المناسبة.

■ يمكن وضع مجموعة من المستخدمين الذين يحتاجون إلى مستوى عالٍ بشكل غير عادي من الأمان في شبكة VLAN الخاصة بهم بحيث لا يتمكن المستخدمون خارج شبكة VLAN من التواصل معهم.

■ باعتبارها مجموعة منطقية للمستخدمين حسب الوظيفة، يمكن اعتبار شبكات VLAN مستقلة عن مواقعهم المادية أو الجغرافية.

■ تعمل شبكات VLAN على تعزيز أمان الشبكة بشكل كبير إذا تم تنفيذها بشكل صحيح.

■ تزيد شبكات VLAN من عدد مجالات البث مع تقليل حجمها.

2. أ. تعد مفاتيح وجسور الطبقة 2 أسرع من أجهزة التوجيه لأنها لا تستغرق وقتًا في النظر إلى معلومات رأس طبقة الشبكة. إنها تستخدم معلومات طبقة ارتباط البيانات

3. show mac address-table.

يعرض هذا الأمر جدول الفلتر الأمامي، والذي يُسمى أيضًا جدول الذاكرة القابلة للعنونة بالمحتوى (CAM).

4. ب. يمكن حل مشكلة التكرار في البوابة باستخدام بروتوكول التوجيه الاحتياطي الساخن (HSRP)، والذي يوفر بوابات افتراضية ديناميكية.

5. ip default-gateway.

يوفر الأمر ip default-gateway طريقة لحركة المرور الإدارة للانتقال بين شبكات VLAN.

6. بروتوكول الشجرة الممتدة (STP). STP هو مخطط لتجنب حلقة التبديل يستخدمه المحولات.

7. ج. يشير وضع العلامات على الإطارات إلى تحديد شبكة VLAN؛ وهذا ما تستخدمه المحولات لتتبع كل تلك الإطارات أثناء عبورها لنسيج المحول. إنها الطريقة التي تحدد بها المحولات الإطارات التي تنتمي إلى شبكات VLAN عبر روابط الجذع.

8. ج. عنوان IP لإدارة المحول يسمى واجهة VLAN للإدارة، وهي واجهة موجهة على كل محول من أجهزة Cisco وتسمى واجهة VLAN 1.

9. ب. يوفر الأمر show vlan تعيينات منافذ VLAN.

10. أ، ب، د. التعرف على العناوين، وقرارات التوجيه/التصفية، وتجنب الحلقة هي وظائف المحول.

الفصل السابع: الكابلات والموصلات Cables and Connectors

1. ب، ج. تعني كلمة Plenum-rated أن طلاء الكابل لا يبدأ في الاحتراق حتى تصل درجة الحرارة إلى أعلى كثيرًا، ولا يطلق الكثير من الأبخرة السامة مثل PVC عندما يحترق، ومصنف للاستخدام في أحواض الهواء التي تحمل الهواء القابل للتنفس، عادةً كممرات عودة للهواء النقي غير المغلقة التي تشترك في المساحة مع الكابلات.

2. د. يستخدم UTP بشكل شائع في شبكات Ethernet المجدولة مثل BaseT10 وBaseTX100 وBaseTX1000 وما إلى ذلك.

3. د. تتمتع الكابلات المجدولة غير المحمية بمعايير من الفئة 2 إلى 8

للاستخدام في شبكات Ethernet. لا توجد فئة 9 محددة.

4. ج. عادةً ما يتصل UTP بمنفذ RJ-45.
يمكنك استخدام أداة تجعيد لربط موصل RJ بكابل.

5. أ. تسمح الألياف أحادية الوضع بأقصى مسافات تشغيل للكابل.

6. ب. في طوبولوجيا النجمة، تتصل كل محطة عمل بمحور أو مبدل أو جهاز مركزي مماثل ولكن ليس بمحطات عمل أخرى. والفائدة هي أنه عند فقدان الاتصال بالجهاز المركزي، فإن بقية الشبكة تعمل.

7. ج. ينقل كبل الألياف الضوئية الإشارات الرقمية باستخدام نبضات ضوئية بدلاً من الكهرباء؛ وبالتالي، فهو محصن ضد التداخل الكهرومغناطيسي والتداخل الراديوي.

8. ب. تذكر أن كبل الألياف الضوئية ينقل إشارة رقمية باستخدام نبضات ضوئية. ينتقل الضوء إما على قلب زجاجي أو بلاستيكي.

9. ب. الفرق بين الألياف أحادية الوضع والألياف متعددة الأوضاع هو في عدد أشعة الضوء (وبالتالي عدد الإشارات) التي يمكن أن تحملها. وبصفة عامة، تُستخدم الألياف متعددة الأوضاع للتطبيقات ذات المسافات الأقصر والألياف أحادية الوضع للمسافات الأطول.

10. ج. تحدد المعايير UTP بما لا يزيد عن 100 متر. تختلف أطوال الألياف الضوئية القصوى المختلفة، ولكن الألياف الضوئية هي، النوع الوحبد من الكابلات الذي يمكن أن يمتد إلى ما هو أبعد من 100 متر.

11. ب. يُطلق على المجموعة المنطقية للمضيفين اسم شبكة LAN، وعادةً ما تقوم بتجميعهم عن طريق توصيلهم بمحور أو مبدل.

12. د. تُستخدم أجهزة التوجيه لتوصيل شبكات مختلفة معًا.

13. د. تربط شبكة WAN النموذجية شبكتين LAN بعيدتين أو أكثر معًا باستخدام شبكة شخص آخر (مزود خدمة الإنترنت الخاص بك) وجهاز توجيه. يرى المضيف المحلي وجهاز التوجيه هذه الشبكات كشبكات بعيدة وليس كشبكات محلية أو موارد محلية. تستخدم أجهزة التوجيه اتصالات تسلسلية خاصة بالشبكات WAN.

14. د. تتمتع شبكات LAN عمومًا بنطاق جغرافي يبلغ مبنى واحدًا أو أصغر. ويمكن أن تتراوح من شبكات بسيطة (مضيفان) إلى شبكات معقدة (بآلاف المضيفين).

الفصل الثامن: التقنيات اللاسلكية Wireless

1. ب. يستخدم WPA3 Enterprise بروتوكول GCMP-256 للتشفير ويستخدم WPA2 بروتوكول AES-CCMP للتشفير ويستخدم WPA

بروتوكول TKIP.

2. ج. يعمل معيارا IEEE 802.11b وIEEE 802.11g في نطاق التردد اللاسلكي 2.4 جيجاهرتز.

3. د. يعمل معيار IEEE 802.11a في نطاق التردد اللاسلكي 5جيجاهرتز.

4. ج. يعمل معيارا IEEE 802.11b وIEEE 802.11g في نطاق التردد اللاسلكي 2.4 جيجاهرتز.

5. ج. الحد الأدنى للمعلمة التي تم تكوينها على نقطة الوصول لتثبيت شبكة WLAN بسيطة هوSSID على الرغم من أنه يجب عليك أيضًا تعيين القناة وطريقة المصادقة.

6. أ. يستخدم WPA3 Enterprise بروتوكول GCMP-256 للتشفير ويستخدم WPA2 بروتوكول AES-CCMP للتشفير ويستخدم WPA بروتوكول TKIP.

7. أ. يوفر معيار IEEE 802.11b ثلاث قنوات غير متداخلة.

8. ج. يقاوم WPA3 هجمات القاموس غير المتصلة بالإنترنت حيث يحاول المهاجم تحديد كلمة مرور الشبكة من خلال تجربة كلمات مرور محتملة دون مزيد من التفاعل مع الشبكة.

9. د. يوفر معيار IEEE 802.11a معدل بيانات أقصى يصل إلى 54 ميجابت في الثانية.

10. د. يوفر معيار IEEE 802.11g معدل بيانات أقصى يصل إلى 54 ميجابت في الثانية.

11. ب. يوفر معيار IEEE 802.11b معدل بيانات أقصى يصل إلى 11 ميجابت في الثانية.

12. ج. تم استبدال دعم المصادقة "المفتوح" 802.11 بتعزيز التشفير اللاسلكي الانتهازي (OWE) وهو تحسين وليس إعدادًا معتمدًا إلزاميًا.

13. د. على الرغم من أن هذا السؤال غامض في أفضل الأحوال فإن الإجابة الوحيدة الممكنة هي الخيار د.

إذا لم يتم بث SSID (وهو ما يجب أن نفترضه في هذا السؤال) فيجب تكوين العميل باستخدام SSID الصحيح من أجل الارتباط بنقطة الوصول.

14. ب، هـ. يستخدم WPA بروتوكول سلامة المفتاح الزمني (TKIP) يتضمن كلًا من دوران مفتاح البث (مفاتيح ديناميكية) وتسلسل الإطارات.

15. أ، د. يستخدم كل من WEP و(WPA) TKIP خوارزمية RC4. يُنصح باستخدام WPA2، الذي يستخدم تشفير AES، أو WPA3 عندما يكون متاحًا لك.

16. ج. لا يختلف اتصال مضيفين لاسلكيين بشكل مباشر لاسلكيًا عن اتصال

مضيفين باستخدام كبل كروس أوفر. كلاهما عبارة عن شبكات مخصصة، ولكن في اللاسلكي نسمي ذلك مجموعة خدمات أساسية مستقلة (IBSS).

17. أ، ج. يوفر بروتوكول WPA، على الرغم من استخدامه لنفس تشفير RC4 الذي يستخدمه بروتوكول WEP، تحسينات على بروتوكول WEP باستخدام مفاتيح ديناميكية تتغير باستمرار، فضلاً عن توفير طريقة مفتاح مشترك مسبقًا للمصادقة.

18. ب. لإنشاء مجموعة خدمات ممتدة (ESS)، تحتاج إلى تداخل BSA اللاسلكية من كل نقطة وصول بنسبة 15 بالمائة على الأقل حتى لا يكون هناك فجوة في التغطية، وبالتالي لا يفقد المستخدمون اتصالهم عند التجوال بين نقاط الوصول.

19. أ. معرف مجموعة الخدمات الممتدة يعني أن لديك أكثر من نقطة وصول، وكلها مضبوطة على نفس SSID، وكلها متصلة ببعضها البعض في نفس شبكة VLAN أو نظام التوزيع، حتى يتمكن المستخدمون من التجوال.

20. أ، ب، د. المعلمات الأساسية الثلاثة التي يجب تكوينها عند إعداد نقطة وصول هي SSID وقناة RF وطريقة المصادقة.

الفصل التاسع: أجهزة Cisco

1. ج. يعرض الأمر show cdp neighbours detail، الذي يمكن تشغيله على كل من أجهزة التوجيه والمفاتيح، معلومات تفصيلية حول كل جهاز متصل بالجهاز الذي تشغل الأمر عليه، بما في ذلك عنوان IP. لا يعرض الأمر show cdp neighbours عنوان IP للأجهزة المجاورة؛ فقط الأمر show cdp neighbours detail يوفر هذه المعلومات.

2. ب. ينشئ (Secure Shell (SSH قناة آمنة بين الأجهزة ويوفر السرية وسلامة نقل البيانات. ويستخدم تشفير المفتاح العام لمصادقة الكمبيوتر البعيد والسماح للكمبيوتر البعيد بمصادقة المستخدم، إذا لزم الأمر.

3. ج. يعد الأمر show ip interface brief في نظام التشغيل Cisco IOS مخرجًا مفيدًا للغاية يوفر جميع واجهات الجهاز، بما في ذلك العنوان المنطقي وحالة الواجهة في الطبقتين 1 و2.

4. د. هذا كبل بسيط للغاية لاتصال مباشر بسرعة 100/10 ميجابت في الثانية. إذا كنت تريد gigabit (بالطبع تريد ذلك!) فأنت بحاجة إلى توصيل جميع الأسلاك الثمانية. ولكن نظرًا لأن هذا هو 1 إلى 1، أو 2 إلى 2، وما إلى ذلك، فهذا كبل للتوصيل من المضيف إلى المحول.

5. ب. هذا كبل كروس أوفر. وهو يستخدم جميع الدبابيس الثمانية، لذا يمكن استخدامه لسرعات أعلى مثل منافذ الجيجابت.

تُستخدم كبلات كروس أوفر لتوصيل أجهزة متشابهة مثل المضيف إلى المضيف، أو المحول إلى المحول وما إلى ذلك.

6. ب. هذا كبل ملفوف ويُستخدم للتوصيل من المضيف إلى منفذ وحدة التحكم.

7. ب. يوفر الأمر show mac address-table عنوان MAC المعروف للمضيفين المحليين والمنفذ الذي يتصلون به.

8. د. يوفر الأمر show cdp neighbours (sh cdp nei للاختصار) معلومات حول الأجهزة المتصلة بشكل مباشر.

9. ج. تتيح لك شبكة VPN الاتصال بشكل آمن بموقع بعيد والظهور محليًا لتلك الشبكة.

10. د. يُظهر الأمر show switch على مجموعة من مفاتيح Cisco Catalyst عنوان MAC الأساسي، والأولوية ليصبح رئيسيًا، والإصدار، وحالة المبدل.

الفصل العاشر: الأمان و الحماية

1. أ، د. يستخدم TACACS+ بروتوكول TCP، وهو مملوك لشركة Cisco، ويقدم دعمًا متعدد البروتوكولات بالإضافة إلى خدمات AAA المنفصلة.

2. ب. على عكس TACACS+، الذي يفصل بين خدمات AAA، لا يعد هذا خيارًا عند تكوين RADIUS.

3. ب. تعد المصادقة الثنائية والبيانات الحيوية والشهادات بدائل لكلمات المرور.

4. ب، د. هناك عدد قليل جدًا من هجمات رفض الخدمة، ولكن من الخيارات في هذا السؤال لديك الأوامر والتحكم (C&C) وDDoS وping of death.

5. أ، ب، ج، هـ. التهديدات غير المنظمة والمنظمة والخارجية والداخلية هي أنواع التهديدات التي من المهم فهمها عند محاولة تنفيذ CIA.

6. أ، ب، د. RADIUS وTACACS+ وKerberos هي الأنواع الثلاثة لبروتوكولات خادم الأمان التي تدعمها أجهزة توجيه Cisco.

7. د. يحدث الاستغلال عندما يستغل وكيل التهديد ثغرة أمنية ويستخدمها لشن هجوم.

8. ب، ج، د. يحدث المصادقة متعددة العوامل عندما يتم اختبار عاملين أو أكثر من العوامل التالية:

■ شيء يعرفه المستخدم (كلمة المرور)
■ شيء يمثله المستخدم (شبكية العين، بصمة الإصبع، التعرف على الوجه)
■ شيء يمتلكه المستخدم (بطاقة ذكية)

■ مكان تواجد المستخدم (الموقع)

■ شيء يفعله المستخدم (السلوك)

9. أ. توجد قوائم التحكم في الوصول عادةً على أجهزة التوجيه لتحديد الحزم المسموح لها بالتوجيه من خلالها

بناءً على عنوان بروتوكول الإنترنت (IP) المصدر أو الوجهة للجهاز الطالب أو منافذ الطبقة 4.

10. ج. يحمي جدار الحماية موارد شبكة LAN الخاصة بك من المتطفلين الذين يجوبون الإنترنت بحثًا عن شبكات غير محمية بينما يمنع في الوقت نفسه كل أو بعض أجهزة الكمبيوتر في شبكة LAN الخاصة بك من الوصول إلى خدمات معينة على الإنترنت.

الفصل الحادى عشر: الحوسبة السحابية وإنترنت الأشياء

1. ب. هناك العديد من أنواع الخدمات المختلفة التي يقدمها مزودو الخدمات السحابية. IaaS، أو البنية الأساسية كخدمة، هي عندما يوفر بائع الخدمات السحابية منصة الأجهزة وتقوم الشركة بتثبيت وإدارة أنظمة التشغيل الخاصة بها.

2. ج. في النهاية، سيكون كل شيء تقريبًا في حياتك عبارة عن نقطة نهاية إنترنت الأشياء، ولكن هل يمكنك أن تتخيل مقصًا للأعشاب خارجًا عن السيطرة؟ دعونا نأمل ألا يحدث هذا أبدًا.

3. ب، ج، د. تشمل فوائد استخدام الحوسبة السحابية المزيد من التسامح مع الأخطاء، والتوافر المستمر، والوصول من أي مكان، وعلى الرغم من زيادة الأداء، فمن غير المرجح أن يكون أي شيء أسرع عند نقل بياناتك خارج الموقع. بالتأكيد، يمكن أن تكون بعض الأشياء كذلك، ولكن هذه ليست فائدة مضمونة حقًا بقدر الفوائد الثلاثة المذكورة هنا.

4. ب، د، هـ. فيما يلي المزايا التي تعود على منشئ أو مزود خدمة سحابية: خفض التكاليف، والتوحيد القياسي، والأتمتة الاستخدام العالي من خلال الموارد الافتراضية المشتركة إدارة أسهل نموذج عمليات في المكان

5. أ، ب، ج. فيما يلي المزايا التي تعود على مستخدمي السحابة:

• توفير الموارد حسب الطلب والخدمة الذاتية

• دورات نشر سريعة فعالة من حيث التكلفة

• المظهر المركزي للموارد

• هندسة تطبيقات عالية التوفر وموسعة أفقيًا

• لا توجد نسخ احتياطية محلية

6. أ. تعد الهواتف الآلية عن بُعد من خلال سحابات خلايا إنترنت الأشياء تكاملاً

مفيدًا لإنترنت الأشياء وبروتوكول الصوت عبر الإنترنت.

7. أ. توفر IaaS البنية الأساسية للكمبيوتر بيئة افتراضية للمنصة حيث يتمتع العميل بأكبر قدر من القدرة على التحكم والإدارة.

8. ب. يوفر البائع منصة الأجهزة أو مركز البيانات والبرنامج الذي يعمل على المنصة، مما يسمح للعملاء بتطوير التطبيقات وتشغيلها وإدارتها دون تعقيد بناء وصيانة البنية الأساسية المرتبطة عادةً بتطوير وتشغيل تطبيق.

مثال على ذلك هو Windows Azure.

9. ج. يوفر البائع الحل بالكامل. ويشمل ذلك نظام التشغيل وبرامج البنية الأساسية والتطبيق. ويتكون SaaS من برامج تطبيقية شائعة مثل قواعد البيانات وخوادم الويب وبرامج البريد الإلكتروني التي يستضيفها بائع SaaS. ويصل العميل إلى هذا البرنامج عبر الإنترنت. وبدلاً من قيام المستخدمين بتثبيت البرنامج على أجهزة الكمبيوتر الخاصة بهم أو الخوادم، يمتلك بائع SaaS البرنامج ويشغله على أجهزة الكمبيوتر في مركز البيانات الخاص به.

Microsoft Office 365 والعديد من عروض Amazon Web Services (AWS) هي أمثلة مثالية على SaaS.

10. ج. السحابة الخاصة:

هذا هو الحل المملوك والمدار من قبل شركة واحدة فقط لاستخدام تلك الشركة. السحابة العامة:

هذا هو الحل الذي توفره جهة خارجية. إنها تنقل التفاصيل إلى جهة خارجية ولكنها تتخلى عن بعض التحكم ويمكن أن تسبب مشكلات أمنية. السحابة الهجينة:

هذا هو مزيج من الخاص والعام. على سبيل المثال، ربما تستخدم فقط مرافق المزود ولكنك لا تزال تدير البيانات بنفسك. السحابة المجتمعية:

هذا هو الحل المملوك والمدار من قبل مجموعة من المنظمات التي تقوم بإنشاء السحابة لغرض مشترك.

الفصل الثانى عشر: استكشاف الأخطاء وإصلاحها

1.د. النطاق الترددي والإنتاجية لهما علاقة ببيانات الشبكة. يشير النطاق الترددي للشبكة إلى مقدار البيانات التي يمكن أن تنتقل في الشبكة خلال فترة زمنية.

يشير النطاق الترددي للشبكة إلى مقدار البيانات التي يتم نقلها فعليًا خلال فترة زمنية.

يتم الخلط أحيانًا بين النطاق الترددي والإنتاجية وبين زمن الوصول، وهو أمر مفهوم لأن زمن الوصول يشير إلى السرعة التي تنتقل بها البيانات عبر الشبكة إلى وجهتها.

2. ب. النطاق الترددي والإنتاجية لهما علاقة ببيانات الشبكة. يشير النطاق الترددي للشبكة إلى مقدار البيانات التي يمكن أن تنتقل في الشبكة خلال فترة زمنية.

يشير معدل الشبكة إلى مقدار البيانات التي يتم نقلها فعليًا خلال فترة زمنية. يتم الخلط أحيانًا أيضًا بين النطاق الترددي والإنتاجية وبين زمن الوصول وهو أمر مفهوم لأن زمن الوصول يشير إلى السرعة التي تنتقل بها البيانات عبر الشبكة إلى وجهتها.

3. ج. النطاق الترددي والإنتاجية لهما علاقة ببيانات الشبكة. يحدد عرض النطاق الترددي للشبكة كمية البيانات التي يمكن أن تنتقل في شبكة ما خلال فترة زمنية.

يشير معدل نقل الشبكة إلى كمية البيانات التي يتم نقلها فعليًا خلال فترة زمنية. يتم الخلط أحيانًا بين عرض النطاق الترددي ومعدل نقل البيانات وبين زمن الوصول وهو أمر مفهوم لأن زمن الوصول يشير إلى السرعة التي تنتقل بها البيانات عبر الشبكة إلى وجهتها.

4. أ، د. الفرق الرئيسي بين البرنامجين هو أن اختبار السرعة لا يتطلب إعداد خادم اختبار السرعة؛ فهو يختار تلقائيًا خادمًا على الإنترنت. يتطلب iPerf برنامج نقطة نهاية، والذي يجب تثبيته على خادم منفصل عادةً على شبكتك الخاصة.

5. د. يستخدم ICMP طلبات الصدى والردود لاختبار ما إذا كانت مجموعة عناوين IP للعقدة مهيأة وقيد التشغيل على الشبكة. يعرض traceroute قائمة الموجهات الموجودة على مسار إلى وجهة شبكة باستخدام مهلة زمنية TTL ورسائل خطأ ICMP تستخدم Microsoft tracert.

6. ب. يوفر route print جدول التوجيه لمضيف Windows. يستخدم ICMP طلبات الصدى والردود لاختبار ما إذا كانت مجموعة عناوين IP للعقدة مهيأة وتعمل على الشبكة. يعرض traceroute قائمة الموجهات الموجودة على مسار إلى وجهة شبكة باستخدام مهلة TTL ورسائل خطأ ICMP تستخدم Microsoft tracert.

7. أ. يستخدم ICMP طلبات الصدى والردود لاختبار ما إذا كانت مجموعة عناوين IP للعقدة مهيأة وتعمل على الشبكة. يعرض traceroute قائمة الموجهات الموجودة على مسار إلى وجهة شبكة

باستخدام مهلة TTL ورسائل خطأ ICMP. تستخدم Microsoft tracert.

8. د. أنشأت Cisco عملية استكشاف الأخطاء وإصلاحها من سبع خطوات لفنيي مكتب المساعدة للعثور على المشكلات وإصلاحها.

9. ب. بمجرد تحميل Wireshark، تحتاج إلى تحديد الواجهة التي تريد التقاط الحزمة عليها.

إذا كان جهاز الكمبيوتر الخاص بك يحتوي على واجهات متعددة فستحتاج إلى تحديد الواجهة التي تحتوي على حركة المرور التي ترغب في رؤيتها.

10. أ. عملية استكشاف الأخطاء وإصلاحها التي تتبعها شركة سيسكو تتكون من سبع خطوات:

1. تحديد المشكلة.
2. جمع المعلومات.
3. تحليل المعلومات.
4. استبعاد الأسباب المحتملة.
5. اقتراح فرضية.
6. اختبار الفرضية.
7. حل المشكلة.

قائمة المراجع

1- CCST® Cisco Certified Support Technician Study Guide. Networking Exam, Todd Lammle & Donald Robb, 2024.

2- CCNA 200-301 Official Cert Guide,Volume 1, Second Edition, Wendell Odom, 2024.

3- CompTIA® Network+® Study Guide, Exam N10-009, Sixth Edition, Todd Lammle & Jon Buhagiar, 2024.

www.ingramcontent.com/pod-product-compliance
Lightning Source LLC
Chambersburg PA
CBHW051458150726
47997CB00001B/26